普通高等教育“十四五”规划教材

食品分析

第2版

马 良 李 诚 李巨秀 主编
王世平 主审

中国农业大学出版社
·北京·

内 容 简 介

本书是在参考了教育部专业教学指导委员会制定的培养方案和国内外最新相关资料基础上编写而成的，主要介绍了食品理化检验相关指标的检测原理、常用检测方法、结果计算和注意事项，还简要介绍了食品分析常用检测仪器的工作原理和一般操作步骤，以适应现代食品分析的需求。

全书共分13章，包括绪论，食品样品的采集与预处理，分析方法评估与数据处理，食品物理检验法，食品中水分、灰分、酸度的测定，食品中碳水化合物的测定，食品中脂类物质的测定，蛋白质和氨基酸的测定，维生素的测定，矿物元素和限量元素的测定，部分常用食品添加剂的测定，食品中有害有机物的测定和食品分析新技术与快速检测法简介。

本书主要供高等教育院校的食品科学与工程专业、食品质量与安全专业以及其他与食品科学相关专业作为教材使用，也可以供政府相关部门、各类食品企业等单位的有关科技人员作为参考书使用。

图书在版编目(CIP)数据

食品分析/马良，李诚，李巨秀主编. —2版. —北京：中国农业大学出版社，2021.7
(2023.11重印)
ISBN 978-7-5655-2576-6

Ⅰ.①食… Ⅱ.①马…②李…③李 Ⅲ.①食品分析-高等学校-教材 Ⅳ.①TS207.3

中国版本图书馆CIP数据核字(2021)第141299号

书　名 食品分析　第2版
作　者 马　良　李　诚　李巨秀　主编　　王世平　主审

策划编辑 宋俊果　王笃利　魏　巍　　**责任编辑** 韩元凤　魏　巍
封面设计 郑　川　李尘工作室
出版发行 中国农业大学出版社
社　址 北京市海淀区圆明园西路2号　　**邮政编码** 100193
电　话 发行部 010-62733489,1190　　读者服务部 010-62732336
编辑部 010-62732617,2618　　出　版　部 010-62733440
网　址 http://www.caupress.cn　　**E-mail** cbsszs@cau.edu.cn
经　销 新华书店
印　刷 北京时代华都印刷有限公司
版　次 2021年8月第2版　2023年11月第3次印刷
规　格 787×1092　16开本　19印张　470千字
定　价 49.00元

普通高等学校食品类专业系列教材

编审指导委员会委员

（按姓氏拼音排序）

第2版编审人员

主　编　马　良（西南大学）
　　　　　李　诚（四川农业大学）
　　　　　李巨秀（西北农林科技大学）

副主编　袁　芳（中国农业大学）
　　　　　李　春（东北农业大学）
　　　　　倪春梅（内蒙古农业大学）
　　　　　李述刚（合肥工业大学）
　　　　　陈继承（福建农林大学）
　　　　　马春华（武夷学院）

参　编　（按姓氏拼音排序）
　　　　　陈继承（福建农林大学）
　　　　　陈姝娟（四川农业大学）
　　　　　丁晓雯（西南大学）
　　　　　郭　婷（西南大学）
　　　　　李　诚（四川农业大学）
　　　　　李　春（东北农业大学）
　　　　　李巨秀（西北农林科技大学）
　　　　　李述刚（合肥工业大学）
　　　　　刘丽波（东北农业大学）
　　　　　刘秀英（渤海大学）
　　　　　马　良（西南大学）
　　　　　马春华（武夷学院）
　　　　　倪春梅（内蒙古农业大学）
　　　　　王艳萍（运城学院）
　　　　　袁　芳（中国农业大学）
　　　　　张　清（四川农业大学）
　　　　　赵丽华（内蒙古农业大学）

主　审　王世平（中国农业大学）

第1版编审人员

主　编　丁晓雯（西南大学）
李　诚（四川农业大学）
李巨秀（西北农林科技大学）

副主编　袁　芳（中国农业大学）
李　春（东北农业大学）
倪春梅（内蒙古农业大学）
李述刚（湖北工业大学）
陈继承（福建农林大学）
马春华（武夷学院）

编　者　（按姓氏拼音排序）
陈继承（福建农林大学）
陈姝娟（四川农业大学）
丁晓雯（西南大学）
李　诚（四川农业大学）
李　春（东北农业大学）
李巨秀（西北农林科技大学）
李述刚（湖北工业大学）
刘丽波（东北农业大学）
刘秀英（渤海大学）
马　良（西南大学）
马春华（武夷学院）
倪春梅（内蒙古农业大学）
王艳萍（运城学院）
袁　芳（中国农业大学）
张　清（四川农业大学）
赵丽华（内蒙古农业大学）

主　审　王世平（中国农业大学）

出版说明

（代总序）

岁月如梭，食品科学与工程类专业系列教材自启动建设工作至现在的第4版或第5版出版发行，已经近20年了。160余万册的发行量，表明了这套教材是受到广泛欢迎的，质量是过硬的，是与我国食品专业类高等教育相适宜的，可以说这套教材是在全国食品类专业高等教育中使用最广泛的系列教材。

这套教材成为经典，作为总策划，我感触颇多，翻阅这套教材的每一科目、每一章节，浮现眼前的是众多著作者们汇集一堂倾心交流、悉心研讨、伏案编写的景象。正是大家的高度共识和对食品科学类专业高等教育的高度责任感，铸就了系列教材今天的成就。借再一次撰写出版说明（代总序）的机会，站在新的视角，我又一次对系列教材的编写过程、编写理念以及教材特点做梳理和总结，希望有助于广大读者对教材有更深入的了解，有助于全体编者共勉，在今后的修订中进一步提高。

一、优秀教材的形成除著作者广泛的参与、充分的研讨、高度的共识外，更需要思想的碰撞、智慧的凝聚以及科研与教学的厚积薄发。

20年前，全国40余所大专院校、科研院所，300多位一线专家教授，覆盖生物、工程、医学、农学等领域，齐心协力组建出一支代表国内食品科学最高水平的教材编写队伍。著作者们呕心沥血，在教材中倾注平生所学，那字里行间，既有学术思想的精粹凝结，也不乏治学精神的光华闪现，诚所谓学问人生，经年积成，食品世界，大家风范。这精心的创作，与敷衍的粘贴，其间距离，何止云泥！

二、优秀教材以学生为中心，擅于与学生互动，注重对学生能力的培养，绝不自说自话，更不任凭主观想象。

注重以学生为中心，就是彻底摒弃传统填鸭式的教学方法。著作者们谨记“授人以鱼不如授人以渔”，在传授食品科学知识的同时，更启发食品科学人才获取知识和创造知识的思维与灵感，于润物细无声中，尽显思想驰骋，彰耀科学精神。在写作风格上，也注重学生的参与性和互动性，接地气，说实话，“有里有面”，深入浅出，有料有趣。

三、优秀教材与时俱进，既推陈出新，又勇于创新，绝不墨守成规，也不亦步亦趋，更不原地不动。

首版再版以至四版五版，均是在充分收集和尊重一线任课教师和学生意见的基础上，对新增教材进行科学论证和整体规划。每一次工作量都不小，几乎覆盖食品学科专业的所有骨干课程和主要选修课程，但每一次修订都不敢有丝毫懈怠，内容的新颖性，教学的有效性，齐头并进，一样都不能少。具体而言，此次修订，不仅增添了食品科学与工程最新发展，又以相当篇幅强调食品工艺的具体实践。每本教材，既相对独立又相互衔接互为补充，构建起系统、完整、实用的课程体系，为食品科学与工程类专业教学更好服务。

四、优秀教材是著作者和编辑密切合作的结果，著作者的智慧与辛劳需要编辑专业知识和奉献精神的融入得以再升华。

同为他人作嫁衣裳，教材的著作者和编辑，都一样的忙忙碌碌，飞针走线，编织美好与绚丽。这套教材的编辑们站在出版前沿，以其炉火纯青的编辑技能，辅以最新最好的出版传播方式，保证了这套教材的出版质量和形式上的生动活泼。编辑们的高超水准和辛勤努力，赋予了此套教材蓬勃旺盛的生命力。而这生命力之源就是广大院校师生的认可和欢迎。

第1版食品科学与工程类专业系列教材出版于2002年，涵盖食品学科15个科目，全部入选“面向21世纪课程教材”。

第2版出版于2009年，涵盖食品学科29个科目。

第3版（其中《食品工程原理》为第4版）500多人次80多所院校参加编写，2016年出版。此次增加了《食品生物化学》《食品工厂设计》等品种，涵盖食品学科30多个科目。

需要特别指出的是，这其中，除2002年出版的第1版15部教材全部被审批为“面向21世纪课程教材”外，《食品生物技术导论》《食品营养学》《食品工程原理》《粮油加工学》《食品试验设计与统计分析》等为“十五”或“十一五”国家级规划教材。第2版或第3版教材中，《食品生物技术导论》《食品安全导论》《食品营养学》《食品工程原理》4部为“十二五”普通高等教育本科国家级规划教材，《食品化学》《食品化学综合实验》《食品安全导论》等多个科目为原农业部“十二五”或农业农村部“十三五”规划教材。

本次第4版（或第5版）修订，参与编写的院校和人员有了新的增加，在比较完善的科目基础上与时俱进做了调整，有的教材根据读者对象层次以及不同的特色做了不同版本，舍去了个别不再适合新形势下课程设置的教材品种，对有些教材的题目做了更新,使其与课程设置更加契合。

在此基础上,为了更好满足新形势下教学需求,此次修订对教材的新形态建设提出了更高的要求,出版社教学服务平台“中农 De 学堂”将为食品科学与工程类专业系列教材的新形态建设提供全方位服务和支持。此次修订按照教育部新近印发的《普通高等学校教材管理办法》的有关要求,对教材的政治方向和价值导向以及教材内容的科学性、先进性和适用性等提出了明确且具针对性的编写修订要求,以进一步提高教材质量。同时为贯彻《高等学校课程思政建设指导纲要》文件精神,落实立德树人根本任务,明确提出每一种教材在坚持食品科学学科专业背景的基础上结合本教材内容特点努力强化思政教育功能,将思政教育理念、思政教育元素有机融入教材,在课程思政教育润物细无声的较高层次要求中努力做出各自的探索,为全面高水平课程思政建设积累经验。

教材之于教学,既是教学的基本材料,为教学服务,同时教材对教学又具有巨大的推动作用,发挥着其他材料和方式难以替代的作用。教改成果的物化、教学经验的集成体现、先进教学理念的传播等都是教材得天独厚的优势。教材建设既成就了教材,也推动着教育教学改革和发展。教材建设使命光荣,任重道远。让我们一起努力吧!

罗云波

2021 年 1 月

第 2 版前言

“食品分析”课程是食品学科各专业尤其是食品科学与工程、食品质量与安全专业学生的重要专业基础课程之一。本教材主要应用国家标准方法和实际工作中的常用方法，对食品理化分析以及常用仪器分析相关内容进行了介绍，包括食品一般理化指标分析、常规营养成分分析以及食品安全性检测分析。

本书第 1 版由丁晓雯主编，于 2016 年出版，出版后效果很好，得到广大师生的好评。随着近些年科技迅猛发展、标准法规不断更新，为了使教材内容与时俱进，出版社组织编者们对本书进行了更新和修订。教材重点对各种国标方法进行更新(去除了废止标准，补充和修订了现行有效的最新版国家标准)，对相应术语及分析内容进行了修订，有些内容和资源以数字化形式展示在书中或者教学平台上，进一步将纸质书与数字化资源相融合。2022 年 10 月 16 日，习近平总书记在中国共产党第二十次全国代表大会上的报告中指出：“教育是国之大计、党之大计。培养什么人、怎样培养人、为谁培养人是教育的根本问题。育人的根本在于立德。全面贯彻党的教育方针，落实立德树人根本任务，培养德智体美劳全面发展的社会主义建设者和接班人。”“坚持为党育人、为国育才。”将思政教育理念、思政教育元素有机融入教材，在课程思政教育润物细无声的较高层次要求中努力做出各自的探索，为全面高水平课程思政建设积累经验。本次重印在相应章节(绪论、1.1、1.2、8.1，第 6 章、第 10 章、第 12 章的引言)融入了加快实施创新驱动发展战略；推进国家安全体系和能力现代化，坚决维护国家安全和社会稳定；全面推进乡村振兴；深入推进环境污染防治；树立大食物观，构建多元化食物供给体系等内容。希望各位老师、学生在使用本教材时结合实际进一步深入学习贯彻党的二十大精神，把立德树人和立志成才贯穿整个教学与学习过程。

本次修订由马良、李诚、李巨秀担任主编，袁芳、李春、倪春梅、李述刚、陈继承和马春华担任副主编。全书分为 13 章，具体编写分工如下：第 1 章由丁晓雯编写，第 2 章由倪春梅编写，第 3 章由袁芳编写，第 4 章由李诚、张清编写，第 5 章由李述刚编写，第 6 章由刘秀英、李春编写，第 7 章由王艳萍、张清编写，第 8 章由刘丽波、张清编写，第 9 章由李春、赵丽华编写，第 10 章由李巨秀编写，第 11 章由马春华编写，第 12 章由马良、郭婷编写，第 13 章由陈姝娟、李诚编写，附录由陈继承编写。全书由马良校订、统稿。主审为王世平老师。全书由马良校订、统稿。

本次修订是在全体编写人员的大力支持和配合下完成的，非常感谢第 1 版主编丁晓雯老师付出的辛苦劳动，为本书奠定了良好基础。出版社支持、编辑们的付出以及来自广大师生的意见和建议也对提高《食品分析》的质量起到了十分重要的作用，在此一并表示感谢。编写和修订教材是一项繁难复杂的工作，总会存在一些疏漏和不尽如人意的地方，我们也期待广大读者和师生不吝赐教，不断提出宝贵意见，使教材质量不断提高，更好地服务于教学和社会。

编　者

2023 年 11 月

第 1 版前言

“民以食为天。”随着食品工业的快速发展，人民生活水平大幅度提高，对食品的要求也越来越高，食品不仅要具有诱人的色、香、味、形，更要求有良好的安全保障和营养价值。要评价食品是否具有这些属性，即是否具有良好的品质，对食品进行分析检测是必不可少的。

本书以教育部专业教学指导委员会制定的培养方案为指导，参考国内外的最新相关资料，结合教学要求及食品分析检测工作的实际需求编写而成。本书介绍了应用国家标准方法和实际工作中的常用方法，对食品物理指标、一般化学指标、营养成分、限制性成分、有毒有害成分进行分析检测，以及样品的采集、前处理、实验评估和数据的处理，重点包括方法的原理和应用需注意的事项。结合目前的教学实践，本教材没有介绍食品感官分析和食品微生物分析的内容，而主要介绍的是食品理化分析的内容。由于目前食品安全成为全球关注的热点，因此本教材在介绍食品一般理化指标和常规营养成分分析的同时，加大了食品安全性检测方面内容的介绍。随着科技的发展，仪器在食品分析中发挥的作用越来越大，本教材结合实际工作的需求，以国标法和国际常用的先进检测方法为依据，尽量多地介绍仪器分析技术在食品分析中的应用，更加接近食品分析检测工作的实际。

“食品分析”是食品科学与工程、食品质量与安全专业学生的重要专业基础课程之一。为培养学生的综合素质、自学能力，特别是动手能力，本教材引入了二维码，将某些具体方法包括试剂配制、操作过程等内容以二维码的形式出现，教材的正文则重点阐述测定方法的原理和注意事项。如果在学习中需要了解详细方法和扩展方法，可以通过扫描二维码获得相关内容，二维码中内容的表现形式生动直观，传统形式的教材中融入了数字化的新技术，提高了教材的教学效果。

本书共分为 13 章，由丁晓雯、李诚、李巨秀担任主编，袁芳、李春、倪春梅、李述刚、陈继承和马春华担任副主编，编写工作的分工如下：第 1 章由丁晓雯编写，第 2 章由倪春梅编写，第 3 章由袁芳编写，第 4 章由李诚、张清编写，第 5 章由李述刚编写，第 6 章由刘秀英、李春编写，第 7 章由王艳萍、张清编写，第 8 章由刘丽波、张清编写，第 9 章由李春、赵丽华编写，第 10 章由李巨秀编写，第 11 章由马春华编写，第 12 章由马良编写，第 13 章由陈姝娟、李诚编写，附录由陈继承编写。全书由马良校订、统稿。主审为王世平老师。全书由丁晓雯校订、统稿。

本教材的参考文献中仅列出了所参阅资料的主要部分，更多的资料没能一一列举，在此谨向原作者表示感谢！

本书可供高等院校的食品科学与工程、食品质量与安全、农产品质量与安全、粮食工程、乳品工程、食品营养与检验、烹饪与营养等食品相关本、专科专业作为教材使用，也可供食品卫生检验、技术监督和各类食品厂等单位的相关工作者参考。

由于作者的水平有限和时间仓促，书中不妥及错误之处请广大读者批评指正。

编　者

2016 年 2 月

目　录

第 1 章
绪　论

本章学习目的与要求

1. 掌握食品分析的定义及主要内容；
2. 了解食品分析所涉及的主要方法。

1.1 食品分析的作用与意义

食品是人类赖以生存的物质基础，是身体活动所需各种营养素和能量的来源，食品质量的好坏直接关系到消费者的身体健康，关系到一个国家、民族的繁荣、昌盛。

随着我国经济的发展，全国人民收入和生活水平不断提高，中国食品工业发生了翻天覆地的变化。现在我国把食品产业作为中国经济“扩大内需”的主体力量、乡村振兴的主要支撑行业、“健康中国”营养与健康的载体。随着消费需求和知识水平的提升，消费者比任何时候都更加关注食品的营养成分含量是否丰富，配比是否合理，是否含有对健康不利的成分、含量多少等食品营养和质量安全问题。要明确食品的这些品质，对其进行分析检测是必不可少的。食品分析就是一门应用物理学、化学、生物学等相关学科的理论和实验技术，专门研究各种食品成分的检测方法、检验技术及有关理论，进而评价食品品质的学科。

食品分析贯穿食品从原料、产品开发、生产、储运到销售的全过程，通过对食品从原料到成品进行分析监控，可以控制和管理食品生产，监督和保证食品质量，为食品新资源和新产品的开发、新技术和新工艺的探索等提供可靠依据。

1.2 食品分析的任务和内容

食品分析的任务就是根据物理、化学、生物学的基本理论，运用各种技术手段，对食品加工的原辅材料、半成品和成品进行检验，以保证生产出质量合格的产品；指导生产和研发部门改革食品的生产工艺、提高产品质量以及研发新的食品，提供其原料和添加剂等物料准确含量，研究它们对研发产品加工性能、品质、安全性的影响，确保新产品的品质和食用安全；对储藏、销售过程中的食品品质、安全性及其变化进行全程监控，以保证产品质量，避免食品可能对食用者健康产生不利的影响。食品分析的主要内容包括：营养成分分析、食品安全性分析、感官指标分析等。

1.2.1 营养成分分析

营养成分分析包括对常见的六大营养要素和食品营养标签要求的所有项目的检测，如水分、灰分、脂肪、碳水化合物、蛋白质、氨基酸、维生素、微量元素等含量的分析。对保健食品或者功能食品，还必须对它们的功能成分含量进行分析检测。营养成分分析是食品分析的主要工作。

1.2.2 食品安全性分析

食品安全是影响食品品质的重要因素，而导致食品安全性下降的主要因素是食品受到污染。污染食品的物质按其性质可分为生物性污染物、化学性污染物和物理性污染物三大类。生物性污染物包括微生物在生长繁殖过程中产生的有毒有害代谢产物，如黄曲霉和寄生曲霉污染玉米、花生后产生黄曲霉毒素，部分曲霉污染苹果及制品后产生展青霉素等；化学性污染物包括食品从农田到餐桌的整个过程中产生的、残留的或从污染的环境中转移的化学物质，如残留农药、兽药、有害元素，烟熏食品中的 3,4-苯并芘等，要对它们进行监控必须对它们的含量进行分析检测。在食品加工中采用的辅助材料和添加剂一般都是化学物质，若使用不当，这些成分将通过食品危害人体健康，因此国家对它们的剂量、品种都有严格的要求，其中对食品添加剂的分析检验是食品分析的重要工作之一。物理性污染物如沙石、草木等异物也可通过食品分析技术得到监控。

"国以民为本，民以食为天，食以安为先"，我国食品行业已成为集农业、制造业、现代流通服务业于一体的战略性、全局性的国民经济支柱产业，是承载国民食品安全、营养健康的民生产业，更是保障国家安全稳定、社会和谐发展的支柱产业。坚持安全第一、预防为主，强化食品药品安全监管，健全生物安全监管预警防控体系，是保障食品安全和人民身体健康以及国家长治久安的有力措施之一。

1.2.3　感官指标分析

感官指标分析是利用人的感觉器官来检查食品的色、香、味、形等品质，对评价食品品质有重要意义，是食品分析中不可缺少的一项重要内容。

随着科技的发展，现在已经开发出了一些模拟人体感觉器官的仪器用于食品的感官分析，如嗅辨仪、色差仪、质构仪等，以后会有更多的数字化的感官分析仪器投入使用。

对食品进行分析检测，分析结果是否具有代表性取决于分析方法的选择、样品的制备、分析操作、分析数据的处理。要做到这些，从事食品分析的工作人员必须具备坚实的化学、生物化学等相关学科的基础理论知识和实际操作技能，对分析方法的全面、正确地了解，熟悉各种法规、标准和指标，要有高度的责任心。

1.3　食品分析的方法

在对食品进行分析检测时，由于目的不同、被测组分、干扰成分的性质以及它们在食品中存在的数量的差异，要求选择不同的分析方法。食品分析采用的方法主要有感官分析法、化学分析法、仪器分析法、微生物检验法等。

1.3.1　感官分析法

食品感官分析法是利用人的感觉器官（眼、耳、鼻、舌、手）来检查食品的色、香、味、形等品质，该检验方法主要依靠人的感觉如视觉、嗅觉、味觉、触觉、听觉来识别和判断食品的品质。它综合利用了心理学、生理学、统计学和丰富的实践经验对食品进行综合评价，如对酒、茶的品质判定中，感官分析是必不可少的。

1.3.2　化学分析法

化学分析法是以化学反应为基础的分析方法。化学分析是食品分析中最基本、最重要的分析方法。根据化学反应的类型、操作方法的不同，化学分析法又分为重量分析法和滴定分析法两大类。

（1）重量分析法　选择合适的化学反应，将被测组分转化为一种组成固定的沉淀或者易挥发成分，通过干燥等方式处理，精确称量，求出被测组分的含量。如食品中的水分、灰分、脂肪、纤维等成分的测定就是根据它们的性质，选用重量分析法进行的。

重量分析法是使用分析天平称量获得分析结果，由于没有容量器皿引起的误差，准确度、精密度都较好。但是重量分析法需经溶解、沉淀、过滤、洗涤、干燥、称量等步骤，分析操作较烦琐，耗时较长，对低含量组分的测定误差较大。随着仪器分析的发展，重量分析法的使用在逐渐减少。

（2）滴定分析法　是根据组分在滴定过程中直接或间接消耗标准溶液以及被测物质与标准溶液所进行的化学反应的计量关系，求出被测物质的含量。

标准溶液的计量可采用“容量”和“重量”2 种方法，滴定分析法也因此分为容量滴定法和重量滴定法 2 种。在食品分析中容量滴定分析应用更普遍，如容量滴定分析法中的酸碱滴定法，用于测定食品的酸度、蛋白质含量等；氧化还原滴定法用于测定还原糖、维生素 C 的含量等。

1.3.3 仪器分析法

仪器分析法是借用仪器测量物质的某些理化性质以确定其化学组成、含量及化学结构的一类分析方法，目前仪器分析在食品分析检测中得到广泛的应用。根据仪器的工作原理以及应用范围，可将仪器分析分为以下几类。

（1）电化学分析法　是根据溶液中物质的电化学性质及其变化规律，建立在以电位、电导、电流和电量等电学量与被测物质某些量之间的计量关系的基础上，对组分进行定性和定量分析的仪器分析方法。

（2）光谱分析法　基本原理是当适当波长的单色光通过均匀溶液时，溶液的浓度越低，其透光率越大，溶液对光的吸收就越少；反之，透光率越小，溶液对光的吸收就越多。根据待测物质量浓度与它对光吸收强弱的正比例关系测定其含量。光谱分析涉及可见、紫外、原子吸收等分光光度技术，是食品分析中应用最广、最多的方法之一。

（3）色谱分析法　又分为气相色谱法、高效液相色谱法、离子色谱法等。

凡在气相色谱仪操作许可的温度范围内，能直接或间接气化的物质均可采用气相色谱仪进行分析测定，如脂肪酸、农药残留等的测定。

高效液相色谱法的基本原理是以高压下的液体为流动相，样品溶液被流动相载入色谱柱（固定相）内，由于样品溶液中的各组分在流动相和固定相中有不同的分配系数，它们在两相中做相对运动时，经过反复多次的吸附-解吸过程，各组分在移动速度上产生较大的差别，而被分离成单个组分后依次从柱内流出，通过检测器测定出样品中待测成分的质量浓度。目前高效液相色谱法成为食品分析的重要方法，有不可替代的作用。

离子交换色谱法中其固定相为离子交换树脂，当样品加入离子交换色谱柱后，如果用适当的溶液洗脱，样品的离子即与树脂上能游动的离子进行交换，并随着流动相进行连续可逆交换吸附和解吸，最终实现分离。离子色谱法主要用于无机离子混合物的分离，在食品分析检测中应用越来越广泛。

（4）质谱分析法　基本原理是用一束电子流轰击被研究的物质，把形成的正离子碎片的图谱定量地记录下来，得到质谱图，然后利用质谱图对被测物质进行组分的检测与鉴定。

（5）核磁共振分析法　基本原理是基于半数以上的原子核具有自旋，旋转时产生一小磁场，当加一外磁场时，自旋核会吸收特定频率的电磁波，从较低的能级跃迁到较高能级，即原子核的能级将分裂。据此可用于研究食品的结块与玻璃态转变温度、化学组成之间的关系等，为延长食品的保质期提供理论基础。

(6)生物芯片检测技术　是一种微量分析技术,可检测食品和鲜活动植物材料,它的灵敏性强、特异性强、假阳性低、简便快速。该技术目前处于发展中。

随着计算机技术的引入,多种技术的结合与联用使仪器分析应用更加广泛。食品仪器分析将向着简易、快速、微量、可同时测量若干成分等方向发展。

1.3.4 微生物分析法

微生物分析法是基于某些微生物生长需要特定物质的分析方法,该方法条件温和,克服了化学分析法和仪器分析法中某些被测成分易分解的弱点,方法的选择性高。可用于维生素、抗生素残留量、激素等成分分析。

经过长久不懈的探索,我国在营养成分检测、农药残留检测、兽药残留检测、重要有机污染物的痕量与超痕量检测、食品添加剂检测、违禁化学品检验、生物毒素检测等方面取得了很大进展,但是与国际先进技术和管理理念相比还有较大差距,我国的食品分析检测还应从以下几方面努力。

(1)研发引进新设备,丰富检测方法。随着社会的发展,传统的检测技术已经不能满足日益增长的食品分析检测需求,要不断开发、研制和引进新型的检测仪器设备、检测技术,丰富检测方法,提高检测方法的灵敏度、准确度和检测效率,同时提高检测人员的技术水平,这是食品分析检测工作的重点。

(2)提升食品检测技术,大力发展快速检测技术。简化检测准备,快速筛选样品,节约检测时间,满足检测准确性、检测速度和检测方便等要求,为食品质量安全再添保障。

我国在部分农药残留、兽药残留、硝酸盐测定、微生物检测等快速检测方面取得了一定成绩,在实际检测工作中发挥了重要作用。兽药残留快速检测方法主要是免疫学方法,其中胶体金免疫色谱试验测定法(也称为胶体金试纸、速测卡)、酶联免疫吸附测定法使用最普遍。目前,已有硫酸链霉素等 18 种兽药残留快速检测试剂盒以及盐酸克仑特罗等 18 种速测卡得到广泛应用,检出限能达到纳克(ng)级。但与国际先进快速检测方法相比还存在差距。农药主要分为有机磷类、有机氯类、氨基甲酸酯类和拟除虫菊酯类,有 2 万多种。在国家制订的《食品安全国家标准　食品中农药最大残留限量》(GB 2763—2021)标准中,对其中 564 种农药进行了严格限定,虽不同食品、不同农药限量要求不同,而常见的农药快速检测方法的检出限一般都高于国家标准规定的最大残留限度,因此,快检方法通常用于对食品农药残留的定性和初筛。如用酶抑制法检测食品中的重金属,因重金属种类多,不易找到对多种重金属都敏感且重复性好的酶,如用一种酶检测一种重金属,就达不到快速检测的目的,还存在目标物质的提取率低、干扰性大等问题。

(3)完善食品分析检测标准,改进检测办法。GB/T 5009 体系是我国最重要的食品理化检验标准体系之一,历经多年的发展,现已日趋成熟。该体系包括一般分析元素分析,农药残留分析,兽药残留分析,毒素分析,化学污染物分析,食品添加剂分析,食物分析,包装材料分析,维生素分析,保健食品分析,其他分析,基本上囊括了现行的食品安全标准所要求的检验方法。但标准中存在一些问题需要完善,如掺伪、掺假鉴别方法及违禁品的测定方法。目前食品标准中对有害物质的限量越来越小,对分析检测方法提出了更高的要求,如不对检测方法进行修订,可能出现检测结果无法判定是否符合限量标准的现象。要从标准制定与检验检测方法标准制定相互配合的角度解决基础标准、产品标准和方法标准之间的协调问题。

我国在食品分析检测方面还存在一些问题,但随着科学技术的发展,新的检验手段与方法的出现，将使食品分析检测技术朝着高标准、高效率、高灵敏性与高精度的方向发展，为提高食品质量做出贡献。

（丁晓雯）

本章小结

本章详细介绍了食品分析的作用和意义，食品分析的内容包括营养成分的分析、描述食品安全性的指标分析和食品感官性状的分析，食品分析的方法主要包括感官分析法、化学分析方法、仪器分析法和微生物分析法。随着科技的发展，仪器分析的应用越来越普遍，还简要介绍了食品分析今后应该加强的工作内容。

思考题

1. 什么是食品分析？
2. 食品分析的主要任务和作用是什么？

参考文献

[1] 侯曼玲. 食品分析. 北京：化学工业出版社，2004.

[2] 钱建亚. 食品分析. 北京：中国纺织出版社，2014.

[3] Suzanen Nielsen S. 食品分析. 5 版. 王永平，宋丽军，蓝东明主译. 北京：中国轻工业出版社，2019.

[4] 李和生. 食品分析. 北京：科学出版社，2014.

[5] 王喜波，张英华. 食品分析. 北京：科学出版社，2015.

[6] 王永华，戚穗坚. 食品分析. 3 版. 北京：中国轻工业出版社，2019.

[7] 王世平. 现代仪器分析原理与技术. 北京：科学出版社，2015.

[8] 汪东风. 食品质量与安全实验技术. 2 版. 北京：中国轻工业出版社，2011.

[9] 吴晓萍，周春霞. 食品安全检验技术. 郑州：郑州大学出版社，2012.

第2章

食品样品的采集与预处理

本章学习目的与要求

1. 掌握采样的概念、原则及一般规则；
2. 掌握样品的分类、采样方法及注意事项；
3. 掌握食品样品的制备与预处理方法。

2.1 概述

为了控制食品品质和安全，同时为了管理生产及产品研发，分析检测食品加工的原材料、半成品、各种添加剂、辅料及产品的重要特性是非常必要的。如果分析技术快速且无破坏性，那么可对所有食品或指定批量配料实施评估；然而通常更可行的方法是从所有产品中选择一部分用于分析化验，那么所选的这部分材料一定要有代表性，能充分代表整个批量的性质。

大多数食品分析对象具有不均匀性，且食品中营养成分和含量受其成熟度、加工方法、储存方法等影响而产生较大差异。尽管食品和食品原料的种类繁多，成分和来源各异，分析检测的项目和要求也各不相同，但食品分析一般都要经过以下程序。

（1）样品的采集与制备，使所采集的样品具有代表性。

（2）样品的预处理，使其符合分析方法的要求。

（3）选择适当的分析方法对样品进行检测，使检测结果准确可靠。

（4）数据处理及检测报告的撰写。

2.2 样品的采集与保存

食品分析检验的第一步工作就是样品的采集，样品的采集简称采样。采样就是为了进行食品分析检验而从大量待测样品中抽取一定数量具有代表性的样品。适当的采样方法及技术有助于确保样品的测定值能代表总体品质准确可靠的评估值。

2.2.1 样品的采集

在食品分析检验的实际工作中，要分析检验的物料通常数量都十分庞大，组成也不尽相同。即使是同一种食品样品，其所含成分的分布也不会完全一致，有的很均匀，而有的很不均匀。但分析检验时有的分析项目需要几克样品，而有的分析项目或方法只需几毫克。不管需要量多少都要求分析结果必须能代表全部样品，因此在分析工作中必须采集具有足够代表性的“平均样品”，并按照合理的方法将其制备成分析样品，才能用于分析工作。如果采集的样品不具有代表性，那么即使检测设备很先进，分析方法也很正确，其分析结果也毫无意义，甚至可能得到错误的结果。从而给生产及管理造成不必要的损失，甚至有时会造成重大经济损失以至误伤人命、酿成大祸。因此，样品采集的正确与否是检验工作成败的关键。

采样是一个困难而且需要非常谨慎的操作过程。要确保从大量的被检测物料中，采集到能代表整批被测物质品质的少量样品。在采样中必须严格遵守一定的规则，掌握适当的方法，并防止在采样过程中，造成某种成分的损失或外来成分的污染。通常情况下被检物品有不同形态，如固态、液态或固液混合等。固态样品可能因颗粒大小、堆放位置不同而带来差异；液态样品可能因混合不均匀或分层而导致差异，在采样时都应予以注意。

正确采样必须遵循的原则如下。

（1）代表性原则　采集的样品必须具有代表性，能反映全部被检食品的组成、品质与卫生状况。

（2）典型性原则　采样方法必须与分析目的保持一致，要根据分析的目的采集到能充分证明这一目的的典型样品。如检测污染或怀疑污染的样本就必须采集接近污染源的食品或易受污染的那部分样本，以证明其是否被污染。同时还应采集确实被污染的同种食品做空白对照试验。掺假或怀疑掺假的食品应采集有问题的典型样本，以证明是否掺假，不能用均匀样本代表。

(3)真实性原则　采样人员必须亲临现场采样，以防止在采样过程中作假或伪造食品。采样及样品制备过程中设法保持原有的理化性质，避免预测组分发生化学变化、逸散及带入杂质。所有采样用具要清洁、干燥、无异味，无污染食品的可能。

(4)实时性原则　因为很多被测组分的含量及性质会随着时间的推移发生变化，故为了得到正确的结论就必须尽快送检。如发生食物中毒事件后应立即赶到现场进行及时采样，否则不易得到中毒样品。临床上也往往需要等待检测结果以采用有效救治药物。因此采样和送检的时间性也非常重要。

(5)适量性原则　采样数量因实验项目和目的而定，一般每份样本不少于检验需要量的 3 倍，以供检验、复检和留样。供理化检验的样本，固体一般每份不少于 0.5 kg；液体、半流体食品一般每份样本 510 mL，250 mL 以下的包装样品不少于 6 包。实际操作中可根据检验项目和样本的具体情况适当增减。

(6)程序性原则　采样、送检、留样和出具报告均应按规定的程序进行，各阶段都要有完整的手续，责任分明。

另外，在采样之前应对样品所处的环境和现场进行充分的调查，同时需要考虑以下问题：第一，采样的地点和现场条件；第二，样品中的主要组分与含量范围；第三，采样完成后需要分析测定的项目；第四，样品中可能会存在的物质组成。

2.2.2　样品的分类

采样时，样品可分为检样、原始样品和平均样品(或称试验样品、试样)3 种。

检样是按照规定的方法，使用适当的工具，从整批被检测对象中抽取的少量样品。

将许多份按照规定的方法所取的检样综合在一起的称为原始样品(性质不相同的检样不能混合成一种原始样品，而应分成相应的几种原始样品)。

将原始样品混合均匀，再从混匀的样品中按四分法或分层取样法均匀地分出一部分做检测用，这部分样品称为平均样品。四分法取样如图 2-1 所示，直到达到分析的要求，即得平均样品。

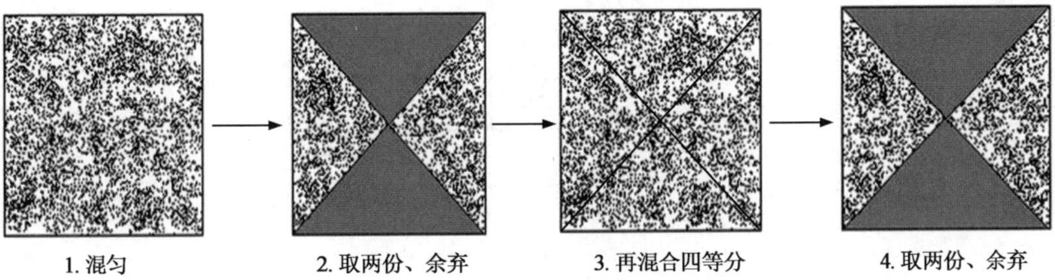

图 2-1　四分法取样示意图

通常将平均样品分为 3 份，一份用于分析全部检测项目指标，称为检验样品；一份作为复检样品，当对检测结果存有争议或者分歧时使用；还有一份样品需封存保留一段时间(一般是

1个月)，供以后需要时进行备查，称为保留样品，但是易变质的食品一般不作保留。

2.2.3 采样的一般方法

样品的采集通常采用随机取样和代表性取样2种方法。

所谓随机取样，是指不带主观框架，均衡地、不加选择地从全部产品的各个部分取样。在取样过程中要保证所有物料中的每一个单位产品(为检验需要而划分的产品最小的基本单位)都有被抽取的机会。具有随机性、不加选择性的特点，即保证所有物料各个部分被抽到的可能性均等。也就是说，抽取的样品必须均匀地分布在整批物料的各个部位。

随机取样虽然可以避免人为倾向，但是对于不均匀样品，仅用随机取样法是不够的，必须结合代表性取样。只有从有代表性的各个部分分别取样，才能保证样品的代表性。所谓代表性取样，是用系统取样法进行采样，根据样品随空间(位置)、时间变化的规律，采集能代表其相应部分组成和品质的样品。如按不同生产日期采样，在流水线上按一定的时间间隔采样，按组批采样，定期在货架商品中采样，按分析的目的采样等，在食品生产过程中用得较多。

具体的取样方法，因分析对象的不同而异，一般采用如下方法。

(1)粮食、油料类散粒状物品的采样　对于粮食等散粒状物品，用双套回转取样管插入包装内，回转180°取出样品。每一包装中必须由上、中、下3层分别取出3份检样，然后充分混合均匀，进而分取平均样品。常用方法有四分法和自动分样器取样法。双套回转取样管和自动分样器示意图见图2-2。

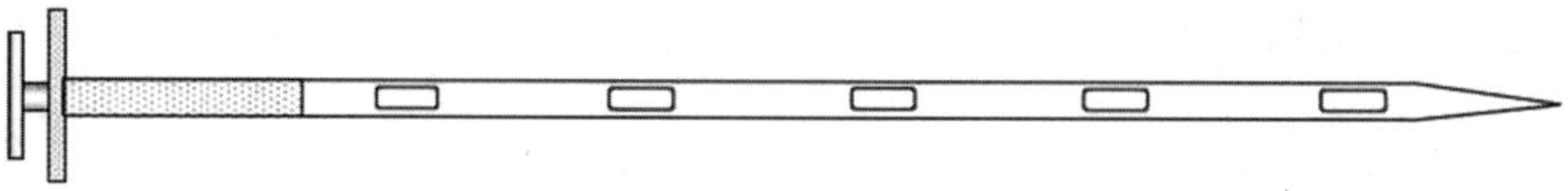

(a) 双套回转取样管

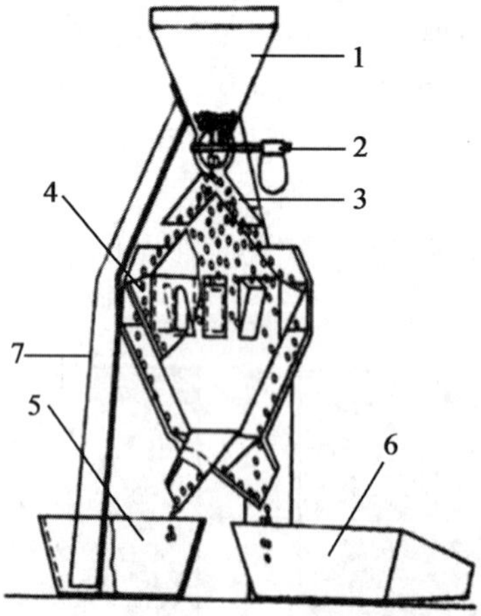

(b) 自动分样器

1. 漏斗　2. 漏斗开关　3. 圆锥体　4. 分样格　5,6. 接样斗　7. 支架

图2-2　双套回转取样管和自动分样器示意图

自动分样器可对粮食、油料样品进行分样与混样，具有准确度较高、使用方便、混样均匀、分样误差小等特点。对样品进行分样后，分别包装送检。

（2）液体样品及半固体样品的采样　液体样品在采样前必须充分混合，混合可用混合器。如果样品量少，可用两容器相互转移的方法来混合。采样一般用长形采样器采集，用虹吸法分层取样，然后装入小瓶混匀即可。

半固体样品（如稀奶油、动物油脂、果酱等），用采样器从上、中、下 3 层分别取样，然后混合分取缩减到所需数量的平均样品。每次取样最少为 250 mL。

以牛乳为例，先用搅拌棒在牛乳中自上至下、自下至上各以螺旋式转动数次。若要采取数桶乳的混合样品时，则先要估计每桶乳的质量，然后以质量比例决定每桶乳中应采取的数量，然后用采样管采集在同一个样品瓶中，混匀即可。一般每千克可采样 0.2～1.0 mL。为了确定牧场在一定时期内牛乳的成分，可逐日按质量采集一定的样品量（如 0.5 mL/kg），每 100 mL 样品中可加入 1～2 滴甲醛作为防腐剂。

（3）肉类、水产品的采样　对于肉类、水产品的采样方法主要有两种：一种是针对不同的部分分别进行采样，另一种是先将分析对象混合后再采样。通常情况下，采样方法主要取决于分析目的和分析对象。假如分析对象在不同部位单独采集样品的难度很大，但是采用先混合再采样的方法也能满足分析的目的和要求时，一般采用后者。后者相对于前者来说，工作量一般会少很多。但是如果要检测某个具体部位的情况时，就只能单独对该部位进行采样，如对脂肪进行成分分析时，就只能采集脂肪部分。

（4）水果、蔬菜的采样　首先随机采集若干个单独个体，然后按照一定的方法对所采集的个体进行处理。

例如，某个地区出产的一批石榴被砷污染了，数量为 100 箱，每箱规格为 64 个，现在要确定该批石榴的砷含量。相应的采样方法是：首先从这 100 箱石榴中随机挑出 10 箱，然后随机地从 10 箱里的每一箱中挑出 8 个，接着将所取得的 80 个石榴混合，再从中随机抽出 9 个作为样品。

（5）罐头类食品的采样　可按生产班次取样，取样数为总罐数的 1/3 000，尾数超过 1 000 罐者增取 1 罐，但每班每个品种取样基数不得少于 3 罐。

对于某些生产量较大的产品，当班产量总罐数基数为 20 000 罐时，其取样数为总罐数的 1/3 000；当总罐数超过 20 000 罐时，其取样数可为总罐数的 1/10 000，尾数超过 1 000 罐者，增取 1 罐。

如果个别产品生产量过小，同品种、同规格者可合并班次取样，但并班总罐数不超过 5 000 罐，每生产班次取样数不少于 1 罐，并班后取样数不少于 3 罐。

另外也按杀菌锅取样，每锅检取 1 罐，但每批每个品种不得少于 3 罐。

2.2.4　采样要求与注意事项

为保证采样的公正性和严肃性，确保分析数据的可靠，国家标准《食品卫生检验方法理化部分总则》（GB/T 5009.1—2003）对采样过程提出了以下要求，对于非商品检验场合，也可供参考。

（1）采样应注意样品的生产日期、批号、代表性和均匀性（掺伪食品和食物中毒样品除外）。采集的数量应能反映该食品的卫生质量和满足检验项目对样品量的需要。一式三份，供检验、复验、备查或仲裁，一般散装食品每份不少于 0.5 kg。

（2）采样容器根据检验项目，可选用硬质玻璃瓶或聚乙烯制品。容器不能是新的污染源，容器壁不能吸附待检测组分或者与待检测组分发生反应。用于微生物检验样品的容器要求经过灭菌。

(3)液体、半流体食品如植物油、鲜乳、酒或其他饮料,如用大桶或大罐盛装者,应先充分混匀后再采样。首先将样品分别盛放在3个干净的容器中,检查液体是否均一、有无杂质和异味,然后将这些液体搅拌混合均匀,进行理化指标的检测。

(4)粮食及固体食品应自每批食品的不同部位分别采取部分样品,混合后按四分法得到具有代表性的样品。

(5)肉类、水产等食品应按分析项目的要求分别采取不同部位的样品。

(6)罐头、瓶装食品或其他小包装食品,应根据批号随机取样。同一批号取样件数与包装食品的质量有关,250 g以上的包装不得少于6个,250 g以下的包装不得少于10个。

(7)掺伪食品和食品中毒的样品采集,要具有典型性。

(8)检验后样品的保存,一般样品在检验结束后,应保留1个月以备需要时复检;易变质食品不予保留。保存时应加封并尽量保持原状。检验取样一般皆只取可食部分。

(9)感官不合格产品不必进行理化检验,直接判为不合格产品。

2.2.5 样品保存

样品采集后,为了防止水分的挥发、易挥发成分的逸失或其他待测物质含量的变化(如光解、高温分解、发酵、化学反应等),应当在短时间内立即进行分析,以防被测组分及其含量发生变化。如果不能立即进行分析,应当根据样品的性质和分析方法,对样品进行处理后按照相应的标准方法加以妥善保存,以保证测定结果的准确性。一般采用风干、烘干、冷冻干燥等方法对样品进行干燥处理,但必须计算样品的含水量。

制备好的样品,为了防止其受到污染,应当存放于洁净密封的干燥容器内(一般用玻璃容器,切忌使用带橡皮垫的容器)。样品要按照日期、批号、编号等摆放整齐,置于阴暗处保存。易腐败变质的样品应放在0～5℃冰箱内,保存时间也不能太长。

特殊情况下,可加入不影响分析结果的防腐剂或冷冻干燥保存。

2.3 样品的制备与预处理

2.3.1 样品的制备

样品的制备是指对所采取的样品进行分取、粉碎、混匀、缩分等过程。由于用一般方法取得的样品数量较多、颗粒过大且组成不均匀,因此必须对采集的样品加以适当的制备,以保证其能代表全部样品的情况并满足分析对样品的要求。样品处理得好,对后面的分析工作会带来很大的方便,并会提高分析的准确度。因此样品的制备在分析过程中有着举足轻重的作用。样品的制备因产品类型不同以及检验项目的不同而异。

2.3.1.1 常规食品样品的制备

(1)液体样品　对于浆体或悬浮液体,一般是将样品摇动并充分搅拌。常用的简便搅拌工具是玻璃搅拌棒,还有带变速器的电动搅拌器,可任意调节搅拌速度。

对于互不相溶的液体,如油与水的混合物,分离后分别取样。

(2)固体样品　颗粒较大的固体样品，由于其颗粒粒径较大，很多目标分析成分被包埋在颗粒内部，从而使分析结果产生偏差。故对粒径不符合分析要求的样品，应采取捣碎、反复研磨或其他方法研细。样品经过研磨处理后，固体颗粒或者组织体积变小，易于进行目的组分的提取。

对于含水量低的干燥样品，如粮食、油料等可用研钵或磨粉机进行粉碎，一般经粉碎后过20目筛。

对于含水量较高的样品，如新鲜肉类、海产品可用绞肉机或组织捣碎机进行破碎。

(3)罐头样品　水果罐头在捣碎前须清除果核，肉禽罐头应预先清除骨头，鱼类罐头要将调味品(葱、辣椒等)分出后再捣碎。常用的捣碎工具有高速组织捣碎机等。

在样品制备过程中，应注意防止易挥发成分的逸散，并避免样品组成及理化性质的变化。作为微生物检测的样品，必须按照无菌操作的规程制备。

2.3.1.2　测定农药残留的样品制备

(1)粮食　充分混匀后用四分法取样粉碎，过40目筛。

(2)蔬菜和水果　先用水洗去泥沙，然后除去表面附着的水分后，依当地食用习惯，取可食部分沿纵轴剖开，各取1/4，切碎，充分混匀。

(3)肉类　除去皮和骨，将肥瘦肉混合取样。每份样品在检验农药残留量的同时，应进行粗脂肪含量的测定，以便必要时分别计算农药在脂肪或瘦肉中的残留量。

(4)蛋类　去壳后全部混匀。

(5)禽类　去毛，开膛去内脏，洗净并除去表面附着的水分，纵剖后将半只去骨的禽肉铰成肉泥状，充分混匀。检验农药残留量的同时，还应进行粗脂肪的测定。

(6)鱼类　每份鱼样至少3条。去鳞、头、尾及内脏，洗净后除去表面附着的水分，纵剖后取每条鱼的一半，去骨与刺后全部铰成肉泥状，充分混匀。

2.3.2　样品预处理的目的与要求

在食品分析中，由于食品或食品原料种类繁多、组成复杂，而且各组分(如糖类、脂肪、蛋白质、维生素等)之间往往又以复杂的结合形式或络合形式存在。在分析食品中某种组分时，其他组分的存在常对分析测定带来干扰，使测定结果达不到预期目的。因此，为了保证分析工作的顺利进行并获得准确的分析结果，就需要在正式分析测定之前，对样品进行适当的预处理，使被测组分同其他组分分离或者使其他的干扰物质被除去。此外，有些被测组分由于在样品中质量浓度太低或含量太少(如污染物、农药、兽药、黄曲霉毒素等)，直接测定有困难，这就需要在测定前将被测组分进行富集或浓缩，以获得可靠的测定结果。这些过程被称作样品的预处理。它是整个食品分析过程中的一个重要环节，直接关系着检测的成败与分析结果的准确性。

样品的预处理方法取决于被测食品的类型、特点，被测物质的组成、理化性质，以及被测项目的需要等。但不管选择何种预处理方法，须把握以下几点总体原则。

(1)消除干扰因素。由于食品本身所含的某些成分(如蛋白质、脂肪、糖类等)常常会对其他成分的分析测定产生干扰，因此在分析测定之前必须进行样品预处理，消除干扰测定结果的一些组分。

(2)完整保留被测组分。样品在预处理过程中，既要排除干扰因素，又要避免被测物质受到损失，应尽量完整地保留被测组分。

(3)使被测组分浓缩,以便获得可靠的分析结果。通过预处理一方面排除干扰组分,另一方面应能使被测定物质浓缩,从而使测定能得到理想结果。

(4)调整被测样品的 pH、离子强度等,使其满足检测的要求。

2.3.3 样品预处理方法

样品的预处理方法有很多,但在具体应用时,可根据待测食品的特点、被测物质的特点及分析项目等进行合理的选择。有时还需要将几种不同预处理方法配合使用,以期得到理想的分析结果。常用的预处理方法有以下几种。

2.3.3.1 有机物破坏法

有机物破坏法主要用于食品或食品原料中无机盐或金属离子的测定。食品或食品原料中的无机盐或金属离子有的是食品的正常成分,有的则是在生产、保存、运输或销售过程中引入的污染物。这些元素常与蛋白质、糖类、脂类等有机化合物结合成难溶或难以离解的有机化合物,使元素难以进行直接测定。因此,在测定之前需要利用高温或者强氧化的作用破坏有机结合体,使食品中有机物质分解,并在加热过程中呈气态而逸散掉,使被测组分释放出来,然后进行分析测定。破坏有机物因原料的组成以及被测元素的性质不同可有许多不同的操作方法。根据具体操作方法不同,又分为干法灰化法、湿法消化法、微波消解法、紫外光分解法。

1. 干法灰化法

该法适于测定在高温下稳定的元素,如有机磷。其原理是先将样品置于电炉上加热,使其中的有机物脱水、炭化、分解、氧化,再置高温炉(温度一般为 500～600℃)中灼烧灰化,直至残灰为白色或灰色为止(一般需要 4～6 h),所得残渣即为无机成分。将残灰经溶剂溶解、定容可直接用于测定。

为了缩短灰化时间促进样品灰化完全,或防止某些元素在灰化时的损失,常向样品中加入少量助灰化剂(如硝酸、过氧化氢等)。这些物质可以加速灰化,并且在灼烧后可以完全消失,不增加残灰的质量。有时也可添加硝酸镁、氯化镁、碳酸盐等物质作为助灰化剂,它们与灰分混杂在一起,使炭粒不被覆盖,但应做空白试验。

有时为了避免样品中待测物质在高温下逸散,也可添加少量的碱性物质或酸性物质作为固定剂,使某些易挥发的成分转变为难挥发或不挥发的物质。如为了防止砷的挥发,常在灰化之前加入适量的氢氧化钙;对含锡的样品可加入适量的氢氧化钠;为了防止卤素的散失,样品也须在碱性条件下进行处理,可加入氢氧化钠或氢氧化钙使卤素变为难挥发的碘化钠或氟化钙;为了防止铅、镉元素在灰化时挥发,可加入硫酸使之转化为难挥发的硫酸盐。除汞外,绝大多数金属元素和部分非金属元素都可通过该方法进行预处理。

干法灰化时间长,常需过夜完成,但无须工作者经常看管。由于试剂用量少,产品的空白值较少,同时有机物分解彻底,操作简单。另外由于灰分体积很小,因而可处理较多的样品,可富集被测组分。但对挥发性物质的损失与湿法消化相比较大。另外坩埚对被测组分有吸留作用,使测定结果和回收率降低。

2. 湿法消化法

湿法消化法也称消解法,是在强酸和强氧化剂条件下加热消煮,使样品中的有机物质完全分解、氧化,其中 C、H、O 等元素以 CO_2、H_2O 等形式呈气态逸出,而被测物质呈无机盐或离子状态保存在消化液中。由于湿法消化是在溶液中进行的，反应也较缓和一些，因此被分析的物质散失就大大减少。湿法消化法常用于某些极易挥发散失的物质，除了汞以外，大部分金属的测定都能得到良好的结果。

常用的强氧化剂有浓硝酸、浓硫酸、高氯酸、高锰酸钾、过氧化氢等。在消化时，常将几种强酸的混合物作为溶剂与试样一起加热消解，如硝酸-硫酸、硝酸-高氯酸、硝酸-高氯酸-硫酸、高氯酸(或过氧化氢)-硫酸等。

单独使用硫酸的消化方法在样品消化时，仅加入硫酸，在加热情况下，依靠硫酸的脱水炭化作用破坏有机物。浓硫酸的氧化能力比高氯酸和浓硝酸弱，但脱水性很强，可以使有机物脱水炭化，消化液炭化变黑后会保持较长的炭化阶段，最终使消化时间延长。因此在消化时常加入硫酸钾或硫酸钠以提高消化液的沸点，同时加适量的硫酸铜或硫酸汞作为催化剂来缩短消化时间。目前食品中粗蛋白的测定，即用此法消化样品。

硝酸-高氯酸消化法的特点是：由于硝酸-高氯酸的氧化能力强，反应速度快，炭化过程不明显，消化温度较低且待测物挥发损失少；但这 2 种酸受热都易挥发，故消化温度过高、时间过长时，容易烧干并可能引起残余物燃烧或爆炸。为防止此情况的发生，有时须加入少量硫酸。另外本法对于还原性较强的样品，如酒精、甘油、油脂和大量磷酸盐存在时，不宜采用。

硝酸-硫酸消化法是在样品中加入硝酸和硫酸的混合液进行加热消化，或先加入硫酸进行加热使有机物分解，在消化过程中不断补加硝酸。该法可缩短炭化过程并减少消化时间，反应速度适中。由于碱土金属的硫酸盐在硫酸中的溶解度较小，故此法不适合用于食品中碱土金属的分析。如果样品的脂肪和蛋白质含量较高，可在消化的后期加入少量的高氯酸或过氧化氢来加快消化的速度。

不管用何种强氧化剂进行处理，湿法消化与干法灰化相比其优点是所需时间短，加热温度较干法低，而且挥发性物质损失较少。但也有许多缺点，如在消化过程中试剂用量较大，空白值偏高；需工作者经常看管，劳动强度大；产生大量的酸雾和刺激性气体，不仅对人体有害，而且还会造成环境污染和实验室设备的腐蚀，故需在通风橱中进行。此外，在消化初期易产生大量泡沫，并易冲出瓶口，造成被测物质的损失；另外，在操作中应控制火力注意防爆。

3. 微波消解法

微波消解法是一种以微波为能量对样品进行消解的新技术，包括溶解、干燥、灰化、浸取等。该法适于处理大批量样品及萃取极性与热不稳定的化合物。

该法以其快速、试剂用量少、节省能源、易于实现自动化等优点而被广泛应用。美国公共卫生组织已将该法作为测定金属离子时消解植物样品的标准方法。

4. 紫外光分解法

紫外光分解法是一种用于消解复杂样品基体中的有机物，从而测定其中无机离子的方法。所用的紫外光源由高压汞灯提供，在 80～90℃ 的温度条件下对样品进行光解。在光解过程中，通常加入 1～2 mL 过氧化氢以增加有机物的降解速度，光解的时间根据样品的类型和有机物的含量而定。

紫外光分解法具有试剂用量少、污染小、空白值低、回收率高等特点，可用于测定样品中铜、锌、镉、磷酸根、硫酸根等物质。

2.3.3.2 蒸馏法

蒸馏法是利用被测物质中各组分挥发性的不同来进行分离的方法，可用于去除干扰组分，也可以将检测组分蒸馏逸出，收集馏出液进行分析测定。例如，提取橙子皮中的香精油可用水蒸气蒸馏样品，将馏出的蒸汽冷凝，使用无水硫酸钠干燥油层，即得到香精油。

根据样品中被测组分性质的不同，蒸馏法可分为常压蒸馏、减压蒸馏、水蒸气蒸馏、分馏、扫集共蒸馏、共沸蒸馏、萃取蒸馏等，在食品分析中常用的有以下几种。

1. 常压蒸馏法

当被蒸馏的物质受热后不易分解或沸点不太高时，可在常压下进行蒸馏，其装置比较简单，见图 2-3。

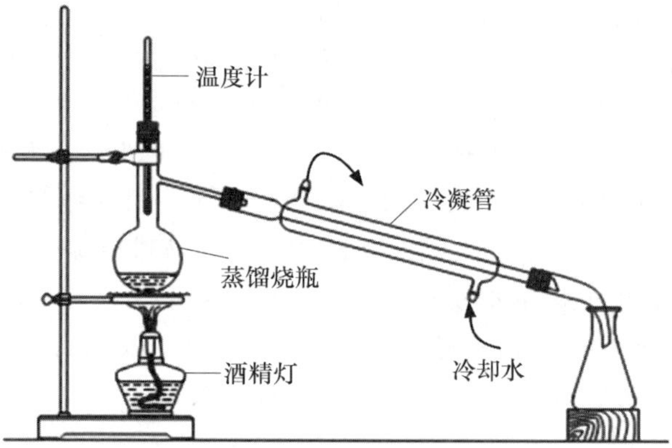

图 2-3 常压蒸馏装置

常压蒸馏法的加热方法可根据被蒸馏物质的沸点等性质来确定。如果沸点低于 90℃，可用水浴加热；如果超过 90℃，则可改为油浴、沙浴、盐浴或石棉浴等方式进行加热；如果被蒸馏的物质是低沸点和易燃性液体，必须使用无明火的恒温水浴，而且实验装置附近应避免有火源的存在；如果被蒸馏物质不易爆炸或燃烧，可用电炉或酒精灯直接加热，最好要垫以石棉网，使受热均匀并保证安全。当被蒸馏物质的沸点高于 150℃时，可用空气冷凝管代替冷水冷凝器。在加热蒸馏前，应在蒸馏瓶中加入少量沸石或其他类似物，以防止液体暴沸，并使沸腾保持平稳。

2. 减压蒸馏法

有很多化合物特别是天然提取物在高温条件下极易分解，因此须降低蒸馏温度，最常用的方法就是减压蒸馏。该方法的基本原理是借助减压装置降低蒸馏系统内的压力，以降低液体的沸点，防止被测组分发生分解。减压蒸馏与旋转蒸馏装置见图 2-4。

3. 水蒸气蒸馏法

水蒸气蒸馏法是将水蒸气通入不溶于水的有机物中或使有机物与水经过共沸而将有机物蒸馏出去的方法。水蒸气蒸馏法只适用于具有挥发性的，能随水蒸气蒸馏而不被破坏，并在 100℃左右有一定的蒸气压的情况。当与水在一起加热时，其蒸气压和水的蒸气压总和为 0.1 MPa (1 个大气压)时，液体就开始沸腾，水蒸气将挥发性物质一并带出。此方法可用于某些被测组分加热到沸点时可能发生分解的样品，也可用于某些被测组分沸点较高，直接加热蒸馏时因受热不均匀而引发局部炭化的样品。例如，测定有机酸常用水蒸气将有机酸蒸出再进行测定。水蒸气蒸馏法装置见图 2-5。

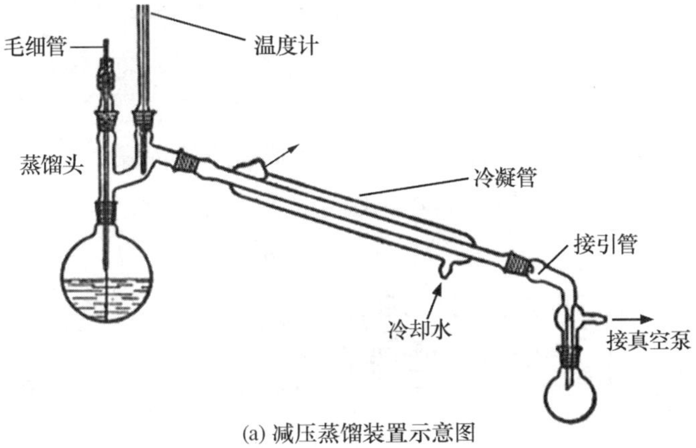

(a) 减压蒸馏装置示意图

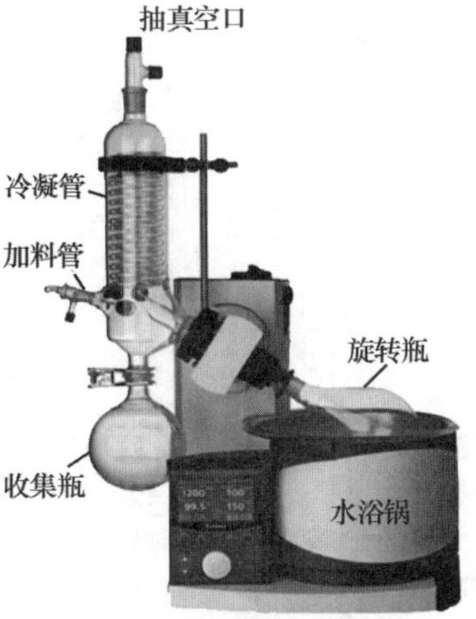

(b) 旋转蒸馏装置实物图

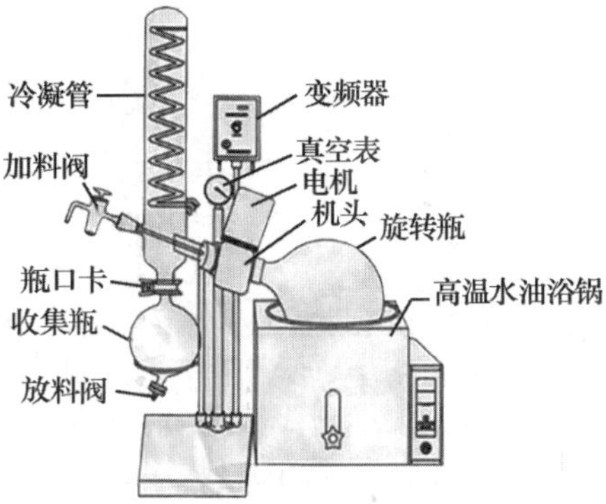

(c) 旋转蒸馏装置示意图

图 2-4　减压蒸馏与旋转蒸馏装置

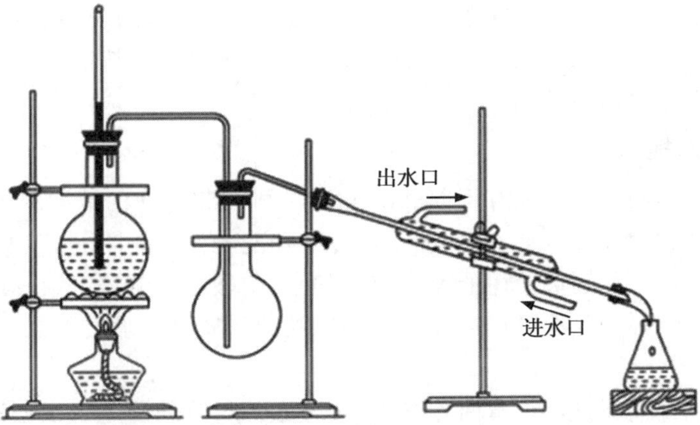

图 2-5　水蒸气蒸馏装置

4. 分馏法

分馏是蒸馏的一种，是将液体混合物在一个设备内同时进行多次部分汽化和部分冷凝，将液体混合物分离为各组分的蒸馏过程。这种蒸馏方法用于 2 种或 2 种以上组分可以互溶而且沸点相差很小的混合液体。

5. 扫集共蒸馏法

该法是美国分析化学家协会(AOAC)农药分析手册中用于挥发性有机磷农药的分离、净化的方法。需在专门的装置中进行操作，装置见图 2-6。

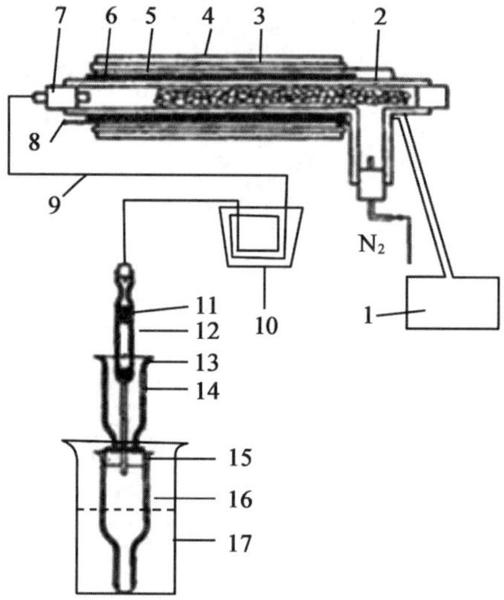

1. 可变变压器　2. 施特勒管(填充 12～15 cm 硅烷化的玻璃棉)　3. 石棉　4. 绝缘套　5. 加热板　6. 铜管　7. 硅橡胶塞　8. 高温计　9. 聚氟乙烯管　10. 水或冰浴　11. 硅烷化玻璃　12. ANAKROM ABS(一种吸附剂)4 cm　13. 尾接管　14. 硅烷化玻璃棉　15. 19～22 号标准磨口　16. 离心管　17. 盛水烧杯

图 2-6　扫集共蒸馏装置

先用乙酸乙酯提取样品中的农药残留，然后将样品提取液用注射器从填充有玻璃棉、沙子的施特勒(Storherr)管的一段注入后，农药便和溶剂在加热的管中化为蒸气，并借助氮气流吹入冷凝管，然后通过微柱层析进入收集器中。在此过程中，样品中的脂肪、蜡质、色素等留在施特勒管和微柱层析柱中，净化液收集于离心管中。该法净化速度快，只需 30～40 min。另外节省试剂，是一种很有前途的净化方法。

2.3.3.3　溶剂提取法

在任一溶剂中，不同的物质具有不同的溶解度。利用混合物中被测组分与干扰物质在同一溶剂中具有不同的溶解度，将被测组分与其他组分完全分离或部分分离的方法称为溶剂抽提法，也称萃取或提取。此法可使用的无机溶剂如水、稀酸和稀碱等溶液，有机溶剂如乙醇、乙醚、石油醚、氯仿、丙酮等。此法既可从样品中抽取被测物质也可除去干扰物质，是常用的食品样品预处理的方法。

此法常用于样品中农药残留、黄曲霉毒素、抗生素等组分的测定。根据样品的组成及被测组分性质的不同，溶剂抽提法常分为浸提法、溶剂萃取法、索氏抽提法、加速溶剂萃取法、超临界流体萃取法、盐析法、固相萃取法、微波辅助萃取法、超声波辅助萃取法等。

1. 浸提法

用适当溶剂浸泡固体样品，将可溶性溶质浸提出来的方法称为浸提法，也称为浸泡法。如从茶叶中提取茶多酚，香菇中提取香菇多糖等，一般均采用浸提法。

浸提法所采用的提取剂应既能大量溶解被提取的物质，又不破坏被提取物质的性质。一般来说，浸提时溶剂的选择应符合相似相溶的原则。实际应用时应根据被测组分的极性强弱来选择合适的提取剂。极性强的组分（如黄曲霉毒素 B_1）要用极性大的溶剂（如甲醇-水溶液）提取；极性弱的组分（如有机氯农药）要用极性小的溶剂（如正己烷、石油醚）提取。

此法常用的无机溶剂有水、稀酸溶液、稀碱溶液等。常用的有机溶剂有乙醇、乙醚、氯仿、丙酮、甘油等。也可以采用混合提取剂以调整其极性大小，如甲醇与水混合溶液等。

浸提的具体方法有普通浸泡法、振荡浸渍法、超声波浸提法及捣碎法等。振荡浸渍法是将样品粉碎后置于合适的溶剂系统中，振荡浸渍一定时间，可从样品中提取出被测组分。此法简便易行，但回收率较低。目前常用超声波辅助设备进行提取，可有效提高浸提率。捣碎法是将切碎的样品放入捣碎机中，加入提取剂捣碎一定时间，可使被测组分提取出来。该法回收率较高，但干扰物质溶出较多。有时为了提高物质在溶剂中的溶解度，往往在浸提时要加热。

2. 溶剂萃取法

该法又称溶剂分层法，利用待测组分在两种互不相溶（或微溶）的溶剂中溶解度或分配系数的不同，使待测组分从一种溶剂中转移到另外一种溶剂中的方法称为萃取法。从溶液中提取某一组分时，所选用的溶剂必须与溶液中原溶剂互不相溶，而且能大量溶解被提取的溶质（或者与提取组分互溶），且对杂质有较小的溶解度。即被测组分在萃取剂中有较大的分配系数，而杂质只有较小的分配系数。经萃取后，被测组分进入萃取溶剂中，即与留在原溶剂中的杂质分离开。此法操作简便，对被测组分的浓缩倍数高。

萃取效率一般由所选择的萃取剂和萃取方法决定。而萃取剂的选择，一般由被测组分本身的性质决定，不仅要使被测组分在萃取剂中具有较大的溶解度，而且对杂质有较小的溶解度，并且萃取剂要与溶液中的原溶剂互不相溶。

此外，萃取剂的沸点不宜过高，并有一定的化学稳定性和较小的毒性。例如，测定食品生产用水中的农药残留，可取大量水样用少量苯萃取，弃去水样后收集苯层，最后选用恰当的方法进行测定。

萃取可采用各式各样的分液漏斗，一般需经多次萃取才能达到完全分离的目的。当用比水轻的溶剂时，或从水溶液中提取分配系数小或振荡后易乳化的物质时，应采用连续液体萃取器。

该方法由于萃取过程中有机溶剂的使用量较大，故需要做好各项防火防爆等措施。

3. 索氏抽提法

索氏抽提法是从固体物质中萃取被测组分的一种方法。该法在样品的前处理中应用较多。索氏提取装置由提取瓶、提取管、冷凝管 3 部分组成，见图 2-7。

提取管两侧分别有虹吸管和连接管，各部分连接处要严密不能漏气。提取时，将待测样品包在脱脂滤纸包内，放入提取管内。提取瓶内加入有机溶剂，加热提取瓶。有机溶剂气化，由连接管上升进入冷凝器，凝成液体滴入提取管内，浸提样品中的被测组分。待提取管内有机溶剂液面达到一定高度，溶有被测组分的有机溶剂经虹吸管流入提取瓶。流入提取瓶内的有机溶剂继续被加热气化、上升、冷凝，滴入提取管内。如此循环往复，直到抽提完全为止。

此方法提取效率高，被测组分提取完全，回收率高。但操作比较烦琐，耗时较长。

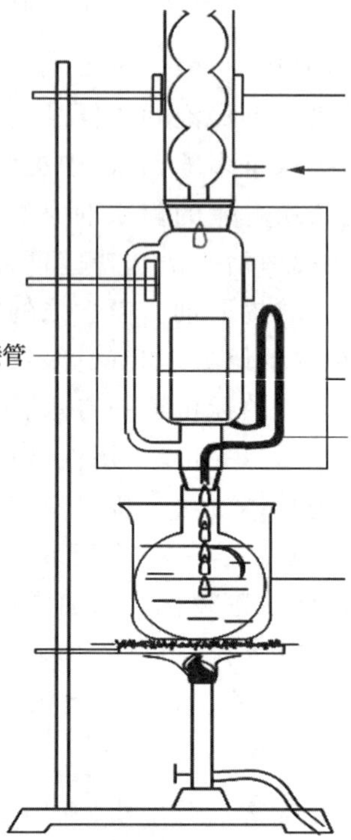

图 2-7　索氏提取器

4. 加速溶剂萃取法

加速溶剂萃取法是一种近年来广泛应用的样品前处理技术。其工作原理是在较高的温度（50～200℃）和压力（10.3～20.6 MPa）下，用有机溶剂萃取固体或半固体样品的预处理方法。

升高温度能够削弱溶剂和样品基质之间的作用力（如范德华力、氢键等），提高目标物质的扩散能力，降低传质阻力，加快萃取过程，从而增加被测组分的溶解度。并且有利于克服基体效应，加快溶剂解析，降低溶剂的黏度，加速溶剂分子向基体的扩散速度。而增大压力可提高溶剂沸点，使溶剂在较高的温度下保持液体状态，减少易挥发性物质的损失。另外高压可促进溶剂进入基质微孔，与基质更好地接触，从而提高萃取的效率，减少溶剂用量，缩短提取时间。

实验步骤包括将样品加入含有溶剂的萃取池中，保持一定的压力和温度（静态萃取），向萃取池中注入清洁溶剂，然后由压缩氮气将萃取的样品从样品池吹入收集器中。溶剂萃取的萃取效率主要受到温度、压力、萃取液组成和样品基质的影响。

与传统的萃取方法相比，加速溶剂萃取法的优点有：有机溶剂用量少，10 g 样品一般仅需 15～45 mL 溶剂；快速，完成一次萃取全过程的时间一般仅需 25 h 20 min；基体影响小，对不同基体可用相同的萃取条件；萃取效率高，同时使用多元溶剂萃取；使用方便、安全性好且自动化程度高。由于加速溶剂萃取法具有突出的优点，目前已广泛应用于食品、环境、药物等领域的样品处理，特别是针对多环芳烃、有机农药、除草剂等的分析。在食品分析方面，该法主要用于食品中的无机污染物、防腐剂残留等的检测。

5. 超临界流体萃取法

超临界流体萃取法是将超临界流体作为萃取溶剂，从复杂的样品中把被测组分分离提取出来的一种萃取技术。它兼有传统蒸馏和液-液萃取的特征，是适用面很广的一门新型分离技术。超临界流体是指处于临界温度和临界压力以上，介于气体和液体之间的流体，具有气体和液体的双重特性。可作为超临界流体的通常有二氧化碳（CO_2）、氮气（N_2）、氧化二氮（N_2O）、乙烯（C_2H_2）、三氟甲烷（CHF_3）等。一般首选 CO_2 作为超临界溶剂，因为 CO_2 不易燃，故萃取过程比一般的有机溶剂萃取更加安全；CO_2 无味，故不会对分离的被测组分带来不良影响；CO_2 在常温下为气体，在分离的被测组分中无残留；CO_2 无毒，对人体健康不会产生危害。超临界流体萃取法一般用于食品、药品等领域中组分的分离提取。

6. 盐析法

向溶液中加入某一盐类物质，使溶质在原溶剂中的溶解度大大降低，进而从溶液中沉淀出来，这个方法叫作盐析。例如，在蛋白质的测定过程中，常用氢氧化铜或碱性醋酸铅将蛋白质从水溶液中沉淀下来，将沉淀物质消化并测定其中的氮含量，据此以断定样品中纯蛋白质的含量。

在进行盐析工作时，应注意溶液中所要加入的物质的选择。它不能破坏溶液中所要析出的物质，否则达不到盐析提取的目的。此外，要注意选择适当的盐析条件，如溶液的 pH、温度等。盐析沉淀后，根据溶剂和析出物质的性质和实验要求，选择适当的分离方法，如过滤、离心和蒸发等。

2.3.3.4　磺化法和皂化法

磺化法和皂化法是处理油脂或含脂肪样品时经常使用的方法，常用于农药残留分析中样品的净化处理。例如，油脂被浓硫酸磺化或者油脂被碱皂化，油脂由憎水性变成亲水性，这时油脂中那些要测定的非极性物质就能较容易地被非极性或弱极性溶剂提取出来。

1. 磺化法

此方法利用硫酸处理样品的提取液，有效去除样品中的脂肪、色素等干扰物质。因为油脂遇到浓硫酸就会磺化成极性很大且易溶于水的化合物，不再被弱极性的有机溶剂所溶解，使样品中的油脂经磺化后再用水洗除去而达到净化的目的。硫酸磺化法的反应式如下：

$$R + CH_3(CH_2)_nCOOH + H_2SO_4 \longrightarrow HO_3SCH_2(CH_2)_nCOOR$$

磺化净化法主要用于对酸较稳定的有机氯农药，不能用于狄氏剂和一般有机磷农药，但个别有机磷农药也可在一定酸度的条件下应用。

一般利用经浓硫酸处理过的硅藻土作层析柱，使待净化的样品抽提液通过，以磺化其中的油脂，这是比较常用的净化方法。常以硅藻土 10 g，加发烟硫酸 3 mL，一起研磨至烟雾消失，随即再加浓硫酸 3 mL，继续研磨、装柱，加入待净化的样品，用正己烷或环己烷、苯、四氯化碳等淋洗。经此处理后，样品中的油脂就被磺化分离了，洗脱液经水洗后可继续进行其他的净化或脱水等处理。

不使用硅藻柱而把浓硫酸直接加在样品溶液里进行振摇和分层处理，也可磺化除去样品中的油脂，这叫直接磺化法。这种方法操作起来要简便得多，在分液漏斗中就可进行。全部操作只是加酸，振摇，静置分层，最后把分液漏斗下部的硫酸层放出，用水洗涤溶剂层。磺化去油过程便完成了。

2. 皂化法

本法是利用热碱溶液处理样品提取液，以除去脂肪等干扰物质。其原理是利用氢氧化钾-乙醇溶液将脂肪等干扰物质皂化除去，达到分离净化的目的。氢氧化钾皂化法的反应式如下：

$$RCOOR' + KOH \longrightarrow RCOOK + R'OH$$

此法适合对一些碱稳定的被测组分（如：维生素 A、维生素 D、艾氏剂、狄氏剂）进行净化，除去混入的脂肪。如在测定畜、鱼、禽类及其熏制品中的3,4-苯并芘(荧光分光光度法)时,可在样品中加入氢氧化钾,回流皂化2～3 h,除去样品中的脂肪。

2.3.3.5 色层分离法

色层分离法又称为层析分离法或色谱分离法,是在载体上进行物质分离的一系列方法的总称,是应用最广泛的分离方法之一。它是利用混合物中各组分理化性质的差异使不同组分在两相中的分布程度不同,使各组分以不同的速度移动而达到分离的目的。其中固定的一相称为固定相,另一相是流动的称为流动相。固定相可以是固体,也可以是被固体或凝胶所支持的液体,可以装入柱中,也可以展成薄层或涂成薄膜。流动相可以是液体也可以是气体。

根据分离原理的不同,色谱分离法可分为吸附色谱法、分配色谱法、离子交换色谱法、凝胶过滤(分子筛)色谱法和亲和色谱法等。

1.吸附色谱法

吸附色谱法为固定相是一种吸附剂,利用其对试样中各组分吸附能力的差异,试样随流动相通过吸附剂时,由于该吸附剂对不同物质有不同的吸附力而使试样中混合物分离的方法。吸附色谱的固定相为固体,流动相为液体或气体。常见的吸附剂有聚酰胺、硅胶、硅藻土、氧化铝、大孔树脂等。

吸附色谱分离又分为薄层色谱和柱色谱。该方法在食品分析中应用非常广泛。如在色素含量分析测定中,常利用聚酰胺对色素具有较强的吸附能力而对食品中的其他组分难以吸附的特性,进行色素吸附,然后经过过滤、洗涤,再用适当溶剂进行解析,即可得到较为纯净的色素溶液。

2.分配色谱法

分配色谱法的固定相是液体,流动相为液体或气体。它是利用液体固定相对试样中各组分溶解度的差异来实现分离的方法。被分离的组分在流动相沿着固定相移动的过程中,由于不同物质在两相中的分配比不同,当流动相的溶剂渗透在固定相中并向上渗展时,这些物质在两相中的分配过程反复进行,从而达到分离的目的。如多糖类样品在纸上层析时,样品经酸水解处理,中和后制成试液,点样于滤纸上,用苯酚-1%氨水饱和液为流动相展开,以苯胺-邻苯二酸做显色剂显色,于105℃加热数分钟,即可见到被分离的戊醛糖(红棕色)、己醛糖(棕褐色)、己酮糖(淡棕色)、双糖类(黄棕色)的色斑。

3.离子交换色谱法

以离子交换树脂(如聚苯乙烯基质离子交换树脂)作固定相,当流动相带着试样通过离子交换树脂时,由于不同的离子与固定相具有不同的亲和力而达到分离的色谱法称为离子交换色谱法。它是利用离子交换剂与溶液中的离子之间发生交换反应而分离的方法。凡在溶液中能够电离的物质通常都可以用离子交换色谱法进行分离。根据被交换离子的电荷分为阳离子交换和阴离子交换。在食品分析中,常用于制备无氨水、无铅水及分离比较复杂的样品。

4.凝胶色谱法

固定相为化学惰性的多孔物质(如聚丙烯酰胺凝胶),流动相为有机溶剂的色谱分离法。凝胶色谱的原理类似于分子筛,待分离组分进入凝胶色谱后,会依据分子量的不同进入或不进入固定相凝胶的孔隙中,不能进入凝胶孔隙的分子很快地随着流动相洗脱,而能够进入凝胶孔隙的分子则需要较长时间的洗脱才能流出固定相，进而将各组分根据分子量差异实现分离。该方法可通过调整固定相使用的凝胶的交联度调整孔隙的大小，也可以改变流动相的溶剂组成以改变固定相的溶胀状态，获得不同的分离效果。

在食品分析中，常用于农药、兽药及其他化学污染物与样品液中其他大分子化合物的分离。

5. 亲和色谱法

亲和色谱法是利用生物大分子和固定相表面存在的某种特异性亲和力对物质进行选择性分离的一种方法。亲和色谱在凝胶过滤色谱柱上连接与待分离的物质有一定结合能力的分子，并且它们的结合是可逆的，在改变流动相条件时二者还能相互分离。当待分离的分子通过色谱柱时，被固定相的基团捕获，而溶液中的其他物质可顺利通过色谱柱。亲和色谱可以用来从混合物中纯化或浓缩某一分子，也可以用来去除或减少混合物中某一分子的含量。如果是纯化或浓缩某种物质，可以将固态的基质取出后洗脱，目标分子即可被洗脱下来。如果分离的目的是去除溶液中某种分子，只要分子与介质结合即可，可以不必进行洗脱。在食品分析中，该法常用于食品兽药残留的测定。

色谱分离的种类虽然很多，但均具有相同特点：分离效果好，而且分离过程往往也就是鉴定的过程。

2.3.3.6　掩蔽法

掩蔽法是向样品溶液中加入适当的掩蔽剂，使其与溶液中的干扰物质发生反应，以消除干扰物质对被测组分的干扰。这种方法可以不经过分离干扰物质的操作而消除干扰作用，并且直接在溶液中进行，操作简便，因而在食品分析中应用十分广泛。例如，利用二硫腙比色法测定铅含量时，在优化的测定条件（pH＝9）下，共存离子 Cu^{2+}、Cd^{2+} 等对铅的测定产生干扰，而加入氰化钾和柠檬酸铵可通过掩蔽作用消除干扰。

2.3.3.7　浓缩法

样品提取和分离后，往往需要将大体积溶液中的溶剂减少，提高溶液质量浓度，使溶液体积达到所需要的体积。浓缩过程中很容易造成待测组分损失，尤其是挥发性强、不稳定的微量物质更容易损失，因此，要特别注意。当浓缩至体积很小时，一定要控制浓缩速度不能太快，否则将会造成回收率降低。浓缩回收率要求≥90％。浓缩的方法有以下几种。

（1）自然挥发法　将待浓缩的溶液置于室温下，使溶剂自然蒸发。此法虽然简便，但浓缩速度慢，现在极少使用。

（2）常压浓缩法　主要用于被测组分为非挥发性的样品溶液的浓缩，通常采用蒸发皿直接蒸发。该法操作简便，速度较快，适用于常压下受热不分解或沸点不太高的物质的分离。

（3）减压浓缩法　主要用于被测组分为热不稳定或易挥发的样品溶液的浓缩。由于降低压力，溶液的沸点降低，能防止或减少热不稳定样品的分解或易挥发样品的逸失，强化蒸发操作，并能不断地排除溶剂蒸汽，有利于蒸发顺利进行。通常采用 K-D 浓缩器，浓缩时，水浴加热并抽气减压，见图 2-8。该方法简便且浓缩温度低、快速、被测组分损失少，是较普遍采用的方法。特别适用于果蔬农药残留分析中样品溶液的浓缩。

（4）吹扫法　通常是将干燥空气或氮气吹入加热样品的表面，使样品中溶剂快速挥发的浓缩方法。此法浓缩速度较慢，对于易氧化、蒸气压高的待测物，不能采用吹干燥空气的方法浓缩，而要吹氮气进行浓缩。氮气是一种惰性气体，能起到隔绝氧气的作用，防止氧化，使样品得到无氧浓缩的目的。目前常用"氮吹仪"，使用"氮吹仪"可同时浓缩几十个样品，使样品制备的时间大为缩短，并且具有省时易操作的特点，见图 2-9。

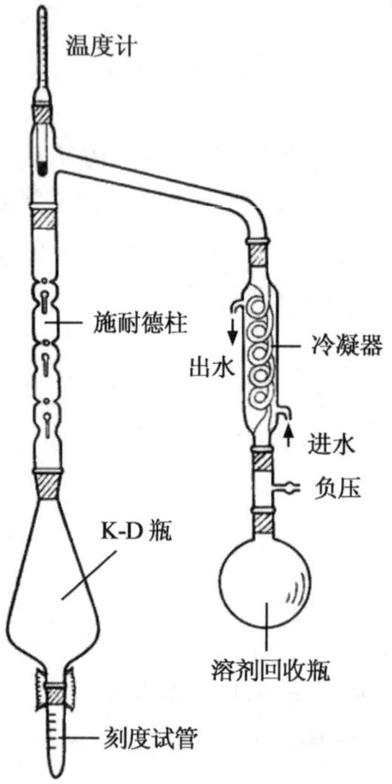

图 2-8 K-D 浓缩器

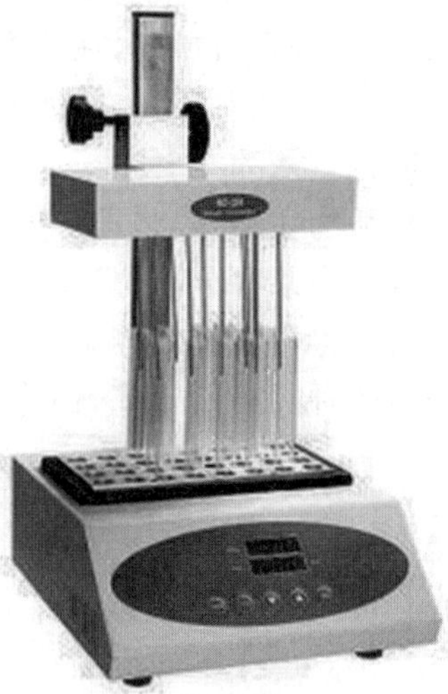

图 2-9 氮吹仪

(5)真空旋转蒸发法 是在减压、加温、旋转条件下浓缩溶剂的方法。此法浓缩速度快，待测物不易损失，简便，是最常用的理想的浓缩方法。

(倪春梅)

本章小结

从大量的分析对象中抽取一定量的分析材料即为采样，采集的样本一定要能代表其整体被测对象的性质和水平。

采集到的样品一般要经过分取、粉碎、混匀、缩分等过程进行处理，这个过程称为制样。

样本分析测定前要进行适当预处理，其原则一般有 4 点：①消除干扰因素；②完整保留被测组分；③使被测组分浓缩；④调整被测样品的 pH、离子强度等，使其满足检测的要求。常见的预处理方法有：有机物破坏法(包括干法灰化法、湿法消化法、微波消解法等)、蒸馏法(包括常压蒸馏法、减压蒸馏法、水蒸气蒸馏法等)、溶剂提取法(包括浸提法、萃取法、索氏抽提法等)、磺化法和皂化法、色谱分离法(吸附色谱法、分配色谱法、离子交换色谱法等)、掩蔽法、浓缩法(自然挥发法、常压浓缩法、减压浓缩法等)。

思考题

1. 什么是采样？什么是检样、原始样品、平均样品？
2. 什么是四分法取样？主要适用于哪些样本的获得？
3. 采集到的样品保存原则是什么？
4. 采样时的注意事项有哪些？
5. 样品制备主要包括哪些步骤？
6. 为什么要对样品进行预处理？选择预处理方法的原则是什么？
7. 常见的样品预处理方法有哪些？各有何特点？

参考文献

[1] 李和生. 食品分析. 北京：科学出版社，2014.

[2] 王永华，戚穗坚. 食品分析. 3版. 北京：中国轻工业出版社，2019.

[3] 高向阳. 食品分析与检验. 北京：中国计量出版社，2006.

[4] 钱建亚. 食品分析. 北京：中国纺织出版社，2010.

[5] 食品卫生检验方法　理化部分　总则：GB/T 5009.1—2003.

[6] 侯曼玲. 食品分析. 北京：化学工业出版社，2004.

[7] 吴谋成. 食品分析与感官评定. 北京：中国农业出版社，2002.

[8] 万萍. 食品分析与实验. 北京：中国纺织出版社，2015.

[9] 王娜妮，寿旦，张嘉捷，等. 样品前处理-离子色谱法应用于食品分析的研究进展. 食品安全质量检测学报，2014，5(5)：1287-1296.

[10] 田苗苗. 新型样品前处理方法在食品分析中的应用. 吉林：吉林大学，2014.

[11] 王耀. 亚临界水萃取样品预处理技术及其在食品分析中的应用. 武汉：华中科技大学，2006.

[12] 曹江平，解启龙，周继梅，等. 分散液液微萃取技术在食品分析中的应用进展. 分析测试学报，2015，34(5)：616-624.

[13] 胡国栋. 固相微萃取技术的进展及其在食品分析中应用的现状. 色谱，2009，27(1)：1-8.

[14] 司波，陈野. 固相微萃取技术及其在食品分析上的作用. 中国酿造，2012，31(11)：4-7.

[15] 孙婕，张华，尹国友，等. 固相微萃取技术在食品分析领域中的应用. 东北农业大学学报，2011，42(8)：154-158.

[16] 姜彬，冯志彪. 离子色谱在食品分析中的应用. 中国调味品，2010，35(5)：25-28.

[17] 冉丛聪. 新型样品前处理方法在食品药品中微量毒性成分分析的研究与应用. 石家庄：河北医科大学，2016.

第3章

分析方法评估与数据处理

本章学习目的与要求

1. 掌握误差的种类、来源、表示方法以及它们之间的关系；

2. 掌握不确定度的分类、来源、评估过程以及置信区间定义及表示方法，了解不确定度与置信度和误差之间的关系；

3. 掌握提高分析结果准确度的方法及测定方法的评价指标；

4. 掌握有限数据分析的处理方法；

5. 掌握可疑测定值取舍的几种方法；

6. 掌握有效数字的概念、确定、修约规则和运算规则，熟悉合理地使用有效数字进行记录和计算。

3.1 食品分析的误差与不确定度

3.1.1 误差的种类及其来源

食品分析作为一种定量分析，其基本任务是通过实验对待测物质的组成和含量进行表征。但是在实际测量过程中，食品分析的结果往往会受到诸多因素的限制，即使采用最可靠的分析方法，使用最精密的分析仪器和纯度最高的实验试剂，由技术很熟练的人员在同一环境条件下进行操作并进行多次重复测定，也不可能与客观存在的真实值完全一致。人们把通过实验获得的测量值与客观存在的真实值之间的差异称为误差(error)。误差能够反映测量准确性的高低，误差越小，测量的准确度越高。一个定量分析实验往往要经过多个步骤，每个步骤的测量都会产生误差，并影响最终分析结果的准确性。误差客观存在，不能消除。但是如果我们能够了解并分析实验过程中误差产生的原因及误差的分布规律，就能够选择合适的分析方法，合理安排分析实验，将误差控制在允许的范围内，使得分析结果尽量接近客观存在的真实值。

根据误差的来源及其种类，可将误差分为 3 大类，即系统误差、随意误差和过失误差。

3.1.1.1 系统误差

系统误差也称为可测误差，是由于某种特定的原因造成的误差。其特点是：正负具有单向性，即测定结果系统地偏高或偏低；数值的大小具有恒定性，同一条件下重复测定时能够重复出现，且数值大小基本不变。系统误差是误差的主要来源，对测定值的影响比较大，尤其对微量、痕量成分分析结果造成的影响尤为严重。但是系统误差一般可以估计，并可以设法减小或校正。根据系统误差产生的原因可将其分为以下几种。

(1)仪器和试剂的误差　包括由于仪器本身不够精确而造成的误差和试剂或蒸馏水中含有干扰杂质或待测组分造成的误差。例如：测量(或计量)仪器及容量器皿未经校准或未调节到最佳状态就进行使用；所用试剂不纯或离子水不合格等，均能产生这种误差。

(2)方法误差　是由于不适当的实验设计或方法所引起的误差。通常对测定结果影响较大且误差的方向固定。例如：样品处理的方式不当，导致样品中的组分遗失或分解转化；反应条件设置不完善，导致化学反应进行不完全或者生成副产物影响最终测量结果；沉淀分析中沉淀的溶解损失和杂质共沉淀污染；滴定分析时由于指示剂选择不当，使滴定终点不在滴定突跃范围内；光度分析中吸光物质的分解与缔合或异构及反应等。

(3)个人误差　是在实验过程中由于操作者的主观认识与正规操作规程不一致而引起的误差。例如：所取试样代表性不理想，沉淀不完全或沉淀在洗涤时溶失，操作者对滴定终点颜色的辨识偏深或偏浅，对仪器指针位置或容量器皿所显示的溶液体积的判断产生差异，为提高实验数据精密度而产生的与事实不符的判断倾向等，均可导致操作误差。

3.1.1.2 随机误差

随机误差又称偶然误差或不可测误差，是由分析中某些难以控制、无法避免的偶然因素(如分析过程中仪器性能的微小变化，环境的温度、湿度、气压的波动，灰尘等)造成的。偶然误差难以觉察和控制，其大小与正负值都是完全随机的，不能通过加(减)校正值的方法加以避免。但是在消除系统误差的前提下，通过适当增加平行测定次数，并采用统计学的方法处理，就会发现偶然误差的分布服从正态分布规律。以横坐标表示偶然误差的数值，纵坐标表示偶然误差出现的概率，当测定次数趋近于无限多时，将得到偶然误差的正态分布曲线（图 3-1），其数学表达式为：

$$y=f(x)=\frac{1}{\sigma\sqrt{2\pi}}e^{\frac{-(x-\mu)^2}{2\sigma^2}}$$

式中，y 为概率密度，表示当测定次数趋于无限时，测量值 x 出现的概率密度；μ 为总体平均值，等于正态分布曲线最高点的坐标值，表现在没有系统误差的情况下，μ 就是真值；σ 为总体标准偏差，即 μ 到曲线拐点间的距离。

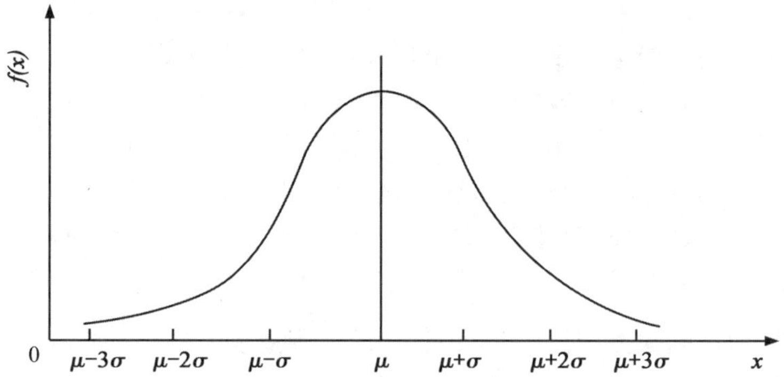

图 3-1　正态分布曲线

由上式及图 3-1 可得出偶然误差的规律性：

(1)单峰性：该误差分布曲线上只有一个峰值，表现出测量值的明显集中趋势。当 $x=\mu$ 时，对应正态分布曲线上最高点的坐标值；当 $x\rightarrow\pm\infty$时，曲线以 x 轴为渐近线，即对应 y 值趋于 0，说明小误差出现的概率大，大误差出现的概率小，极大误差出现的概率几乎为 0。

(2)对称性：该曲线关于直线 $x=\mu$ 对称，说明正负误差出现的概率相等。

(3)抵偿性：该曲线与横坐标所夹的总面积代表所有测量值出现的概率总和，即

$$P=\frac{1}{\sigma\sqrt{2\pi}}\int_{-\infty}^{+\infty}e^{-(x-\mu)^2/2\sigma^2}\,dx=1$$

(4)当 $x=\mu$ 时，概率密度

$$y_x=\mu=\frac{1}{\sigma\sqrt{2\pi}}$$

由此可知，概率密度的最大值取决于 σ，σ 越小时，对应的 y 值越大，曲线越陡峭，说明测量值的误差分布越集中，精密度越高；反之，σ 越大，对应的曲线越平坦，测量值的误差分布越分散，表明精密度越低。

(5)σ 反映了测量值分布的离散程度，μ 则反映了测量值分布的集中趋势。若已知基本参数 μ 与 σ，正态分布曲线的位置与形状就能够确认下来，此时的正态分布曲线可以用 $N(\mu,\sigma_2)$ 来表示。为了计算方便，将正态分布曲线的横坐标改用以标准偏差 σ 为单位的 $x-\mu$ 的偏差值，用 u 来表示，令：

$$u=\frac{x-\mu}{\sigma}$$

此时的曲线称为标准正态分布曲线，记作 $N(0,1)$。此时的曲线形状与 σ 无关，不同 σ 的曲线合为一条。

在消除系统误差的前提下，适当地增加平行测定的次数，取平均值来表示测定结果，能够有效地减小偶然误差。

系统误差和偶然误差有时并无严格的划分界限。虽然二者在定义上不难区分，但在实际分析过程中，除较明显的情况外，这两者往往难以直观地区分、判断。如在多次进行滴定实验观察滴定终点颜色的深浅程度时，有人对于滴定终点的颜色认定始终偏浅，这属于系统误差；而在多次实验过程中，又不能够保持颜色认定的完全一致，属于偶然误差。

3.1.1.3　过失误差

系统误差和随机误差都是在正常操作情况下产生的误差，这些误差的产生具有一定的必然性。然而除以上两种误差外，往往会产生由于分析人员的粗心大意或违反操作规程等造成的误差——过失误差。严格来讲，这并不属于真正的误差，更可以认定为一种错误，如错用仪器、错用样品及标样、错用试剂、样品损失或污染、操作不规范、记录及计算错误等，都是过失错误。这种过失是可以避免的，也是必须避免的，要求实验操作人员必须具备认真严谨的态度并严格遵守操作规程，加强责任感。一旦发现过失，应立即停止实验操作，及时纠正错误，重新开始实验。

3.1.2　误差的表示方法

3.1.2.1　准确度及其表征——误差

准确度(accuracy)表示测量值与真值(真实值)的接近程度。测量值与真值越接近，测量方法就越准确。准确度的高低，用误差来表示。误差有绝对误差和相对误差2种表示方法。

(1)绝对误差(absolute error)　为测量值与真值之差。若以 x 代表测量值，以 μ 代表真值，则绝对误差 δ 为：

$$\delta=x-\mu$$

绝对误差的单位与测量值的单位相同，其数值有正有负。若绝对误差为正值，称为正误差，表示测量值大于真值；若绝对误差为负值，称负误差，表示测量值小于真值。对同一样品的测量，绝对误差的绝对值越小，测量值越接近于真值，测量的准确度就越高。

(2)相对误差(relative error)　为绝对误差 δ 与真值 μ 的比值。相对误差反映误差在测量结果中所占的比例，用下式表示：

$$\text{相对误差}=\frac{\delta}{\mu}\times 100\%$$

相对误差同样可正可负，但无单位。有时相对误差也可用千分数(‰)表示。如果不知道真值，可以用多次测量值的平均值 $\bar{x}$ 代替进行计算。

$$\text{相对误差}=\frac{\delta}{\bar{x}}\times 100\%$$

在分析工作中衡量分析结果，相对误差比绝对误差更常用。相对误差的大小还可作为正确选择分析方法的依据。

由于任何测量中都存在误差，因此实际测量不可能得到真值，而只能尽量接近真值。在分析化学工作中常用的真值有约定真值与标准值。

约定真值是由国际计量大会定义的单位(国际单位)及我国的法定计量单位推荐的值。国际单位制的基本单位有7个：质量、长度、时间、电流、热力学温度、发光强度及物质的量。在7个基本单位中物质的量的单位(mol)与分析化学工作最密切。国际相对原子质量委员会每逢单年修订一次相对原子质量，因此各元素的相对原子质量也都是约定真值。

标准值(或相对真值)是采用可靠的分析方法，在经相关部门认可的不同实验室，由不同分析人员对标准试样(或标准参考物质)进行反复多次测定所得的测定结果。标准值的精密度与准确度高，更加接近真值。在分析工作中，常以标准值代替真值来衡量测定结果的准确度。

标准试样(或标准参考物质)是用于测得标准值的试样。作为评价准确度的基准，标准试样必须具有很好的均匀性和稳定性；标准试样及其标准值需经权威机构认定并提供。

某一分析方法的准确度可通过测定标准试样的误差或做回收试验计算回收率，以误差或回收率来判断。在回收试验中，加入已知量的标准物的样品称为加标样品，未加标准物质的样品称为未知样品。在相同条件下用同种方法对加标样品和未知样品进行预处理和测定时，按下列公式计算出加入标准物质的回收率：

$$p=\frac{x_1-x_0}{m}\times100\%$$

式中，p 为加入标准物质的回收率，%；m 为加入标准物质的量；x_1 为加标样品的测定值；x_0 为未知样品的测定值。

3.1.2.2 精密度及其表征——偏差

精密度是指在相同条件下操作，几次平行测定结果相互接近的程度。它体现了测定结果的再现性。平行测定结果越接近，分析结果的精密度越高。精密度高低用偏差来衡量。偏差小，表示测定结果的精密度高；偏差大，表示精密度低。

(1)绝对偏差和相对偏差　设一组 n 次测量结果 $x_1,x_2,\cdots,x_n$，其算数平均值为：

$$\bar{x}=\frac{x_1+x_2+\cdots+x_n}{n}$$

绝对偏差(d_i)是某单次测量值与相应算数平均值之差：

$$d_i=x_i-\bar{x}$$

相对偏差(d_r)是绝对偏差占算数平均值的百分数：

$$d_r=\frac{d_i}{\bar{x}}\times100\%$$

d_i 值有正有负，各次平均测量的偏差之和等于零，所以分析结果的精密度不能用绝对偏差之和来表示。

(2)平均偏差和相对平均偏差　平均偏差($\bar{d}$)是指各次测量结果偏差的绝对值的平均：

$$\bar{d}=\frac{|d_1|+|d_2|+\cdots+|d_n|}{n}$$

式中，n 为测定次数。

相对平均偏差（$\bar{d}_r$）表示平均偏差在测定结果的算数平均值中所占的百分率，即

$$\bar{d}_r=\frac{\bar{d}}{\bar{x}}\times 100\%$$

（3）标准偏差　标准偏差能更客观地反映测定结果的精密度，可分为标准偏差和相对标准偏差。标准偏差又叫均方根偏差或均方差，其定义为：

$$s=\sqrt{\frac{d_1^2+d_2^2+\cdots+d_n^2}{n-1}}$$

式中，$(n-1)$ 为自由度，因为 n 次测量中只有 $(n-1)$ 个独立的偏差。由于标准偏差的定义式中是单次测量的绝对偏差后再求和，所以它比平均偏差能更灵敏地反映出测量结果的离散程度。

以统计学的观点，当测定次数无限多时，可将测定结果的总体平均值当作真实值 μ。在这种情况下，可用 σ 表示标准偏差，定义为：

$$\sigma=\sqrt{\frac{\sum_{i=1}^{n}(x_i-\mu)^2}{n}}$$

实际上，$n\geqslant 20$ 时，就可以使用上式。必须注意 s 和 σ 的区别：前者是对有限次测量而言，表示测量值对平均值的偏离；后者是对无限次测量而言，表示测量值对真实值 μ 的偏离。在实际工作中，可以通过 Excel 表中的“f_x（插入函数）”下的“选择函数”中的“STDEV”快速算出测定的标准偏差。

相对标准偏差也称变异系数，它定义为标准偏差在 $\bar{x}$ 中所占的百分率，用 s_r 表示：

$$s_r=\frac{s}{\bar{x}}\times 100\%$$

对同一样品进行测定，一组 n 次测量有一个平均值。多组 n 次测量有多个平均值，这些平均值也不会完全相等，会有一定的波动，可以想象平均值的精密度比单次测定的精密度更好。

在实际工作中测定的次数无须过多，只需 4～6 次即可。

3.1.2.3　准确度与精密度的关系

分析结果的好坏一般用精密度和准确度来判断。准确度是测量结果中系统误差和偶然误差的总和，反映了测量值对真值的符合程度。精密度是测量值对平均值的分布，反映了测量结果中偶然误差的大小。因此，准确度和精密度的关系就是平均值的误差和随机误差的关系，可表示为：

$$E=\bar{X}-T=(\bar{X}-\mu)-(\mu-T)$$

式中，E 为平均值的误差，决定分析结果的准确度；$\bar{X}-\mu$ 为随机误差，决定分析结果的精密度；$\mu-T$ 为系统误差，与随机误差共同决定分析结果的准确度。

可见，分析结果不但存在随机误差，而且还可能存在显著的系统误差，精密度高只是随机

误差小，只有消除系统误差后才具有高的准确度。但是高精密度是保证高准确度的前提，如果精密度较差，随机误差就较大，即使不存在系统误差也不能保证得到高的准确度。这表明，要获得准确的分析结果，既要减小随机误差，还要设法减免或校正系统误差。

3.1.2.4 如何提高分析结果的准确度

(1)选择恰当的分析方法　首先应该了解所选用的分析方法的特点与适用范围。化学分析法对于常量分析或常量组分的测定能获得比较准确的分析结果(相对误差≤0.2%)，而对于微量或痕量组分的测定，由于灵敏度不高，则无法准确测定。仪器分析法灵敏度较高，对于微量或痕量组分测定，虽然其相对误差较大，但由于绝对误差小，结果能满足准确度的要求；对于常量分析或常量组分的测定，可能达不到所要求的准确度。另外，选择分析方法时不仅要考虑被测组分的含量，而且要考虑共存物质的干扰对分析结果的影响，即方法的专属性是否达到要求。总之，必须根据分析对象、样品情况及对分析结果的要求，选择适宜的分析方法。

(2)减小测量误差　为了保证分析结果的准确度，必须尽量减小各步骤的测量误差，使各测量步骤的准确度与分析方法的准确度相当。

(3)减小偶然误差　根据偶然误差的分布规律，增加平行测定次数可以减小偶然误差对分析结果的影响。在消除系统误差的前提下，平行测定次数越多，其平均值越接近于真实值。在实际工作中，一般对同一试样平行测定3～4次，其精密度符合规定即可。

(4)检验和消除系统误差

①对照试验：是检查分析过程中有无系统误差的有效方法。用含量已知的标准试样或纯物质，以同一方法按完全相同的条件，平行测定，由分析结果与已知含量的误差对结果进行校正，可减免系统误差。

$$\text{试样中某组分含量}=\text{试样中某组分测得含量}\times\frac{\text{标准试样中某组分已知含量}}{\text{标准试样中某组分测得含量}}$$

对于新建立的分析方法，一般要求与经典方法(药典或其他标准方法)对照，对同一试样进行测量，比较结果的精密度与准确度，以判断所建方法的可行性。若所建方法不够完善，应进一步改进方法或测出校正值以消除方法误差。

②仪器校准：对定量分析所用的仪器，如天平、移液管、滴定管等计量及其他测量仪器进行校准，可以减免仪器误差。由于计量及测量仪器的状态会随时间、环境条件等发生变化，因此仪器校准要定期进行。

③回收试验：回收试验一般做5次以上，计算回收率。回收率越接近100%，系统误差越小，方法准确度越高。回收率偏低可能是样品制备不当，提取不完全或方法本身的系统误差所致；回收率偏高则可能和方法选择性差、杂质干扰等因素有关。

④空白试验：空白试验是采用和测定试样完全相同的方法、仪器和试剂，但在不加入试样的情况下进行的分析试验。所得结果称为空白值，从试样的分析结果中扣除空白值，可消除由试剂、溶剂及试验器皿等引入的杂质所造成的误差。空白值不宜过大，否则应通过提纯试剂、换用合格的溶剂或其他器皿等途径减小空白值。

3.1.3 不确定度

不确定度(测量不确定度)，指对分析结果的正确性或准确性的可疑程度。不确定度用于表达分析质量优劣，是合理地表征测量值或其测量误差离散程度的一个参数。

3.1.3.1　不确定度的分类及来源

不确定度是与分析结果有关的参数，在分析结果的完整表述中应包括不确定度。不确定度可以用标准差或其倍数，或是一定置信水平下的区间（置信区间）表示，可分为2类。

(1)标准不确定度　用标准偏差表示的分析结果的不确定度。

(2)扩展不确定度　又称为总不确定度。它提供了一个区间，分析值以一定的置信水平落在这个区间内。扩展不确定度一般是这个区间的半宽。

在实际分析工作中，分析结果的不确定度可能来源于以下4方面。

(1)取样代表性不够，即抽取的样本不能代表所定义的被测量样本。

(2)被测量的定义不完整。

(3)重复被测量的测量方法不理想。

(4)对测量过程中受环境影响的认识不恰如其分或对环境条件的测量和控制不完善，包括：

①对模拟式仪器的读数存在人为偏移；

②测量仪器的计量性能（如灵敏度、分辨力、死区、稳定性等）存在局限性；

③测量标准或标准物质存在不确定度；

④引用的数据或其他参量有不确定度；

⑤测量方法和测量程序的近似和假定；

⑥在相同条件下被测量都存在重复观测中的变化。

3.1.3.2　不确定度的评估过程

不确定度的评估在原理上很简单，一般包括以下步骤。

(1)确定分析对象。

(2)识别不确定度的来源。

(3)不确定度分量的分化。

(4)计算合成的不确定度。

(5)扩展不确定度的评定。

3.1.3.3　置信度和不确定度

样本平均值是总体平均值的最佳估计值，消除系统误差后，它就是真值的最佳估计值，但它未能反映估计的准确度和可靠程度。

由于平均值的随机误差为

$$\pm t = \frac{\overline{X} - \mu}{S_X}$$

如已知 t 值就可估计出 μ 的存在范围。

$$\mu = \overline{X} \pm tS_X$$

t 值实际上是不能测得的，但是根据随机误差的分布规律，统计学家已经计算出重复测定结果的随机误差在($\mu \pm S_X$)区间内的概率(P)。

概率(probability)是指重复发生某一事件的可能性，用 P 表示，又称为置信概率、置信水平或置信度。当平行测定 n 次、置信概率为 P 时，

$$-t \leqslant \frac{\overline{X}-\mu}{S_X} \leqslant t$$

由此可得

$$\overline{X}-tS_X \leqslant \mu \leqslant \overline{X}+tS_X$$

由此表明，$\overline{X} \pm tS_X$ 是在平行测定 n 次和置信概率为 P 时总体平均值 μ 的存在范围，称为置信区间，通常简写为

$$\mu = \overline{X} \pm tS_X$$

置信区间的中心值(即样本平均值)表明了总体平均值的最佳估计值，其区间大小还反映了它估计总体平均值的偏差范围(不确定范围或精密度)，置信概率的大小说明了它估计总体平均值的可靠程度(或置信度)。

若置信区间无限大，则肯定会包含总体平均值，置信概率为 100%，但这样的置信区间是没有实用意义的；置信区间越小，它估计总体平均值的偏差越小，但它包含总体平均值的可靠性越小。分析化学中估计偏差大小以 95%置信概率相应者为宜。若非特别说明，分析化学中置信度 P 总是取 95%。

$\pm tS_X$ 称为置信界限或不确定度，用 U_X 表示

$$R_{U_X} = \frac{U_X}{X} \times 100\%$$

$$U_X = \pm tS_X$$

U_X 在平均值中所占的分数称为相对置信界限或相对不确定度，用 R_{U_X} 表示。不确定度在一定置信度下衡量了随机误差的大小，是衡量随机误差大小的较好的参数，并且消除系统误差后不确定度即可表示分析结果的准确度。正是因为这样，过去常常有人将不确定度称为误差，这容易造成误解，应避免这种说法。

3.1.3.4 误差和不确定度

误差和不确定度是两个完全不同的概念。误差是本，没有误差就没有误差的分布，就无法估计分布的标准偏差，当然也就没有不确定度。不确定度分析是指对误差分布的分析，但误差分析更具广义性，包括的内容更多。可见，误差和不确定度紧密相关，但也有区别。

(1)误差以数值方式表示，而不确定度以区间形式表现，可用于其描述的所有分析值。

(2)误差表示分析结果相对于真实值的偏离，而不确定度表示分析结果的离散性。

(3)误差有正负号，而不确定度是无符号的参数，用标准差或标准差的倍数或置信空间的半宽来表示。

(4)误差客观存在，不因人的认识程度而改变；不确定度与人们对分析对象、影响因素及分析过程的认识有关。

(5)由于真实值未知，当用约定真实值代替时，往往不能准确得到结果，只能得到其估计值；不确定度可以由人们根据实验、资料、经验等信息进行评定，从而可以定量估计。

(6)系统误差的估计值可以用于对分析结果进行校正，从而得到已校正的分析结果；而不确定度不能用于分析结果的校正，在已校正分析结果的不确定度中应考虑因校正不完善而引入的不确定度。

(7)误差按照其性质可分为随机误差、系统误差和过失误差,随机误差和系统误差都是在无穷多次分析情况下的理想概念。不确定度分量评定时一般不必区分其性质,若需要区分时应表述为“由随机效应引入的不确定度分量”和“由系统效应引入的不确定度分量”。

3.2　测定方法的评价指标

分析方法很多,为解决实际问题提供了多种途径,但也为方法选择造成一定困难,因此需要对分析方法进行比较全面的评价,为方法选择提供依据。分析方法的评价指标主要有精密度、准确度、灵敏度、检出限、线性范围和选择性等。

3.2.1　准确度

分析方法的准确度用误差来衡量,可用标准物质对照实验和标准方法对照实验来测定。

实际工作中经常用回收试验的方法来评价分析方法的准确度。回收率偏低可能是样品液制备不当,提取不完全或方法本身的系统误差所致。回收率偏高则可能与方法选择性差、杂质干扰等因素有关。

3.2.2　精密度

精密度分为平行精密度、重复性精密度、中间精密度和再现性精密度。平行精密度是指在相同条件下由一个分析人员同一时间内平行测定多次所得结果的精密度;重复性精密度是指在相同条件下由同一个分析人员在不同时间重复测定多次所得结果的精密度;中间精密度是指在同一个实验室由不同分析人员于不同时间用不同分析仪器测定多次所得结果的精密度(内检精密度);再现性精密度是指在不同实验室由不同分析人员重复测定多次所得结果的精密度(外检精密度)。

精密度反映了正常测定条件下分析方法的再现程度,一般用标准偏差、相对标准偏差或置信限表示。

测定分析方法的精密度应注意保证足够的测定次数或自由度,通常要求样品重复测量 6 次或在规定范围内制备 3 个不同质量浓度的样品各测定 3 次。

评价分析方法的精密度常用方差分析统计法进行检验(F 检验),如对日间日内方差比、实验室外实验室内方差比等进行统计检验。

应该指出,耐用性(robustness)也可反映同一样品分析结果的再现性。耐用性是指在测定条件有小的变动时测定结果不受影响的承受程度。一个好的分析方法应该不受环境等因素的变更而改变结果,即对外界因素不灵敏,在各种条件下,如在不同的实验室、分析者、仪器型号、试剂批号、时间、温度等条件下,都应得到一致的结果。如果测试条件要求严苛,则应在分析方法中写明。

3.2.3　灵敏度

灵敏度(sensitivity,用 S 表示)是指改变单位待测物质的质量浓度或质量时引起该方法检测器响应信号(吸光度、电极电位或峰面积等)的变化程度。对应于质量浓度敏感型检测器和质量敏感型检测器有质量浓度灵敏度(S_c)和质量灵敏度(S_m)2 个参数。

若回归方程为 $y=a+bx$，式中，x 为标样中待测物质的浓度质量或质量，y 为检测器对待测物质的响应信号（吸光度、电极电位或峰面积等），a 为空白值（$x=0$ 时检测器的响应信号）；b 为检测器的响应斜率。则其灵敏度为 $S=\mathrm{d}y/\mathrm{d}x=b$。

标准曲线的斜率（b）越大，分析方法的灵敏度（S）越高，分析结果的精密度一般也越高。

分析方法的灵敏程度的高低依赖于检测器的灵敏程度，并随实验条件的变化而变化。样品基体（其他组分或主体部分）也会影响分析方法的灵敏度并可能产生系统误差。

分析方法的灵敏度应具有一定的稳定性（灵敏度保持不变的区间称为线性范围），因为只有当灵敏度固定不变时，测得的响应信号（吸光度、电极电位或峰面积等）才能与样品中待测物质的质量浓度或质量建立定量关系，才可能进行准确测定。

要求灵敏度稳定不变实际上是不可能的，但是可以通过严格控制分析条件使灵敏度的变化降低到可以接受的程度，同时在分析过程中经常用标准样校准仪器，并在计算试样中待测物质的质量浓度或含量时采用实际响应斜率，消除可能产生的系统误差。

3.2.4 检出限

检出限（detection，用 D 表示），又称检测下限，是指能以适当的置信概率检测出待测物质的最低质量浓度或最小质量。检出限既与检测器对待测物质的响应信号有关，又与空白值的波动程度有关。

空白值的波动程度称为噪声（noise），以 10 次空白值的标准偏差 S_{bt} 来衡量，用 N 表示，即 $N=S_{bt}(n=10)$。

只有当待测物质的响应信号的平均值 $\overline{A}$ 大于噪声 N 的 3 倍时，才可能以可接受的置信度（一般取 99.7%）在噪声中识别出待测物质。可见，检出限决定于响应信号与噪声的比值（信噪比），用产生响应信号为 3 倍噪声的待测物质的质量浓度或质量来衡量，以 D 表示，即

$$D=\frac{3N}{S}$$

式中，S 为标准曲线在低质量浓度或低质量区域的斜率（灵敏度）。该式表明提高灵敏度和降低噪声可降低检出限。

应该指出的是，有些分析方法的检出限可能有特别的规定，如电位分析法中的检测是指响应直线与无响应直线的延长线的交点所对应的待测物质的质量浓度。

检出限与灵敏度从不同侧面衡量了分析方法的检测能力，但它们并无直接的联系，灵敏度不考虑噪声的影响，而检出限与信噪比有关，有着明确的统计意义。似乎灵敏度越高，检出限就越低，但往往并非如此，因为灵敏度越高，噪声就越大，而检出限决定于信噪比。

例如，电位分析中，氯离子晶体膜电极的响应斜率约为 -58 mV/lg α Cl^-，检测下限约为 2 μg/g Cl^-。而镉离子晶体膜电极的响应斜率绝对值较低，约为 29 mV/lg α Cd^{2+}，其检测下限却低至 0.005 μg/g Cd^{2+}。

3.2.5 线性范围

线性（linearity）是指检测信号与待测物质的含量的比例关系，是校正曲线法的基本要求。分析方法的线性大多用相关系数来衡量，但相关系数对分析结果的变化并不灵敏，用校正曲线

斜率的方差来衡量比较合理。

线性范围(linear range)是指校正曲线上响应直线部分所对应的待测物质的含量范围，可评价分析方法适用(能达到一定的精密度、准确度和线性要求)的待测物质的最低含量到最高含量区间。线性范围常用定量上限与定量下限的比值来表示。按国际惯例，线性范围的定量下限为空白值与其标准偏差的 10 倍之和，定量上限为 95% 置信度偏离线性的含量。在线性范围内可以直接应用分析方法的线性、准确度、精密度、具体应用和要求。分析方法的线性范围一般至少应有 2 个数量级，某些分析的方法的线性范围可达 5～6 个数量级甚至更高。

3.2.6　选择性

选择性(selectivity)是指在样品中可能共存其他物质条件下精密测定待测物质的特性，用于衡量分析方法的抗干扰程度。

实际上，没有一种分析方法不受其他物质的干扰，专一性或特效性是不存在的，并且常常需要采取许多措施来减少这些干扰效应。

某些分析方法(如离子选择性电极法)应用选择性系数(selectivity coefficient)来评价分析方法的选择性。

很多分析方法的选择性用两组数据的差值来量度，也可用两组数据的统计分析(t 检验和 F 检验)进行评价。

当样品中主成分以外的物质状态不明或无法获取标准品时，可以采用与其他分析方法测量结果进行比较的方法，考查分析方法的选择性。

复杂试样的高选择性分析方法具有重要意义，分离分析法和数值方法可提高分析方法的选择性，如色谱分离分析法和计量学解析方法受到重视。

3.3　测定结果的检验

在定量分析工作中常遇到以下两种情况：其一是样本测量的平均值 $\bar{x}$ 与标准值或真值 μ 不一致；其二是两组测量的平均值 $\bar{x}_1$ 与 $\bar{x}_2$ 不一致。上述不一致是由定量分析中的系统误差或偶然误差引起的。因此，必须对两组分析结果的准确度或精密度是否存在显著性差异做出判断(显著性检验)。统计检验的方法很多，在定量分析中最常用到 t 检验和 F 检验，分别用于检验两组分析结果是否存在显著的系统误差与偶然误差等。

3.3.1　t 检验法

t 检验用于判断某一分析方法或操作过程中是否存在较大的系统误差。用于以下几个方面：

样本均值 $\bar{x}$ 与标准值(相对真值、约定真值等)μ 的比较。

根据下式，若样本均值 $\bar{x}$ 的置信区间$\left(\bar{x}\pm\frac{ts}{\sqrt{n}}\right)$能将标准值 μ 包括在此范围内，即可做出 $\bar{x}$ 与 μ 之间不存在显著性差异的结论。因为按 t 分布规律，这些差异应是偶然误差造成的，而不属于系统误差。

作 t 检验时，先将所得数据 $\bar{x}$、μ、s 及 n 代入下式

$$t=\frac{|\bar{x}-\mu|}{s}\sqrt{n}$$

求出 t 值，然后与查得相应的 $t_{\alpha,f}$ 值（临界值）相比较（表 3-1），若算出的 $t \geqslant t_{\alpha,f}$，说明 $\bar{x}$ 与 μ 之间存在着显著性差异；反之则说明二者间不存在显著性差异。由此可得出分析结果是否正确，新分析方法是否可行等结论。

表 3-1　$t_{\alpha,f}$ 值（双边）

f	置信度，显著性水平			
	$P=0.90$	$P=0.95$	$P=0.99$	$P=0.999$
	$\alpha=0.10$	$\alpha=0.05$	$\alpha=0.01$	$\alpha=0.001$
1	6.31	12.71	63.66	637
2	2.92	4.30	9.92	31.60
3	2.35	3.18	5.84	12.90
4	2.13	2.78	4.60	8.60
5	2.02	2.57	4.03	6.86
6	1.94	2.45	3.71	5.96
7	1.90	2.36	3.50	5.40
8	1.86	2.31	3.36	5.04
9	1.83	2.26	3.25	4.78
10	1.81	2.23	3.17	4.59
11	1.80	2.20	3.11	4.44
12	1.78	2.18	3.06	4.32
13	1.77	2.16	3.01	4.22
14	1.76	2.14	2.98	4.14
∞	1.64	1.96	2.58	3.29

两个样本均值间的 t 检验是指：①一个试样由不同分析人员或统一分析人员采用不同方法、不同仪器或不同分析时间，分析所得两组数据均质间的显著性检验；②两个试样含有同一成分，用相同分析方法所测得两组数据均值间的显著性检验。

两个样本平均值 $\bar{x}_1$、$\bar{x}_2$ 的比较，用下式计算 t 值：

$$t=\frac{|\bar{x}_1-\bar{x}_2|}{s_R}\times\sqrt{\frac{n_1\times n_2}{n_1+n_2}}$$

式中，s_R 称为合并标准偏差或组合标准差。n_1、n_2 分别为两组数据的测定次数，n_1 与 n_2 可以不等，但不能相差悬殊。若已知 s_1 与 s_2（两者大小相当），可以由下式（由误差传递公式导出）求出 s_R：

$$s_R=\sqrt{\frac{(n_1-1)s_1^2+(n_2-1)s_2^2}{n_1+n_2-2}}$$

或由两组数据的平均值求 s_R：

$$s_R=\sqrt{\frac{\sum_{i=1}^{n_1}(x_1-x_2)^2+\sum_{i=1}^{n_2}(x_2-\overline{x}_2)^2}{(n_1-1)+(n_2-1)}}$$

将 s_R、$\overline{x}_1$、$\overline{x}_2$ 及 n_1、n_2 代入 t 值计算式，求出的统计量 t，与表中查得的临界值 $t_{\alpha,f}$ 比较，若 $t<t_{\alpha,f}$，说明两组数据的平均值不存在显著性差异，可以认为两个均值属于同一总体，即 $\mu_1=\mu_2$；若 $t \geqslant t_{\alpha,f}$，说明两组数据均值间存在显著差异。

3.3.2　*F* 检验法

F 检验是通过比较两组数据的方差 s^2（标准方差的平方），以确定它们的精密度是否存在显著性差异。用于判断两组数据间存在的偶然误差是否有显著不同。

F 检验法的步骤是，首先计算出两个样本的方差 s_1^2 和 s_2^2，然后按下式计算方差比 *F*。

$$F=\frac{s_1^2}{s_2^2}\qquad (s_1>s_2)$$

计算时，规定大的方差为分子，小的为分母，求出的 *F* 值与方差比的单侧临界值 $F_{\alpha(f_1,f_2)}$ 进行比较。若 $F<F_{\alpha(f_1,f_2)}$，说明两组数据的精密度不存在显著性差异；反之，则说明两组数据的精密度存在着显著性差异。

表 3-2 是在 95％置信水平及不同自由度时的部分 *F* 值。*F* 值与置信水平及 s_1 和 s_2 自由度 f_1 和 f_2 有关。使用该表时必须注意 f_1 为大方差数据的自由度，f_2 为小方差数据的自由度。

表 3-2　置信度 95％时的 *F* 值（单边）

f_2	f_1									
	2	3	4	5	6	7	8	9	10	∞
2	19.00	19.16	19.25	19.30	19.33	19.36	19.37	19.38	19.39	19.50
3	9.55	9.28	9.12	9.01	8.94	8.88	8.84	8.81	8.78	8.53
4	6.94	6.59	6.39	6.26	6.16	6.09	6.04	6.00	5.96	5.63
5	5.79	5.41	5.19	5.05	4.95	4.88	4.82	4.78	4.74	4.36
6	5.14	4.76	4.53	4.39	4.28	4.21	4.15	4.10	4.06	3.67
7	4.74	4.35	4.12	3.97	3.87	3.79	3.73	3.68	3.63	3.23
8	4.46	4.07	3.84	3.69	3.58	3.50	3.44	3.39	3.34	2.93
9	4.26	3.86	3.63	3.48	3.37	3.29	3.23	3.18	3.13	2.71
10	4.10	3.71	3.48	3.33	3.22	3.14	3.07	3.02	2.97	2.54
∞	3.00	2.60	2.37	2.21	2.10	2.01	1.94	1.88	1.83	1.00

注：f_1 是大方差数据的自由度，f_2 是小方差数据的自由度。

3.3.3　使用显著性检验的几点注意事项

两组数据的显著性检验顺序是先进行 *F* 检验而后进行 *t* 检验，先由 *F* 检验确认两组数据的精密度(或偶然误差)无显著性差异后,才能进行两组数据的均值是否存在系统误差的 t 检验。因为只有两组数据的精密度或偶然误差接近,准确度或系统误差的检验才有意义,否则会得出错误的判断。

单侧与双侧检验:检验两个分析结果间是否存在着显著性差异时,用双侧检验;若检验某分析结果是否明显高于(或低于)某值时,则用单侧检验。t 分布曲线为对称形,双侧检验与单侧检验临界值都常见,可根据要求选择,但多用双侧检验。F 分布曲线为非对称形,虽然也分单侧与双侧检验的临界值,但 F 检验多用于单侧检验,很少用双侧检验。

置信水平 P 或显著性水平 α 的选择由于 t 与 F 的临界值随 α 的不同而不同,因此 α 的选择必须适当。

3.3.4 Excel 软件进行显著性检验

[例] 鉴定一个有机化合物时可测定其在色谱柱上的保留时间,如与标准物质的保留时间相等,则可以假定两个物质相同,再以其他方法求证,否则便可否定两物质等同。设某未知物通过色谱柱 3 次,测得保留时间 t_{R_1} 分别为 10.20、10.35、10.25 s;标准物正辛烷通过色谱柱 8 次,测得保留时间 t_{R_1} 分别为 10.24、10.28、10.31、10.32、10.34、10.36、10.37 s。这一未知物是否可能是正辛烷?(s_1 与 s_2 之间无显著性差异?)

1. 进行两组数据的方差齐性分析

将题目中所给实验数据依次填入 Excel 表格中,B1 单元格中输入“未知物”,在 B2～B4 单元格中输入未知物在色谱柱上的保留时间;在 C1 中输入“正辛烷”,在 C2～C8 中输入正辛烷在色谱柱上的保留时间。如表 3-3 所示。

表 3-3 两有机化合物在色谱柱上的保留时间 s

化合物	在色谱柱上的保留时间						
未知物	10.2	10.35	10.25				
正辛烷	10.24	10.28	10.31	10.32	10.34	10.36	10.37

点击 D1 单元格→“数据”→“数据分析”→“F 检验:双样本方差”,变量 1 的区域用鼠标选中 B2～B4;变量 2 的区域用鼠标选中 C2～C8,$\alpha=0.05$,输出新的工作表组,结果见表 3-4。

表 3-4 两有机物在色谱柱上保留时间的方差齐性检验

变量	平均	方差	观测值	d_f	F	$P(F\leqslant f)$单尾	F 单尾临界
变量 1	10.27	0.01	3.00	2.00	2.79	0.14	5.14
变量 2	10.32	0.00	7.00	6.00			

两组方差的差别没有统计学意义($F=2.79$,$P=0.14>0.05$),故认为两组数据方差相等。

2. 应用 Excel 宏功能进行两组数据均值的比较

点击 D1 单元格→“数据”→“数据分析”→“t 检验:双样本等方差假设”变量 1 的区域用鼠标选中 B2～B4;变量 2 的区域用鼠标选中 C2～C8,$\alpha=0.05$,输出新的工作表组,结果见表 3-5。

表 3-5　两有机物在色谱柱上保留时间的均值比较的显著性检验

变量	平均	方差	观测值	合并方差	假设平均差	d_f	t Stat	$P(T\leqslant t)$ 单尾	t 单尾临界	$P(T\leqslant t)$ 双尾	t 双尾临界
变量 1	10.27	0.01	3.00	0.00	0.00	8.00	−1.33	0.11	1.86	0.22	2.31
变量 2	10.32	0.00	7.00								

两有机物在色谱柱上保留时间的差别没有统计学意义（$t=1.86$，$t_{0.05,9}=2.26$，$t<t_{0.05,9}$），与假设相同，未知物可能是正辛烷。

3.4　测定结果的处理

3.4.1　可疑测定值的取舍

在一组平行测定的数据中，常有个别数值与其他数值相差较大，是弃去还是保留，会直接影响分析结果的准确性。这种偏离其他数据较远的数值，称为可疑值。可疑值的产生是由分析过程中尚未直接察觉到的过失造成的，这要通过具体的科学方法进行检验，如果确系过失引入的可疑值就应当舍弃；如果该数值虽有一定的偏差，但仍属于随机误差的正常范畴，就应当保留。可疑值的取舍有下列几种方法。

3.4.1.1　$4\bar{d}$ 法

$4\bar{d}$ 法适用于 4～8 次平行测定时可疑值的取舍。具体方法是：在一组数据中除去可疑值 X' 后，求出其余数值的平均值 $\bar{X}$ 和平均偏差 $\bar{d}$。如果 $|X'-\bar{X}|\geqslant 4\bar{d}$，应舍弃 X'，否则，应予以保留。

3.4.1.2　Q 值检验法

Q 值检验法适用于 3～10 次平行测定时可疑值的检验。具体步骤如下：

(1)将测定数据从小到大排列，并求出极差 R。

$$X_1, X_2, X_3, \cdots, X_{n-1}, X_n$$

$$R = X_n - X_1$$

(2)计算可疑值与最邻近数值之差 (X_2-X_1) 或 (X_n-X_{n-1})，然后除以极差，所得商称为 Q 值。根据测定次数 n 的不同，计算公式也不同，这样处理较为严密。

当 $n<7$ 时：

$$Q=(X_2-X_1)\div(X_n-X_1)=(X_2-X_1)\div R \quad (X_1\text{ 为可疑值})$$

$$Q=(X_n-X_{n-1})\div R \quad (X_n\text{ 为可疑值})$$

当 $8\leqslant n\leqslant 10$ 时：

$$Q=(X_n-X_{n-1})\div(X_n-X_2) \quad (X_n\text{ 为可疑值})$$

$$Q=(X_2-X_1)\div(X_{n-1}-X_1) \quad (X_1\text{ 为可疑值})$$

根据所要求的置信度查表 3-6，若计算出的 Q 值大于表中的 Q 值，将可疑值舍去；否则，应保留。

表 3-6　Q 值表

置信度	测定次数							
	3	4	5	6	7	8	9	10
90%	0.94	0.76	0.64	0.56	0.51	0.47	0.44	0.41
95%	1.53	1.05	0.86	0.76	0.69	0.64	0.60	0.58

3.4.1.3　格鲁布斯检验法

如果可疑值有 2 个及多个时，上述 2 种检验法都不能很好解决，而格鲁布斯(Grubbs)法在各种情况下都适用，得出令人满意的结果，可按下述 3 种不同情况处理。

只有一个可疑值时($X_1 < X_2 < X_3 < \cdots < X_n$)：

$$G=(\overline{X}-X_1)\div S \quad (X_1\text{ 为可疑值})$$

$$G=(X_n-\overline{X})\div S \quad (X_n\text{ 为可疑值})$$

式中，$\overline{X}$ 为样本平均值；S 为标准偏差，计算 $\overline{X}$ 和 S 时均包括可疑值在内。若计算出的 G 值大于或等于表 3-7 中的 G 值，则舍去该可疑值；否则，应保留。

表 3-7　$G_{P,n}$ 值表

测定次数	置信度		测定次数	置信度	
	95%	99%		95%	99%
3	1.15	1.15	12	2.29	2.55
4	1.46	1.49	13	2.33	2.61
5	1.67	1.75	14	2.37	2.66
6	1.82	1.94	15	2.41	2.71
7	1.94	2.10	16	2.44	2.75
8	2.03	2.22	17	2.47	2.79
9	2.11	2.32	18	2.50	2.82
10	2.18	2.41	19	2.53	2.85
11	2.23	2.48	20	2.56	2.88

若可疑值有 2 个以上，且在同一侧，如 X_1、X_2 同属可疑值，则首先检验最内侧的数据 X_2。若 X_2 属于可舍去的数据，则 X_1 自然应该舍去。检验 X_2 时，测定次数应按 $n-1$ 计算，即按少了一次处理。若 X_2 不该舍去，再按上述情况检验 X_1 是否为可疑值。

若可疑值有 2 个以上但分布在平均值的两侧，则应分别先后进行检验。如果有一个数据决定舍去，再检验另一个数据时，测定次数应按少了一次处理，依此类推。此时，应选择 99% 的置信水平。

格鲁布斯检验法的优点是将正态分布中的 2 个最重要的样本参数 S 及 $\overline{X}$ 引入进来，因此方法的准确度较高。

弃去可疑值时，应注意以下几点。

(1)先对可疑值的来源仔细检查,从原始记录到操作方法和条件都要进行全面考虑及核对,如果找到引起过失的确切原因,则坚决弃去该数据。

(2)如果找不到确切的原因,可用上述 3 种方法检验可疑值,但要注意各种方法的适用范围及特点。若有多个可疑值,$4\bar{d}$ 法和 Q 值检验法的结论不一定可靠。

(3)格鲁布斯检验法不仅适用于一组数据中有一个或多个可疑值的弃去,而且对有限次测定均适用,是较可靠的检验方法。

(4)弃去一个可疑值后,若对下一个可疑值进行检验,必须重新计算弃去可疑值后剩余数据的平均值和标准偏差,弃去的可疑值必须在报告书上加以说明。

(5)检验第二个可疑值时,置信水平应该适当提高,如由 95%提高到 99%再进行检验。

3.4.2　有效数字及其修约规则

3.4.2.1　有效数字的概念

既然真值表示分析对象客观存在的数量特征,那么分析结果作为真值的估计值,就应正确反映分析对象的量的多少。由于随机误差不可避免,测定值都是近似值,都有一定的不确定度,因此测定值包含确定的数字(重复测定时不会发生变化的准确数字)和它后面的不定数字(重复测定时会发生变化的数字),但是只有确定的数字和它后面第一位不定数字才能正确反映分析对象的量的多少。

能够正确反映分析对象的量的多少的数字称为有效数字(significant figure),由确定的数字和它后面第一位具有一定不确定度的不定数字构成。决定于单位的数字和多余的不定数字不能正确反映分析对象的量的多少,因而不是有效数字。如用示值变动性为±0.000 1 g 的分析天平称得试样 0.203 16 g,则末位数字 6 是多余的不定数字而首位数字 0 是决定于单位大小的数字,都不是有效数字;但数字 2、中间的 0、3 和 1 能够正确反映分析对象的量的多少,都是有效数字,因此该数据只有 4 位有效数字,试样质量应为 0.203 2 g。可见,实际能够测量到的数字就是有效数字的观点是错误的,但可以说准确测量的数字都是有效数字。

有效数字最后一位不确定度常写在它后面的括号里,最后一位的不确定度为±1 时通常将其省略。例如,Zn 的相对原子质量为 65.39(2),其不确定度为±0.02,最末一位不定数字 9 的不确定度为 2。再如标称值为 100 mL 的 A 级容量瓶量取溶液的体积为 100.0 mL,其不确定度为 0.1 mL,最末一位不定数字 0 的不确定度为 1,可省略不写。

3.4.2.2　有效数字的确定

有效数字表明了分析结果的准确度或不确定度。例如,称得试样的质量为(0.200 0±0.000 2) g,可见其不确定度为±0.000 2 g,相对不确定度±1‰。又如,氯的相对原子质量为 35.452 7(9),可见其不确定度为 0.000 9,相对不确定度为±0.03‰。

所以,根据分析结果的准确度或不确定度可确定分析结果的有效数字(准确数字和末位不定数字),或者说分析结果的有效数字可根据分析结果的准确度或不确定度来确定,有效数字最后一位数字必然是不定数字并且只有最后一位数字是不定数字。

由于误差、偏差、标准偏差和不确定度等衡量的是分析结果的最后一位不定数字的差异程度,因而分析结果的误差、偏差、标准偏差和不确定度等参数都只有一位有效数字,允许多保留一位参考数字的做法是错误的。

3.4.2.3 数字的修约原则

舍弃多余的数字的过程称为修约，它所遵循的原则称为数字修约原则。过去人们习惯采用“四舍五入”规则，其缺点是见五就进，必然会导致修约后的测量值系统偏高；现在则通行“大五入小五舍五成双一次修约”规则，逢五时有舍有入，由五的舍入所引起的误差本身可自相抵消。

“大五入小五舍五成双一次修约”规则规定，把多余的不定数字看成一个整体（一次修约），与五（添零补齐位数）比较，前者大于后者就入（大五入）；前者小于后者就舍（小五舍）；前者等于后者就使修约后其前一位为偶数，即前一位为奇数时进、为偶数时舍（五成双）。

3.4.2.4 有效数字的运算规则

间接测定结果的有效数字也应与其准确度相适应。根据误差传递规律计算出间接测定结果的不确定度，即可确定间接测定结果的有效数字。

（1）加减法运算　由于在加减法中误差按绝对误差传递，计算结果的绝对误差应与各数中绝对误差较大的相一致，因此计算结果有效数字的保留，应以小数点后位数字最少的数字为准，先修约后计算。

（2）乘除法运算　当几个数字相乘或相除时，计算结果有效数字的位数取决于参加乘或除的数据中有效数字位数最少的那个数，其根据是以有效数字位数最少的数字为准，先修约后计算。

（袁芳）

本章小结

误差根据种类及来源可以分为系统误差、随机误差和过失误差，其中，系统误差又可详细分为仪器和试剂导致的误差、方法误差以及个人误差。系统误差和随机误差都是在正常操作下产生的，具有一定的必然性；过失误差可以避免。

分析结果的准确度是系统误差和随机误差的总和，反映测量值对真值的符合程度。精密度是测量值对平均值的分布，反映测量结果中随机误差的大小。

不确定度是指对分析结果的正确性或准确性的可疑程度，可分为标准不确定度和扩展不确定度两类。

分析方法的评价指标主要有精密度、准确度、灵敏度、检出限、线性范围和选择性等。

在食品分析中常用的统计方法有 t 检验法和 F 检验法。

对可疑值的取舍方法有 $4\bar{d}$ 法，Q 值检验法和格鲁布斯检验法。

有效数字的记录遵循“大五入小五舍五成双一次修约”的原则。有效数字的加减运算中有效数字位数以小数点后位数字最少的数字为准，乘除运算中有效数字位数以有效数字位数最少的数字为准，均采用先修约后计算。

思考题

1. 什么叫作误差？误差根据其性质可分为几类？各自的定义是什么？
2. 什么叫作不确定度？典型的不确定度的来源有哪些？

3. 误差和置信度分别与不确定度有什么关系?

4. 置信度和置信区间各是什么含义?

5. 如何提高分析结果的准确度,减少不确定度?

6. t 检验常用于什么检验? 而 F 检验又如何应用?

7. 舍弃可疑数据有哪几种方法? 概括各个方法的特点。

8. 在对分析结果进行 t 检验之前是否要先进行可疑值取舍?

9. 下列情况下,会引起哪种误差? 若是系统误差,应该采用什么方法减免? (1)砝码被腐蚀;(2)天平的两臂不等长;(3)容量瓶和移液管不配套;(4)试剂中含有微量的被测组分;(5)天平的零点有微小波动;(6)读取滴定体积时最后一位数字估计不准;(7)滴定时不慎从锥形瓶中溅出一滴溶液;(8)标定 HCl 溶液时用的 NaOH 标准溶液中吸收了 CO_2。

10. 如果分析天平的称量误差为 ±0.02 mg,拟分别称取试样 0.1 g 和 1 g 左右,称量的相对误差各为多少? 这说明了什么问题?

11. 滴定管的度数误差为 ±0.2 mL。如果滴定中用去标准溶液的体积分别为 2 mL 和 20 mL 左右,读数的相对误差各是多少? 相对误差的大小说明了什么问题?

12. 下列数据中各包括了几位有效数字?

(1)0.033 0;(2)10.030;(3)0.010 20;(4)8.7×10^{-5};(5)$pK_a=4.74$;(6)pH=10.00。

13. 根据有效数字的运算规则进行计算:

(1)7.993 6÷0.996 7−5.02=?

(2)0.325×5.103×60.06÷139.8=?

(3)$(1.276\times4.17)+1.7\times10^{-4}-(0.002\,176\,4\times0.012\,1)=?$

(4)pH=1.05,$[H^+]=?$

14. 置信度在 0.95 时,测得的 Al_2O_3 的 μ 置信区间为(35.21±0.10)%,其意义是什么?

15. 某药厂生产铁剂,要求每克药剂中含铁 48.00 mg。对一批药品测定5次,结果分别为 47.44,48.15,47.90,47.93 和 48.83 mg/g。这批产品的含铁量是否合格?

16. 分别用硼砂和碳酸钠两种基准物标定某 HCl 溶液的浓度(mol/L),结果如下。用硼砂标定:$\bar{x}=0.101\,7$,$s_1=3.9\times10^{-4}$,$n_1=4$。用碳酸钠标定:$\bar{x}_2=0.102\,0$,$s_2=2.4\times10^{-4}$,$n_2=5$。当置信度为 0.90 时,两种物质标定的 HCl 溶液浓度是否存在显著性差异?

17. 用电位滴定法测定铁精矿中铁的质量分数,6 次的测定结果分别为 60.72%,60.81%,60.70%,60.78%,60.56%,60.84%。(1)检验是否有应舍去的测定值($P=0.95$);(2)已知此标准试样中铁的真实含量为 60.75%,则前述方法是否可靠($P=0.95$)?

18. 对某试样中铁的含量进行了 150 次分析,已知分析结果符合正态分布 $N[48.40\%,(0.20\%)^2]$,求分析结果小于 48.00% 的最可能出现的次数,以及分析结果落在 48.00%～48.90% 范围内的次数。

参考文献

[1] 王喜波,张英华. 食品分析. 北京:科学出版社,2015.

[2] 张水华. 食品分析. 北京:中国轻工业出版社,2004.

[3] 徐宝荣,王芬. 分析化学. 北京:中国农业出版社,2014.

[4] 陈兴国. 分析化学. 北京:高等教育出版社,2012.

[5] 李晓燕，张元勤，杨孝容．分析化学．北京：科学出版社，2012．
[6] 赵新那．数值方法在分析化学中的应用．长沙：中南工业大学出版社，1987．
[7] 胡育筑．分析化学简明教程．北京：科学出版社，2008．
[8] 李发美．分析化学学习指导．北京：人民卫生出版社，2004．
[9] 王吉利．Excel 与统计．北京：国家统计局教务中心，2003．
[10] 张明晓．新分析化学教程．北京：科学出版社，2008．
[11] 高向阳．现代食品分析．北京：科学出版社，2012．
[12] 王永华，戚穗坚．食品分析．3 版．北京：中国轻工业出版社，2019．
[13] 王世平．现代仪器分析原理与技术．北京：科学出版社，2015．

第 4 章
食品物理检验法

本章学习目的与要求

1. 了解食品常见的物理检测方法；
2. 掌握食品相对密度的检测方法及其原理；
3. 掌握液态食品可溶性固形物的测定方法及注意事项；
4. 熟悉食品物性的测定方法。

呈现在消费者眼前的食品，往往都表现出具体的物理状态，如物态、形状和色泽等。一般来说，这些物理状态往往是由食品内部化学组成相互作用后在宏观上的一种或多种体现。所以，食品所具有的特定物理状态或性质可以反映其内在本质；通过对这些物理性质进行检测，可以在一定程度上用于评价该食品的品质。从成分较为单一的纯净水或冰块，到组分繁多的果酱或面包，这些食品都具有其特定的物理性质。通过对食品的物理性质进行检测，对所测得的物理参数与食品组分及其含量之间的关系进行分析，为食品分析做出基本的判断，达到描述食品属性或者状态的目的，就是食品的物理检测方法。

4.1 几种物理检测法

从食品的物理性质或者食品所表现出的物理现象来看，质量、密度、光学性质、色泽、组织状态等方面及其变化皆可作为食品的物理性质评价的理论依据。其中，最为常见的是围绕密度、折光性和旋光性三个方面来展开的食品物理检测方法。

密度是单位体积食品所具有的质量，表示的是一定量食品微粒在特定空间内出现的紧密程度。对于多孔性食品而言，其密度也有表现密度、真密度和堆积密度之分。一般情况下，测定食品密度的方法有很多种，如密度计法、密度瓶法、韦氏天平法等，其中前两种方法对于大多数液态食品的相对密度的测定最为实用。由于食品往往都是一种复杂的化学体系，组成中各成分受到环境温度的影响，其密度往往也随之改变。所以在食品分析过程中，测定食品密度都是在某一温度下(t_1)与某一温度下(t_2)纯水的质量之比所得的相对密度($d_{t_2}^{t_1}$)来实现。通过相对密度的测定，可以对食品的属性进行初步判断，并通过换算或查表得出其固形物的含量。

4.1.1 密度计法

1. 测定原理

对于一些液态食品，如牛奶、饮料、糖液和植物油等，可以采用密度计法来快速实现其相对密度的快速测定。密度计是根据其浮在液体中所受的浮力与重力相等的原理制造而成和工作的。从外观或结构上来看，密度计是一根带有刻度的粗细不均匀的密封玻璃管，底端装有一定量的密度较大的铅粒或者水银，如图 4-1 所示。密度计的种类较多，可以满足不同液态食品相对密度的测定需要。

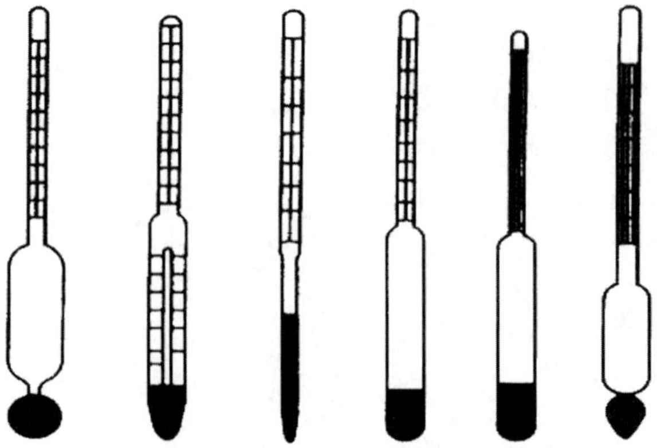

1. 普通密度计　2. 附有温度计的糖度计　3，4. 波美密度计　5. 酒精密度计　6. 乳稠计

图 4-1　测定液态食品相对密度的密度计

2. 操作

普通密度计是应用最为广泛的一种，通常由几只组成一套，每只的刻度范围不同。用于测定比水轻的液体的密度计刻度值范围一般为 0.700～1.000，称为轻表；用于测定比水重的密度计刻度值范围为 1.000～2.000，称为重表。普通密度计的刻度标识是以 20℃时的密度值为基准。

读数时，以密度计与液体形成的弯月面的下缘为准；当用于测量颜色较深的液体而使下缘不清晰时，则选弯月面上缘为准，并记录数据。

3. 计算

波美密度计的刻度方法也是以 20℃为标准，根据标度方式也可有多种类型。其表示液体质量浓度大小的单位是波美度(°Bé)：在蒸馏水中为 0°Bé，在 15%的 NaCl 溶液中为 15°Bé，在纯硫酸(相对密度为 1.842 7)中为 66°Bé，其余刻度等分。根据所测液体的相对密度与 1 的关系，也可分为重表(所测液体相对密度大于 1)和轻表(所测液体相对密度小于 1)。相对密度与°Bé 之间的关系如下式所示。

$$\text{轻表：}d_{20}^{20}=\frac{145}{x+145}$$

$$\text{重表：}d_{20}^{20}=\frac{145}{145-x}$$

式中，d_{20}^{20} 为 20℃下某试样的相对密度；x 为波美密度计的度数，°Bé；145 为换算系数。

4. 注意事项

密度计法测定液态食品相对密度具有方便、快捷的特点，但是其准确性较差，不适用于测定具有挥发性的液体。

测定时，要求密度计用待测液洗净或者保持干燥，液体无气泡；同时采用温度计测定样液温度，以便及时对测定值加以校正。

4.1.2 密度瓶法

1. 测定原理

与密度计法相似，密度瓶法也是用于测定液态食品相对密度的常用方法之一。常见的密度瓶装置如图 4-2 所示。

在 20℃时分别测定充满同一密度瓶的水及试样的质量则可得出试样的相对密度。因为水的密度已知，根据其质量可计算出密度瓶的容积，然后根据试样的质量则可计算出其相对密度。

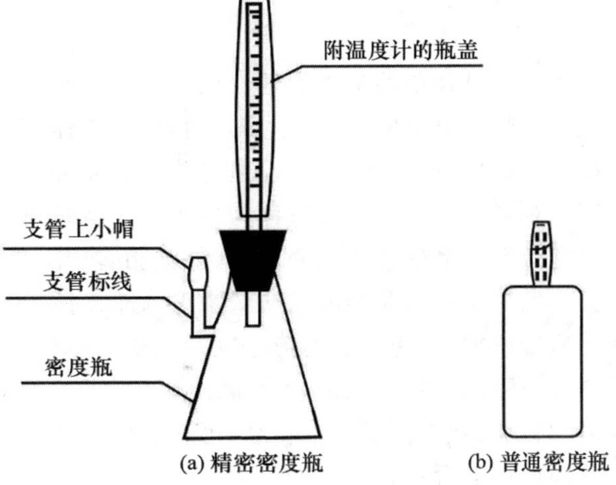

图 4-2　密度瓶

2. 操作

使用密度瓶测定液体食品的相对密度可以按照如下流程进行：

密度瓶质量 m_0→密度瓶和试样的质量 m_1→密度瓶和水的质量 m_2。

(1)m_0 测定　洗涤密度瓶(分别用水、乙醇、乙醚洗)→烘干→冷却→精确称重;

(2)m_1 测定　装满样液→20℃恒温水浴 30 min→盖瓶盖,并用滤纸条吸去支管标线上的试样→盖侧帽取出→擦干瓶→天平室 30 min 后称重;

(3)m_2 测定　洗净→装水(水须煮沸 30 min,冷却至 20℃以下)→同上→称重。

3. 计算

测定结束后,按下式计算试样的相对密度。

$$d_{20}^{20}=\frac{m_1-m_0}{m_2-m_0}$$

式中,d_{20}^{20} 为试样在 20℃时的相对密度;m_0 为密度瓶的质量,g;m_1 为密度瓶加试样的质量,g;m_2 为密度瓶加水的质量,g。

《食品安全国家标准　食品的相对密度的测定》(GB 5009.2—2016)中规定精密度:在重复性条件下获得的两次独立测定结果的绝对值≤算术平均值×5%。

4. 注意事项

密度瓶法适用性广,特别适合量少的样品,也适合于有挥发性液体,结果准确,缺点是操作烦琐。在具体操作过程中需要注意以下几点。

(1)测定黏度较大的试样时,宜使用带毛细管的密度瓶。

(2)试样和水必须充满整个密度瓶,不能有顶隙和气泡。

(3)避免用手直接触摸密度瓶,以免瓶身受热使得内部液体流出。

(4)水浴中用水清洁,以防污染瓶外壁,操作时应及时用滤纸条吸取溢出的液体,避免液体流出到瓶壁上。

(5)天平室内温度不得高于 20℃,以防液体膨胀流出。

(6)若水温为 4℃时,测定值需乘以校正系数 0.998 23。

4.1.3　折光法

1. 原理

折射率是物质的基本物理性质之一,是指光线从一种介质进入另一种介质时,折射角发生的改变。光在真空中的速度与其在物质中的速度之比称为该物质的绝对折射率,折射率与该物质的组成成分及结构有关。通过测量物质的折射率来鉴别物质组成,确定物质的纯度、质量浓度及判断物质品质的方法称为折光法。从折射率的形成原理来看,折光法的应用主要适合于测定液态食品的可溶性固形物,如油脂、乳品、果蔬汁及饮料等。对于同一物质而言,折射率的大小取决于该物质溶液的质量浓度大小。所以,通过折光仪的测定,可以鉴别食品的组成,确定质量浓度,判断食品的纯净度及品质。值得注意的是,若是食品内的固形物除了可溶性固形物外,还存在悬浮物质,则不能使用折光法,因为折光仪反映不出悬浮固体颗粒的折射率。但诸如番茄酱、果酱等个别食品,已有总固形物与可溶性固形物的关系表,通过查表即可换算出总固形物的含量。

折光仪是利用临界角原理测定物质折射率的仪器,食品工业中最常用的是阿贝折光仪、手提式折光仪和数字阿贝折光仪，如图 4-3 所示。

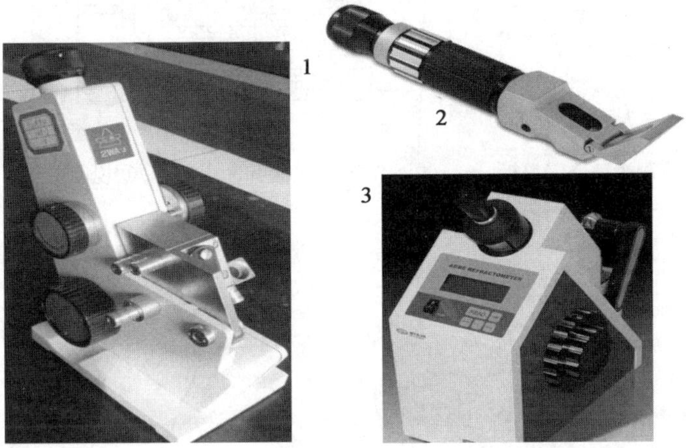

1. 阿贝折光仪　2. 手提式折光仪　3. 数字阿贝折光仪

图 4-3　阿贝折光仪

阿贝折光仪可直接测定液体的折光率，因为物质的摩尔折射度、摩尔质量、密度、极性分子的偶极矩等都与折射率有关，从而可以对溶液组成或纯度做出鉴定，或进一步对物质结构进行分析。阿贝折光仪是教学和科研工作中常见的光学仪器，所需样品量少，精密度高(可精确到 0.000 1)且重现性好。

2. 操作

阿贝折光仪的工作原理与操作规程参见二维码 4-1。

二维码 4-1　阿贝折光仪原理和操作规程

阿贝折光仪在使用过程中，需要充分考虑来自光波长和环境温度的影响。物质的折射率随着波长的增大而减小。由于测定时光源多为白光，在通过棱镜和试样而发生折射时，因为组成光的波长不同、折射程度不同而分散成多种色光。这种色散现象会使观测视野明暗分界线不清，产生测定误差。为了克服色散带来的误差，一般在阿贝折光仪观测镜筒下安装色散补偿器。溶液的折射率也与温度呈现一定的负相关。测定时，最好在仪器所要求的 20℃环境下进行。超过 20℃时，加上校正数；低于 20℃时，减去校正数。温度校正方法如下式所示。

$$n_{D20}=n_{DT}+0.000\,45\times(T-20)$$

式中，n_{D20} 为试样的真实折光率；n_{DT} 为在温度 T 时实验所测折光率；T 为测定时环境温度，℃；0.000 45 为摄氏温度每变化 1℃，折光率大约改变的数值。

常用的手持式折光仪也称糖镜或手持式糖度计。果蔬汁液中可溶性固形物含量与折光率在一定条件(同一温度、压力)下成正比例，故测定果蔬汁液的折光率，可求出果蔬汁液的浓度(含糖量的多少)。从而了解果蔬的品质，估计果实的成熟度。手持式折光仪操作简单，便于携带，常用于生产现场检验。

糖度计的结构和使用方法如图 4-4 所示。

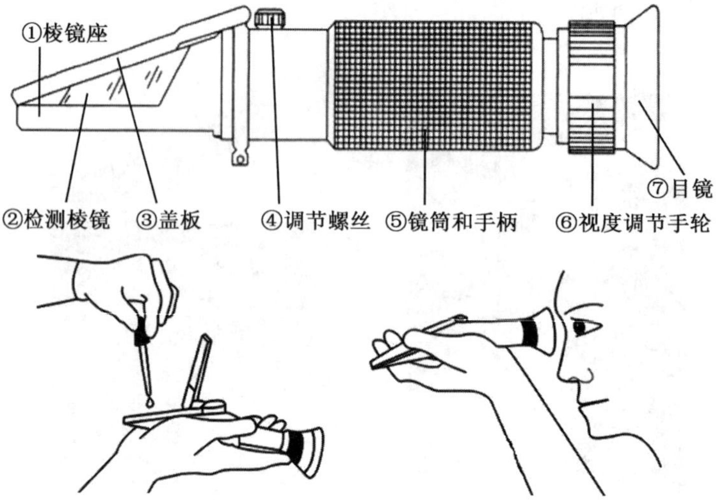

图 4-4　糖度计的结构和使用方法

在使用时，打开盖板③，用软布仔细擦净检测棱镜②。取待测溶液数滴，置于检测棱镜上，轻轻合上盖板，避免气泡产生，使溶液遍布棱镜表面。将仪器进光板对准光源或明亮处，眼睛通过目镜观察视场，转动视度调节手轮⑥，使视场的蓝白分界线清晰。分界线的刻度值即为溶液的浓度。

3. 注意事项

在使用过程中，保持水平，避免发生振动。使用完毕后，严禁直接放入水中清洗，要用干净软布擦拭，对于光学表面，不应碰伤，划伤。仪器应放于干燥、无腐蚀气体的地方保管。

4.1.4　旋光法

1. 原理

应用旋光仪测量旋光性物质的旋光度以确定其含量的分析方法，即为旋光法。旋光度和比旋光度是旋光性物质的主要物理性质。通过旋光度和比旋光度的测定，可以分析确定物质的质量浓度、含量及纯度等。常见的具有旋光性的食品成分有单糖、低聚糖、淀粉以及大多数的氨基酸和羟酸等。其中能把偏振光的振动平面向右旋转的，称为“具有右旋性”，以(＋)号表示，反之称为“具有左旋性”，以(－)号表示。

偏振光通过光学活性物质的溶液时，其振动平面所旋转的角度叫作该物质溶液的旋光度，以 α 表示。对于特定的光学活性物质，在光源波长和温度一定的情况下，其旋光度 α 与溶液的质量浓度 c 和液层的厚度 L 成正比。当旋光性物质的质量浓度为 100 g/mL，液层厚度为 1 dm 时，所测得的旋光度称为比旋光度，以 $[\alpha]_{\lambda}^{t}$ 表示。比旋光度与光的波长及测定温度有关。通常规定用钠光 D 线(波长 589.3 nm)在 20℃时测定，在此条件下，比旋光度用 $[\alpha]_{D}^{20}$ 表示。因在一定条件下比旋光度 $[\alpha]_{\lambda}^{t}$ 已知，L 为一定，故测得了旋光度就可计算出旋光质溶液中的质量浓度 c。旋光度和比旋光度的计算公式如下所示。

$$\alpha = KcL$$

$$[\alpha]_{\lambda}^{t}=\frac{\alpha}{Lc}$$

式中，α 为旋光度，°；$[\alpha]_{\lambda}^{t}$ 为比旋光度，°；K 为旋光系数；L 为液层厚度或旋光管长度，dm；c 为溶液质量浓度，g/mL；t 为温度，℃；λ 为光源波长，nm。

2. 操作

测定旋光性物质的仪器称为旋光仪，根据自动化程度，可分为普通旋光仪和(全或数字)自动旋光仪，后者是随着计算机的发展而实现快速方便操作。比较经典的旋光仪是 WXG-4 型旋光仪，如图 4-5 所示。

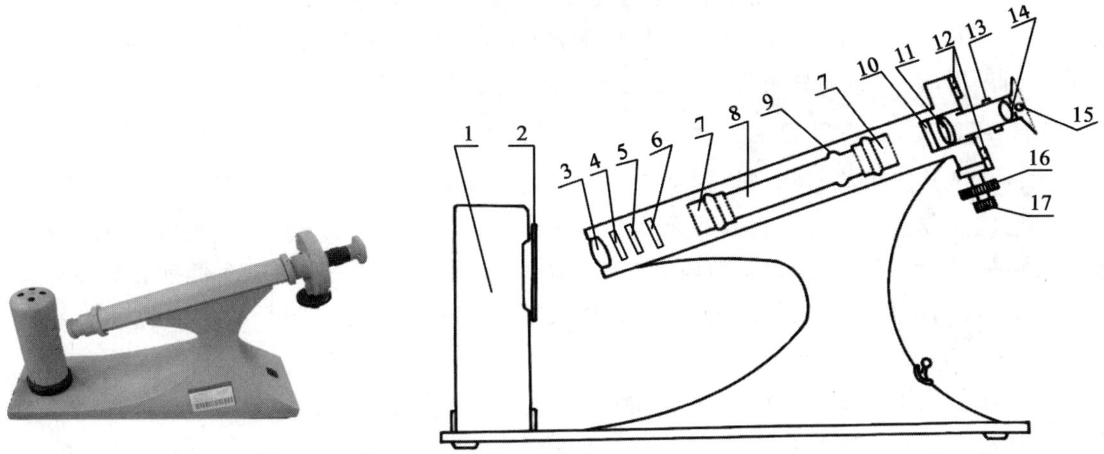

1. 钠光灯　2. 毛玻璃片　3. 会聚透镜　4. 滤色镜　5. 起偏镜　6. 石英片　7. 测试管端螺帽　8. 测试管
9. 测试管凸起部分　10. 检偏镜　11. 望远镜物镜　12. 度盘和游标　13. 望远镜调焦手轮
14. 望远镜目镜　15. 游标读数放大镜　16. 度盘转动细调手轮　17. 度盘转动粗调手轮

图 4-5　WXG-4 型旋光仪及其结构

3. 注意事项

在用旋光法测定蜂蜜、商品葡萄糖等含有还原糖的样品时，样品配成溶液后，宜放置过夜再测定。若需立即测定，可将中性溶液(pH=7)加热至沸，或加几滴氨水后再稀释定容；若溶液已经稀释定容，则可加入碳酸钠干粉至石蕊试纸刚显碱性。在碱性溶液中，变旋光作用迅速，很快达到平衡。但微碱性溶液不宜放置过久，温度不可太高，以免破坏果糖。

4.2　食品的物性测定

食品除了化学性质外，物理性质也在一定程度上反映了其食用品质。与食品感官品质关系密切的物理问题主要包括色泽、黏度、硬度、脆性、胶黏性、回复性、弹性、凝胶强度、耐压性、可延伸性及剪切性等。

4.2.1　色度测定

颜色是食品最主要的感官指标之一。良好的外观颜色，可以激发消费者的食欲和购买欲望。食品颜色的测定在食品感官分析或品质评价中具有重要意义。物质所呈现的颜色或者说人体眼睛所感受的颜色是物体本身的自然属性与照明条件的综合效果。彩色光的基本参数有明亮度、色调(颜色类别)和饱和度。通常将色调与饱和度合称为色度。色度测定分目测与仪器测定两类。

目测分为标准色卡对照法和标准液测定法。标准色卡是自然界存在的颜色在某种材质(如纸、面料、塑胶)上的体现,用于色彩选择、比对、沟通,是色彩实现在一定范围内统一标准的工具。标准液测定是利用物体所特有的颜色作为参照,用于评价另一种未知颜色物体的色度。常见的有铂钴比色法和铬钴比色法测定水的色度,重铬酸钾溶液用于评价橘子汁色度,碘液或焦糖色卡用于评价酱油产品或成品。

仪器测定法分为色差计测定法、光电管比色计法、分光光度计法和光电反射光度计法。仪器测定法有专用测定仪器,如 EBC 比色计测定啤酒的色度、罗维朋比色计测定油脂的颜色。随着分析仪器的发展,食品颜色的测定逐渐倾向于使用色差计测定。

4.2.1.1 水的色度测定

水的色度是指被测水样与特别制备的一组有色标准溶液的颜色比较值。

纯洁的水无色透明。但一般的天然水中存在各种溶解物质或不溶于水的黏土类细小悬浮物,使水呈现各种颜色。如含腐殖质或高铁化合物较多的水,常呈黄色;含低铁化合物较高的水呈淡绿蓝色;硫化氢被氧化所析出的硫,能使水呈浅蓝色。洁净的天然水的色度一般为 15～25,自来水的色度多为 5～10。

测定水的色度的方法有铂钴比色法和铬钴比色法,两者的准确度和精密度相同。前者是测定水的色度的标准方法,此法操作简便,色度稳定,标准比色系列保存适宜,可长时间使用,但其中所用的氯铂酸钾较贵,大量使用时不经济。后者以重铬酸钾代替氯铂酸钾,便宜而且易保存,只是标准比色系列保存时间较短。

铂钴比色法测定水的色度的方法参见"扩展资源"。

4.2.1.2 $L^*a^*b^*$ 色度仪

CIE $L^*a^*b^*$ 是目前运用最为广泛的表示颜色的色空间。在这一色空间中,L 代表颜色的明亮度,范围为 0～100,越接近 100 越亮,看起来越白;a 代表颜色的红绿值,+a 就偏红或少绿,−a 就偏绿或者少红;b 代表颜色的黄蓝值,+b 就偏黄或少蓝,−b 就少黄或偏蓝。在使用这类色度仪时,只要按照仪器使用说明即可顺利完成待测样品颜色的数值表达。该方法具有操作方便、测定准确等优点。

4.2.2 黏度测定

黏度是指液体的黏稠程度,它是液体在外力作用下发生流动时,分子间所产生的内摩擦力。作为液态食品的主要物理性质之一,黏度对于描述该食品的稳定性或加工性能等品质具有重要意义。

液体黏度随着温度的升高而减小。根据不同表述方式,液体的黏度可分为绝对黏度、运动黏度、条件黏度和相对黏度。绝对黏度,也叫动力黏度,是液体以 1 cm/s 的流速流动时,在每 1 cm^2 液面上所需切向力的大小,单位为 Pa·s。运动黏度,也叫动态黏度,是在相同温度下液体的绝对黏度与其密度的比值,单位为 m^2/s。条件黏度是在规定温度下,在指定的黏度计中,一定量液体流出的时间(s)或此时间与规定温度下同体积水流出时间之比。相对黏度是在一定温度时液体的绝对黏度与另一液体的绝对黏度之比,用以比较的液体通常是水或适当的液体。

液体黏度的测定方法主要有毛细管黏度计法、旋转黏度计法和滑球黏度计法。毛细管黏度计法设备简单、操作方便、精度高,后两种需要贵重的特殊仪器,适用于研究使用。

随着计算机发展水平的提高,用于液态物品的黏度测定极为方便,如流变仪、黏度快速分析仪等。利用这些仪器,还可以进一步获得有关试样蠕变、回复实验、松弛模量、应力和应变、储能模量和耗能模量等方面的性质,从而全方面地评价试样品质或对其研究分析。

4.2.3　质构测定

美国食品工艺学家学会(Institute of Food Technologists,IFT)规定,食品的质构是指眼睛、口中的黏膜及肌肉所感觉到的食品的性质,包括粗细、滑爽、颗粒感等。可以看出,食品的质构由其成分和组织结构共同决定,是多因素共同作用的结果,并且可以通过客观地测定应力、变形和时间的函数来表示。

食品的质构直接决定了消费者口腔对食品的感知效果。食品质构分析已经形成了一门较为系统的科学。食品质构的研究方法主要有感官检验和仪器测定两种。食品感官检验是指通过人的感觉器官评价食品特性的方法,通常需要组建评价人员队伍,并需要经过专门的培训。食品质构的仪器测定方法分为基础力学测定法、半经验测定法和模拟测定法。质构仪器测定法则根据不同的分析对象和测定要求来进行设计,如质构仪、嫩度仪等。

食品的质构特性的测定往往通过质构仪来实现,在多种模式下,可以对食品的硬度、黏度、弹性、咀嚼性、嫩度、持水力等进行测定分析。由于食物形状多样,所以质构仪测定食物质构特性的模式也多种多样,且配备了相应的测试探头。

以测定食品质构性质分析(texture profile analysis,TPA)为例。该模式在两次压缩食物过程中完成,可以反映食物在咀嚼过程中所表现的质构特性。在 TPA 模式下可以得到较多的质构参数,如硬度、弹性、黏着性、黏聚性和咀嚼度等。而在 TPA 模式下测定得到的食品应力-时间关系如图 4-6 所示。从图中所含信息便可以计算出相应的物性参数,这个过程一般由分析软件自带的宏计算程序完成。

硬度(hardness),指达到最大应变百分比时的阻力,即第一个峰所对应的力(g)。

弹性(springiness),表示样品在去除变形力后恢复到变形前的高度或体积比率。其度量是垂线 4 与垂线 5 之间的时间比上垂线 1 与垂线 2 之间的时间。

黏聚性(cohesiveness),是指面积 2 与面积 1 之间的比值。

胶着性(gumminess),表示将样品破裂或吞咽时的稳定状态所需的能量,其度量是硬度与黏聚性的乘积。

咀嚼性(chewiness),表示将样品咀嚼或吞咽时的稳定状态所需的能量,其度量是胶着性与弹性的乘积。

回复性(resilience),是指面积 4 与面积 1 之间的比值。

黏着性(adhesiveness),表示在探头与样品接触时用以克服两者之间吸引力所必需的力,当黏着性大于黏聚性时,在探头上会附有部分样品残留物。其度量是垂线 3 与垂线 4 之间的曲线与横坐标所包围的面积6,单位为N•S。

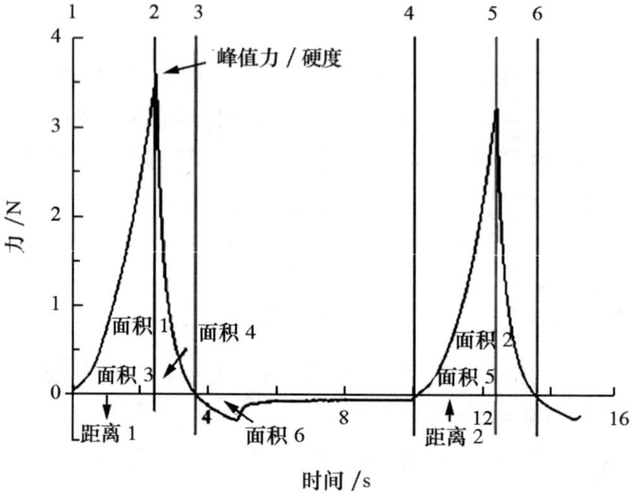

图4-6 TPA模式测定得到的应力-时间图

值得注意的是,虽然TPA所得出的物性参数较多,但是在应用TPA模式时却要十分谨慎,因为压缩过程会对被测物的质构产生破坏作用。所以,在具体使用TPA模式时,需要注意以下几个问题。

(1)选择合适的探头。一般情况下,探头的直径应该大于受试样品的直径,这样有利于样品在测定过程中始终与探头充分接触。对于薄层蛋糕、面包和小松饼等,有时候也可以采用直径小于测试样品直径的探头,但所得的回复性、弹性和黏聚性有可能存在误差。小直径的穿刺探头一般不适用于TPA模式,因为这些探头会破坏测试样品的结构,使其在第一次压缩后不易回复。薄刀刀片探头和多刀剪切探头一般不能用于TPA模式。

(2)测试速度与测后速度必须保持一致,以便结果数据的准确性。

(3)压缩距离或应变百分比需要根据具体样品经多次调试后确定。因为TPA模式是模拟两次咀嚼,所以理论上应变百分比都应该尽可能大,如90%或80%。但是对于有些样品,当应变百分比过高,就很容易压碎而无法进行第二次模拟压缩。所以,测定时需要多次调试,以找到测试样品的最大应变百分比;然后在小于最大应变百分比的范围内选择最适的应变百分比进行统一测试。

(4)在使用TPA模式时,测试者需要对测试对象所具备的物性参数有一定的了解,从而选择合适的测试形态,或者是慎重使用TPA模式下测得的物性参数。比如巧克力并不具备弹性,所以在TPA模式下就得不到该物性参数;面包并不具备黏性,所以对其测得黏聚性就没有意义。

(5)需要选择合适的间隔时间。虽然两次压缩中间间隔时间越长,受试样品就越可能得到回复,但是在真正的口腔咀嚼过程中,两次咀嚼之间的时间间隔极短,所以间隔时间不能太长。

(6)TPA模式对某些食品并不适用,如果泥、杏仁、硬糖、花生酱和焦糖或饴糖等,因为这些食品并不具备TPA测试所能表现的物性参数,如弹性、咀嚼性和黏聚性。

(7)大于两次压缩、两次压缩应变百分比或测试速度不一致等操作并不属于 TPA 测试的范畴。

（李诚　张清）

本章小结

本章针对食品物性，介绍了食品密度、折光性和旋光性的测定意义和相对密度、折光性质、旋光性质的测定方法；介绍了与食品感官品质具有密切关系的物理因素如色泽、黏度、硬度、脆性、胶黏性、回复性、弹性、凝胶强度、耐压性、可延伸性及剪切性等，简要介绍了食品的色度和质构特性如硬度、黏度、弹性、咀嚼性、嫩度、持水力等的测定。

思考题

1. 试比较密度计法和密度瓶法测定食品的相对密度的优缺点。
2. 用于测定食品折光性质的折光仪器有哪些？各自的原理和特点是什么？
3. 简述旋光法测定样品质量浓度的基本原理。
4. 食品的物性包括哪些方面？
5. 举例说明食品物性在食品分析中的作用。
6. 采用 TPA 模式测定食品物性时，需要做哪些考虑？

参考文献

[1] 侯玉泽，丁晓雯. 食品分析. 郑州：郑州大学出版社，2011.
[2] 高向阳，宋莲军. 现代食品分析实验. 北京：科学出版社，2013.
[3] 王喜波，张英华. 食品分析. 北京：科学出版社，2015.
[4] 王永华，戚穗坚. 食品分析. 3 版. 北京：中国轻工业出版社，2019.

第 5 章

食品中水分、灰分、酸度的测定

本章学习目的与要求

1. 掌握食品中水分、灰分和酸度测定的基本原理；
2. 熟悉食品中水分、总灰分和酸度测定方法、测定条件以及加速灰化的方法；
3. 了解常见食品水分、灰分和酸度测定的意义、方法选择和样品处理的方法。

5.1　水分和水分活度的测定

5.1.1　概述

水是地球上储量最多、分布最广的一种物质，不仅集中地存在于江河海洋中，也存在于绝大部分的物体中。生物体内的水分含量一般为 70%～80%，是其含量最高的组分。水作为食品的天然成分，是人类生存和动植物体内不可或缺的重要成分，具有十分重要的意义。水不仅是身体中重要的调节剂、溶剂、营养成分和废物的载体，它还是一种反应剂和反应介质、润滑剂和增塑剂，是生物大分子构象的稳定剂。

不同食品中水分含量差异很大，见二维码 5-1。

二维码 5-1　部分食品的水分含量

食品中水分含量的多少，直接影响食品的感官性状，影响胶体状态的形成和测定。在生物体内，水不仅以纯水形式存在，而且常常溶解一些可溶性物质，如糖类和盐类，从而构成溶液，并把淀粉、蛋白质等亲水性高分子分散在水中形成凝珠来保持一定的形态。而且，即使不溶于水的物质如脂肪和某些蛋白质，也能在适当的条件下分散于水中成为乳浊液或胶体溶液。但是，当某些食品的水分增加或减少到一定程度时会影响其品质，如水分含量增加时，脱水蔬菜的非酶褐变会随之增加；而水分含量减少可能会导致蛋白质的变性、糖类和盐的结晶等。食品的变质或腐败是微生物的生长引起的，这与食品的水分含量也有直接关系。所以，控制食品中的水分含量，对于保持食品良好的感官性状，维持食品中其他组分的平衡关系，保证食品具有一定的保存期均起着重要作用。

5.1.1.1　食品中水分的存在形式

食品中通常含有大量的水，根据所处的状态不同，可把食品的水分为两类。

(1)自由水　由分子(通常是低浓度的大分子)构成基质物质截留的水，这部分水保持着水本身的物理性质，能作为胶体的分散剂和盐的溶剂，如食盐、砂糖、氨基酸、蛋白质或植物胶的水溶液中的水。自由水在被截留的区域内可以自由流动，能使食品变质的反应及微生物活动可在其中进行。在高水分含量的食品中，自由水可以达到总水量的 90%以上。

(2)结合水　食品中的非水成分与水借助化学力或物理化学力相结合的水。通常是指存在于溶质或其他非水组分附近的那部分水，它与同一体系水比较，分子的运动减少，并且使水的其他性质明显改变。它又包括单分子层结合水和多分子层结合水。

①单分子层结合水是指通过氢键与非水物质中以离子形态存在的一些强极性基团结合紧密的水，在非水组织的外层形成一层水膜。这种水 −40℃不结冰，其结合力较大，很难用蒸发的方法分离出去。单分子层结合水在食品内部不能作为溶剂，微生物孢子也不能利用它来进行发芽和繁殖。这部分水如葡萄糖、麦芽糖、乳糖的结晶水或果胶所形成冻胶中的结合水。

②多分子层结合水是指强极性基团单分子水层外的几个水分子层所包含的水，以及与非水组分中弱极性基团以氢键结合的水。这种水在 −40℃基本不结冰，它向外蒸发的能力也较弱，与自由水相比，蒸发时需吸收较多的能量。多分子层结合水可存在于细胞壁或原生质中，与蛋白质牢固地结合在一起。

食品中的水分一般指在大气压下，100℃左右加热所失去的物质。但实际上在此温度下所失去的是挥发性物质的总量，而不完全是水，尤其是在高温下不稳定的食品。食品中以自由形态存在的水分，在干燥时易除去，而以结合态存在的水分，却不如前者容易被除去，需要更多的干燥时间。但是如果在水分测定时不加限制地长时间地对食品进行加热干燥，必然会使食品发生质变，影响分析结果，所以水分测定要在一定的温度、一定的时间和规定的操作条件下进行，才能得到满意的结果。

5.1.1.2 水分测定方法简述

食品分析中水分测定的方法有很多，通常分为直接法和间接法两大类。

利用水分本身的物理性质和化学性质测定水分的方法，称为直接法，如重量法、蒸馏法和卡尔·费休法；利用食品的密度、折射率、导电率、介电常数等物理性质测定水分的方法，称为间接法。相比较而言，通常直接法测定得到的结果准确度高于间接法，实际应用时测定水分的方法根据食品的性质和测定目的而选定。

需要注意的是，在测定水分含量时，必须控制操作过程中水分的得失误差或尽量将其降到最低值。因此，要尽量缩短样品在空气中暴露的时间，并尽可能地减少样品在碾碎过程中的摩擦以及热量的产生，否则会影响样品的水分含量，造成不必要的误差。

5.1.1.3 水分测定的意义

对食品分析来说，水分含量的测定是最基本最重要的方法之一。去除水分后剩下的干基称为总固形物，其组分有蛋白质、脂肪、粗纤维、无氮抽出物和灰分等。下面的一些实例充分说明了水分在食品中的重要性。

(1)水分含量在食品保藏中是一个关键的质量因素，可以直接影响一些产品质量的稳定性，如脱水蔬菜和水果、奶粉、鸡蛋粉、香料香精等。全脂乳粉水分含量控制在2.5%～3.0%，可控制微生物的生长，延长保质期。

(2)水分含量是产品的一个质量因素。如在果酱和果冻中，为防止糖结晶需将水分含量控制在一定的范围内。水果硬糖的水分含量一般控制在3.0%以下，但过低会出现返砂甚至返潮现象。

(3)水分含量的减少有利于产品的包装和运输。如浓缩牛乳、浓缩果汁、脱水产品等。

(4)有些产品的水分含量(或固形物含量)通常在国家标准里对其做了专门的规定，所以为了使产品达到相应的标准，有必要通过水分检测来更好地控制水分含量。

(5)食品营养价值的计量要求列出水分含量。

(6)水分含量数据可用于表示样品在同一计量基础上的其他分析的测定结果(如干基)。

此外，各种生产原料中水分含量的高低，对于它们的品质和保存、成本核算、提高工厂的经济效益均具有重大意义。因此，食品中水分含量的测定被认为是食品分析的重要项目之一。

5.1.2 水分测定方法

5.1.2.1 干燥法

在一定的温度和压力条件下，将样品加热干燥，蒸发以排除其中水分并根据样品前后失重来计算水分含量的方法，称为干燥法。它包括直接干燥法和减压干燥法。水分含量测定值的大小与所用烘箱的类型、箱内状况、干燥温度和干燥时间密切相关。这种测定方法费时较长，但操作简便,应用范围较广。

(1)直接干燥法　见二维码 5-2。

适用范围:适用于在 101.3 kPa(一个大气压),温度 101～105℃不含或含其他挥发性物质甚微且对热稳定的食品。

二维码 5-2　食品中水分的测定(直接干燥法)

应用烘箱干燥法测定水分的样品应当符合下述 3 个条件。

①水分是样品中唯一的挥发物质。因为食品中挥发组分的损失会造成测定的误差,例如乙酸、丙酸、丁酸、醇、酯和醛等。

②水分可以被彻底地去除。若食品中含有较多的胶态物质,则用直接干燥法对水分的排除是比较困难的。

③在加热过程中,样品中的其他组分由于发生化学反应而引起的质量变化可以忽略不计。在分析过程中,样品的水分含量与干燥的时间和温度有关,但当干燥时间持续太久、温度太高时,食品中的其他组分的分解就会变得明显起来。水分分析主要存在的问题仍在于必须蒸发要分离的水,同时又不能有其他成分因分解而释放出水分使得结果偏高。同样,食品中有的成分的化学反应(例如蔗糖的水解)却要利用食品中的水分,这会使其测得的水分含量偏低。所以如果当这些变化产生的影响很小时,可考虑使用直接干燥法。

直接干燥法为《食品安全国家标准　食品中水分的测定》(GB 5009.3—2016)第一法。由于直接干燥法不能完全排除食品中的结合水,所以它不可能测出食品中真正的水分。直接干燥法设备和操作简单,但时间较长,且不适宜胶体、高脂肪、高糖食品及含有较多的高温易氧化、易挥发物质的食品。测得的水分质量中包括了在 100℃下所失去的挥发物量,如微量的芳香油、醇、有机酸等挥发性物质的质量。没有一个直观的指标表征水分是否蒸发干净,只能依靠是否达到恒重来判断。

直接干燥法不适用于水分含量小于 0.5 g/100 g 的样品,在重复性条件下获得的 2 次独立测定结果的绝对差值不得超过算术平均值的 10%。

烘箱干燥法的干燥温度通常取 101～105℃。对于热稳定性较好的食品可以采用 120℃、130℃或更高的温度,可以大大缩短干燥时间。这样的干燥称为高温干燥。

(2)减压(真空)干燥法　见二维码 5-3。

减压干燥法为《食品安全国家标准　食品中水分的测定》(GB 5009.3—2016)第二法。

二维码 5-3　食品中水分的测定(减压干燥法)

它选择的压力一般为 40～53 kPa,温度为 60℃±5℃。但实际应用时可根据样品性质及干燥箱耐压能力不同而调整压力和温度,如 AOAC 法中咖啡的干燥条件为 3.3 kPa 和 98～100℃;奶粉为 13.3 kPa 和 100℃;干果为 13.3 kPa 和 70℃;坚果和坚果制品为 13.3 kPa 和 95～100℃;糖和蜂蜜为 6.7 kPa 和 60℃。

减压干燥时,自干燥箱内部压力降至规定真空度时起计算干燥时间,一般每次烘干时间为 2 h,但有的样品需要 5 h;恒重一般以减量不超过 0.5 mg 时为标准,但对受热后易分解的样品则可以不超过 13 mg 的减量值为恒重标准。

不过,在使用真空干燥箱时还需注意以下几点。

①如果被测样品中含有大量的挥发物质,应考虑使用校正因子来弥补挥发量。

②在真空条件下热量传导不是很好，因此称量瓶应该直接置放在金属架上以确保良好的热传导。

③蒸发是一个吸热过程，要注意由于多个样品放在同一烘箱中使箱内温度降低的现象，冷却会影响蒸发。但不能通过升温来弥补冷却效应，否则样品在最后干燥阶段可能会产生过热现象。

④干燥时间取决于样品的总水分含量、样品的性质、单位质量的表面积、是否使用海沙以及是否含有较强持水能力和易分解的糖类和其他化合物等因素。

5.1.2.2　蒸馏法

(1)原理　蒸馏法采用与水互不相溶的高沸点有机溶剂与样品中的水分共沸蒸馏，收集馏分于接收管内，根据接收的水的体积求出样品中的水分含量。

目前有直接蒸馏和回流蒸馏两种方法。在直接蒸馏中，使用沸点比水高、与水互不相溶的溶剂，样品在远高于水沸点的温度下加热；而回流蒸馏则可使用沸点仅比水略高的溶剂如甲苯、二甲苯和苯，采用甲苯的回流蒸馏应用最广泛。蒸馏式水分测定器如图5-1所示。

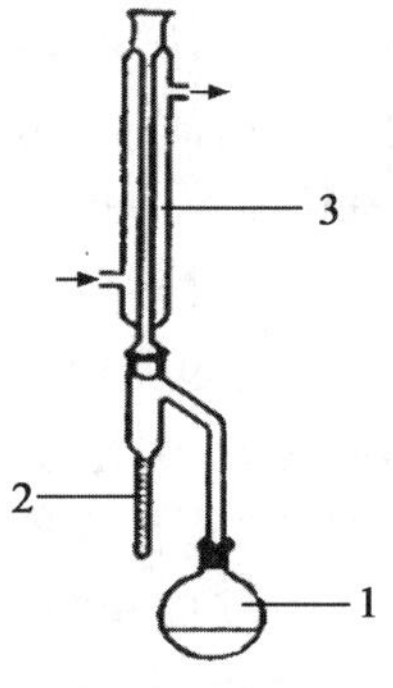

1. 烧瓶　2. 刻度水分接收管　3. 冷凝管

图5-1　蒸馏式水分测定器

(2)使用范围　蒸馏法采用了一种有效的热交换方式，水分可被迅速移去，食品组分所发生的化学变化如氧化、分解等作用都较直接干燥法小。该方法对于谷类、干果、油类、香料等样品的分析结果准确，特别是对于香料，蒸馏法是唯一、公认的水分测定法。

蒸馏法的具体操作方法参见“扩展资源”。

(3)注意事项　蒸馏法为《食品安全国家标准　食品中水分的测定》(GB 5009.3—2016)第三法。

蒸馏法与干燥法有较大的差别，干燥法是以烘烤干制后减少的质量为依据，而蒸馏法是以蒸馏收集到的水量为准，避免了挥发性物质以及脂肪氧化对水分测定的影响。

在使用蒸馏法时，对于有机溶剂的选择可考虑如能否完全湿润样品、适当的热传导、化学惰性、可燃性以及样品的性质等因素，但样品的性质是选择溶剂的重要依据。蒸馏法常用有机溶剂的物理常数见表5-1。

表5-1　蒸馏法常用有机溶剂的物理常数

有机溶剂	沸点/℃	相对密度(25℃)	共沸混合物		水在有机溶剂中的溶解度/(g/100 g)
			沸点/℃	水分/%	
苯	80.2	0.88	69.25	8.8	0.05
甲苯	110.7	0.86	84.1	19.6	0.05
二甲苯	140	0.86			0.04
四氯化碳	76.8	1.59	66.0	4.1	0.01
四氯(代)乙烯	120.8	1.63			0.03
偏四氯乙烷	146.4	1.60			0.11

资料来源：王永华，戚穗坚. 食品分析. 3版. 北京：中国轻工业出版社，2019.

对热不稳定的食品，溶剂常选用低沸点如苯、甲苯或甲苯-二甲苯的混合液。对于一些含有糖分、可分解释出水分的样品，如脱水洋葱和脱水大蒜，宜选用苯作溶剂。对于比水重的溶剂，特点是样品会浮在上面，不易过热及炭化，又安全防火。但是，该类溶剂也存在一些缺点，如这类溶剂被馏出冷凝后，会穿过水面进入接收管下方，增加了形成乳浊液的机会。

蒸馏法测量误差产生的原因很多，如样品中水分没有完全蒸发出来；水分附着在冷凝器和连接管内壁；水分溶解在有机溶剂中，生成了乳浊液；馏出了水溶性的成分等。

在加热时一般要使用石棉网，如果样品含糖量高，用油浴加热较好。样品为粉状或半流体时，先将瓶底铺满干净的海沙，再加样品及甲苯。所用甲苯必须无水，也可将甲苯经过氧化钙或无水硫酸钠吸水、过滤蒸馏，弃去最初馏液，收集澄清透明溶液即为无水甲苯。为防止出现乳浊液，可以添加少量戊醇、异丁醇。为了避免接收管和冷凝管附着水珠，使用的仪器必须清洗干净。

5.1.2.3　卡尔·费休法

卡尔·费休（Karl Fischer）法，简称费休法或 K-F 法，是一种迅速而准确的水分测定法，它属于碘量法，被广泛应用于多种化工产品的水分测定。此方法快速准确且不需加热，在很多场合，该法也常被作为水分特别是微量水分的标准分析方法，用于校正其他分析方法。

（1）原理　卡尔·费休法测定水分的原理基于水存在时碘与二氧化硫的氧化还原反应。

$$2H_2O+SO_2+I_2 \rightleftharpoons 2HI+H_2SO_4$$

上述反应是可逆的，在体系中加入吡啶和甲醇可使反应顺利向右进行。

$$C_5H_5N \cdot I_2+C_5H_5N \cdot SO_2+C_5H_5N+H_2O \longrightarrow 2CH_5N_5 \cdot HI+C_5H_5N \cdot SO_3$$

$$C_5H_5N \cdot SO_3+CH_3OH \longrightarrow C_5H_5N(H)SO_4 \cdot CH_3$$

以合适的溶剂溶解样品（或萃取出样品中的水），用已知滴定度的卡尔·费休试剂滴定。反应完毕后多余的游离碘呈红棕色，即可确定达到终点，由此测出样品中水的质量分数。

通常碘、二氧化硫、吡啶按 1∶3∶10 的比例溶解在甲醇溶液中，该溶液被称为卡尔·费休试剂。通常用纯水作为基准物来标定该试剂。

（2）适用范围　该法适用于含有 1%或更多水分的样品，如面粉、砂糖、人造奶油、可可粉、糖蜜、茶叶、乳粉、炼乳及香料等食品中的水分测定，其测定准确性比直接干燥法高，它也是测定脂肪和油类物品中微量水分的理想方法。

（3）仪器和试剂

①仪器：KF-1 型水分测定仪或卡尔·费休水分测定仪（图 5-2）。

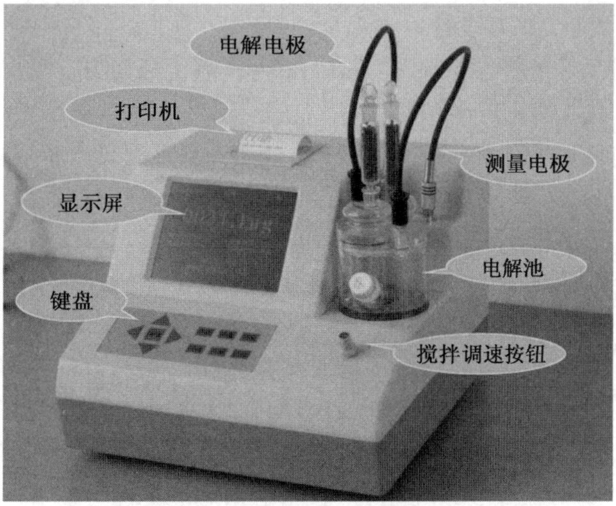

图 5-2　卡尔·费休水分测定仪

②试剂：卡尔·费休试剂，其有效浓度取决于碘的浓度。由于试剂中各组成本身含有水分和一些副反应消耗部分碘，因此新鲜配制的试剂其有效浓度会不断降

低。因此,新鲜配制的卡尔·费休试剂混合后需放置一定时间待有效浓度稳定后才能使用,同时,每次使用前均应标定。

卡尔·费休试剂的制备:在干燥的 1 L 具塞棕色试剂瓶中溶解 85 g 碘,加入 670 mL 无水乙醇,盖好瓶塞,摇匀至碘全部溶解后,加入 270 mL 无水吡啶混匀,然后放在冰水浴中冷却至 4℃,通入经硫酸脱水干燥的 60～70 g 二氧化硫气体,盖上瓶塞,混匀后放置 24 h。

卡尔·费休试剂的标定:在水分测定仪的反应器中加入 500 mL 的无水甲醇,接通电源,启动电磁搅拌器,先用卡尔·费休试剂滴入甲醇中使其中残存的微量水分与试剂作用达到计量点,即为微安表的一定刻度值(45 μA 或 48 μA),并保持 1 min 内不变,此时不记录卡尔·费休试剂的消耗量。然后用 10 μL 的微量注射器从反应器的加料口缓缓注入 10 μL 蒸馏水,此时微安表指针偏向左边接近零点,用卡尔·费休试剂滴定至原定终点,记录卡尔·费休试剂的消耗量。

卡尔·费休试剂的含水量 T(mg/mL)按下式计算:

$$T=(m\times 1\,000)/V$$

式中,m 为水的质量,g;V 为滴定消耗卡尔·费休试剂的体积,mL。

③操作方法:对于固体样品,必须先粉碎均匀。准确称取 0.30～0.50 g 样品置于称样瓶中。

在水分测定仪的反应器内加入 50 mL 无水甲醇,使电极完全淹没在其中,并用卡尔·费休试剂滴定50 mL 甲醇中的微量水分,滴定至微安表指针的偏转程度与标定卡尔·费休试剂操作时的偏转情况相当并保持1 min 不变时(不记录试剂用量),打开加料口迅速将调好的试剂加入反应器中,立即塞上橡皮塞,开动电磁搅拌器使试样中的水分完全被甲醇萃取,用卡尔·费休试剂滴定至原设定的终点并保持1 min 不变,记录使用试剂的体积。

④结果计算:样品中水分含量的计算公式如下。

$$w=\frac{T\times V}{10\times m}$$

式中,w 为样品中的水分含量,mg/100 mg;T 为卡尔·费休试剂的水含量,mg/mL;V 为滴定所耗卡尔·费休试剂,mL;m 为样品的质量,g。

⑤注意事项:在使用卡尔·费休法时,若要水分萃取完全,样品的颗粒大小非常重要,样品细度约为 40 目,宜用破碎机处理,不要用研磨机以防水分损失。

卡尔·费休法是测定食品中微量水分的方法,该法不适于能与卡尔·费休试剂的主要成分反应并生成水的样品以及能还原碘或氧化碘化物的样品中水分的测定。如食品中含有氧化剂、还原剂、碱性氧化物、氢氧化物、碳酸盐、硼酸等,都会与卡尔·费休试剂所含组分反应,干扰测定。

样品溶剂可用甲醇或吡啶,此外,也可以使用其他溶剂,如甲酰胺或二甲基甲酰胺。在滴定过程中吡啶会产生强烈异味,所以,现在有研究正在尝试用其他的胺类代替吡啶来溶解碘和二氧化硫。目前已发现某些脂肪胺和其他的杂环化合物比较适宜。在这些新的胺盐的基础上,分别制备了单组分试剂(溶剂和滴定组分合在一起)和双组分的试剂(溶剂和滴定组分是分开的),单组分使用较方便,而双组分更适合于大量试剂的储存。

5.1.2.4　其他方法

(1)介电容量法　介电容量法是根据样品的介电常数与含水率有关,以含水食品作为测量电极间的填充介质,通过电容的变化达到对食品水分含量的测定。由于水的介电常数(80.37,20℃)比其他大多数溶剂都要高,所以可用介电容量法来进行水分的测定。例如:介电容量法常用于谷物中水分含量的测定,这是根据水的介电常数是80.37,而蛋白质和淀粉的介电常数只有10。在检测样品时,可以根据仪器的读数从预先制作好的标准曲线上得到水分含量的测定值。

样品的密度、温度等因素对介电容量法的影响很大,因此测定时要充分考虑。用该方法测定水分含量的仪器需要使用已知水分含量的样品(标准方法测定)来进行校准。介电容量法的测量速度快,对于需要进行质量控制而要连续加工测定的加工过程非常有效,但该方法不大适用于检测水分含量低于30%～35%的食品。

(2)电导率法　电导率法的原理是当样品中水分含量变化时,可导致其电流传导性随之变化,因此测量样品的电阻,就成为一种具有一定精确度的快速分析方法。根据欧姆定律,电流强度等于电压与电阻之比。例如,含水量为13%的小麦的电阻是含水量为14%的小麦电阻的7倍,是含水量为15%的小麦电阻的50倍。

在用电导率法测定样品时,必须要保持温度的恒定,而且每个样品的测定时间必须恒定为1 min。

(3)红外吸收光谱法与红外干燥法　红外线是指0.75～1 000 μm波长的光,又可进一步分为近红外区,0.75～2.5 μm;中红外区,2.5～25 μm;远红外区,25～1 000 μm。其中中红外区是研究、应用最多的区域。水分子对3个区域的光波均具有选择吸收作用。根据水分对某一波长的红外光的吸收强度与其在样品中的质量分数存在一定的关系,建立了水分的红外光谱测定方法。

红外吸收光谱法测定的是食品中的分子对辐射的吸收,即频率不同的红外辐射被食品分子中不同的官能团所吸收,这与紫外可见光谱中的紫外光或可见光相似。根据水分子对某一波长的红外光的吸收强度与其在样品中的含量存在一定的关系建立了红外吸收光谱测水分法。

日本、美国和加拿大等国已将近红外光谱吸收光谱法应用于谷物、咖啡、可可、核桃、花生、肉制品、牛乳、马铃薯等样品的水分测定。总之,红外吸收光谱法准确、快速、方便,有深远的研究意义和广阔的应用前景。

红外线干燥法是一种快速测定水分的方法。它以红外线发热管为热源,通过红外线的辐射热和直接热加热样品,高效迅速地使水分蒸发,根据干燥前后样品的质量差可以得出其水分含量。与采用热传导和对流方式的普通烘箱相比,热渗透至样品中蒸发水分所需的干燥时间能显著缩短至10～25 min。但其精密度较差,可作为简易法用于2～3份样品的大致水分测定,或快速检验在一定允许偏差范围内的样品水分含量。

(4)微波干燥法　微波能够深入到物料的内部引起物质分子偶极子的摆动而产生热效应,因此物体内部温度迅速升高,具有干燥速度快、干燥时间短的特点。微波加热是内部加热,可避免一般加热过程中所出现的表面硬化和内外干燥不均的现象。微波加热时,某些成分极易吸收微波,另一些成分则不易,这种热的选择性吸收有利于提高产品质量。如食品中的水分吸收微波能量要比干物质多得多,温度也高得多,有利于水分的蒸发。干物质吸收微波能少,温度低，且加热时间短，因此能保持食品的色、香、味。

5.1.3 水分活度的测定

5.1.3.1 水分活度的概念和测定意义

食品中的水分除了自由水以外，其余水分都以不同程度的束缚状态存在。食品存放过程中，相同含水量的食品却有不同的腐败变质现象，这种现象在一定程度上是由于水与食品中的其他成分结合的方式不同所致。因此，单纯的水分含量并不能准确地表示食品的稳定性。为了更好地定量说明食品中水分存在状态，更好地阐明水分含量与食品保藏性能的关系，引入了水分活度(water activity)这个概念。

根据平衡热力学定律，水分活度可定义为：溶液中水的逸度(fugacity)与纯水逸度之比值。计算公式如下。

$$A_w = \frac{f}{f_0}$$

式中，A_w 为水分活度；f 为溶剂(水)的逸度(逸度是溶剂从溶液中逃脱的趋势)；f_0 为纯溶剂(水)的逸度。

在低压(如室温下)时，f/f_0 与 p/p_0 之间的差别小于1%，因此水分活度也可近似地表示为溶液中水蒸气分压与纯水蒸气压之比：

$$A_w \approx \frac{p}{p_0} = \frac{\mathrm{ERH}}{100}$$

式中，p 为溶液或食品中的水分蒸气分压，一般说来，p 随食品中易蒸发的自由水含量的增多而加大；p_0 为纯水的蒸气压，可从有关手册中查出；ERH 为平衡相对湿度(equilibrium relative humidity)，它是指食品中水分蒸发的自由水分蒸发达到平衡时，即单位时间内脱离食品的水的物质的量等于返回食品的水的物质的量的时候，食品中恒定的水蒸气分压与在此温度时水的饱和蒸气压的比值(乘以 100 用整数表示)。

水分含量、水分活度值、相对湿度是不同的 3 个概念。水分含量是指食品中水的总含量，即一定量食品中水的质量分数。水分活度值表示食品中水分存在的状态，即反映水分与食品成分的结合程度或游离程度。结合程度越高，则水分活度值越低；结合程度越低，则水分活度值越高。在同种食品中一般水分含量越高，其水分活度值越大，但不同种食品即使水分含量相同，水分活度往往也不同。相对湿度指的是食品周围的空气状态。

测定食品的水分活度值有着重要的意义。因为水分活度值对食品的色、香、味和组织结构以及食品的稳定性有着重要影响，食品内的绝大多数酶如淀粉酶、过氧化物酶，在水分活度低于 0.85 的环境中，催化活性明显减弱。作为非酶促褐变反应的美拉德反应也与水分活度密切相关，当水分活度在 0.6～0.7 时，反应达到最大值。不同水分含量的食品由于其水分活度值不同，其储藏稳定性也不同。微生物的生长繁殖是导致食品腐败变质的关键因素，而它们的生长繁殖与水分活度密不可分，大多数微生物当 $A_w > 0.60$ 时就能生长繁殖。在食品中，微生物赖以生存的水分主要是自由水，食品内自由水质量分数越高，水分活度越大，食品更容易受微生物的污染，其保藏稳定性也就越差。利用食品的水分活度原理，控制其水分活度就可以提高产品质量，延长食品保藏期。例如，水果软糖中添加琼脂、主食面包中添加乳化剂、糕点生产中添加甘油等对于调整食品的水分活度值、改善质构口感及延长保存期均起到很好的作用。

5.1.3.2　水分活度测定方法

水分活度的测定方法很多，如蒸气压力法、电湿度计法、溶剂萃取法、近似计算法、水分活度测定仪等，下面介绍几种常用的水分活度测定方法。

1. 康威氏皿扩散法

(1)原理　样品在康威氏微量扩散皿(图 5-3)的密封和恒温条件下，分别在 A_w 较高和较低的标准饱和扩散平衡后，根据样品质量的增加(在 A_w 较高的标准溶液中平衡)和减少(在 A_w 较低的标准溶液中平衡)，得出样品的水分活度值。

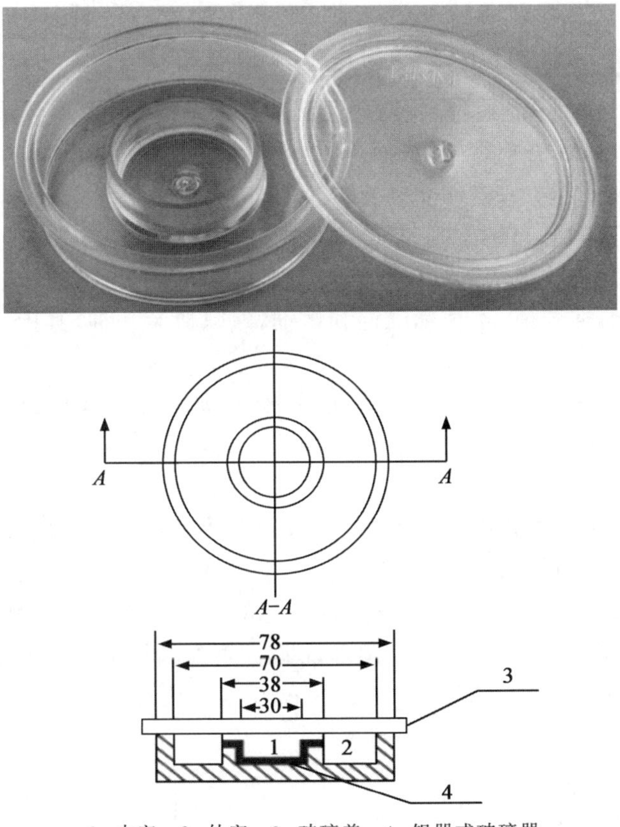

1. 内室　2. 外室　3. 玻璃盖　4. 铝器或玻璃器

图 5-3　康威氏微量扩散皿及构造(单位：mm)

(2)仪器与试剂

小铝皿或玻璃皿：盛放样品用，直径为 25～28 mm、深度为 7 mm 的圆形皿。

分析天平：感量 0.000 1 g。

恒温培养箱：0～40℃，精度±1℃。

电热恒温鼓风干燥箱。

主要试剂：标准水分活度试剂，如表 5-2 所示。

表 5-2 标准水分活度试剂及其在 25℃时的 A_w 值

试剂名称	A_w	试剂名称	A_w
重铬酸钾($K_2Cr_2O_7$)	0.986	溴化钠($NaBr \cdot 2H_2O$)	0.577
硝酸钾(KNO_3)	0.924	硝酸镁[$Mg(NO_3)_2 \cdot 6H_2O$]	0.528
氯化钡($BaCl_2 \cdot 2H_2O$)	0.901	硝酸锂($LiNO_3 \cdot 3H_2O$)	0.476
氯化钾(KCl)	0.842	碳酸钾($K_2CO_3 \cdot 2H_2O$)	0.427
溴化钾(KBr)	0.807	氯化镁($MgCl_2 \cdot 6H_2O$)	0.330
氯化钠(NaCl)	0.752	乙酸钾($KAc \cdot H_2O$)	0.224
硝酸钠($NaNO_3$)	0.737	氯化锂($LiCl \cdot H_2O$)	0.110
氯化锶($SrCl_2 \cdot 6H_2O$)	0.708	氢氧化钠($NaOH \cdot H_2O$)	0.070

资料来源：王永华，戚穗坚. 食品分析. 3 版. 北京：中国轻工业出版社，2019.

(3)操作方法　在测定 A_w 前，需要对样品进行预处理。固体、液体或流动的浓稠状样品，可直接取样进行称量；如果是瓶装固体、液体混合样品可取液体部分；若为质量多样的混合样品，则应取有代表性的混合均匀的样品。操作步骤如下：

①在预先恒重且精确称重的铝皿或玻璃皿中，精确称取 1.00 g 均匀样品，迅速放入康威氏皿内室中。在外室预先放入饱和标准试剂 5 mL，或标准的上述各式盐 5.0 g，加入少许的蒸馏水湿润。在操作时通常选择 24 种标准饱和试剂，每只皿装一种，其中 12 种的 A_w 值大于或小于试样的 A_w 值。

②在扩散皿磨口边缘均匀涂上一层凡士林，样品放入后，迅速加盖密封，并移至(25±0.5)℃的恒温箱中放置(2±0.5) h(几乎绝大多数样品可在 2 h 后测得 A_w)。用分析天平迅速称量，分别计算各样品的质量增减数。

③取出铝皿或玻璃皿，用分析天平迅速称量，分别计算各样品的质量增减数。

④以各种标准饱和溶液在 25℃时的 A_w 值为横坐标，样品的质量增减数为纵坐标在坐标纸上作图，将各点连接成一条直线，该条线与横坐标的交点即为所测样品的水分活度值。

(4)水分活度的计算　以下面这个实例来说明。某食品样品在硝酸钾标准饱和溶液平衡下增重 7 mg，在氯化钡标准饱和溶液中增重 3 mg，在氯化钾中减重 9 mg，在溴化钾中减重 15 mg。如图 5-4 所示，可求得其 A_w=0.878。

(5)注意事项

①取样时应该迅速，各份样品称量应在同一条件下进行。

②康威氏皿应该具有良好的密封性。

③试样的大小、形状对测定结果影响不大，取试样的固体部分或液体部分都可以，样品达到平衡后其测定结果没有差异。

④前面已提到绝大多数样品在 2 h 后可测得 A_w。但有的样品如米饭类、油脂类、浸烟熏类的样品则需 4 d 左右时间才能测定。为此，需加入样品量 0.2%的山梨酸作为防腐

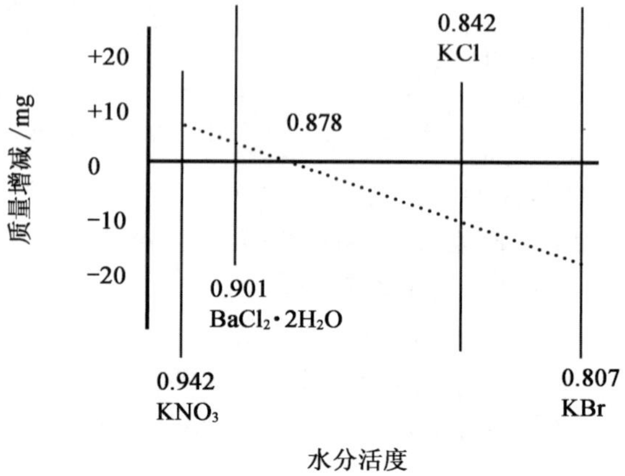

图 5-4　A_w 值测定图解

剂，并以其水溶液做空白试验。

2. A_w 水分测定仪法

(1)原理　在一定温度下，用标准饱和溶液校正 A_w 测定仪的 A_w 值，在同一条件下测定样品。利用测定仪中的传感器，根据食品中水的蒸气压力的变化，从仪器的表头上读出指针所示的水分活度。

(2)仪器和试剂　A_w 测定仪，20℃恒温箱，氯化钡饱和溶液等。

(3)操作方法

①仪器校正：用小镊子将两张滤纸浸在氯化钡饱和液中，待滤纸均匀浸湿后，轻轻地把它放在仪器的样品盒内，然后将具有传感器的表头放在样品盒上，小心地拧紧，移于20℃恒温烘箱中，维持恒温3 h后再将表头上的校正螺丝拧动，使 A_w 值为9.000，重复上述过程再校正1次。

②样品测定：取经15～25℃恒温后的适量试样于仪器样品盒内，保持表面平整而不高于盒内垫圈底部。将具有传感器装置的表头置于样品盒上(切勿使表头沾上样品)，轻轻地拧紧，移至20℃恒温箱中，保持恒温放置2 h以后，不断从仪器表头上观察仪器指针的变化状况，待指针恒定不变时，所指示数值即为此温度下试样的 A_w 值。如果实验条件不在20℃恒温测定时，可根据表5-3所列的 A_w 校正值将其校正为20℃时的数值。

表5-3　A_w 值的温度校正

温度/℃	校正值	温度/℃	校正值
15	－0.010	21	＋0.002
16	－0.008	22	＋0.004
17	－0.006	23	＋0.006
18	－0.004	24	＋0.008
19	－0.002	25	＋0.010
20	±0.000		

资料来源：王永华，戚穗坚. 食品分析. 3版. 北京：中国轻工业出版社，2019.

(4)注意事项

①取样时，对于果蔬类样品应迅速捣碎或按比例取汤汁与固形物，肉与鱼等样品需适当切细。

②仪器要经常用氯化钡饱和溶液进行校正。

③在测定时，切勿使表头沾上样品盒内的样品。

④温度的校正方法如下：如在15℃时测得某样品的 A_w＝0.930，查表5-3可知15℃时校正值为－0.010，该样品在20℃时 A_w＝0.930＋(－0.010)＝0.920；反之，在25℃时某样品 A_w＝0.940，查表校正值为＋0.010，故该样品在20℃时 A_w＝0.940＋(＋0.010)＝0.950。

目前，国内外已发展了多种水分活度测定仪，其原理各不相同，有的是根据两电极中吸湿性物质的电导变化，也有的是直接依靠气体热传导的湿度传感器来检测。但是，目前这类仪器的造价高，有些还需进口，不利于推广。

3. 溶剂萃取法

(1)原理　食品中的水可用苯来萃取。在一定温度下，苯所萃取的水量与样品中水分活度成正比。用卡尔·费休法测定苯从食品和纯水中萃取出的水量并求出两者的比值即为该样品的水分活度值。

(2)仪器和试剂

①主要仪器与卡尔·费休法相同。

②卡尔·费休试剂。

③苯:光谱纯,开瓶后可覆盖氢氧化钠保存。

④无水甲醇:与卡尔·费休法中的相同。

(3)操作要点　准确称取粉碎均匀样品1.00 g置于250 mL干燥的磨口三角瓶中,加入苯100 mL,盖上瓶塞,然后放在摇瓶机上振摇1 h,再静置10 min,吸取此溶液50 mL于卡尔·费休水分测定仪中,并加入无水甲醇70 mL(可事先滴定以除去可能残存的水分),混合。用卡尔·费休试剂滴定至产生稳定的橙红色不褪为止,或用KF-1型水分测定仪滴定至微安表指针偏转并保持1 min不变时即为终点。整个测定操作需保持在(25±1)℃进行。另取10 mL重蒸水代替样品,加苯100 mL,振摇2 min,静置5 min,然后按上述样品测定步骤进行滴定,至终点后,同样记录消耗卡尔·费休试剂的体积。

(4)结果计算

$$A_w = \frac{V_n}{V_0} \times 10$$

式中,A_w为水分活度;V_n为从食品中萃取的水量(卡尔·费休试剂滴定度乘以滴定样品所消耗该试剂的体积),mL;V_0为从纯水中萃取的水量(卡尔·费休试剂滴定度乘以滴定10 mL纯水萃取液所消耗该试剂的体积),mL;10为重蒸水的体积,mL。

(5)注意事项

①在该法中,除苯(光谱纯)提取样品水分外,其他步骤与水分测定的卡尔·费休法相同。

②苯萃取使用的所有玻璃器皿必须干燥。

5.2 食品中灰分的测定

5.2.1 概述

食品的组成十分复杂,除含有大量有机物质外,还含有丰富的无机成分,这些无机成分包括人体必需的无机盐(或称矿物质),其中含量较多的有钙(Ca)、镁(Mg)、钾(K)、钠(Na)、硫(S)、磷(P)、氯(Cl)等元素。此外还含有少量的微量元素,如铁(Fe)、铜(Cu)、锌(Zn)、锰(Mn)、碘(I)、氟(F)、硒(Se)等。当这些组分经高温灼烧时,将发生一系列物理和化学变化,最后有机成分挥发逸散,而无机成分(主要是无机盐和氧化物)则残留下来,这些残留物称为灰分。灰分是表示食品中无机成分总量的一项指标。

食品组成不同,灼烧条件不同,残留物也不同。食品的灰分与食品中原来存在的无机成分在数量和组成上并不完全相同,因此严格说应该把灼烧后的残留物称为粗灰分。这是因为食品在灰化时,某些易挥发的元素,如Cl、I、铅(Pb)等会挥发散失,P、S等也能以含氧酸的形式挥发散失,这些部分无机物减少了。另一方面,某些金属氧化物会吸收有机物分解产生二氧化碳而形成碳酸盐，又使无机成分增多了。

灰分一般指总灰分(或称粗灰分)。在总灰分中，按其溶解性还可分为水溶性灰分，水不溶性灰分和酸不溶性灰分。其中水溶性灰分反映的是可溶性的钾、钠、钙、镁等氧化物和盐类含量，水不溶性灰分反映的是污染的泥沙和铁、铝等氧化物及碱土金属的碱式磷酸盐含量。酸不溶性灰分反映的是环境污染混入产品中的泥沙及样品组织中的微量氧化硅含量。

测定灰分具有十分重要的意义，主要包括以下3点。

(1)不同食品，因所用原料、加工方法和测定条件不同，各种灰分的组成和含量也不相同。当这些条件确定后，某种食品的灰分通常会在一定范围内，如果灰分含量超过了正常范围，说明食品生产过程中，使用了不合乎卫生标准的原料或食品添加剂，或食品在生产、加工、储藏过程中受到了污染。因此测定灰分可以判断食品受污染的程度。

(2)灰分可以作为评价食品的质量指标。例如在面粉加工中，常以总灰分含量评定面粉等级，富强粉为0.3%～0.5%，标准粉为0.6%～0.9%。加工精度越细，总灰分含量越小，这是由于小麦麸皮的含量比胚乳的高20倍左右。生产果胶、明胶之类的胶质品时，总灰分是胶冻性能的标志。水溶性灰分可以反映果酱、果冻等制品中的果汁含量。

(3)测定植物性原料的灰分可以反映植物生长的成熟度和自然条件对其的影响，测定动物性原料的灰分可以反映动物品种、饲料组分对其的影响。常见食品的灰分含量见表5-4。

表5-4　食品的灰分含量　　%

食品名称	含量	食品名称	含量	食品名称	含量
牛乳	0.6～0.7	蔬菜	0.2～1.2	鲜肉	0.5～1.2
乳粉	5～5.7	小麦胚乳	0.5	鲜鱼(可食部分)	0.8～2.0
脱脂乳粉	7.8～8.2	糖浆、蜂蜜	痕量1.8	蛋白	0.6
罐藏淡炼乳	1.6～1.7	精制糖、糖果	痕量1.8	蛋黄	1.6
罐藏甜炼乳	1.9～2.1	鲜果	0.2～1.2	纯油脂	无

资料来源：王永华，戚穗坚. 食品分析. 3版. 北京：中国轻工业出版社，2019.

5.2.2　总灰分的测定

5.2.2.1　原理

将食品经炭化后置于500～600℃高温炉内灼烧，食品中的水分及挥发物质以气态放出，有机物质中的碳、氢、氮等元素与有机物本身的氧及空气中的氧生成二氧化碳、氮的氧化物及水分而散失。无机物质以硫酸盐、磷酸盐、碳酸盐、氯化物等无机盐和金属氧化物的形式残留下来，这些残留物即为灰分，称量残留物的重量即可计算出样品中总灰分的含量。

5.2.2.2　灰化条件的选择

(1)灰化容器　测定灰分通常以坩埚作为灰化容器。坩埚分素烧瓷坩埚、铂坩埚、石英坩埚等多种，其中最常用的是素烧瓷坩埚。它具有耐高温(1 200℃)、内壁光滑、耐烯酸、价格低廉等优点，但耐碱性能较差，当灰化碱性食品(如水果、蔬菜、豆类)时，瓷坩埚内壁的釉层会部分溶解，反复多次使用后，往往难以保持恒重。另外，当温度骤变时，易发生破裂，因此要注意使用。铂坩埚具有耐高温(1 773℃)、能抗碱金属碳酸盐及氟化氢的腐蚀、导热性能好、吸湿性小等优点，但价格昂贵，故使用时应特别注意其性能和使用规则。另外，使用不当时会使其腐蚀和发脆。

灰化容器的大小要根据试样的性状来选用，需前处理的液态样品，加热膨胀的样品及灰分含量低、取样量大的样品，需选用稍大些的坩埚。

（2）取样量　测定灰分时，取样量的多少应根据试样种类和性状来决定，同时应考虑到称量误差。通常情况下，奶粉、麦乳精、大豆粉、调味料、鱼类及海产品等取 1～2 g；谷物及其制品、肉及其制品、糕点、牛乳等取 3～5 g；蔬菜及其制品、砂糖及其制品、蜂蜜、奶油等取 5～10 g；水果及其制品取 20 g；油脂取 50 g。具体见表 5-5。

表 5-5　AOAC 公定法规定不同食品灰分测定温度与试样量

食品名称	测定温度/℃	试样量
谷物及其制品	550 或 700	3～5 g
通心粉、鸡蛋面条及制品	550	3～5 g
淀粉制品、淀粉、甜食粉	525	5～10 g
大豆粉	600	2 g
肉及其制品	525	3～5 g
乳及其制品	⩽550	3～5 g
鱼类及海产品	⩽525	2 g
水果及制品	⩽525	2～5 g
蔬菜及制品	525	5～10 g
砂糖及制品	525	3～5 g
糖蜜	525	5 g
醋	525	25 mL
啤酒	525	50 mL
蒸馏酒	525	25～100 mL
茶叶	525	5～10 g

注：AOAC 公定法（Official：Methods of Analysis of the Association of Official：Analytical Chemists）。资料来源：王永华，戚穗坚．食品分析．3 版．北京：中国轻工业出版社，2019.

（3）灰化温度　灰化温度的高低对灰化测定结果影响很大。由于各种食品中的无机成分组成性质及含量各不相同，灰化温度也应有所不同，一般为 525～600℃。其中只有黄油规定在 500℃以下，这是因为用溶剂除去脂类后，残渣加以干燥，由灰化减量算出酪蛋白，以残渣作为灰分，还要在灰化后定量加入食盐，所以采用抑制氯的挥发温度，其他食品均为 525、550、600 及 700℃。700℃仅适合于添加醋酸镁的快速法。

灰化温度选定此范围，是因为灰化温度过高，将引起钾、钠、氯等元素的挥发损失，而且磷酸盐、硅酸盐也会熔融，将炭粒包藏起来，使炭粒无法氧化；灰化温度过低，则灰化速度慢，时间长，不易灰化完全，也不利于除去过剩的碱（碱性食品）吸收的二氧化碳。此外，加热速度也不可太快，以防急剧干馏时灼热的局部产生大量气体而使微粒飞散——爆燃。

（4）灰化时间　一般以灼烧至灰分成白色或浅灰色、无炭粒存在并达到恒重为止。灰化至达到恒重的时间因试样不同而异，一般需 2～5 h。通常根据经验，灰化一定时间后，观察一次残灰的颜色，以确定第一次取出时间。取出后冷却，称重，然后再置入马弗炉中灼烧，直至达到恒重。应该指出，对有些样品，即使灰化完全，残灰也不一定呈白色或浅灰色，如铁含量高的食品，残灰呈褐色，锰、铜含量高的食品，残灰呈蓝绿色。有时即使灰的表面呈白色，内部仍残留有炭块，所以应根据样品的组成、性状注意观察残灰的颜色，正确判断灰化的程度。

(5)加速灰化的方法　对于难以灰化的样品，可用下述方法来加速灰化。

①样品经初步灼烧后，取出冷却，从灰化容器边缘慢慢加入(不可直接洒在残灰上，以防残灰飞扬)少量无离子水，使水溶性盐类溶解被包住的炭粒暴露出来，在水浴上蒸发至干涸，置于120～130℃烘箱中充分干燥，再灼烧至恒重。

②添加硝酸、乙醇、碳酸铵、过氧化氢，这些物质经灼烧后完全消失不至于增加残灰的重量。样品经初步灼烧后，加入上述物质如硝酸(1∶1)或过氧化氢，蒸干后再灼烧至恒重，利用它们的氧化作用来加速炭粒灰化，也可加入10%碳酸铵等疏松剂，在灼烧时分解为气体逸出，使灰分呈松散状态，促进未灰化的炭粒灰化。

③采用硫酸灰化法。这是对于糖类制品如白糖、绵白糖、葡萄糖、饴糖等以钾为主的阳离子过剩、灰化后的残灰为碳酸盐，通过添加硫酸使阳离子全部以硫酸盐的形式成为一定组分的方法。使用硫酸的强氧化性加速灰化，结果用硫酸灰分表示。在添加浓硫酸时应注意，如有一部分溶液和二氧化碳气体呈雾状扬起，要边用表面玻璃将灰化容器盖住边加硫酸，不起泡后，用少量去离子水将表面玻璃上的附着物洗入灰化容器中。

④加入醋酸镁、硝酸镁等助灰化剂。谷物及其制品中，磷酸一般过剩于阳离子，随着灰化进行，磷酸将以磷酸二氢钾的形式存在，容易形成在比较低的温度下熔化的无机物，因而包住未灰化的炭造成供氧不足，难以完全灰化。因此采用添加灰化辅助剂，如醋酸镁或硝酸镁等，使灰化容易进行。这些镁盐随着灰化进行而分解，与过剩的磷酸结合，残灰不熔融，呈白色松散状态，避免炭粒被包裹，可大大缩短灰化时间。此法应做空白试验，以校正加入的镁盐灼烧后分解产生氧化镁的量。

5.2.2.3　操作方法

(1)瓷坩埚的准备　将坩埚用盐酸(1∶4)煮12 h，洗净晾干后，用三氯化铁与蓝墨水的混合液在坩埚外壁及盖上写上编号，置于规定温度的高温炉中灼烧1 h，移至炉口冷却到200℃左右后，再移入干燥皿中，冷却至室温后，准确称重，再放入高温炉内灼烧30 min，取出冷却称重，直至恒重(两次称重之差不超过0.5 mg)。

(2)样品预处理

①果汁、牛乳等液体试样：准确称取适量试样于已知质量的瓷坩埚中，置于水浴上蒸发至近干，再进行炭化。这类样品若直接炭化，液体沸腾，易造成溅失。

②果蔬、动物组织等含水分较多的试样：先制备均匀的试样，再准备称取适量试样于已知质量坩埚中，置烘箱中干燥，再进行炭化。也可取测定水分后的干燥试样直接进行炭化。

③谷物、豆类等水分含量较少的固体试样：先粉碎成均匀的试样，取适量试样于已知质量的坩埚中再进行炭化。

④富含脂肪的样品：把试样制备均匀，准确称取一定量试样，先提取脂肪，再将残留物移入已知质量的坩埚中，进行炭化。

(3)炭化　试样经上述预处理后，在放入高温炉灼烧前要先进行炭化处理，防止在灼烧时，因温度高试样中的水分急剧蒸发使试样飞扬，防止糖、蛋白质、淀粉等易发泡膨胀的物质在高温下发泡膨胀而溢出坩埚，不经炭化而直接灰化，炭粒易被包住，灰化不完全。

炭化操作一般在电炉或煤气灯上进行。把坩埚置于电炉和煤气灯上，半盖坩埚盖，小心加热使试样在通气情况下逐渐炭化，直到无黑烟产生。对特别容易膨胀的试样（如含糖多的食品），可先于试样中加数滴辛醇或纯植物油，再进行炭化。

(4)灰化　灰化后把坩埚移入已达规定温度的高温炉炉口稍停片刻，慢慢移入炉膛内，坩埚盖斜倚在坩埚口，关闭炉口，灼烧一定时间（视样品性状而异）至灰中无炭粒存在。打开炉门，将坩埚移至炉口处冷却至200℃左右，移至干燥器中冷却至室温，准确称重，再灼烧，冷却，称重，直至达到恒温。

5.2.2.4　结果计算

$$灰分=\frac{m_3-m_1}{m_2-m_1}\times 100\%$$

式中，m_1 为空坩埚质量，g；m_2 为样品加空坩埚质量，g；m_3 为残灰加空坩埚质量，g。

5.2.2.5　注意事项

(1)样品炭化时要注意控制温度，防止样品产生泡沫溢出坩埚。

(2)把坩埚放入高温炉或从炉中取出时，要在炉口停片刻，使坩埚预热或冷却，防止因温度剧变而使坩埚破裂。

(3)灼烧后的坩埚应冷却到200℃以下再移入干燥器中，否则因热对流作用，易造成残灰飞散，且冷却速度慢，冷却后干燥器内形成较大真空，盖子不易打开。

(4)从干燥器内取出坩埚时，因内部形成真空，开盖恢复常压时，应注意使空气缓缓流入，以防残灰飞散。

(5)灰化后得到的残渣可留作钙、磷、铁等成分的分析。

(6)用过的坩埚经初步洗涮后，可用粗盐酸或废盐酸浸泡10～20 min，再用水冲刷洗净。

(7)粮食、油料、淀粉、微生物、食用菌、茶叶、香辛料和调味品等在《食品安全国家标准　食品中灰分的测定》(GB 5009.4—2016)中规定总灰分测定都采用该法。

5.2.3　水溶性灰分和水不溶性灰分的测定

向测定总灰分所得残留物中加入25 mL无离子水，加热至沸腾，用无灰滤纸过滤，用25 mL热的无离子水分多次洗涤坩埚、滤纸及残渣，将残渣连同滤纸移回原坩埚中，在水浴上蒸发至干，放入干燥箱中干燥，再进行灼烧、冷却、称重直至恒重。按下式计算水溶性灰分和水不溶性灰分的含量。

$$水不溶性灰分=\frac{m_4-m_1}{m_2-m_1}\times 100\%$$

式中，m_4 为不溶性灰分和坩埚的质量，g。其他符号意义同总灰分的计算式。

$$水溶性灰分=总灰分-水不溶性灰分$$

5.2.4　酸不溶性灰分的测定

向总灰分或水不溶性灰分中加入0.1 mol/L盐酸25 mL，以下操作同水不溶性灰分的测定。按下式计算酸不溶性灰分含量。

$$酸不溶性灰分=\frac{m_5-m_1}{m_2-m_1}\times 100\%$$

式中，m_5 为酸不溶性灰分和坩埚质量，g。其他符号意义同总灰分计算式。

说明：茶叶、香辛料和调味品等产品的水不溶性灰分和酸不溶性灰分的测定参照《食品安全国家标准　食品中灰分的测定》(GB 5009.4—2016)。

5.3　食品中酸度的测定

5.3.1　概述

5.3.1.1　酸度的概念

(1)总酸度　是指食品中所有酸性成分的总量，它包括未离解的酸的浓度和已离解的酸的浓度，其大小可借鉴滴定法来确定，故总酸度又称为“可滴定酸度”。

(2)有效酸度　是指被测溶液中 H^+ 的浓度，准确地说应是溶液中 H^+ 的浓度，所反映的是已离解的那部分酸的浓度，常用 pH 来表示，其大小可借酸度计(即 pH 计)来测定。

(3)挥发酸　是指食品中易挥发的有机酸，如甲酸、乙酸及丁酸等低碳链的直链脂肪酸，其大小可通过蒸馏法分离，再借标准碱滴定来测定。

(4)牛乳酸度　牛乳有如下两种酸度。

①外表酸度，又称固有酸度(潜在酸度)，是指刚挤出来的新鲜牛乳本身所具有的酸度，是由磷酸、酪蛋白、白蛋白、柠檬酸和 CO_2 等所引起的。外表酸度在新鲜牛乳中占 0.15%～0.18%(以乳酸计)。

②真实酸度，也称发酵酸度，是指牛乳放置过程中，在乳酸菌的作用下乳糖发酵产生了乳酸而升高的那部分酸度。若牛乳中含酸量超过 0.15%～0.20%，即表明有乳酸存在。因此习惯上将含酸量在 0.2%以下的牛乳称为新鲜牛乳，若达到 0.3%就有酸味，0.6%就能凝固。

表示牛乳酸度的方法有两种。

①用°T(吉尔涅尔度)表示牛乳的酸度：°T 是指滴定 100 mL 牛乳样品消耗 0.100 0 mol/L 氢氧化钠液的体积(mL)，或滴定 10 mL 牛乳所用去的 0.100 0 mol/L 氢氧化钠的体积(mL)乘以 10。新鲜牛乳的酸度为 16～18 °T。

②以乳酸的百分数来表示：与总酸度计算方法一样，用乳酸表示牛乳酸度。

5.3.1.2　酸度测定的意义

食品中的酸不仅作为酸味成分，而且在食品的加工、储藏及品质管理等方面被认为是重要的成分。测定食品中的酸度具有十分重要的意义。

(1)有机酸影响食品的色、香、味及稳定性。果蔬中所含色素的色调与其酸度密切相关，在一些变色反应中，酸是起重要作用的成分。如叶绿素在酸性条件下变成黄褐色的脱镁叶绿素，花青素在不同的酸度下，颜色也不相同。果实及其制品的口感取决于糖、酸的种类、含量及比例，酸度降低则甜味增加，同时水果中适量的挥发酸含量也会带给其特定的香气。另外，食品中有机酸含量高，则其 pH 低，而 pH 的高低对食品稳定性有一定的影响。降低 pH，能减弱微生物的抗热性并抑制其生长，所以 pH 是果蔬罐头杀菌条件的主要依据。在水果加工方面，控制介质 pH 可以抑制水果褐变。有机酸能与铁、锡等金属反应，加快设备和容器的腐蚀作用，影响制品的风味与色泽；但有机酸也可以提高维生素 C 的稳定性，防止其氧化。

（2）食品中有机酸的种类和含量是判别其质量好坏的一个重要指标。挥发酸的种类是判别某些制品腐败的标准，如某些发酵制品中有甲酸积累，则说明已发生细菌性腐败；挥发酸的含量也是某些制品质量好坏的指标，如水果发酵制品中含有 0.1%以上的乙酸，则说明制品腐败；牛乳及乳制品中乳酸过高时，也说明已由乳酸菌发酵而产生腐败。新鲜的油脂常常是中性的，不含游离脂肪酸。但油脂在存放过程中，本身含的解脂酶会分解油脂而产生游离脂肪酸，使油脂腐败，故测定油脂酸度（以酸价表示）可判断其新鲜程度。有效酸度也是判断食品质量的指标，如新鲜肉的 pH 为 5.7～6.2，若 pH>6.7，说明肉已变质。

（3）利用有机酸的含量与糖含量之比，可判断某些果蔬的成熟度。有机酸在果蔬中的含量，因其成熟度及生长条件不同而异，一般随着成熟度提高，有机酸含量下降，但含糖量增加，糖酸比增大。故测定酸度可判断某些果蔬的成熟度，对于确定果蔬收获及加工工艺条件很有意义。

5.3.1.3 食品中有机酸种类、含量

食品中的酸可分为有机酸和无机酸两大类，但主要是有机酸。通常有机酸部分呈游离状态，部分以酸式盐状态存在于食品中，而无机酸主要呈中性盐化合物。

食品中常见的有机酸有苹果酸、柠檬酸、酒石酸、草酸、琥珀酸、乳酸及醋酸等，这些有机酸有的是食品所固有的，如果蔬及其制品中的有机酸；有的是在食品加工中人为加入的，如汽水中的有机酸；有的是在生产、加工、储藏过程中产生的，如酸奶、食醋中的有机酸。部分食品中有机酸的种类、含量以及 pH 参见二维码 5-4。

二维码 5-4 部分食品有机酸种类、含量

5.3.2 酸度的测定

5.3.2.1 总酸度的测定

1. 原理

食品中的酒石酸、苹果酸、柠檬酸、草酸、乙酸等其电离常数均大于 10^{-8}，可以用酚酞作指示剂，用强碱标准溶液直接滴定。当滴定至终点时，根据所消耗的标准碱溶液的浓度和体积，可计算出样品中总酸含量。

2. 适用范围

适用于各类色浅的食品中总酸度的测定。

3. 主要试剂的配制

（1）0.1 mol/L NaOH 标准溶液　称取氢氧化钠（AR）120 g 于 250 mL 烧杯中，加入蒸馏水 100 mL，振摇使其溶解，冷却后置于聚乙烯塑料瓶中，密封。放置数日澄清后，取上清液 5.6 mL 加新煮沸并已冷却的蒸馏水 1 000 mL，摇匀。

标定：精密称取 0.4～0.6 g（准确至 0.000 1 g）在 105～110℃烘箱中干燥至恒重的基准邻苯二甲酸氢钾，加 50 mL 新煮沸过的冷蒸馏水，振摇使其溶解，加 2 滴酚酞指示剂，用配制的 NaOH 标准溶液滴定至溶液呈微红色 30 s 不褪色为终点。同时做空白试验。计算式如下。

$$c=\frac{m\times 1\,000}{V_1-V_2}\times 204.2$$

式中，c 为氢氧化钠标准溶液的浓度，moL/L；m 为基准邻苯二甲酸氢钾的质量，g；V_1 为标定时所耗氢氧化钠标准溶液的体积，mL；V_2 为空白试验中耗用氢氧化钠标准溶液的体积，mL；204.2 为邻苯二甲酸氢钾的摩尔质量，g/mol。

(2)1%酚酞乙醇溶液　称取 1 g 酚酞溶解于 100 mL 95%乙醇中。

4. 操作方法

(1)样本的制备

①固体样品：干鲜果蔬、蜜饯及罐头样品，捣碎并混合均匀，取适量样品(按其总酸含量而定)，用 15 mL 新煮沸蒸馏水(果蔬干品须加 8～9 倍新煮沸蒸馏水)将其移入 250 mL 容量瓶中，在 75～80℃水浴上加热 0.5 h(果脯类沸水浴加热 1 h)，冷却后定容，用干滤纸过滤，弃去初始滤液 25 mL，收集滤液用于测定。

②含 CO_2 的饮料、酒类：将样品置于 40℃水浴上加热 30 min 除去 CO_2，冷却后用于测定。

③调味品及不含 CO_2 的饮料、酒类：将样品混匀后直接取样，必要时加适量水稀释(若样品浑浊，则需过滤)。

④咖啡样品：将样品粉碎通过 40 目筛，取 10 g 粉碎的样品于锥形瓶中，加入 75 mL 80%的乙醇，加塞放置 16 h，并不时摇动，过滤。

(2)测定　制备好的样品具体测定过程参见二维码 5-5。

二维码 5-5　总酸的测定

5. 结果计算

$$总酸度=\frac{c\times V\times k\times V_0}{m\times V_1}\times 100$$

式中，c 为标准 NaOH 溶液的浓度，mol/L；V 为滴定消耗标准 NaOH 溶液的体积，mL；m 为样品质量与体积，g 或 mL；V_0 为样品稀释液总体积，mL；V_1 为滴定时吸取样液体积，mL；k 为换算系数，即 1 mmol NaOH 相当于主要酸的质量，g。

因食品中含有多种有机酸，总酸度测定结果通常以样品中含量最多的那种酸表示，换算系数见表 5-6。

表 5-6　换算系数的选择

分析样品	主要有机酸	换算系数
葡萄及其制品	酒石酸	0.075
柑橘类及其制品	柠檬酸	0.064 或 0.070(带 1 分子结晶水)
苹果、核果及其制品	苹果酸	0.067
乳品、肉类、水产品及其制品	乳酸	0.090
酒类、调味品	乙酸	0.060
菠菜	草酸	0.045

资料来源：王永华，戚穗坚. 食品分析. 3 版. 北京：中国轻工业出版社，2019.

6. 注意事项

(1)食品中的酸是多种有机弱酸的混合物,用强碱滴定其含量时滴定突跃不明显,其滴定终点偏碱,一般在 pH 8.2 左右,故可选用酚酞作终点指示剂。

(2)对于颜色较深的食品,可通过加水稀释、用活性炭脱色等方法处理后再滴定。若样液颜色过深或浑浊,则宜采用电位滴定法。

(3)样品浸渍、稀释用的蒸馏水不能含有 CO_2,蒸馏水在使用前煮沸 15 min 并迅速冷却备用。

(4)样品浸渍、稀释的用水量应根据样品中总酸含量来慎重选择,为使误差不超过允许范围,一般要求滴定时消耗 0.1 mol/L NaOH 溶液不得少于 5 mL,最好为 10~15 mL。

5.3.2.2 pH 的测定

食品的 pH 变动很大,这不仅取决于原料的品种和成熟度,而且取决于加工方法。对于肉类,特别是鲜肉,通过对肉中有效酸度即 pH 的测定,可以有助于评定肉的品质(新鲜度)和动物宰前的健康情况。动物在宰前,肌肉的 pH 为 7.1~7.2,宰后由于肌肉代谢发生变化,使肉的 pH 下降,宰后 1 h 的鲜肉,pH 为 6.2~6.3;24 h 后,pH 下降到 5.6~6.0,这种 pH 可一直维持到肉发生腐败分解之前,此 pH 称为"排酸值"。当肉腐败时,由于肉中蛋白质在细菌酶的作用下,被分解为氨或胺类等碱性化合物,可使肉的 pH 显著增高,此外动物在宰前由于过劳患病、肌糖原减少,宰后肌肉中乳酸形成减少,pH 也因此增高。

食品的 pH 和总酸度之间没有严格的比例关系,测定 pH 往往比测定总酸度具有更大的实际意义,更能说明问题。pH 的大小不仅取决于酸的数量和性质,而且受该食品中缓冲物质的影响。

pH 测定方法有比色法和 pH 计测定法,其中 pH 计法准确且简便。

(1) pH 计法(见"扩展资源") 本法适用于各类饮料、果蔬及其制品,以及肉、蛋类等食品中 pH 的测定。测定值可准确到 0.01 个 pH 单位。

(2)比色法 比色法是利用不同酸碱指示剂来显示 pH,由于各种酸碱指示剂在不同的 pH 范围内显示不同的颜色,故可用不同的指示剂的混合物显示各种不同的颜色来指示样液的 pH。根据操作方法的不同,此法又分为试纸法和标准比色法。

①pH 试纸法,用一干燥的玻璃棒蘸少量待测液体,滴在经过处理的试纸上(有广泛和精密试纸之分),使其显色,在 2~3 min 后与标准色相比较,测出样液的 pH。此方法简便、快速、经济,但结果准确性不够,仅能粗略估计样液的 pH。

②标准管比色法,用标准缓冲液配制成不同 pH 的标准溶液,再各加适当的酸碱指示剂使其呈不同的颜色,即形成标准色。在样液中加入与标准缓冲液相同的酸碱指示剂,显色后与标准色管进行颜色比较,与样液颜色相近的标准色管中缓冲溶液的 pH 即为待测样液的 pH。此法适用于色度和浑浊度很低的样液 pH 的测定,测定结果的准确性也不够,仅能准确到 0.1 个 pH 单位。

5.3.2.3 挥发酸的测定

挥发酸是食品中低碳链的直链脂肪酸,主要是乙酸和痕量的甲酸、丁酸等,不包括可用水蒸气蒸馏的乳酸、琥珀酸、山梨酸以及 CO_2 和 SO_2 等。正常食品中挥发酸的含量较稳定,若在生产中使用了不合格的果蔬原料,或违反正常的工艺操作,或装罐前将果蔬成品放置过久,都会由于糖的发酵而使挥发酸增加，降低食品的品质。因此，挥发酸含量是某些食品的一项质量控制指标。

总挥发酸可用直接法或间接法测定。直接法通过水蒸气蒸馏或溶剂萃取把挥发酸分离出来，然后用标准碱滴定得到挥发酸含量；间接法将挥发酸蒸发除去后，滴定不挥发酸，最后从总酸度中减去不挥发酸，即可得出挥发酸含量。前者操作方便，较常用，适合于挥发酸含量较高的样品；若蒸馏液有所损失或被污染，或样品中挥发酸含量较少，宜用间接法。

水蒸气蒸馏法

(1)适用范围　本方法适用于各类饮料、果蔬及制品(如发酵制品、酒类)中总挥发酸含量的测定。

(2)样品处理

①一般果蔬及饮料可直接取样。

②含 CO_2 的饮料、发酵酒类，须排除 CO_2，方法是取 80～100 mL (g)的样品于三角瓶中，在用电磁搅拌器连续搅拌的同时，于低真空下抽气 2～4 min 除去 CO_2。

③固体样品(如干鲜果蔬及其制品)及冷冻、黏稠等制品，先取可食部分(冷冻制品先解冻)加入一定量无 CO_2 蒸馏水，用高速组织捣碎机捣成浆状，再称取处理样品 10 g，加无 CO_2 蒸馏水溶解并稀释至 25 mL。

具体操作要点参见二维码 5-6。

二维码 5-6　挥发酸的测定

(3)注意事项

①样品中挥发酸的蒸馏方式可采用直接蒸馏和水蒸气蒸馏的方法，但直接蒸馏挥发酸是比较困难的，因为挥发酸与水构成有一定百分比的混溶体，并有固定的沸点。在一定的沸点下，蒸汽中的酸与留在溶液中的酸之间有一平衡关系，在整个平衡时间内，这个平衡关系不变。但用水蒸气蒸馏，则挥发酸与水蒸气是和水蒸气分压成比例地自溶液中一起蒸馏出来，因而加速挥发酸的蒸馏过程。

②蒸馏前应先将水蒸气发生瓶中的水煮沸 10 min，或在其中加 2 滴酚酞指示剂并滴加 NaOH 使其呈浅红色，以排除其中的 CO_2。

③溶液中总挥发酸包括游离挥发酸和结合态挥发酸。由于在水蒸气蒸馏时游离挥发酸易蒸馏出，而结合态挥发酸则不易挥发出，给测定带来误差。故测定样液中的总挥发酸含量时，须加少许磷酸使结合态挥发酸游离出，便于蒸馏。

④在整个蒸馏时间内，应注意蒸馏瓶内液面保持恒定，否则会影响测定结果，另要注意蒸馏装置密封良好，防止挥发酸损失。

⑤滴定前必须将蒸馏液加热到 60～65℃，使其终点明显，加速滴定反应，缩短滴定时间，减少溶液与空气接触的机会，以提高测定精度。

⑥样品中含有 CO_2 和 SO_2 等易挥发性成分，对结果有影响，须排除其干扰。排除 CO_2 方法见前述部分。排除 SO_2 方法为，在已用标准碱溶液滴定过的蒸馏液中加入 5 mL 25% H_2SO_4 酸化，以淀粉溶液作指示剂，用 0.02 mol/L 碱溶液滴定至蓝色，10 s 不褪色为终点，并从计算结果中扣除此滴定量(以乙酸计)。

5.3.3 食品中有机酸的分离与测定

分析食品中的有机酸时可分为两种情况：一是要求了解总酸量，它可使用 pH 指示剂以规定的碱溶液滴定来求得；另一种要求了解特定的酸含量，有时要了解全部有机酸的组成，这正是食品科学研究发展所需要的分析项目。有机酸不仅作为酸味成分，而且在食品的加工、储存、品质管理、质量评价以及生物化学等领域广泛应用，被认为是最重要的成分。因此对有机酸的分离与定量具有现实意义。

1966 年，在硅胶色谱法基础上，开发出稳流泵将指示剂连续不断地与洗出液混合，测定其吸光度进行检测的有机酸自动分析法。但此法也存在一些问题，如柱子的制备麻烦，需要有组成复杂的洗提液，而且分析时间较长等，所以实际应用较困难。纸色谱法及薄层色谱法也可用于食品中有机酸的分析，但这两种色谱法只能定性和半定量分析，且需要冗长富集、浓缩、皂化等预处理步骤，操作十分烦琐，故实际应用不多。目前比较常用的方法是气相色谱法(GC)，离子交换色谱法(IC)，高效液相色谱法(HPLC)和毛细管电泳法(CE)。

采用气相色谱法不仅可以分析香气成分之类的挥发性物质，而且糖和氨基酸等不挥发性物质，转变为挥发性衍生物后也能分析，在适当条件下，许多物质都能准确、迅速、容易地加以分析，因而这种方法具有普及性。但在一般气象色谱条件下，许多种有机酸是不挥发性的，故需将其转化成挥发性衍生物，常用方法有甲酯化法和三甲基硅烷(TMS)衍生法，所以说采用此法仍需要对样品进行前处理，以分离出有机酸。

离子交换色谱法最初用于有机酸的分析时与硅胶色谱法相似，也是采用将分离的各馏分滴定中和的方法。近年来，此法有很大进展，已研究出对有机酸的羧基有特异性的高灵敏度检测方法及带有这种检测器的自动分析仪(即羧酸分析仪)，并研究开发出一种新型的离子交换色谱法(即离子色素法)，由于这种新型离子交换色谱法具有简便、快捷、高灵敏度、选择性好，且可同时测定无机或亲水性有机阴、阳离子等多种组分的独特优点，所以该方法被广泛地用于分析各种食品中有机酸的组成和含量。

近年来，随着高效液相色谱分析法的广泛应用，最近也已用于有机酸的分离与测定。此法只需对样品进行离心或过滤等简单预处理，而不需要太多的分离处理手续，操作十分简单，其他组分的干扰少。高效液相色谱法最初用于有机酸分析时，采用强阴、阳离子，交换树脂的柱通过离子排斥和分配色素分离有机酸，以示差折光检测器或紫外分光检测器检测。最近由于键合填料在 HPLC 上的应用，使得采用 C18 等反相柱分离食品中的有机酸，并以紫外分光检测器或电化学检测器的检测方法越来越完善、准确。

5.3.3.1 气相色谱法

(1)原理　在硫酸的催化下使有机酸成为丁酸衍生物，用气相色谱法定量测定。

(2)适用范围　本法适用于水果蔬菜、腌制的农产品、清凉饮料、酒精饮料、酱油、蛋黄酱、咖啡等。可分别定量的有机酸有甲酸、乙酸、丙酸、异丁酸、正丁酸、乳酸、异戊酸、正戊酸、异己酸、正己酸、乙酰丙酸、草酸、丙二酸、琥珀酸、反丁烯二酸、苹果酸、酒石酸、反丙烯酸以及柠檬酸等。分析时需要酸的最小含量：甲酸、乙酸等为 1 mg，苹果酸、柠檬酸等为 10 mg，酒石酸 10 mg，若少于该值不能获得高精度分析结果。

(3)试剂　离子交换树脂，使用阳离子交换树脂，CG120 amberlite(一种人工合成酚甲醛离子交换树脂)，阴离子交换树脂 CG4B，amberlite IRA410。

(4)仪器

①气相色谱仪:装有氯离子检测器,程序升温装置。温度:柱温 60℃;气化室和监测器温度 260℃。升温速度,5℃/min。流速:氮气流量 60 mL/min,氢气 50 mL/min,空气 900 mL/min。

②色谱柱:填充 10% Silicone Dc560(60～80 目)的 3 mm×2 m 不锈钢柱或玻璃柱。

(5)操作要点

①试样制备:将试样在 60℃热水中均质,离心分离得到有机酸提取液。取一定量的有机酸提取液通过离子交换树脂柱,使有机酸被阴阳离子交换树脂吸附。

取下阳离子交换树脂柱,将 2 mol/L 氨水 50 mL 通过阴离子交换树脂柱,使酸转变为铵盐洗脱。洗脱液用旋转式蒸发器浓缩,馏出过剩的氨后,再通过阳离子交换树脂柱,使有机酸成为游离态。用酚酞作指示剂,用 0.1 mol/L NaOH 溶液滴定,求酸总量。同时使有机酸成为钠盐。将相当于滴定值约 10 mL 的试样浓缩,在具塞试管内干涸。

②酯化:在用上述方法制备有机酸中,加 2 mL 丁醇、2 g 无水硫酸钠、0.2 mL 浓硫酸,连接冷凝管,在电热板上平衡沸腾约 30 min(加热不断搅拌),使有机酸变成酯。

③酯的提取:酯化结束,加水和己烷各 5 mL,使酯转溶于己烷中,每次用约 5 mL 己烷提取 3 次,用安全移液管移入 20 mL 容量瓶[容量瓶中事先已装有 0.5%十九烷(内标)的己烷溶液 1 mL]中,用己烷定容。再加入 0.5 g 无水硫酸钠,去除混入的微量硫酸。取 5 μL 进行气相色谱分析。

④分析:柱子在 60℃下保持 6 min 后,以每分钟升温 5℃速度升至 250℃,氮气、氢气、空气的流量分别是 60、50、900 mL/min,气化室和检测器的温度为 260℃。

5.3.3.2　高效液相色谱法

1. 原理

样品经过高速离心、超滤等处理,直接注入 C18 反相色谱柱中,以磷酸二氢铵溶液为流动相,有机酸进行分离,于 200 nm 波长进行定量分析。

2. 适用范围

本法可适用于果蔬及其制品、各种酒类、调味品及乳和乳制品中主要有机酸的分离测定。

3. 试剂

(1)高纯水　由超纯水制备装置配制,并经过 0.45 μm 滤膜在真空下超滤。

(2)流动相(2.5% $NH_4H_2PO_4$,pH 2.50)　称取分析纯磷酸二氢铵 25.0 g,用超纯水溶解并定容至 1 L,用浓 H_3PO_4 调节至 pH 2.50,然后用 0.45 μm 孔径的合成纤维素酯滤膜进行真空抽滤,再经超声波脱气 5 min 后用作流动相。

(3)有机酸标准混合液　分别称取草酸 5 mg、酒石酸 50 mg、苹果酸 150 mg、乳酸 200 mg、乙酸 200 mg、柠檬酸 120 mg 和琥珀酸 180 mg(精确至 0.1 mg),以 2.5%的 $NH_4H_2PO_4$ 溶液溶解并稀释到 100 mL,使各有机酸的质量浓度分别为 50、500、1 500、2 000、2 000、1 200、1 800 mg/L。

(4)80%乙醇溶液　吸取分析纯无水乙醇 80 mL,用高纯水稀释至 100 mL。

4. 仪器

①高效液相色谱仪。

②高速离心机。

③酸度计。

④恒温水浴锅。

5.操作方法

(1)样品处理

①固体样品:称取5～10 g样品于加有石英砂的研钵中研碎,用25 mL 80%乙醇转移到50 mL锥形瓶中,于75℃水浴中加热浸提15 min,在20 000 r/min下离心20 min,沉淀用10 mL 80%乙醇洗涤2次,离心分离后,合并上清液并定容至50 mL。取5 mL上清液于蒸发皿中,在75℃水浴上蒸干,残渣加5 mL流动相溶解,离心,上清液经0.45 μm滤膜在真空下超滤后进样。

②液体样品:吸取5 mL样液(视有机酸含量酌情减少)于蒸发皿中,在75℃上水浴蒸干,残渣加5 mL 80%乙醇溶解,离心。上清液水浴蒸干,残渣加5 mL流动相溶解,离心。上清液经0.45 μm滤膜于真空下超滤后进样。

(2)色谱分析条件

①色谱柱:C18柱,8 mm I.D.×100 mm。

②流动相:2.5% $NH_4H_2PO_4$,pH 2.50。

③流速:2 mL/min。

④检测器:紫外检测器。

⑤检测波长:200 nm。

⑥柱温:室温。

(3)测定

①标准曲线绘制:分别取有机酸标准混合液1、2、4、6、8、10 μL进样,得到有机酸的标准色谱图,以保留时间定性;以各有机酸的峰面积为纵坐标,以各有机酸含量(μg)为横坐标绘制各有机酸的标准曲线,或用最小二乘法原理建立各种有机酸的回归方程。

②样品测定:取适量样品处理液进行色谱分析,根据所得保留时间确定样本所含有机酸的类型,根据峰面积从标准曲线上查出样品有机酸含量。

(4)注意事项

①在样品溶液测定中,每进3次样液,就应进1次标准溶液进行校正,并重新计算校正系数,以保证测定结果的准确度。

②在提取样品中的有机酸时,应选择80%乙醇溶液作提取剂,既可使有机酸提取完全,还可避免样品中蛋白质溶出影响色谱柱的使用寿命。若选择水或1.53 mol/L HCl作提取剂,则可能使有机酸提取不完全或使样液中碳水化合物降解成草酸而影响测定结果。

③在反相HPLC分离中,被分离组分的极性极弱,与键合相表烷基之间产生的色散力越强,电离常数 K' 就越大;相反,极性越强,即分子所含羟基数和羰基数就越多,与流动相溶剂分子形成的氢键就越强,K' 就越小。故根据有机酸的 pK_{a1} 值与分子极性呈负相关的关系,理论上其 K' 顺序为草酸＜酒石酸＜柠檬酸＜苹果酸＜乳酸＜琥珀酸＜乙酸,但只有柠檬酸和琥珀酸都含有2个可与键合相表面烷基产生色散力的亚甲基,且前者的2个亚甲基都被带有部分正电荷的碳原子隔开,故它的烷基色散力小于后者。因此,实际的 K' 是草酸＜酒石酸＜苹果酸＜乳酸＜乙酸＜柠檬酸＜琥珀酸。

5.3.3.3 离子交换色谱法(羧酸分析仪)

(1)原理 羧酸分析仪由有机酸分离部分和检测部分组成，前者是利用强碱性阴离子交换树脂柱进行分离，后者是利用对羰基具有特殊高灵敏度的显色反应进行检测。显色原理是：在 N,N'-双环己基碳酰亚胺(DDC)和羧酸反应生成的酰基异尿素中加入羟基胺，生成氧肟酸，在酸性下使其与三价铁离子反应，生成紫红色螯合物(其 $\lambda_{max}=530$ nm)，由比色计来检测吸光度，以记录仪记录色谱图而进行定性容量分析。

(2)适用范围 本法适用于水果、蔬菜、食醋、酱油、果酒、啤酒及咖啡等食品中有机酸的分离鉴定等，能够检测的酸的最小量为 0.01 μmol。此法不能检测草酸。

(3)仪器和试剂

①羧酸分析仪。

②分离柱为带有保温套管的耐压玻璃管(3 mm×1 000 mm)，柱内装强碱性阴离子交换树脂。

(4)操作要点

①试样的制备：用 0.2 mol/L HCl 稀释后即可作为试样溶液，若样品中含有蛋白质需要除去时，加入试样溶液量 1/4 的 10%高氯酸，离心分离，以上清液作为试样。

②分析：如图 5-5 所示，将 0.2 mol/L 的 HCl，以 0.13 mL/min 的速度从脱洗剂输液泵 3 送入色谱柱 7 中。将 133 μL 试样溶液加进试样注入口 6。试剂储槽 19 中的 0.116 mol/L 高

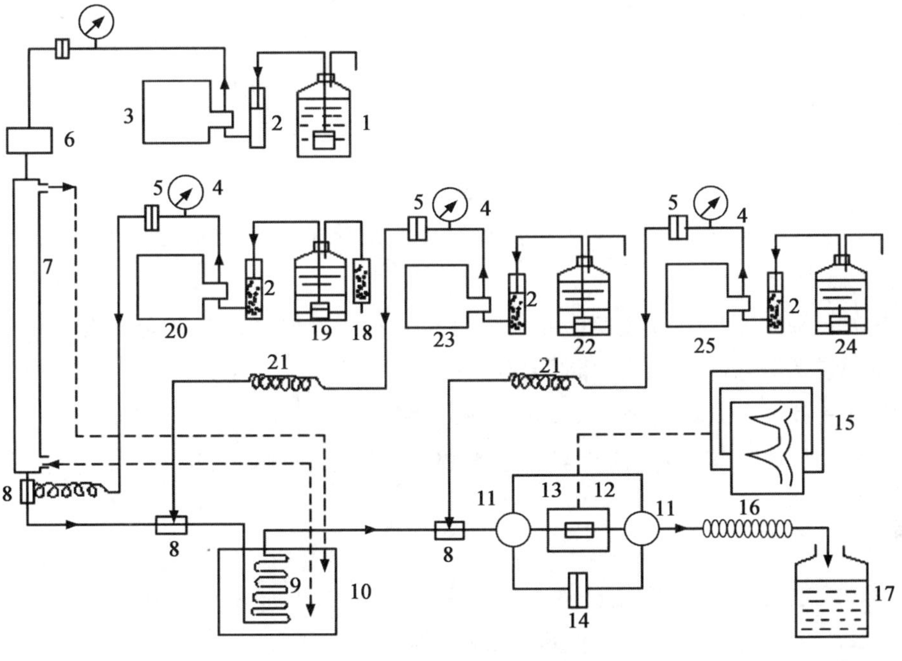

1. 洗脱剂储槽(0.2 mol/L HCl) 2. 玻璃分离器 3. 洗脱机输液泵(流速 0.13 mL/min) 4. 压力表 5. 过滤器 6. 回路进样器(样品杯体积约 133 μL) 7. 色谱柱(1 m×3 mm，柱温 50℃) 8. 混合器 9. 反应线路(30 m) 10. 恒温水浴槽(50℃) 11. 四通阀 12. 流通池(光程 20 mm) 13. 比色计 14. 沉淀过滤器 15. 双笔记录仪 16. 反压(阻力)线圈 17. 废液 18. 氢氧化钾管 19. 试剂储槽[0.116 mol/L 高氯酸氢胺(HAP)和 0.07 mol/L 三乙胺(TEA)的乙醇溶液] 20. 试剂输液泵Ⅰ(0.6 mL/min) 21. 阻力管 22. 试剂储槽[0.13 mol/L N,N′-二环己基碳酰亚胺(DCC)] 23. 试剂输液泵Ⅱ(0.6 mL/min) 24. 试剂储槽(0.005 mol/L 的高氯酸亚铁) 25. 试剂输液泵Ⅲ(0.3 mL/min)

图 5-5 羧酸分析仪

氯酸羟胺(HAP)和 0.07 mol/L 三乙胺(TEA)的乙醇溶液和试剂储槽 22 中的 0.13 mol/L DCC 乙醇溶液,分别由泵 20、23 进入反应槽 10 中,然后与从试剂储槽 24 由泵 25 送来的 0.005 mol/L 的高氯酸亚铁的 0.5 mol/L 高氯酸酸性乙醇溶液混合,用比色计 13 测定 530 nm 的吸光度,由记录仪 15 记录有机酸色谱峰。

③用 0.2 mol/L 盐酸配制的一系列不同浓度的标准有机酸混合溶液,注入羧酸分析仪中进行分析,以所得色谱峰或峰面积对标准有机酸含量(μg)绘制标准曲线,由试样的色谱峰保留时间定性,根据峰高或峰面积定量。

(李述刚)

本章小结

本章介绍了食品水分、灰分和酸度测定的意义。水分的测定主要介绍了直接干燥法、减压干燥法、蒸馏法、卡尔·费休法等和水分活度的测定意义和测定方法;灰分的测定主要介绍了总灰分、水溶性灰分、酸不溶性灰分的测定原理、意义和注意事项;酸度测定主要介绍了酸度的分类、测定意义,总酸度、pH、挥发性酸、有机酸的测定原理、方法和测定意义,特别介绍了高效液相色谱、气相色谱法和离子交换色谱在有机酸测定的原理和方法。

思考题

1. 水分测定过程中,干燥器有什么作用?怎样正确使用和维护干燥器?
2. 阐述水分活度值的概念及其在食品工业生产中的意义。
3. 食品灰分的种类和测定意义何在?加速食品灰化的方法有哪些?为什么食品样品在高温灼烧前要进行炭化处理?
4. 什么是食品酸度?食品酸度的测定有何意义?牛乳酸度的定义是什么?如何表示?
5. 食品总酸度测定时,应注意什么问题?
6. 用水蒸气蒸馏测定挥发酸时,加入 10%磷酸的作用是什么?
7. 食品中有机酸分离、测定的主要方法有哪些?请举一例加以说明。

参考文献

[1] 王永华,戚穗坚. 食品分析. 3 版. 北京:中国轻工业出版社,2019.
[2] 张水华. 食品分析. 北京:中国轻工业出版社,2004.
[3] 阚建全. 食品化学. 北京:中国农业大学出版社,2010.
[4] 陈有化,蔡洪伟. 食品分析. 北京:化学工业出版社,2004.
[5] 刘长虹. 食品分析及实验. 北京:化学工业出版社,2006.
[6] 刘临渭. 食品化学综合实验. 北京:中国农业大学出版社,2004.
[7] 刘兴友. 食品理化检验学. 北京:中国农业大学出版社,2008.
[8] Suzanen Nielsen S. 食品分析. 杨严俊译. 中国轻工业出版社,2012.

[9] 谢笔钧，何慧. 食品分析. 北京：科学出版社，2009.

[10] Gustavo V. Barbosa-Cánovas, Anthony J. Fontana Jr., Shelly J. Schmidt, et al. Water Activity in Foods: Fundamentals and Applications. Oxford: Blackwell Publishing, 2007.

[11] Leo M L. Nollet. Mass Spectrometry Imaging in Food Analysis. Floridai CRC Press, 2020.

第 6 章

食品中碳水化合物的测定

本章学习目的与要求

1. 了解碳水化合物的来源和性质；
2. 熟悉还原糖、淀粉、纤维素和果胶的测定方法；
3. 掌握其测定原理及主要操作步骤。

6.1　概述

碳水化合物统称糖类，是由碳、氢、氧 3 种元素组成的一类化合物。它是人体热能的重要来源，也是构成机体的一种重要物质，参与机体的代谢过程，维持生命活动。现代营养学观点认为：合理的膳食组成中，碳水化合物应占摄入总能量的 55%～65%。

碳水化合物是食品工业的主要原料和辅助材料，是大多数食品的主要成分之一，包括单糖、低聚糖和多糖。单糖是指用水解方法不能加以分解的碳水化合物的最基本组成单位，如葡萄糖、果糖、半乳糖等。单糖易溶于水，有甜味，具有旋光性，尤为重要的是所有的单糖都具有还原性，能被一些弱的氧化剂所氧化。低聚糖（又称寡糖）是指聚合度（单糖残基数）≤10 的复杂碳水化合物，生物学上和食品分析中最重要的低聚糖是双糖。食物中天然存在的双糖类有蔗糖、乳糖、麦芽糖等，它们的通式为 $C_{12}H_{22}O_{11}$。双糖在酸或酶的作用下可水解为它们的初始形成物。例如，食品中大量存在并在加工中广泛使用的蔗糖，水解产物是等分子量的葡萄糖和果糖（又称转化糖）。人及其他哺乳类动物的乳汁中所含的乳糖，水解产物为葡萄糖和半乳糖，而饴糖的主要组分麦芽糖则水解产生葡萄糖。多糖（又称高聚糖）是由许多单糖或其衍生物用糖苷键结合而成的高分子化合物，如淀粉、纤维素、果胶、琼脂等。多糖一般难溶于水或在水中呈胶态，无甜味，无还原性，可在一定条件下水解成单糖。例如，重要的多糖，通式为 $C_6H_{10}O_5$ 的淀粉和纤维素，水解后均生成葡萄糖，琼脂的水解产物为半乳糖，而果胶则水解产生半乳糖醛酸。但从代谢和供给人热能的意义上来说，这些碳水化合物并不是等效的。人体能消化利用的如单糖、双糖、糊精、淀粉等称为有效碳水化合物。多糖中的纤维素、半纤维素、木质素、果胶等由于不能被人体消化吸收，称为无效碳水化合物。但这些无效碳水化合物能够促进肠道蠕动，改善消化系统机能，对维持人体健康有重要作用，是人们膳食中不可缺少的成分。

食品中糖类的含量差别很大，葡萄糖和果糖等单糖主要存在于水果和蔬菜中，一般含量分别为 0.96%～5.82%和 0.85%～6.53%；蔗糖普遍存在于具有光合作用的植物中，一般含量较低，但甘蔗和甜菜含量较高，分别为 10%～15%和 15%～20%，为工业制糖的原料。蔗糖是食品工业中最重要的甜味物之一，被应用于各种加工食品中。乳糖存在于哺乳动物的乳汁中，牛乳中乳糖含量约为 4.7%。淀粉广泛存在于农作物的籽粒（如小麦、玉米、大米、大豆）、根（如甘薯、木薯）和块茎（马铃薯）中，含量高的约达干物质的 80%。纤维素主要存在于豆类的麸糠和果蔬的表皮中，果胶物质在植物表皮中含量较高。

碳水化合物对改变食品的形态、组织结构、物化性质以及色、香、味等感官指标起着十分重要的作用。如食品加工中常需要控制一定量的糖酸比；糖果中糖的组成及比例直接关系到风味和质量；糖的焦糖化作用及羰氨反应既可使食品获得诱人的色泽和风味，又能引起食品的褐变，必须根据工艺需要加以控制。食品中碳水化合物含量也在一定程度上标志着营养价值的高低，是某些食品的主要质量指标。碳水化合物测定是食品的主要分析项目之一，在食品工业中具有十分重要的意义。

食品中碳水化合物测定方法主要有物理法、化学法、酶法、色谱法、电泳法、生物传感器等，物理法包括相对密度法、折光法和旋光法等，可用于测定糖液浓度、谷物中淀粉及纤维素含量等。食品中还原糖、蔗糖、淀粉和果胶物质等的测定多采用化学分析法，但所测得的多是糖类物质的总量，不能确定糖的组分及每种糖含量。利用色谱法和电泳法可对各种糖分进行分离和定量。酶法具有灵敏度高、干扰少的特点，可测定葡萄糖、蔗糖和淀粉等。生物传感器简单、快速，可在线检测葡萄糖、果糖、半乳糖、蔗糖等，是一种具有很大潜力的检测方法。

本章将分别介绍各类碳水化合物的测定方法，重点介绍国内外的标准分析方法，同时简要介绍一些有影响的参考方法。

6.2 可溶性糖类的测定

6.2.1 可溶性糖类的提取和澄清

6.2.1.1 提取

食品中可溶性糖通常是指葡萄糖、果糖等游离态单糖及蔗糖等低聚糖，测定前一般须选择适当的溶剂提取样品中糖类物质，并对提取液进行纯化，排除干扰物质，然后才能测定。

常用的可溶性糖提取剂有水和乙醇溶液。提取液的制备方法要根据样品的性状而定，例如糖及糖制品、果蔬及果蔬制品等通常都是用 40～50℃的温水作提取剂。水温过高，将会提取出相当量的可溶性淀粉和糊精等。而对于水果等有机酸含量较高的样品，提取时还应调节 pH 至近中性，因为有机酸的存在会造成部分双糖的水解。

对于淀粉、菊糖含量较高的干果类，如板栗、菊芋、豆类及干燥植物样品，用水提取时会使部分淀粉、糊精等溶出而影响分析结果，故一般采用浓度为 70%～75%的乙醇溶液作提取剂(若样品含水量高，可适当提高乙醇溶液的浓度，使混合后的最终浓度落在上述范围)。

6.2.1.2 提取液的澄清

在糖类提取液中，除了所需测定的糖分外，还可能含有蛋白质、氨基酸、多糖、色素、有机酸等干扰物质，这些物质的存在将影响糖类的测定并使下一步的过滤产生困难。因此，需要在提取液中加入澄清剂以除去这些干扰物质。

澄清剂的种类很多，使用时应根据提取液的性质、干扰物质的种类与含量以及采取的测定方法等加以选择。总的原则是：能较完全地除去干扰物质，但不会吸附或沉淀被测糖类，也不会改变糖类的理化性质，并且过剩的澄清剂不干扰糖类的分析，或易于除掉。

常用的澄清剂有以下几种。

(1)中性醋酸铅溶液[$Pb(CH_3COO)_2 \cdot 3H_2O$] 是最常用的一种澄清剂。铅离子能与很多离子结合，生成难溶沉淀物，同时吸附除去蛋白质、果胶、有机酸、单宁等杂质。它的作用较可靠，不会沉淀样液中的还原糖，在室温下也不会形成铅糖化合物，因而适用于测定还原糖样液的澄清。但它的脱色能力较差，不能用于深色样液的澄清。同时还应避免澄清剂过量，否则当样品溶液在测定过程中进行加热时，残余的铅将与糖类发生反应生成铅糖，从而使测定产生误差。

有效防止的办法是在样液澄清完全后加入除铅剂，常用的除铅剂有硫酸钠(Na_2SO_4)、草酸钠($Na_2C_2O_4$)等。除铅剂的用量要适当，在保证铅完全沉淀的前提下，尽量少用。此外，铅盐有毒，使用时应注意。

(2)乙酸锌和亚铁氰化钾溶液 是利用乙酸锌[$Zn(CH_3COO)_2 \cdot 2H_2O$]与亚铁氰化钾[$K_4Fe(CN)_6 \cdot 3H_2O$]反应生成的氰亚铁酸锌沉淀来挟走或吸附干扰物质。这种澄清剂除蛋白质能力强，但脱色能力差，适用于色泽较浅、蛋白质含量较高的样液的澄清，如乳制品、豆制品等。

（3）硫酸铜和氢氧化钠溶液　这种澄清剂是由 5 份硫酸铜溶液（69.28 g $Cu_2SO_4 \cdot 5H_2O$ 溶于 1 L 水中）和 2 份 1 mol/L 氢氧化钠（NaOH）溶液组成。在碱性条件下，铜离子可使蛋白质沉淀，适合于富含蛋白质的样品的澄清。

（4）碱性乙酸铅　能除去蛋白质、有机酸、单宁等杂质，又能凝聚胶体。但它可生成体积较大的沉淀，可带走糖，特别是果糖。过量的碱性乙酸铅可因其碱度及铅糖的形成而改变糖类的旋光度，此澄清剂用于处理深色糖液。

（5）氢氧化铝溶液　氢氧化铝能凝聚胶体，但对非胶态杂质的澄清效果不好。可用于浅色糖溶液的澄清，或作为附加澄清剂。

（6）活性炭　能除去植物样品中的色素，适用于颜色较深的提取液，但能吸附糖类造成糖的损失，特别是蔗糖损失达 6%～8%，限制了它在糖类分析上的应用。

澄清剂的种类很多，性能各不相同，澄清效果也各不一样，应根据样液的性质、干扰物质种类和含量及所采用的分析方法加以选择。例如，果蔬类样品可采用中性乙酸铅溶液作为澄清剂；乳制品则采用乙酸锌-亚铁氰化钾溶液或碱性硫酸铜溶液。兰-埃农法或直接滴定法不能用硫酸铜和氢氧化钠溶液作澄清剂，以免引入 Cu^{2+}，而选用高锰酸钾滴定法时不能用乙酸锌-亚铁氰化钾溶液作澄清剂，以免引入 Fe^{2+} 而影响测定结果。

6.2.2　还原糖的测定

还原糖是指具有还原性的糖类。在糖类中，分子中含有游离醛基或酮基的单糖和含有游离醛基的双糖都具有还原性。葡萄糖、果糖、乳糖和麦芽糖等都是还原糖。其他双糖（如蔗糖）、多糖（糊精、淀粉等），其本身不具有还原性，属于非还原性糖，但都可以通过水解而生成相应的还原性单糖，测定水解液的还原糖含量就可以求得样品中相应糖类的含量。因此，还原糖的测定是一般糖类定量的基础。还原糖的测定方法很多，最常用的有碱性铜盐法、铁氰化钾法等。选择时应根据样品中糖类物质的含量以及测定的目的和要求来确定。

6.2.2.1　碱性铜盐法

碱性酒石酸铜溶液由碱性酒石酸铜甲、乙液组成。甲液为硫酸铜溶液，乙液为酒石酸钾钠等配制成的溶液。加热条件下，还原糖能将碱性酒石酸铜溶液中的铜离子转化为氧化亚铜沉淀。根据反应过程中定量方法不同，碱性铜盐法分为直接滴定法、高锰酸钾法、兰-埃农法及萨氏法等。

1. 直接滴定法（斐林试剂法）

（1）原理　将一定量的碱性酒石酸铜甲、乙液等量混合，立即生成天蓝色的氢氧化铜沉淀，这种沉淀很快与酒石酸钾钠反应，生成深蓝色的可溶性酒石酸钾钠铜络合物。在加热条件下，以亚甲蓝作为指示剂，用样液滴定，样液中的还原糖与酒石酸钾钠铜反应，生成红色的氧化亚铜沉淀，待二价铜全部被还原后，稍过量的还原糖把亚甲蓝还原，溶液由蓝色变为无色，即为滴定终点，根据样液消耗量可计算出还原糖含量。直接滴定示意图见二维码 6-1。

二维码 6-1　直接滴定示意图

各步反应式(以葡萄糖为例)如下。

$$CuSO_4+2NaOH=Cu(OH)_2\downarrow+Na_2SO_4$$

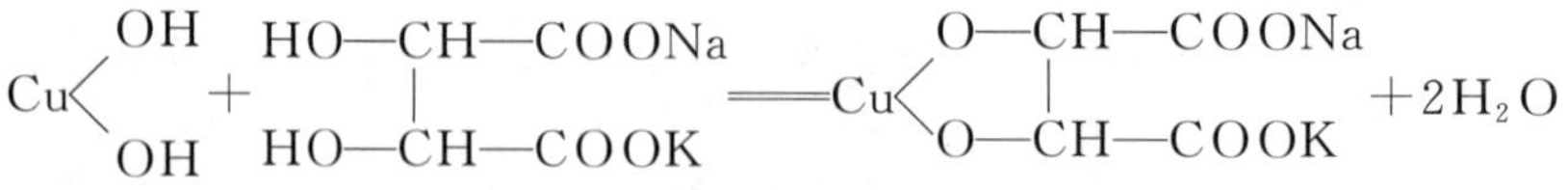

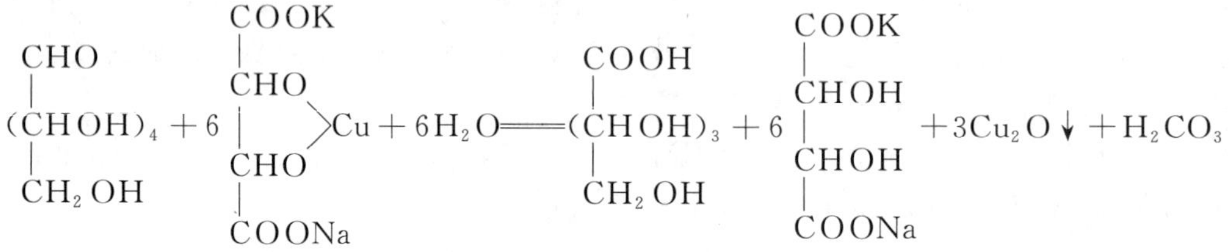

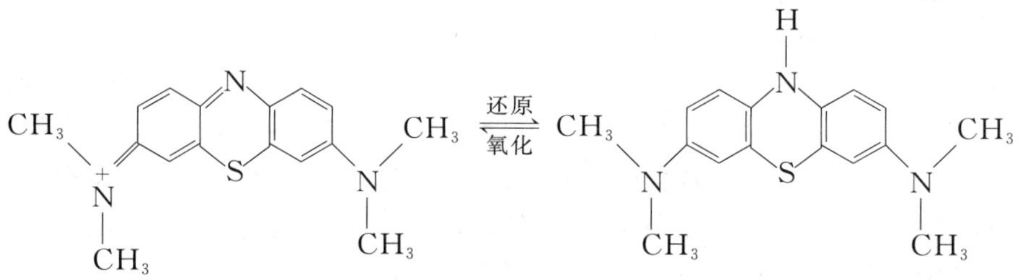

从上述反应式可知,1 mol 葡萄糖可以将 6 mol Cu^{2+} 还原为 Cu^{+}。实验结果表明,1 mol 葡萄糖只能还原 5 mol 多的 Cu^{2+},而且随反应条件的变化而变化。因此,不能根据上述反应式直接计算出还原糖含量,而是要用已知浓度的葡萄糖标准溶液进行标定。

(2)主要试剂的配制

①碱性酒石酸铜甲液:称取 15 g 硫酸铜($CuSO_4\cdot 5H_2O$)及 0.05 g 亚甲蓝,溶于水中并稀释至 1 000 mL。

②碱性酒石酸铜乙液:称取 50 g 酒石酸钾钠及 75 g 氢氧化钠,溶于水中,再加入 4 g 亚铁氰化钾,完全溶解后,用水稀释至 1 000 mL,储存于具有橡皮塞的玻璃瓶内。

③澄清剂:乙酸锌溶液,称取 21.9 g 乙酸锌溶于少量水中,加入 3 mL 冰乙酸,加水稀释至 100 mL。亚铁氰化钾溶液,称取 10.6 g 亚铁氰化钾,用水溶解并稀释至 100 mL。

④葡萄糖标准溶液:精密称取 1.000 g 经过 98～100℃干燥至恒量的无水葡萄糖,加水溶解后移入 1 000 mL 容量瓶中,加入 5 mL 盐酸(防止微生物生长),并用水稀释至 1 000 mL。

(3)操作步骤

①样品处理

一般食品:称取粉碎后的固体试样 2.55 g 或混匀后的液体试样 5～25 g,置于 250 mL 容量瓶中,加入 50 mL 水,慢慢加入 5 mL 乙酸锌溶液及 5 mL 亚铁氰化钾溶液,加水至刻度,混匀,静置 30 min,用干燥滤纸过滤,弃去初滤液,取续滤液备用。

酒精性饮料:称取约 100 g 混匀后的试样,置于蒸发皿中,用氢氧化钠溶液(40 g/L)中和至中性,在水浴上蒸发至原体积的 1/4 后,移入 250 mL 容量瓶中,慢慢加入 5 mL 乙酸锌溶液及 5 mL 亚铁氰化钾溶液,加水至刻度线,混匀,静置 30 min,用干燥滤纸过滤,弃去初滤液,取续滤液备用。

含大量淀粉食品：称取 10～20 g 粉碎后或混匀后的试样，置于 250 mL 容量瓶中，加入 200 mL 水，在 45℃水浴中加热 1 h，并时时振摇。放凉后加水至刻度，混匀，静置、沉淀。吸取 200 mL 上清液置另一 250 mL 容量瓶中，慢慢加入 5 mL 乙酸锌溶液及 5 mL 亚铁氰化钾溶液，加水至刻度线，混匀，静置 30 min，用干燥滤纸过滤，弃去初滤液，取续滤液备用。

碳酸类饮料：称取约 100 g 混匀后的试样，置于蒸发皿中，在水浴上微热搅拌除去二氧化碳后，移入 250 mL 容量瓶中，并用水洗涤蒸发皿，洗液并入容量瓶中，再加水至刻度线，混匀后备用。

②碱性酒石酸铜溶液的标定：吸取 5 mL 碱性酒石酸铜甲液及 5 mL 碱性酒石酸铜乙液，置于 150 mL 锥形瓶中，加水 10 mL，加入玻璃珠 2 粒。从滴定管加入约 9 mL 葡萄糖标准溶液，控制在 2 min 内加热至沸，趁热以每 2 s 1 滴的速度继续滴加葡萄糖标准溶液，直至溶液蓝色刚好褪去为终点，记录消耗葡萄糖标准溶液的总体积，同时平行操作 3 份，取其平均值。计算每 10 mL(甲、乙液各 5 mL)碱性酒石酸铜溶液相当于葡萄糖的质量或其他还原糖的质量(mg)，按下式计算。

$$f=c\cdot V$$

式中，f 为 10 mL 酒石酸铜溶液相当于葡萄糖的质量，mg；c 为葡萄糖标准溶液的质量浓度，mg/mL；V 为标定时消耗葡萄糖标准溶液的总体积，mL。

③样品溶液预测(粗滴定)：吸取 5 mL 碱性酒石酸铜甲液及 5 mL 碱性酒石酸铜乙液，置于 150 mL 锥形瓶中，加水 10 mL，加入玻璃珠 2 粒，控制在 2 min 内加热至沸，保持沸腾以先快后慢的速度，从滴定管中滴加试样溶液，并保持溶液沸腾状态，待溶液颜色变浅时，以每 2 s 1 滴的速度滴定，直至溶液蓝色刚好褪去为终点，记录样液消耗。当样液中还原糖浓度过高时，应适当稀释后再进行正式测定，使每次滴定消耗样液的体积控制在与标定碱性酒石酸铜溶液时所消耗的还原糖标准溶液的体积相近，约 10 mL。

④样品溶液测定(精密滴定)：吸取 5 mL 碱性酒石酸铜甲液及 5 mL 碱性酒石酸铜乙液，置于 150 mL 锥形瓶中，加水 10 mL，加入玻璃珠 2 粒，从滴定管滴加比预测体积少 1 mL 的试样溶液至锥形瓶中，控制在 2 min 内加热至沸，保持沸腾继续以每 2 s 1 滴的速度滴定，直至蓝色刚好褪去为终点，记录样液消耗体积，平行操作 3 次，得出平均消耗体积。

(4)结果计算

$$X=\frac{m_1}{m\times\frac{V}{250}\times 1\ 000}\times 100\%$$

式中，X 为样品中还原糖(以葡萄糖计)的含量，%；m_1 为 10 mL 碱性酒石酸铜溶液相当于某种还原糖的质量，mg；m 为样品质量，g；V 为测定时平均消耗试样溶液的体积，mL；250 为样品溶液总体积，mL。

(5)说明及注意事项

①本法为国家标准分析方法，其特点是试剂用量少、滴定终点较容易观察。适用于各类食品中还原糖的测定。但测定酱油、深色果汁等样品时，因色素干扰，滴定终点常常模糊不清，影响准确性。

②本法是根据一定量的碱性酒石酸铜溶液消耗的样液量来计算样液中还原糖含量，反应体系中 Cu^{2+} 的含量是定量的基础，所以在样品处理时，不能用铜盐作为澄清剂，以免样液中引入 Cu^{2+}，影响测定结果。

③亚甲蓝是一种强氧化剂，但在测定条件下氧化能力比 Cu^{2+} 弱，故还原糖先与 Cu^{2+} 反应，Cu^{2+} 完全反应后，稍过量的还原糖才与亚甲蓝指示剂反应，使之由蓝色变为无色，指示到达终点。

④为消除氧化亚铜沉淀对滴定终点观察的干扰，在碱性酒石酸铜乙液中加入少量亚铁氰化钾，使之与氧化亚铜生成可溶性的无色络合物，而不再析出红色沉淀，其反应如下。

$$Cu_2O\downarrow + K_4Fe(CN)_6 + H_2O \xlongequal{\triangle} K_2Cu_2Fe(CN)_6 + 2KOH$$

⑤碱性酒石酸铜甲液和乙液应分别储存，用时才混合，否则酒石酸钾钠铜络合物长期在碱性条件下会慢慢分解析出氧化亚铜沉淀，使试剂有效浓度降低。

⑥滴定必须在沸腾条件下进行，其原因，一是可以加快还原糖与 Cu^{2+} 的反应速度，二是亚甲蓝变色反应是可逆的。还原型亚甲蓝遇空气中的氧时，又会被氧化为氧化型。此外，氧化亚铜也极不稳定，易被空气中的氧所氧化。保持反应液沸腾可防止空气进入，避免亚甲蓝和氧化亚铜被氧化而增加耗糖量。

⑦滴定时不能随意摇动锥形瓶，更不能把锥形瓶从热源上取下来滴定，以防止空气进入反应溶液中。实验要求在 2 min 内加热至沸，滴定速度为每 2 s 1 滴。测定所用锥形瓶规格、电炉功率、预加入体积等应尽量一致，以提高测定精度。

⑧试样溶液必须进行预测。原因是本法对样品中还原糖浓度有一定要求(0.1%左右)，通过预测可了解样品溶液中糖浓度，确定正式测定时预先加入的样液体积。

⑨为了提高测定的准确度，要求用哪种还原糖表示结果，就用相应的还原糖标定碱性酒石酸铜溶液。如用葡萄糖表示结果，就用葡萄糖标准溶液标定碱性酒石酸铜溶液。

2. 高锰酸钾滴定法

(1)原理　样品溶液除去蛋白质后，与过量的碱性酒石酸铜溶液反应。在加热条件下，还原糖把二价铜盐还原为氧化亚铜，加入硫酸铁后，氧化亚铜被氧化为铜盐，以高锰酸钾溶液滴定氧化作用生成的亚铁盐，根据高锰酸钾消耗量，计算氧化亚铜含量，再查表得还原糖量，见"扩展资源"。

与碱性酒石酸铜溶液的反应同直接滴定法，反应式如下。

$$Cu_2O + Fe_2(SO_4)_3 + H_2SO_4 \xlongequal{} 2CuSO_4 + 2FeSO_4 + H_2O$$

$$10FeSO_4 + 2KMnO_4 + 8H_2SO_4 \xlongequal{} 5Fe_2(SO_4) + 2MnSO_4 + K_2SO_4 + 8H_2O$$

(2)主要试剂的配制

①碱性酒石酸铜甲液：称取 34.639 g 硫酸铜($CuSO_4 \cdot 5H_2O$)，加适量水溶解，加 0.5 mL 硫酸，用水稀释至 500 mL，用精制石棉过滤。

②碱性酒石酸铜乙液：称取 173 g 酒石酸钾钠与 50 g 氢氧化钠于适量水中溶解，用水稀释至 500 mL，用精制石棉过滤，储存于具橡胶塞玻璃瓶内。

③硫酸铁溶液(50 g/L)：称取 50 g 硫酸铁，加入 200 mL 水溶解后，慢慢加入 100 mL 硫

酸，冷后加水稀释至1 000 mL。

④高锰酸钾标准溶液[$c(1/5\ KMnO_4)=0.1$ mol/L]。

⑤精制石棉：石棉先用3 mol/L盐酸浸泡2～3 d，用水洗净，再用400 g/L氢氧化钠溶液浸泡2～3 d，倒去溶液，再用热碱性酒石酸铜乙液浸泡数小时，用水洗净。再以3 mol/L盐酸浸泡数小时，以水洗至不呈酸性。然后加水振摇，使其成细微的浆状软纤维，用水浸泡并储存于玻璃瓶中。处理后的石棉用于填充古氏坩埚。

(3)仪器

①25 mL古氏坩埚或G4垂熔坩埚。

②抽滤装置。

(4)操作步骤

①样品处理：与直接滴定法操作类似，但将各项中"慢慢加入5 mL乙酸锌溶液及5 mL亚铁氰化钾溶液"改为"加入10 mL碱性硫酸铜甲液和4 mL 40 g/L氢氧化钠溶液"。

②测定：吸取50 mL处理后的样品溶液于400 mL烧杯内，加入碱性酒石酸铜甲液、乙液各25 mL，烧杯上盖一表面皿，加热，控制在4 min内沸腾，再准确煮沸2 min(加热时间必须准确，允许±15 s的误差)。趁热用铺好石棉的古氏坩埚或G4垂熔坩埚抽滤，并用60℃热水洗涤烧杯及沉淀，至洗液不呈碱性为止。将坩埚放回原400 mL烧杯中，加25 mL硫酸铁溶液及25 mL水，用玻璃棒搅拌使氧化亚铜完全溶解，以高锰酸钾标准溶液滴定至微红色为终点。

同时吸取50 mL水代替样品溶液，按测定样品的相同方法做空白试验。

(5)结果计算

$$X=(V-V_0)\times c\times 71.54$$

式中，X为样品中还原糖质量相当于氧化亚铜的质量，mg；V为测定用样液消耗高锰酸钾标准溶液的体积，mL；V_0为试剂空白消耗高锰酸钾标准溶液的体积，mL；c为高锰酸钾标准溶液的实际浓度，mol/L；71.54为1 mL 1.000 mol/L高锰酸钾溶液相当于氧化亚铜的质量，mg。

根据式中计算所得的氧化亚铜质量，查"扩展资源"，再计算样品中还原糖含量。计算公式如下。

$$X=\frac{m_3}{m_4\times\frac{V}{250}\times 1\,000}\times 100\%$$

式中，X为试样中还原糖的含量，%；m_3为查表得还原糖的含量，mg；m_4为样品质量(体积)，g或mL；V为测定用样品溶液的体积，mL；250为样品处理后的总体积，mL。

(6)说明及注意事项

①煮沸时间必须控制在4 min内，可先取50 mL水按样品测定方法操作，调节好火力后再处理样品。

②煮沸后溶液若不呈蓝色，表示提取液中含糖量过高，可减少样品量或稀释后重做。

③在过滤和洗涤氧化亚铜沉淀时，应使沉淀始终处于液面下，以免被空气中的氧所氧化。

3. 兰-埃农法

(1)原理　样品除去蛋白质后，以亚甲蓝为指示剂，用样液直接滴定标定过的斐林试液，达到终点时，稍微过量的还原糖即可将蓝色的亚甲蓝指示剂还原成无色，而显出氧化亚铜的红色。

(2)主要试剂的配制

①斐林试剂甲液(碱性酒石酸铜):称取 34.639 g 硫酸铜($CuSO_4 \cdot 5H_2O$),加适量水溶解,加 0.5 mL 硫酸,用水稀释至 500 mL,用精制石棉过滤。

②斐林试剂乙液:称取 173 g 酒石酸钾钠与 50 g 氢氧化钠于适量水中溶解,用水稀释至 500 mL,用精制石棉过滤,储存于具橡胶塞玻璃瓶内。

③亚甲蓝指示剂:10 g/L,水溶液。

④标准葡萄糖溶液:准确称取经 105℃干燥过的葡萄糖 0.5 g,置于小烧杯中,加水溶解后,转入 100 mL 容量瓶中,用水稀释至刻度。此标准溶液质量浓度为 5 mg/mL。

(3)操作步骤

①样品处理:同直接滴定法。

②碱性酒石酸铜溶液的标定:吸取 5 mL 斐林试剂甲液及 5 mL 斐林试剂乙液,置于 150 mL 锥形瓶中,加水 10 mL,加入玻璃珠 2 粒。从滴定管加约 9 mL 葡萄糖标准溶液,控制在 2 min 内加热至沸,加入亚甲蓝指示剂 2～3 滴,趁热以每 2 s 1 滴的速度继续滴加葡萄糖标准溶液,直至溶液蓝色刚好褪去为终点,记录消耗葡萄糖标准溶液的总体积,同时平行操作 3 次,取其平均值。计算每 10 mL(甲、乙液各 5 mL)斐林试剂相当于葡萄糖的质量或其他还原糖的质量(mg),计算公式同直接滴定法。

③样品溶液预测:吸取 5 mL 斐林试剂甲液及 5 mL 斐林试剂乙液,置于 150 mL 锥形瓶中,加水 10 mL,加入玻璃珠 2 粒。控制在 2 min 内加热至沸,保持沸腾以先快后慢的速度,从滴定管中滴加试样溶液,并保持溶液沸腾状态,待溶液颜色变浅时,加入亚甲蓝指示剂 2～3 滴,以每 2 s 1 滴的速度滴定,直至溶液蓝色刚好褪去为终点,记录样液消耗。

④样品溶液测定:吸取 5 mL 斐林试剂甲液及 5 mL 斐林试剂乙液,置于 150 mL 锥形瓶中,加水 10 mL,加入玻璃珠 2 粒。从滴定管滴加比预测体积少 1 mL 的试样溶液至锥形瓶中,使其在 2 min 内加热至沸,加入亚甲蓝指示剂 2～3 滴,保持沸腾继续以每 2 s 1 滴的速度滴定,直至蓝色刚好褪去为终点,记录样液消耗体积,平行操作 3 份,得出平均消耗体积。

结果计算:同直接滴定法。

说明及注意事项:本法是国际上常用的定量糖的方法,国际食糖分析方法统一委员会将此方法定为还原糖标准分析方法之一。我国虽然没把此法定为标准分析方法,而是把其改良法直接滴定法定为标准分析方法,但此法仍广泛应用于科研、生产中还原糖的定量分析。

4.萨氏法

(1)原理　将一定量的样液与过量的碱性铜盐溶液共热,样液中的还原糖定量地将 Cu^{2+} 还原为氧化亚铜。反应式同直接滴定法。

氧化亚铜在酸性条件下溶解为 Cu^{+},同时碘化钾被碘酸钾氧化后析出游离碘。

$$Cu_2O + H_2SO_4 = 2Cu^{+} + SO_4^{2-} + H_2O$$

$$KIO_3 + 5KI + 3H_2SO_4 = 3K_2SO_4 + 3H_2O + 3I_2 \downarrow$$

氧化亚铜溶解于酸后,将碘还原为碘化物,而本身从一价铜被氧化为二价铜。

$$2Cu^{+} + I_2 = 2Cu^{2+} + 2I^{-}$$

剩余的碘与硫代硫酸钠标准溶液反应。

$$I_2 + 2Na_2S_2O_3 \longrightarrow Na_2S_4O_6 + 2NaI$$

同时做空白试验，根据硫代硫酸钠标准溶液消耗量可求出与一价铜反应的碘量，从而计算出样品中还原糖的量。

(2)主要试剂的配制

①萨氏试剂：71 g 磷酸氢二钠($Na_2HPO_4 \cdot 12H_2O$)和 40 g 酒石酸钾钠溶于约 400 mL 水中，加入 1 mol/L 氢氧化钠溶液 100 mL。把 8 g 硫酸铜溶于水并稀释到 80 mL，边搅拌边加入上述溶液中。再取 410 g 硫酸钠溶于水，加入上述溶液中，再加入 $\frac{1}{6}$ mol/L KIO_3 溶液 25 mL，加水稀释到 1 000 mL。放置数天后，用微孔玻璃漏斗过滤，备用。

②2.5%碘化钾溶液：溶解 2.5 g 碘化钾于水中，稀释到 1 000 mL，存放于棕色瓶中。

③硫代硫酸钠标准溶液[$c(Na_2S_2O_3 \cdot 5H_2O) = 0.005$ mol/L]。

(3)操作步骤

①样品处理：同直接滴定法。

②测定：吸取 5 mL 样液，加入 5 mL 萨氏试剂，摇匀，放入沸水浴中准确加热一定时间后取出(加热时间根据还原糖的种类不同而有所差别)。迅速冷却后，加入 2 mL 碘化钾溶液，接着迅速加入 1.5 mL 1 mol/L 硫酸溶液，摇匀使沉淀全部溶解，用硫代硫酸钠标准溶液滴定。滴定接近终点时，溶液变为淡黄色，加入 0.5%淀粉指示剂，继续滴定至蓝色消失为止。记录消耗硫代硫酸钠标准溶液的体积。

用等量蒸馏水代替提取液，在同样条件下做空白试验，记录空白消耗的硫代硫酸钠标准溶液的体积。

(4)结果计算

$$X = \frac{(V_0 - V) \times S \times f}{m \times \frac{V_2}{V_1} \times 1\,000} \times 100\%$$

式中，X 为样品中还原糖的含量，%；V 为测定用样液消耗硫代硫酸钠标准溶液体积，mL；V_0 为空白试验消耗硫代硫酸钠标准溶液体积，mL；S 为还原糖系数，见表 6-1，即 1 mL 0.005 mol/L 硫代硫酸钠标准溶液相当于还原糖的量，mg/mL；f 为硫代硫酸钠标准溶液校正系数，f＝实际浓度/0.005；V_1 为样液总体积，mL；V_2 为测定用样液体积，mL；m 为样品质量，g。

(5)说明及注意事项

①该法是一种微量法，检出量为 0.015 3 mg，灵敏度高，重现性好。因样液用量少，故可用于生物材料或经过层析处理后的微量样品的测定。

②本法所用萨氏试剂也是一种碱性铜盐溶液，与碱性酒石酸铜溶液的不同之处是用磷酸氢二钠代替氢氧化钠，使试剂碱性较弱。因此不必配成甲、乙液，配成混合溶液也可保存较长时间。另外，试剂碱度低时，还原糖的还原当量高，可提高测定的灵敏度，因此，此法可测定微量还原糖。但试剂碱度低时，还原糖的氧化速度慢，反应时间长，因此碱度不宜过低。

表 6-1 还原糖加热时间和系数

糖的种类	加热时间/min	系数/(mg/mL)
阿拉伯糖	25～35	0.143
木糖	25～35	0.127
葡萄糖	15～25	0.135
果糖	15～25	0.135
甘露糖	25～35	0.135
半乳糖	35～45	0.175
转化糖	15～25	0.135
麦芽糖	25～35	0.250
乳糖	30～40	0.216

③由于不同的还原糖的还原能力及反应速度不同，反应时所需加热时间也不同。例如葡萄糖、果糖的加热时间为 15～25 min，半乳糖则所需时间较长，为 35～45 min。加热时间不足，测定值变化很大，时间超过则影响不大。

④碘化钾不加在萨氏试剂中，而在临用前加入，可避免生成的 Cu_2O 沉淀溶解，增加 Cu_2O 与氧接触的机会，使其再被氧化。

⑤淀粉指示剂不宜加入过早，否则会形成大量淀粉吸附物，到达滴定终点时仍不易褪色，造成误差。

⑥滴定至蓝色消失时即为终点，此时溶液呈微绿色，注意不能滴定至无色。

6.2.2.2 铁氰化钾法

(1)原理 还原糖在碱性溶液中将铁氰化钾还原为亚铁化钾，本身被氧化为相应的糖酸。剩余的铁氰化钾在乙酸的存在下，与过量的碘化钾作用析出碘。析出的碘用硫代硫酸钠标准溶液滴定。由于反应是可逆的，为了使反应顺向进行，用硫酸锌沉淀反应中所生成的亚铁氰化钾，反应式如下。

$$2K_3Fe(CN)_6 + R-\overset{\overset{\displaystyle O}{\|}}{C}-H + 2KOH = 2K_4Fe(CN)_6 + R-\overset{\overset{\displaystyle O}{\|}}{C}-OH + H_2O$$

$$2K_3Fe(CN)_6 + 2KI + 8CH_3COOH = 2H_4Fe(CN)_6 + I_2\downarrow + 8CH_3COOK$$

$$2Na_2S_2O_3 + I_2 = 2NaI + Na_2S_4O_6$$

$$2K_4Fe(CN)_6 + 3ZnSO_4 = K_2Zn_3[Fe(CN)_6]_2 + 3K_2SO_4$$

(2)结果计算

$$V = \frac{(V_0 - V_1) \times c}{0.1}$$

式中，V 为氧化样品液中还原糖所需 0.1 mol/L 铁氰化钾溶液体积，mL；V_0 为滴定空白液消耗硫代硫酸钠溶液体积，mL；V_1 为滴定样液消耗硫代硫酸钠溶液体积，mL；c 为硫代硫酸钠溶液的浓度，1 mol/L。

(3)说明及注意事项

①实验表明，如试样中还原糖含量高时，剩余的铁氰化钾量少，而与碘化钾作用析出的游离碘也少，因此滴定游离碘消耗的硫代硫酸钠量也少；反之，试样中还原糖少时，滴定游离碘所消耗的硫代硫酸钠则多。但还原糖量与硫代硫酸钠用量之间不符合摩尔关系，因而不能根据上述反应式直接计算出还原糖含量。而是首先计算出氧化还原糖时所用铁氰化钾的量，再通过查经验表的方法，见"扩展资源"，查得试样中还原糖的百分数。

②本法的特点是滴定终点明显、准确度高、重现性好，适用于各类食品中还原糖的测定。

6.2.3　蔗糖的测定

在生产过程中，为判断食品加工原料的成熟度，鉴别白糖、蜂蜜等食品原料的品质，以控制糖果、果脯、加糖乳制品等产品的质量，常需测定蔗糖的含量。

蔗糖是由葡萄糖和果糖构成的双糖，没有还原性，不能用碱性铜盐试剂直接测定，但蔗糖与酸共热或在酶的作用下，可水解为具有还原性的葡萄糖和果糖，再用测定还原糖的方法测定，便可计算出蔗糖含量。对于纯度较高的蔗糖溶液也可用相对密度法、折光法和旋光法等物理方法直接测定。

盐酸水解法

(1)原理　样品脱脂后，用水或乙醇提取，提取液经澄清处理除去蛋白质等杂质，再用盐酸进行水解，使蔗糖转化为还原糖。然后按还原糖测定方法分别测定水解前后样液中还原糖含量，两者的差值即为由蔗糖水解产生的还原糖量，即转化糖的含量。乘以换算系数即为蔗糖含量。

(2)主要试剂的配制

①0.1%甲基红乙醇溶液：称取 0.1 g 甲基红，用 60%乙醇溶解并定容到 100 mL。

②0.1%转化糖标准溶液：准确称取经 105℃烘干至恒重的纯蔗糖 1.900 0 g，加水溶解并移入 1 000 mL 容量瓶中，定容，混匀。取 50 mL 溶液于 100 mL 容量瓶中，加 6 mol/L 盐酸溶液 5 mL，在 68～70℃水浴中加热 15 min，取出迅速冷却至室温，加 2 滴 0.1%甲基红乙醇溶液，用 20%氢氧化钠溶液中和至中性，加水至刻度(100 mL)，混匀。此溶液每毫升含转化糖 1 mg。

(3)操作步骤　取一定量样品，按直接滴定法中的样品处理方法处理。吸取处理后的样液 2 份，各 50 mL，分别放入 100 mL 容量瓶中，一份加入 5 mL 6 mol/L 盐酸溶液，68～70℃水浴中加热 15 min，取出迅速冷却至室温，加 2 滴 0.1%甲基红乙醇溶液，用 20%氢氧化钠溶液中和至中性，加水至刻度，混匀。另一份直接加水至刻度(100 mL)。然后按直接滴定法或高锰酸钾滴定法测定还原糖含量。

(4)结果计算

$$X=(w_2-w_1)\times 0.95$$

式中，X 为样品中蔗糖的质量分数，%；w_2 为样品溶液经水解处理后的还原糖质量分数，%；w_1 为样品溶液不经水解处理后的还原糖质量分数，%；0.95 为还原糖(以葡萄糖计)换算成蔗糖的系数。

(5)说明及注意事项

①蔗糖的水解速度比其他双糖、低聚糖和多糖快得多。在本方法规定的水解条件下，蔗糖可以完全水解，而其他双糖、低聚糖和淀粉的水解程度很小，可以忽略不计。

②为获得准确的结果，必须严格控制水解条件。取样液体积、酸的浓度及用量、水解温度和时间都严格控制，到达规定时间后迅速冷却，以防止低聚糖和多糖水解、果糖的分解。

③用还原糖法测定蔗糖时，为减少误差，测得的还原糖含量应以转化糖表示。因此，选用直接滴定法时，应采用0.1%标准转化糖溶液标定碱性酒石酸铜溶液；选用高锰酸钾滴定法时，查附表（见“扩展资源”）时应查转化糖项。

6.2.4 总糖的测定

在许多食品中共存多种单糖和低聚糖，这些糖有的来自原料，有的是生产过程中因为某种目的而人为加入的，有的则是在加工过程中形成的。对这些糖分别加以测定是比较困难的，通常也是不必要的，在生产中通常只需要测定其总量，这就提出了“总糖”的概念。总糖主要指具有还原性的葡萄糖、果糖、戊糖、乳糖和在测定条件下能水解为还原性单糖的蔗糖、麦芽糖以及可能部分水解的淀粉。总糖是食品生产中的常规分析指标，它反映的是食品中可溶性单糖和低聚糖的总量，其含量高低对产品的色、香、味、组织形态、营养价值、成本等有一定影响。总糖常用直接滴定法和蒽酮比色法测定。

6.2.4.1 直接滴定法

（1）原理　样品经处理除去蛋白质等杂质后，加入盐酸，在加热条件下使蔗糖、麦芽糖以及部分淀粉水解为还原性单糖，以直接滴定法测定水解后样品中还原糖的总量。

（2）主要试剂的配制　同“蔗糖的测定”。

（3）操作步骤

①取一定量样品，按直接滴定法中的样品处理方法处理除去蛋白质等杂质。

②吸取处理后的样液50.0 mL于100 mL容量瓶中，加入5 mL 6 mol/L盐酸溶液，在68～70℃水浴中加热15 min，取出迅速冷却至室温，加2滴0.1%甲基红乙醇溶液，用20%氢氧化钠溶液中和至中性，加水至刻度，混匀。

③按直接滴定法测定还原糖含量。

（4）结果计算

$$X=\frac{m_1}{m_2\times\frac{50}{V_1}\times\frac{V_2}{100}\times 1\ 000}\times 100\%$$

式中，X为样品中总糖（以转化糖计）的质量分数，%；m_1为10 mL碱性酒石酸铜溶液相当于转化糖质量，mg；V_1为样品处理液总体积，mL；V_2为测定时消耗样品水解液体积，mL；m_2为样品质量，g。

（5）说明及注意事项

①总糖测定的水解条件同蔗糖，其结果一般以转化糖计，但也可以以葡萄糖计，要根据产品的质量指标要求而定。如用转化糖表示，应该用标准转化糖溶液标定碱性酒石酸铜溶液。如用葡萄糖表示，则应该用标准葡萄糖溶液标定。

②在营养学上总糖是指能被人体消化、吸收利用的糖类物质的总和，包括淀粉。这里所指

的总糖几乎不包括淀粉，因为在测定条件下淀粉的水解作用很微弱。

6.2.4.2　蒽酮比色法

(1)原理　单糖类与浓硫酸作用，脱水产生糠醛衍生物，后者可与蒽酮缩合成蓝绿色化合物。当糖的含量在 20～200 mg 范围内时，其呈色强度与溶液中糖的含量成正比，故可比色定量。

以葡萄糖为例，反应式如下。

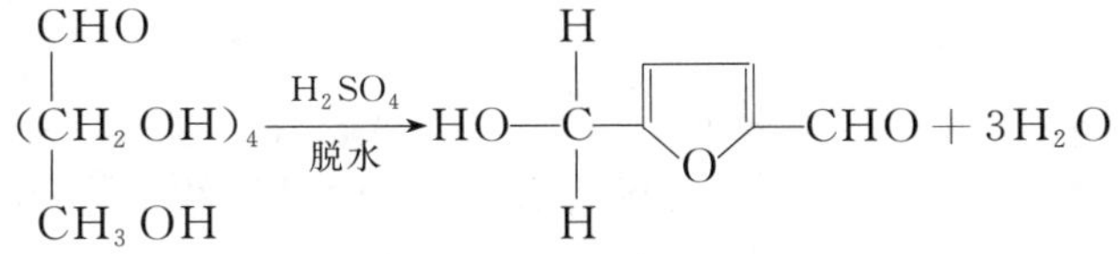

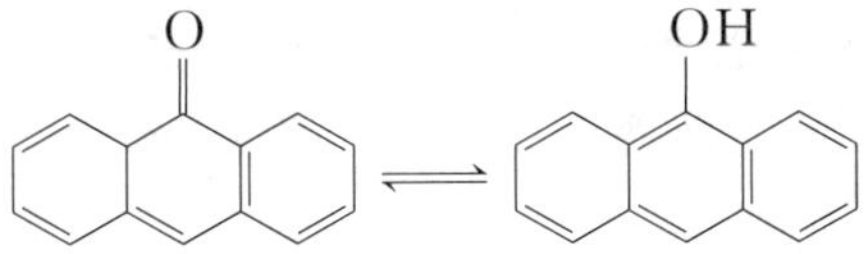

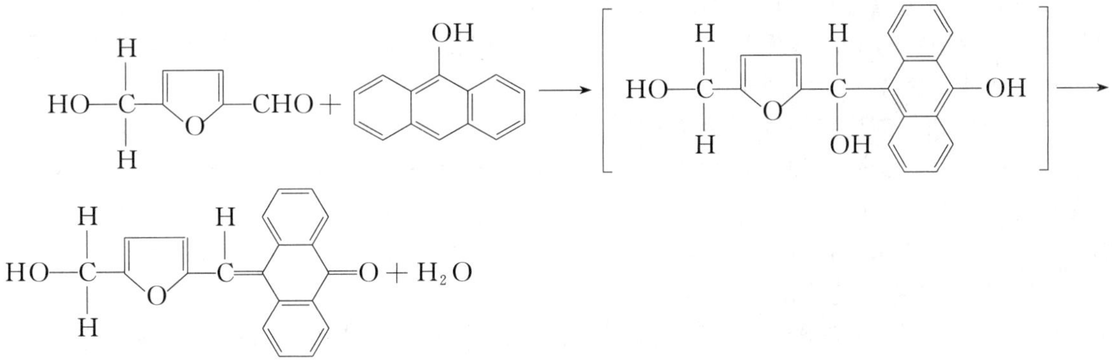

(2)主要试剂的配制

①10～100 mg/kg 葡萄糖系列标准溶液。

②0.1%蒽酮溶液：称取 0.1 g 蒽酮和 1.0 g 硫脲，溶于 100 mL 72%硫酸中，储存于棕色瓶中，于 0～4℃保存备用。

(3)操作步骤　分别吸取葡萄糖系列标准溶液、样品溶液(含糖 20～80 mg/kg)和蒸馏水各 2.0 mL 于具塞比色管中，沿管壁加入蒽酮试剂 10 mL，立即摇匀，放入沸水浴中准确加热 10 min，取出，流水冷却至室温。在暗处放置 10 min 后，在波长 620 nm 波长下测定吸光度。绘制标准曲线。根据样品溶液的吸光度查找标准曲线得出糖含量。

(4)结果计算

$$X = c \times 稀释倍数 \times 10^{-4}$$

式中，X 为样品中总糖(以转化糖计)的质量分数，%；c 为从标准曲线查得的糖质量浓度，mg/kg；10^{-4} 为将 mg/kg 换算为%的系数。

(5)说明及注意事项

①该法按操作的不同可分为几种，主要差别在于蒽酮试剂中硫酸的质量浓度(66%～95%)、取样液的体积(1～5 mL)、蒽酮试剂用量(5～20 mL)、沸水浴中反应时间(6～15 min)

和显色时间(10～30 min)。这几个测定条件之间是有联系的,不能随意改变其中任何一个,否则将影响分析结果的准确性。

②蒽酮试剂不稳定,易被氧化,放置数天后变为褐色,故应临用新配。添加稳定剂硫脲后在冷暗处可保存 48 h。

③此法要求样液必须清澈透明,加热后不应有蛋白质沉淀。如样液色泽较深,可用活性炭吸附脱色。

6.3 淀粉的测定

淀粉是由 *D*-葡萄糖以 *α*-糖苷键连接的高分子物质,广泛存在于植物的根、茎、叶、种子等组织中,是供给人体热能的主要来源,也是食品工业中的重要原料和添加剂。

天然淀粉有两种结构——直链淀粉和支链淀粉。直链淀粉是由 *D*-葡萄糖残基以 *α*-1,4-糖苷键结合构成长链,也称 *β*-直链淀粉;支链淀粉是由葡萄糖残基以 *α*-1,4-糖苷键结合构成直链主干,而支链通过第 6 碳原子以 *β*-1,6-苷链与主链相连,形成"树枝"状支权结构。淀粉中所含直链淀粉与支链淀粉的比例不同,一般直链淀粉占 15%～25%,支链淀粉占 75%～85%,因品种、生长期等不同而异,例如,木薯、大米含直链淀粉约为 17%,小麦约为 24%,马铃薯约为 23%,但糯玉米、糯大米几乎不含直链淀粉,全部为支链淀粉。

直链淀粉和支链淀粉的性质不同。直链淀粉不溶于冷水,可溶于热水;支链淀粉常压下不溶于水,只有在加热并加压时才能溶解于水。两种结构的淀粉均不溶于浓度大于 30%的乙醇溶液。直链淀粉可与碘生成深蓝色络合物;而支链淀粉与碘不能形成稳定的络合物,呈较浅的蓝紫色。淀粉水溶液具有右旋光性,比旋光度为＋201.5°～＋205°。在酸或酶的作用下,淀粉可以水解,最终产物是葡萄糖。

许多食品中都含有淀粉,有的是来自原料,有的是生产过程中为了改变食品的物理性状作为添加剂而加入的。如淀粉在糖果制造中作为填充剂;在雪糕、棒冰等冷饮食品中作为稳定剂;在午餐肉等肉类罐头中作为增稠剂;以增加制成品的结着性和持水性;在面包、饼干、糕点生产中用来调节面筋浓度和湿润度,使面团具有适合于工艺操作的物理性质等。淀粉含量是某些食品主要的质量指标,是食品中常做的分析项目。现分别介绍淀粉的测定方法。

6.3.1 酶水解法

(1)原理　样品经除去脂肪及可溶性糖分后,淀粉酶水解淀粉为小分子糖,再用盐酸进一步水解成单糖,最后按还原糖进行测定,并折算成淀粉含量。

(2)主要试剂的配制

①5 g/L 淀粉酶溶液:称取淀粉酶 0.5 g,加 100 mL 水溶解,加入数滴甲苯或氯仿防止生霉,于 4℃冰箱中保存备用。

②碘溶液:称取 3.6 g 碘化钾溶于 20 mL 水中,再加入 1.3 g 碘,溶解后加水定容至 100 mL。

③1 g/L 甲基红指示剂:溶解 0.1 g 甲基红于 60 mL 乙醇中,加水稀释至 100 mL。

(3)操作步骤

①样品处理:称取干燥样品 25 g 于放有折叠滤纸的漏斗中,先用 50 mL 石油醚或乙醚分

5次洗去样品中的脂肪，再用85%乙醇约100 mL分数次洗去可溶性糖分。将残留物移入250 mL烧杯内，用50 mL水分数次洗涤滤纸和漏斗，洗液并入烧杯中。

②水解：将烧杯置沸水浴上加热15 min，使淀粉糊化。放冷至60℃，加淀粉酶溶液20 mL，在55～60℃水浴中保温1 h，并时时搅拌。取1滴样液加1滴碘溶液，如果不显蓝色表示水解完全；若呈蓝色，再加热糊化并加淀粉酶溶液20 mL继续保温水解，直至加碘不显蓝色为止。

将样液取出用小火加热至沸腾，冷却后转移到250 mL容量瓶中，加水至刻度。摇匀，过滤(弃去初滤液)。取50 mL滤液于250 mL锥形瓶中，加盐酸溶液(1+1)5 mL，装上冷凝管，在沸水浴中回流加热1 h，然后将样液冷却，加2滴甲基红指示剂，用20%氢氧化钠溶液中和至近中性后转入100 mL容量瓶中。洗涤锥形瓶，洗液并入容量瓶中，用水定容至刻度，摇匀备用。

③测定：按还原糖测定方法进行定量。同时量取50 mL水及与样品处理时等量的淀粉酶溶液，按同一方法做试剂空白试验。

(4)结果计算

$$X=\frac{(m_1-m_2)\times 0.9}{m\times \frac{50}{250}\times \frac{V}{100}\times 1000}\times 100\%$$

式中，X为样品中淀粉的质量分数，%；m_1为所测样品中还原糖的质量(以葡萄糖计)，mg；m_2为试剂空白中还原糖的质量(以葡萄糖计)，mg；m为样品质量，g；0.9为还原糖(以葡萄糖计)换算成淀粉的换算系数，即162/180；V为测定用样品处理的体积，mL。

(5)说明及注意事项

①淀粉酶只能水解淀粉而不会水解半纤维素、多缩戊糖、果胶质等多糖，具有专一性和选择性，所以该法不受这些多糖的干扰，水解后可直接通过过滤除去这类多糖。适合于富含纤维素、半纤维素和多缩戊糖等多糖含量高的样品中淀粉的测定。分析结果准确，重现性好。

②淀粉粒具有晶格结构，淀粉酶难以作用，需先加热使淀粉糊化以破坏淀粉粒的晶体结构，使其易于被淀粉酶水解。

③脂类的存在会妨碍淀粉酶对淀粉粒的作用，故应预先用石油醚或乙醚脱脂。若样品脂肪含量较少则可省略此步骤。

④除去可溶性糖分时，为防止糊精也一同被洗掉，样品加入乙醇后，混合液中乙醇的体积分数应在80%以上。但如果要求测定结果中不包含糊精，则可用10%乙醇洗涤。

⑤常用的淀粉酶是麦芽淀粉酶，它是α-淀粉酶和β-淀粉酶的混合物。α-淀粉酶水解直链淀粉的初始产物是低分子糊精，最终产物是麦芽糖和葡萄糖；水解支链淀粉初始产物是具有α-1,6-键的α-极限糊精和低分子糊精，最终产物是麦芽糖、异麦芽糖和葡萄糖。β-淀粉酶对直链淀粉和支链淀粉水解的最终产物都是麦芽糖。所以采用麦芽淀粉酶时，水解产物主要是麦芽糖、少量葡萄糖和糊精。

⑥使用淀粉酶前，应确定其活力及水解时加入量。可用已知浓度的淀粉溶液少许，加入一定量淀粉酶溶液，于55～60℃水浴中保温1 h，用碘液检验淀粉是否水解完全。以确定酶的活力及水解时的用量。通常市售淀粉酶糖化能力为1∶25，1∶50或1∶100。

6.3.2 酸水解法

1. 原理

样品经乙醚除去脂肪，乙醇除去可溶性糖类后，用酸将淀粉水解为葡萄糖，按还原糖测定方法测定葡萄糖含量，再把葡萄糖折算为淀粉含量。

2. 主要试剂的配制

(1)盐酸溶液(1+1)。

(2)200 g/L 乙酸铅溶液。

(3)100 g/L 硫酸钠溶液。

3. 主要仪器

(1)高速组织捣碎机。

(2)皂化装置如图 6-1 所示。

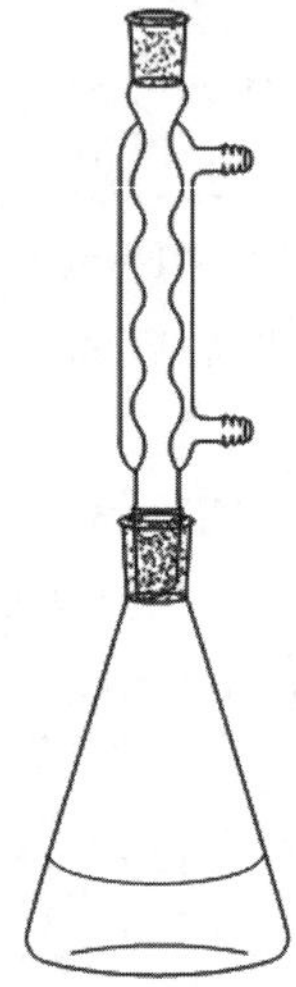

图 6-1 皂化装置

4. 操作步骤

(1)样品处理

①粮食、豆类、糕点、饼干等易于粉碎的样品：将样品磨碎过 40 目筛，称取 2～5 g 筛下的样品于放有慢速滤纸的漏斗中，用 50 mL 石油醚或乙醚分 5 次洗去样品中的脂肪，弃去石油醚或乙醚液，再用约 150 mL 85%乙醇溶液分数次洗涤残渣，除去可溶性糖类。滤干乙醇溶液后用 100 mL 水将残渣转入 250 mL 锥形瓶中。

②蔬菜、水果、各种粮豆等含水的熟食制品：取样品的可食部分，按 1∶1 加水，在组织捣碎机中捣成匀浆。称取匀浆 5～10 g(液体样品直接称取)于 250 mL 锥形瓶中，加 50 mL 石油醚或乙醚分数次洗去样品中脂肪，弃去石油醚或乙醚，再用 30 mL 石油醚或乙醚淋洗 2 次，弃去。再用约 150 mL 85%乙醇溶液分数次洗涤残渣，除去可溶性糖类。滤干乙醇溶液后用 100 mL 水将残渣转入 250 mL 锥形瓶中。

(2)水解　于上述 250 mL 锥形瓶中加入 30 mL 盐酸溶液(1+1)，接好冷凝管，置沸水浴中回流 2 h。回流完毕后，取下锥形瓶立即冷却。待水解液冷却后，加入 2 滴甲基红指示剂，先用 40%氢氧化钠溶液调至黄色，再用盐酸溶液(1+1)校正至水解液刚变红色。若水解液颜色深，可用精密 pH 试纸测试，使水解液的 pH 约为 7。然后加入 20%中性醋酸铅溶液 20 mL，摇匀。放置 10 min 使蛋白质等物质沉淀完全，再加 10%硫酸钠溶液 20 mL 以除去多余的铅。摇匀后将全部溶液及残渣转入 500 mL 容量瓶中，用水洗涤锥形瓶，洗液合并于容量瓶中。用水定容至刻度，混匀、过滤，弃去初滤液，收集滤液供测定用。

(3)测定　按还原糖的测定方法操作。

5. 结果计算

同酶水解法。

6. 说明及注意事项

(1)酸水解法简便易行，能一次将淀粉水解成葡萄糖，因此使用十分广泛。但盐酸水解淀粉的专一性不如淀粉酶，它不仅能水解淀粉，也能水解半纤维素(水解产物为具有还原性的物质，如木糖、阿拉伯糖、糖醛等），使测定结果偏高。对含半纤维素较高的样品，如麸皮、高粱糖等或含壳皮较高的食物，不宜采用酸水解法。

（2）若样品为液体，则采用分液漏斗振摇后静置分层，弃去乙醚层。

（3）因水解时间较长，应采用回流装置避免水解过程中由于水分蒸发而使盐酸浓度发生较大改变。

6.3.3 旋光法

（1）原理 淀粉具有旋光性，在一定条件下旋光度的大小与淀粉的浓度成正比。用氯化钙溶液提取淀粉，用氯化锡沉淀提取液中的蛋白质，测定旋光度，即可计算出淀粉含量。

（2）主要试剂的配制

①氯化钙溶液：称取 546 g 氯化钙（$CaCl_2 \cdot 2H_2O$）加水溶解后定容至 1 000 mL。调整相对密度为 1.30(20℃)，再用 1.6%乙酸调整 pH 为 2.3～2.5，过滤备用。

②氯化锡溶液：称取 2.5 g 氯化锡（$SnCl_4 \cdot 5H_2O$）溶于 75 mL 上述氯化钙溶液中。

（3）仪器 旋光仪。

（4）主要操作步骤 将样品粉碎并过 40 目以上的标准筛，称取筛下的样品 2 g 于 250 mL 烧杯中，加水 10 mL，搅拌使样品湿润，加入 70 mL 氯化钙溶液，盖上表面皿，在 5 min 内加热至沸并继续加热 15 min。加热时随时搅拌以防样品附在烧杯壁上。如泡沫过多可加 1～2 滴辛醇消泡。迅速冷却，移入 100 mL 容量瓶中，用氯化钙溶液洗涤烧杯，洗液并入容量瓶中。加入 5 mL 氯化锡溶液，用氯化钙溶液定容至刻度，混匀，过滤，弃去初滤液，收集滤液于观测管中，测定旋光度。

（5）结果计算

$$X = \frac{\alpha \times 100}{L \times 203 \times m} \times 100\%$$

式中，X 为样品中淀粉的质量分数，%；α 为旋光度读数，(°)；L 为观测管长度，dm；m 为样品质量，g；203 为淀粉的比旋光度，(°)。

（6）说明及注意事项

①本法适用于不同来源的淀粉，具有重现性好、操作简便、快速等特点。由于淀粉的比旋光度大，直链淀粉和支链淀粉的比旋光度又很接近，因此本法对于可溶性糖类含量不高的谷物样品具有较高的准确度。但对于一些未知或性质不清楚的样品及淀粉已经受热或变性的样品，分析结果的误差较大。

②本法属于选择性提取法，用氯化钙溶液作为淀粉提取剂是因为钙能与淀粉分子上的羟基形成络合物，使淀粉与水有较高的亲和力而易溶于水中被提取出来。

③蛋白质也具有旋光性，为消除其干扰，本法用氯化锡溶液沉淀蛋白质。蛋白质含量较高的样品，如高蛋白营养米粉，用旋光法测定时结果偏低，误差较大。

④淀粉的比旋光度一般按 203°计，但不同来源的淀粉比旋光度也略有不同，如玉米、小麦淀粉为 203°，豆类淀粉为 200°。

（刘秀英）

6.4 纤维素的测定

6.4.1 概述

纤维素是地球上最丰富的有机物质，是构成植物细胞壁的主要成分，也是由 *D*-葡萄糖构成的多糖，与淀粉不同的是，纤维素是由 β-1,4-糖苷键连接而成，分子不分支。纤维素的水解比淀粉困难得多，它对稀酸、稀碱相当稳定，与较浓的盐酸或硫酸共热才能水解成葡萄糖。纤维素的聚合度通常为 300～2 500，分子量为 50 000～405 000。

6.4.2 植物类食品中粗纤维的测定方法

粗纤维是指食品中那些对稀酸、稀碱难溶的部分，其中的主要成分是果胶、半纤维、纤维素和木质素。测定粗纤维可估算出食品中不能消化的部分，借此可评定该食品的营养价值与经济价值。

食品中粗纤维的测定方法应用最广泛的是酸碱处理法（称量法），本法是测定纤维素含量的经典方法，也是国家标准推荐的分析方法[《植物类食品中粗纤维的测定》(GB/T 5009.10—2003)]，适用于植物类食品中粗纤维的测定。

6.4.2.1 原理

在硫酸作用下，试样中的糖、淀粉、果胶质和半纤维素经水解除去，再用碱处理除去蛋白质及脂肪酸，剩余的残渣即为粗纤维。如其中含有不溶于酸碱的杂质，可灰化除去。

该法操作简便、迅速，适用于各类食品中粗纤维的测定。目前，我国的食品成分表中"纤维"一项的数据都是用此法测定的，但该法测定结果重现性差。由于酸碱处理时纤维成分会发生不同程度的降解，使测得值与纤维的实际含量差别很大，这是此法的最大缺点。

6.4.2.2 主要试剂的配制

1.25%硫酸。1.25%氢氧化钠溶液。石棉：加 5% 氢氧化钠溶液浸泡石棉，在水浴上回流 8 h 以上，再用热水充分洗涤，然后用 20%盐酸在沸水浴上回流 8 h 以上，再用热水充分洗涤并干燥。在 600～700℃马弗炉中灼烧后，加水使其成混悬物，储存于具塞玻璃瓶中备用。

6.4.2.3 操作步骤

(1)将样品粉碎，称取 20～30 g(或 5.0 g 干样)，移入 500 mL 锥形瓶中，加入 200 mL 煮沸的体积分数为 1.25%的硫酸，加热使其微沸 30 min，保持体积不变，每隔 5 min 摇动锥形瓶 1 次，使样品充分混合。

(2)取下锥形瓶，立即用亚麻布过滤，然后用沸水洗涤至洗出液不呈酸性。

(3)用 200 mL 煮沸的质量浓度为 12.5 g/L 的氢氧化钾溶液将亚麻布上的残渣洗入原锥形瓶中，加热微沸 30 min，立即用亚麻布过滤，以沸水洗涤 2～3 次，移入已干燥称重的 G2 垂熔坩埚或同型号的垂熔漏斗中，抽滤，用热水充分洗涤、抽干。再依次用乙醇、乙醚洗涤各 1 次。将坩埚和内容物在 105℃烘箱中烘干、称量，重复操作，直至恒重量。如试样中有较多的不溶性杂质，可将试样移入石棉坩埚，烘干称量后，再移入 550℃高温炉中灰化，于干燥器内冷却至室温并称重，所损失的量即为粗纤维含量。

6.4.2.4　结果计算

$$X = \frac{G}{m} \times 100\%$$

式中，X 为试样中粗纤维的含量，%；G 为残余物的质量（或经高温炉灰化后损失的质量），g；m 为试样的质量，g。

6.4.2.5　注意事项

(1)纤维素的不同测定方法之间不能对照。对于同一样品，分析结果因测定方法、操作条件的不同差别很大。因此，严格控制实验条件。

(2)该法在操作过程中纤维素、木质素、半纤维素都发生了不同程度的降解和流失，残留物中除纤维素、木质素外，还有少量的蛋白质、戊聚糖和无机物，因此该法测定的为"粗纤维"含量。

(3)酸、碱消化时如产生大量泡沫，可加入 2 滴硅油或辛醇消泡。样品脱脂不足，将使结果偏高。

(4)当样品用亚麻布过滤时，由于其孔径不稳定，结果出入较大。因此最好用 200 目尼龙绢布过滤，不仅孔径稳定，而且本身不吸收水分，洗残渣较容易。

(5)影响该法分析结果的主要因素。

①样品细度：样品越细，分析结果越低。因此，通常样品细度控制在 1 mm 左右。

②回流温度及时间：回流时沸腾不能过猛，样品不能脱离液体，且应注意随时补充试剂以维持体积不变。沸腾时间为 30 min。

③过滤操作：对于蛋白质含量较高的样品不能用滤布作为过滤介质，因为滤布不能保证留下全部细小的颗粒，可采用滤纸或亚麻布过滤。若样品不能在 10 min 内过滤完全，应适当减少取样量。

④脂肪含量：样品中脂肪含量高于 1%时，应先用石油醚脱脂后再测定。如脱脂不足结果将偏高。

6.4.3　食品中总的、可溶性和不溶性膳食纤维的测定

膳食纤维是指能抗人体小肠消化吸收的、但在人体大肠能部分或全部发酵的可食用的植物性或人工合成的成分，主要包括纤维素、半纤维素、果胶及亲水胶体物质如瓜尔胶、黄原胶、海藻多糖等，还包括植物细胞壁中所含有的木质素及不被人体消化酶所分解的物质如抗性淀粉、抗性糊精、低聚异麦芽糖、改性纤维素等。其中低聚异麦芽糖、瓜尔胶、抗性糊精、改性纤维素、黄原胶等属于水溶性膳食纤维。

测定膳食纤维可用两种基本方法：称量法和化学法。称量法是将可消化的碳水化合物、脂肪和蛋白质选择性地溶解在化学试剂或酶制剂中，然后过滤，收集滤液，对残留物称重定量；化学法是用酶解除去可消化的碳水化合物，再用酸水解纤维素部分并测定单糖含量，酸水解物中的单糖总量代表了纤维素的含量。

称量法测定食品中膳食纤维的方法是：取干燥的样品，经 α-淀粉酶、蛋白酶和葡萄糖苷酶酶解，去除蛋白质和淀粉，酶解后样液用乙醇沉淀、过滤，残渣用乙醇和丙酮洗涤，对干燥后的物质称重即为总膳食纤维(total dietary fiber，TDF)残渣。另取样品经上述 3 种酶酶解后直接

过滤，残渣用热水洗涤、干燥、称重，即得不溶性膳食纤维（insoluble dietary fiber，IDF）残渣；热水洗涤所得滤液，用4倍体积的95%乙醇沉淀、过滤、干燥、称重，得可溶性膳食纤维（soluble dietary fiber，SDF）残渣。以上所得残渣干燥称重后，分别测定蛋白质和灰分。总膳食纤维（TDF）、不溶性膳食纤维（IDF）和可溶性膳食纤维（SDF）的残渣的质量扣除蛋白质、灰分和空白的质量即可计算出试样中总的、不溶性和可溶性膳食纤维的含量。

该方法适用于植物类食品及其制品中总的、可溶性和不溶性膳食纤维的测定及各类植物性食品和含有植物性食品的混合食品中不溶性膳食纤维的测定，但不包括低聚果糖、低聚半乳糖、聚葡萄糖、抗性麦芽糊精、抗性淀粉等膳食纤维组分，见“扩展资源”。

本方法测定的总膳食纤维是指不能被α-淀粉酶、蛋白酶和葡萄糖苷酶酶解的碳水化合物，包括不溶性膳食纤维和能被乙醇沉淀的高分子质量可溶性膳食纤维，如纤维素、半纤维素、木质素、果胶、部分回生淀粉及其他非淀粉多糖和美拉德反应产物等；一些小分子（聚合度为3～12）的可溶性膳食纤维，如低聚果糖、低聚半乳糖、多聚葡萄糖、抗性麦芽糊精和抗性淀粉等，由于能部分或全部溶解在乙醇溶液中，本方法不能够准确测量。

6.5 果胶的测定

6.5.1 概述

果胶物质主要存在于植物的初生细胞壁和细胞之间的中层内，是细胞壁的基质多糖，广泛存在于植物的果实、根、茎、叶中，它们伴随纤维素而存在，构成相邻细胞中间层黏结物，使植物组织细胞紧紧黏结在一起。原果胶不溶于水，但可在酸、碱、盐等化学试剂及酶的作用下加水分解转变成水溶性果胶。果胶本质上是一种线形的多糖聚合物，含有数百个至约1 000个脱水半乳糖醛酸残基。按果胶的组成可分为同质多糖和杂多糖两种类型：同质多糖型果胶，如*D*-半乳聚糖、*L*-阿拉伯聚糖和*D*-半乳糖醛酸聚糖等；杂多糖果胶是由半乳糖醛酸聚糖、半乳聚糖和阿拉伯聚糖以不同比例组成，通常称为果胶酸。部分甲酯化的果胶酸称为果胶酯酸。天然果胶中20%～60%的羧基被酯化。

果胶广泛用于食品工业，适量的果胶能使冰淇淋、果酱和果汁凝胶化。

果胶测定方法主要有称量法和咔唑比色法。但目前还没有一种标准的果胶测定方法。果胶中固定的主要组分是*D*-半乳糖醛酸（一般占80%以上），常采用咔唑法进行测定，在分析测定前往往要先进行粗果胶的分离，这是国际上通用的方法。

6.5.2 果胶的测定

6.5.2.1 称量法

1. 原理

在一定条件下，果胶物质与沉淀剂 $CaCl_2$ 作用生成果胶钙的沉淀析出。经洗涤、烘干后，所得残留物的质量即为果胶物质的含量。

此法适用于各类食品中果胶的测定，方法稳定，但操作较烦琐。果胶酸钙沉淀中易夹杂其他胶态物质，使本法选择性较差。

2. 主要试剂的配制

(1)0.05 mol/L 盐酸溶液：取 0.45 mL 浓盐酸，用水定容至 100 mL。

(2)0.1 mol/L 氢氧化钠：取 0.4 g 氢氧化钠固体，用少量蒸馏水于小烧杯中溶解，将烧杯中的氢氧化钠溶液转移到容量瓶中定容至 100 mL。

(3)1 mol/L 乙酸：取 58.3 mL 冰醋酸，用水定容到 100 mL。

(4)2 mol/L 氯化钙溶液：称取 110.99 g 无水氯化钙，用水定容到 500 mL。

3. 操作步骤

(1)样品处理　新鲜样品：称取试样 30～50 g，用小刀切成薄片，置于预先放有 99%乙醇的 500 mL 锥形瓶中。装上回流冷凝器，在水浴上沸腾回流 15 min 后，冷却。用布氏漏斗过滤，残渣移至研钵中，一边慢慢磨碎，一边滴加 70%的热乙醇，冷却后再过滤，反复操作至滤液不呈糖的反应(用苯酚—硫酸法检验)为止。残渣用 99%乙醇洗涤脱水，再用乙醚洗涤以除去脂类和色素，漏斗中的残渣在空气中挥发去乙醚。

干燥样品：研细，过 60 目筛，称取 5～10 g 样品于烧杯中，加入热的 70%乙醇，充分搅拌以提取糖类，过滤。反复操作至滤液不呈糖的反应。残渣用 99%乙醇洗涤，再用乙醚洗涤，最后挥发除去乙醚。

(2)提取果胶　水溶性果胶的提取：用 150 mL 水将上述挥发至干的残渣移入 250 mL 烧杯中，加热至沸并保持沸腾 1 h，随时补足蒸发的水分。冷却后移入 250 mL 容量瓶中，加水定容，摇匀，过滤，弃去初滤液，收集滤液即得水溶性果胶提取液。

总果胶的提取：用 150 mL 加热至沸的 0.05 mol/L 盐酸溶液把挥发至干的残渣移入 250 mL 锥形瓶中，装上冷凝器，于沸水浴中加热回流 1 h。冷却后移入 250 mL 容量瓶中，加甲基红指示剂 2 滴，加 0.5 mol/L 氢氧化钠中和。用水定容，摇匀，过滤，收集滤液即得总果胶提取液。

(3)样品的测定　吸取 25 mL 提取液(能生成果胶酸钙 25 mg 左右)于 500 mL 烧杯中，加入 0.1 mol/L 氢氧化钠溶液 100 mL，充分搅拌，放置 30 min；再加入 1 mol/L 乙酸 50 mL，放置 5 min；边搅拌边缓缓加入 2 mol/L 氯化钙溶液 25 mL，放置 1 h(陈化)，加热煮沸 5 min。趁热用已在 105℃烘箱中烘干至恒重的滤纸(或 G2 垂熔坩埚)过滤，用热水洗涤至无氯离子(用 10%硝酸银溶液检验)为止。滤渣连同滤纸一同放入称量瓶中，置 105℃烘箱中(G2 垂熔漏斗可直接放入)干燥至恒重。

(4)结果计算

$$X=\frac{(m_1-m_2)\times 0.9233}{m\times\frac{V_1}{V}\times 1}\times 100\%$$

式中，X 为样品中果胶酸含量，%；m_1 为果胶酸钙和滤纸(或垂熔坩埚)质量，g；m_2 为滤纸或垂熔坩埚的质量，g；m 为样品质量，g；V_1 为测定时取果胶提取液的体积，mL；V 为果胶提取液总体积，mL；0.923 3 为由果胶酸钙换算为果胶酸的系数。

(5)说明与注意事项

①新鲜试样若直接研磨，由于果胶分解酶的作用，果胶会迅速分解。故需将新鲜试样切片浸入乙醇中以钝化果胶酶的活性。

②检验糖分的苯酚-硫酸法:取样液 1 mL 于试管中,加入 5%苯酚水溶液 1 mL 和硫酸 5 mL,混匀。如溶液呈褐色,证明检液中含有糖分。

③采用热过滤和热水洗涤沉淀是为了降低溶液的黏度,加快过滤和洗涤速度,并增大杂质的溶解度,使其易被洗去。

6.5.2.2 咔唑比色法

1.原理

果胶经水解生成半乳糖醛酸,在硫酸溶液中与咔唑试剂发生缩合反应,生成紫红色化合物,呈色深浅与半乳糖醛酸含量成正比,可比色定量。

此法适用于各类食品中果胶的测定,且操作简便、快速、准确度高,重现性好。

2.主要试剂的配制

试验中所用试剂及仪器详见本书“扩展资源”。

3.操作步骤

(1)标准曲线的绘制　吸取 0.0、20.0、40.0、60.0、80.0、100.0 mg/L 半乳糖醛酸标准使用溶液各 1.0 mL 于 25 mL 玻璃试管中,分别加入 0.25 mL 咔唑乙醇溶液,产生白色絮状沉淀,不断摇动试管,再快速加入 5.0 mL 硫酸,摇匀。立刻将试管放入 85°C 水浴振荡器内水浴 20 min,取出后放入冷水中迅速冷却。在 1.5 h 的时间内,用分光光度计在波长 525 nm 处测定标准溶液的吸光度,以半乳糖醛酸质量浓度为横坐标,吸光度值为纵坐标,绘制标准曲线。

(2)样品测定

①样品处理:果酱及果汁类制品将样品搅拌均匀即可。新鲜水果,取水果样品的可食部分,用自来水和去离子水依次清洗后,用干净纱布轻轻擦去其表面水分。苹果、桃等个体较大的样品采用对角线分割法,取对角可食部分,将其切碎,充分混匀;山楂、葡萄等个体较小的样品可随机取若干个体切碎混匀。用四分法取样或直接放入组织捣碎机中制成匀浆。少汁样品可按一定质量比例加入等量去离子水。将匀浆后的试样冷冻保存。

称取 1.0~5.0 g(精确至 0.001 g)试样于 50 mL 刻度离心管中,加入少量滤纸屑,再加入 35 mL 约 75°C 的无水乙醇,在 85°C 水浴中加热 10 min,充分振荡,冷却,再加无水乙醇使总体积接近 50 mL,在 4 000 r/min 的条件下离心 15 min,弃去上清液。在 85°C 水浴中用乙醇溶液洗涤沉淀,离心分离,弃去上清液,此步骤反复操作,直至上清液中不再产生糖的穆立虚反应为止(检验方法:取上清液 0.5 mL 注入小试管中,加入 5% α-萘酚的乙醇溶液 2~3 滴,充分混匀,此时溶液稍有白色浑浊,然后使试管轻微倾斜,沿管壁慢慢加入 1 mL 硫酸,若在两液层的界面不产生紫红色色环,则证明上清液中不含有糖分),保留沉淀 A。同时做试剂空白试验。

②果胶的提取

酸提取方式:将上述制备出的沉淀 A,用 pH 0.5 的硫酸溶液全部洗入三角瓶中,混匀,在 85℃水浴中加热 60 min,期间应不时摇荡,冷却后移入 100 mL 容量瓶中,用 pH 0.5 的硫酸溶液定容,过滤,保留滤液 B 供测定用。

碱提取方式:对于香蕉等淀粉含量高的样品宜采用碱提取方式。将上述制备出的沉淀 A,用水全部洗入 100 mL 容量瓶中,加入 5 mL 氢氧化钠溶液,定容,混匀。至少放置 15 min,期间应不时摇荡。过滤,保留滤液 C 供测定用。

③测定:吸取 1.0 mL 滤液 B 或滤液 C 于 25 mL 玻璃试管中,加入 0.25 mL 咔唑乙醇溶

液，同标准溶液显色方法进行显色，在 1.5 h 的时间内，用分光光度计在波长 525 nm 处测定其吸光度，根据标准曲线计算出滤液 B 或滤液 C 中果胶含量，以半乳糖醛酸计。按上述方法同时做空白试验，用空白调零。如果吸光度超过 100 mg/L 半乳糖醛酸的吸光度时，将滤液 B 或滤液 C 稀释后重新测定。

3. 结果计算

$$\omega = \frac{\rho \times V}{m \times 1\ 000}$$

式中，ω 为样品中半乳糖醛酸质量分数，g/kg；ρ 为滤液 B 或滤液 C 中半乳糖醛酸质量浓度，mg/L；V 为果胶沉淀 A 定容体积，mL；m 为样品质量，g。

4. 说明与注意事项

(1)糖分的存在对咔唑试剂的呈色反应影响较大，使测定结果偏高。故样品处理时应充分洗涤以除去糖分(常用 70%乙醇洗涤试样)。检验糖分采用苯酚-硫酸法。

(2)硫酸浓度对呈色反应影响较大，故在测定样液和制作标准曲线时，应使用同规格、同批号的浓硫酸，以保证其纯度一致。

(3)新鲜果汁在果胶沉淀和草酸盐抽提时，往往有一些不溶性固体悬浮在上清液中，随着上清液弃去而流失，影响结果的准确性。

(4)加硫酸的时间很关键，如能在 7 s 内加入 6 mL 浓硫酸，溶液的温度才能达到 85℃，才能使溶液和水浴的温度都保持在 85℃，否则就达不到应有的颜色深浅程度。

(5)浓硫酸与半乳糖醛酸混合液在加热 10 min 后，可形成与咔唑试剂呈色反应所必需的中间化合物，在测定条件下显色迅速且具有一定的稳定性，可满足测定要求。

(6)本法的测定结果以半乳糖醛酸表示。不同来源的果胶中半乳糖醛酸的含量不同，如甜橙为 77.7%，柠檬为 94.2%，柑橘为 96%，苹果为 72%～75%。若要把结果换算为果胶的含量，可按上述关系计算换算系数。

（李春）

本章小结

本章详细介绍了食品中可溶性糖类的提取和澄清方法；碱性铜盐法(包括直接滴定法、高锰酸钾滴定法、兰-埃农法和萨氏法)和铁氰化钾法测定还原糖的原理、方法和注意事项；盐酸水解法测定蔗糖的原理、方法和注意事项；直接滴定法和蒽酮比色法测定总糖的原理、方法和注意事项；测定淀粉、纤维素和果胶等的原理、方法和注意事项。

思考题

1. 直接滴定法测定食品中还原糖的原理是什么？为什么必须在沸腾条件下进行滴定，且不能随意摇动三角瓶？
2. 高锰酸钾滴定法测定食品中还原糖的原理是什么？在测定过程中应注意哪些问题？
3. 测定食品中蔗糖时，为什么要严格控制水解条件？

4. 测定食品中淀粉时，酶水解法和酸水解法的使用范围及优缺点是什么？
5. 什么是总纤维素？其制备方法是什么？
6. 酸水解法测定纤维素的机理是什么？
7. 咔唑比色法测定果胶的注意事项主要有哪些？

参考文献

[1]王永华，戚穗坚．食品分析．3版．北京：中国轻工业出版社，2019.

[2]侯曼玲．食品分析．北京：化学工业出版社，2014.

[3]杨严俊．食品分析．北京：化学工业出版社，2012.

[4]侯玉泽，丁晓雯．食品分析．郑州：郑州大学出版社，2011.

[5]国家食品安全标准　食品中还原糖的测定：GB/T 5009.7—2016.

[6]国家食品安全标准　食品中淀粉的测定：GB/T 5009.9—2016.

[7]国家食品安全标准　植物类食品中粗纤维的测定：GB/T 5009.10—2003.

[8]农业部推荐标准　水果及其制品中果胶含量的测定分光光度法：NY/T 2016—2011.

[9]Marlett J A. Issues in dietary fiber analysis. New developments in dietary fiber. New York：Plenum Press，1990：183-192.

[10]Theander O，Westerlund E A. Studies on dietary fiber. 3. Improved procedures for analysis of diety fiber. Journey of Agricultural and Food Chemistry，1986，34(2)：330-336.

[11]AOAC Official method 991. 43，Total，Soluble，and Insoluble Dietary Fiber in Foods. Official Methods of Analysis of AOAC INTERNATIONAL，17th Edition，2000：7-12.

[12]Englyst H N，Cummings J H. Improved method for measurement of dietary fiber as non-starch polysaccharides in plant foods. Association of Official Analytical Chemists Journal，1988，71(4)：808-814.

第7章

食品中脂类物质的测定

本章学习目的与要求

1. 了解食品中脂类物质的分类、组成和性质；
2. 掌握脂类物质提取剂的种类、性质和适用范围；
3. 掌握脂类测定的索氏提取法、酸水解法和牛乳脂肪测定方法的原理和注意事项。

7.1 概述

食品中的脂类主要包括脂肪(甘油三酯)和一些类脂物质,如磷脂、糖脂、固醇类等,其中甘油三酯占95%,其他脂类只占5%。脂类的共同特点是具有脂溶性,不仅易溶解于有机溶剂,还可溶解其他脂溶性物质,如脂溶性维生素等。

人类膳食脂肪主要来自动物的脂肪组织和肉类以及植物的种子。动物脂肪相对饱和脂肪酸和单个不饱和脂肪酸较多,而多不饱和脂肪酸含量较少。植物油主要是不饱和脂肪酸含量相对较高。

脂肪是食品的重要营养成分,可为人体提供必需脂肪酸;脂肪还是人体热能的主要来源,每克脂肪在体内可提供39.7 kJ(9.46 kcal)热能,比碳水化合物和蛋白质高1倍以上;脂肪还是脂溶性维生素的良好溶剂,有助于脂溶性维生素的吸收;脂肪与蛋白质结合生成的脂蛋白,在调节人体生理机能和完成体内生化反应方面都起着重要作用。但过量摄入脂肪对人体健康也是有害的。

食品中脂肪的存在形式有游离态的,如动物性脂肪及植物性油脂;也有结合态的,如天然存在的磷脂、糖脂、脂蛋白及某些加工食品(如焙烤食品及麦乳精等)中的脂肪,与蛋白质或碳水化合物等成分形成结合态。对大多数食品来说,游离态脂肪是主要的,结合态脂肪含量较少。在食品加工过程中,原料、半成品、成品的脂肪含量对产品的风味、组织结构、品质、外观、口感等都有直接的影响。蔬菜本身的脂肪含量较低,在生产蔬菜罐头时添加适量的脂肪可以改善产品的风味;对于面包之类的焙烤食品,脂肪含量,特别是卵磷脂等成分,对于面包心的柔软度、面包的体积及其结构都有影响。因此,在含脂肪的食品中,其含量都有一定的规定,是食品质量管理中的一项重要指标。通过测定食品中的脂肪含量,可以评价食品的品质,衡量食品的营养价值,而且对实行工艺监督、生产过程的质量管理、研究食品的储藏方式是否恰当等都有重要意义。常见食物脂肪含量如表7-1所示。

表7-1 常见食物脂肪含量(100 g食物)

含量/g	食物种类
<5	大米、面粉、小米、薏米、红豆、绿豆、豆腐、荞麦、粉条、藕粉、各类蔬菜、鲜牛奶、酸奶、鸡蛋白、鸡胸脯肉、鸡胗、鱼、虾、海参、兔肉等
5~10	燕麦片、豆腐干、猪心、鸡、鹅、带鱼、鲳鱼
10~15	鸡蛋、猪舌、鸽、肥瘦羊肉、烤鸡、松花蛋
15~20	黄豆、油豆腐、油条、油饼、鸭、鸭蛋
>20	炸面筋、干腐竹、全脂奶粉、鸡蛋黄、烤鸭、肥瘦猪肉、猪蹄、花生、瓜子、核桃、芝麻酱、巧克力

食品的种类不同,其中脂肪的含量及其存在形式不尽相同,测定脂肪的方法也就不同。常用的测定脂肪的方法有索氏提取法、酸分解法、罗兹-哥特里法、巴布科克氏法、盖勃氏法和氯仿-甲醇提取法等。普遍采用的索氏提取法是测定多种食品脂肪含量的有代表性的方法,但对于某些样品测定结果往往偏低;酸水解法能对包括结合态脂肪在内的全部脂肪进行定量;而罗

兹-哥特里法主要用于乳及乳制品中脂肪的测定。

7.1.1　脂类的分类、组成、性质

7.1.1.1　分类

脂类从分子组成上可分为简单脂类（由两种组分组成的如脂肪酸和醇生成酯）、复合脂类（除以上两种组分外还含有其他非脂成分）、衍生脂[只含单一组分，由其他脂类水解得到，如脂肪酸（饱和的、不饱和的）、醇（丙三醇、长链醇、甾醇）、脂溶性物料（包括脂溶性维生素 A、维生素 D、维生素 E 和维生素 K）]。

7.1.1.2　组成

脂肪是由一分子甘油和三分子脂肪酸脱水生成的。油脂的结构与类型取决于脂肪酸，如果三个脂肪酸的 R 烃基相同，称为简单脂，即醇与脂肪酸组成的。如果脂肪酸的 R 烃基不同，则为复合脂。

7.1.1.3　性质

（1）物理性质　脂类一般为无色，无臭，无味，呈中性，相对密度小于 1，固体脂类相对体积质量约为 0.8，液体脂类的相对体积质量为 0.915～0.940。脂肪不溶于水而溶于有机溶剂，因此可以采用低沸点的有机溶剂萃取脂类。

（2）化学性质

①水解与皂化：甘油三酯能在酸或酶的作用下水解为脂肪酸及甘油。皂化反应是碱催化下的酯水解反应。狭义地讲，皂化反应仅限于油脂与氢氧化钠混合得到高级脂肪酸的钠盐和甘油的反应，这个反应是制造肥皂流程中的一步，因此而得名。

②氢化：通过加氢改变了油脂的熔点或熔解特性。利用氢化将液体油氢化成半固体脂肪，例如人造奶油。

③氧化与酸败：天然油脂暴露在空气中与氧会自发进行氧化作用，产生酸味，也就是酸败，统称哈败。哈败是由于脂肪中不饱和键被空气中的氧氧化，生成过氧化物，过氧化物继续水解，产生低级的醛、酮和羧酸，这些物质使脂肪产生不愉快的嗅感和味感。

在用油脂对食品进行油炸过程中，长时间的高温加热使油脂颜色加深、稠度增大，并且易起泡。

7.1.2　脂类物质的测定意义

脂肪是脂溶性维生素的良好溶剂，有助于脂溶性维生素 A、维生素 D、维生素 E、维生素 K 的溶解。在食品加工过程中，原料、半成品、成品的脂类含量对产品的风味、组织结构、品质、外观、口感等都有直接影响。而测定食品的脂肪含量，可以评价食品的品质，衡量食品的营养价值，而且对实行工艺监督，生产过程的质量管理，研究食品的储藏方式是否恰当等都有重要的意义。

7.1.3　脂肪提取剂与样品预处理

7.1.3.1　脂肪提取剂的种类、性质

由不同脂肪酸构成的各种甘油三酯在不同溶剂中的溶解度因多种因素而表现出差异。这

些因素有脂肪酸的不饱和性、脂肪酸的碳链长度、脂肪酸的结构以及甘油三酯的分子构型等。不同来源的食品，由于脂肪结构的差异，不可能采用一种通用的提取剂进行提取。

脂肪不溶于水，易溶于有机溶剂。因此，测定脂肪大多采用低沸点的有机溶剂萃取。常用的溶剂有乙醚、石油醚、氯仿-甲醇混合溶剂等。

(1)乙醚　在常温常压下为具有特殊气味的无色透明液体，沸点低(34.6℃)，极易挥发，极易燃烧。乙醚液体受热后体积将急剧膨胀(膨胀系数 0.001 64/℃)。在空气中与氧长期接触或放在玻璃瓶内受光照射都能生成不稳定的过氧化物，有时也因静电而起火。因此，使用时要注意安全。

乙醚不溶于水，能溶于乙醇、苯、氯仿、石油醚、其他脂肪溶液及许多油类。乙醚溶解脂肪的能力强于石油醚。但乙醚可含有约 2%的水分，含水的乙醚抽提能力降低(氧与水能形成氢键使穿透组织能力即抽提能力下降)，含水乙醚会同时抽出糖分等非脂肪成分，使结果偏高。所以，使用乙醚作脂肪提取剂时必须采用无水乙醚，并要求样品无水分。

乙醚在棕色瓶中放置一段时间后，由于光照会产生过氧化物，过氧化物也容易引起爆炸。乙醚储存时间不宜过长。

(2)石油醚　是无色透明液体，不溶于水，可溶于无水乙醇、苯、氯仿、油类等有机溶剂，易燃易爆，与氧化剂可强烈反应。石油醚的主要成分是戊烷和己烷的混合物，结构中没有醚键(C—O—C)，一般有 30～60℃、60～90℃、90～120℃等沸程的规格。石油醚蒸气与空气可形成爆炸性混合物，遇明火、高热能引起燃烧爆炸。

石油醚没有胶溶现象，不会夹带胶态的淀粉、蛋白质等物质，其提取物比较接近真实的脂肪。石油醚溶解脂肪的能力比乙醚弱，但吸收水分比乙醚少，用石油醚作提取剂时，允许样品含有微量水分。

乙醚、石油醚适用于已烘干磨碎、不易潮解结块的样品，而且只能提取样品中游离态的脂肪，对于结合态脂肪必须预先用酸或碱破坏脂肪和非脂成分的结合后才能用它们提取。

(3)氯仿-甲醇　是另一种有效的脂肪提取剂，适用范围很广，特别适用于鱼、家畜、家禽等食品。氯仿-甲醇提取脂肪的原理是将试样分散于氯仿-甲醇混合液中，在水浴中轻微沸腾，氯仿-甲醇及样品中一定的水分形成提取脂肪的溶剂，在使样品组织中结合态脂肪游离出来的同时，与磷脂等极性脂肪的亲和性增大，从而有效地提取出全部脂肪。经过滤除出非脂成分，对溶剂中残留脂肪用石油醚提取。

氯仿虽然是一种有用的脂肪溶剂，但若有糖脂或蛋白质存在，则氯仿在提取、定量这类结合态脂肪的效果并不能令人满意。

有时，结合脂肪与溶剂由于分子之间的相互作用也会发生混溶。例如，存在于卵黄中的卵磷脂，其分子中的季胺碱使卵磷脂呈碱性，可溶解于弱酸性的乙醇等溶剂中。以钾盐形式存在于花生中的丝氨酸磷脂，其结构与卵磷脂相似，但它是极性的、酸性较强的化合物，不溶解于弱酸性的乙醇而溶解于极性较弱的氯仿中。丝氨酸磷脂与氯仿能混溶，是由于氯仿很容易和酸性的极性化合物发生缔合现象。

值得注意的是，当有一种脂类存在时，还会影响到另一种脂类的溶解度。例如，卵磷脂与丝氨酸磷脂共存时，丝氨酸磷脂可在乙醇中部分溶解。

(4)其他提取剂　牛乳中的脂肪在牛乳中并不呈溶解状态，而是以脂肪球呈乳浊液状态存在，且周围有膜，使脂肪球得以在乳中保持乳浊液的稳定状态。包围脂肪球的膜是蛋白质、磷脂等化合物以穿插排列的形式吸附于脂肪球与乳浆的界面间。巴布科克用一定浓度的硫酸使非脂成分溶解，脂肪球膜被软化破坏，于是乳浊液受到破坏，脂肪即可分离出来。

对于含有糖类或巧克力的某些乳制品，采用上述提取方法会将糖类焦化，巧克力则进入脂肪中，不能满足提取的要求。对于加糖乳制品，可以采用碱性乙醚提取法进行提取。

有时，可以采用醇类使结合态的脂类与非脂成分分离，然后再用乙醚或石油醚等溶剂提取脂肪。常用的醇类有乙醇或正丁醇。水饱和的正丁醇虽然可以有效提取谷类食品中的脂肪，但它无法提取出其中的全部脂类，由于沸点较高，使它的挥发需要较高的温度且有令人不快的气味，所以正丁醇的使用受到了很大的限制。

7.1.3.2 样品的预处理

(1)加海沙　有的样品易结块，用乙醚提取较困难。为了使样品保持散粒状可以加海沙，一般加样品的4～6倍，使样品疏松，扩大样品与有机溶剂的接触面积，有利于脂肪的萃取。

(2)加无水硫酸钠　因为乙醚可被2%水饱和，使乙醚渗入到组织内提取脂肪的能力降低。对有些含水量较高的样品可加入无水硫酸钠吸附样品中的水分。无水硫酸钠的用量以样品呈散粒状为止。

(3)干燥　干燥样品的目的是提高脂肪的提取效率。干燥时要注意温度，温度过高会使脂肪氧化，脂肪与糖、蛋白质结合变成复合脂。

(4)其他处理

①酸处理：温度过高时脂肪容易与糖、蛋白质等结合形成复合脂，不能用非极性溶剂直接抽提，所以要用酸处理使结合的脂肪水解出来。如面包采用直接萃取法测定，其脂肪含量为1.20%，采用酸处理后再萃取，其脂肪含量为1.73%；全蛋采用直接萃取测定，其脂肪含量为36.74%，而用酸处理后萃取，脂肪含量为42.39%。

实验结果表明，利用直接萃取测定含复合脂类样品的脂肪含量，其结果偏低，而用酸水解将使蛋白质、碳水化合物与脂肪分离，脂肪游离出来再提取测定，得到的测定结果准确性增加。

②水处理：有些样品含有大量碳水化合物，测定脂肪时应先用水洗去其中的水溶性碳水化合物，然后干燥、提取。

7.1.4 脂类的测定方法

测定脂肪的常用方法有索氏提取法，巴布科克法，盖勃氏法，罗兹-哥特里法，酸分解法等。索氏提取法是测定多种食品脂类含量的代表性方法，巴布科克法、盖勃氏法、罗兹-哥特里法主要用于乳及乳制品中脂类的测定，酸水解法测出的是游离态脂和结合脂的总和。

7.2 食用油脂重要理化特性指标的测定

7.2.1 酸价的测定

酸价是指中和1 g油脂中的游离脂肪酸所需氢氧化钾的质量(mg)。

酸价是反映油脂酸败的主要指标，可以评定油脂品质和储藏方法是否恰当，能为油脂碱炼工艺提供需要的加碱量。

7.2.1.1 测定原理

用有机溶剂将油脂试样溶解成样品溶液，再用氢氧化钾或氢氧化钠标准滴定溶液中和滴定样品溶液中的游离脂肪酸，以指示剂相应的颜色变化来判定滴定终点，最后通过滴定终点消耗的标准滴定溶液的体积计算油脂试样的酸价。

7.2.1.2 主要试剂的配制方法

(1)0.1 mol/L KOH 标准溶液的配制　称取 0.56 g KOH 定容至 100 mL 95%的乙醇溶液中。

由于 KOH 在空气中易吸收水分和 CO_2，直接配制不能获得准确的浓度，需要先配成近似浓度的溶液然后用基准物质邻苯二甲酸氢钾进行标定。

KOH 标准溶液浓度的标定：将邻苯二甲酸氢钾在 105～110℃的烘箱中烘至恒重。准确称取 0.3～0.4 g 已经烘至恒重的邻苯二甲酸氢钾，加 50 mL 蒸馏水使其溶解，向其中滴入 2 滴酚酞指示剂，用待标定的 KOH 溶液滴定至微红色，30 s 不褪色即为终点。记录 KOH 的用量。计算公式如下。

$$c = \frac{m \times 100}{V \times M}$$

式中，c 为氢氧化钾溶液的浓度，mol/L；m 为邻苯二甲酸氢钾的质量，g；V 为消耗氢氧化钾溶液体积，mL；M 为邻苯二甲酸氢钾的摩尔质量，204 g/mol。

(2)10 g/L 酚酞指示剂　称取 0.5 g 酚酞用 95%乙醇定容至 50 mL。

(3)中性乙醚乙醇混合液(2∶1)　临用前用 0.1 mol/L 碱液滴定至中性。

7.2.1.3 测定步骤

称取混匀的试样 3～5 g 于锥形瓶中，加入乙醚-乙醇混合溶剂 50 mL，摇动使试样溶解。加入 3 滴酚酞指示剂，用标定后的 KOH 标准溶液滴定至微红色，在 30 s 内不褪色，记录消耗的 KOH 体积(V)。

7.2.1.4 结果计算

$$\text{油脂酸价} = \frac{V \times c \times 56.1}{m}$$

式中，V 为滴定消耗的氢氧化钾标准溶液的体积，mL；c 为 KOH 标准溶液的浓度，mol/L；m 为试样质量，g；56.1 为 KOH 的摩尔质量，g/mol。

7.2.1.5 说明与注意事项

(1)当样液颜色较深时，可减少取样量，或适当增加混合溶剂的用量。也可以采用碱性蓝 6B、麝香草酚酞等作指示剂。

(2)测定蓖麻油的酸价时，因为蓖麻油不溶于乙醚，因此只用中性乙醇作溶剂。

7.2.2 过氧化值的测定

过氧化物是油脂氧化过程的中间产物，很容易分解产生挥发性和非挥发性脂肪酸、醛、酮等，具有特殊的臭味和发苦的滋味，影响油脂的感官性质和食用价值。检测油脂的过氧化物含量可判断油脂是否新鲜和酸败的程度。

过氧化值一般用滴定 1 g 油脂所需某种规定浓度（通常用 0.002 mol/L）硫代硫酸钠（$Na_2S_2O_3$）标准溶液的体积(mL)表示。

7.2.2.1　测定原理

油脂在氧化过程产生的过氧化物能氧化碘化钾析出游离碘，用硫代硫酸钠标准溶液滴定碘量，根据硫代硫酸钠标准溶液消耗的体积计算过氧化值。

7.2.2.2　主要试剂的配制

(1)饱和碘化钾溶液　称取 14 g 碘化钾，加 10 mL 水溶解保存于棕色瓶中。现用现配。

(2)三氯甲烷-冰乙酸混合液　取 40 mL 三氯甲烷，加 60 mL 冰乙酸，混匀。

(3)0.002 mol/L 硫代硫酸钠标准溶液　称取 5 g 硫代硫酸钠($Na_2S_2O_3 \cdot 5H_2O$)(或 3 g 无水硫代硫酸钠)，溶于 1 000 mL 水中，缓缓煮沸 10 min，冷却。放置 2 周后过滤备用。

$Na_2S_2O_3$ 标准溶液的标定：称取在 120℃ 干燥至恒重的基准重铬酸钾 0.03 g(准确至 0.000 1 g)，置于 500 mL 碘量瓶中，加水 50 mL 使之溶解。加碘化钾 0.5 g，轻轻振摇使之溶解，加 1∶8硫酸(取 10 mL 硫酸，慢慢倒入 80 mL 水中)4 mL，密塞，摇匀，暗处放置 10 min 后，加水 250 mL 稀释。用配制好的 $Na_2S_2O_3$ 滴定至溶液呈浅黄绿色，再加入淀粉指示液 0.5 mL (5 g/L)，继续滴定至蓝色消失，记录 $Na_2S_2O_3$ 用量。同时做空白试验。

$$c = \frac{m}{(V_1 - V_2) \times 0.049\ 03}$$

式中，c 为硫代硫酸钠标准滴定溶液的浓度，mol/L；m 为基准重铬酸钾的质量，g；V_1 为滴定时硫代硫酸钠标准溶液的用量，mL；V_2 为空白滴定时硫代硫酸钠标准溶液的用量，mL；0.049 03 为与 1.00 mL 硫代硫酸钠标准溶液[$c(Na_2S_2O_3 \cdot 5H_2O)$=1.000 mol/L]相当的重铬酸钾的质量，g。

7.2.2.3　测定

称取 2.00～3.00 g 的油样，加入 30 mL 三氯甲烷-冰乙酸混合液，使样品完全溶解。加入 1.00 mL 饱和碘化钾溶液，紧密塞好瓶盖，并轻轻振摇 0.5 min，然后在暗处放置 3 min。取出加 100 mL 水，摇匀，立即用标定的 0.002 mol/L $Na_2S_2O_3$ 标准溶液滴定至淡黄色时，加 1 mL 淀粉指示剂，继续滴定至蓝色消失为终点。同时，取相同量水代替样品，按同一方法做试剂空白试验。

7.2.2.4　结果计算

(1)以碘的百分数表示过氧化值

$$X = \frac{(V - V_0) \times c \times 0.126\ 9}{m} \times 100\%$$

式中，X 为样品的过氧化值，%；V 为样品消耗 $Na_2S_2O_3$ 溶液的体积，mL；V_0 为空白消耗 $Na_2S_2O_3$ 溶液的体积，mL；c 为 $Na_2S_2O_3$ 标准溶液的浓度，mol/L；m 为样品质量，g；0.126 9 为 1.00 mmol 碘的质量，g。

(2)以每千克油脂中过氧化物的量表示过氧化值

$$X=\frac{(V-V_0)\times c}{m}\times 1\ 000$$

式中,X 为样品的过氧化值,mmol/kg;V 为样品消耗 $Na_2S_2O_3$ 溶液的体积,mL;V_0 为空白消耗 $Na_2S_2O_3$ 溶液的体积,mL;c 为 $Na_2S_2O_3$ 标准溶液的浓度,mol/L;m 为样品质量,g。

7.2.2.5 说明与注意事项

(1)饱和碘化钾溶液中不可存在游离碘和碘酸盐。

(2)光线会促进空气对试剂的氧化,因此碘化钾要保存于棕色瓶;过氧化物与碘化钾的反应也要避光。

(3)三氯甲烷、乙酸的比例,加入碘化钾后静置时间的长短及加水量多少等,对测定结果均有影响,一定要按照规定的方法进行测定。

7.2.3 羰基价的测定

油脂氧化生成的过氧化物,进一步分解可产生羰基化合物。油脂随储藏时间的延长以及受到不良条件的影响,羰基价呈增高的趋势,它与油脂的酸败变质紧密相关。因为多数羰基化合物都具有挥发性,且气味最接近油脂自动氧化的酸败臭。因此,用羰基价评价油脂中氧化产物的含量和酸败程度,具有较好的灵敏度和准确性。大多数国家都采用羰基价作为评价油脂氧化酸败程度的一项指标。

7.2.3.1 测定原理

油脂中的羰基化合物和2,4-二硝基苯肼反应生成腙,在碱性条件下生成醌离子而呈葡萄酒红色,在波长440 nm处有最大吸收值,可计算出样品的总羰基价值。

7.2.3.2 主要试剂的配制

(1)精制乙醇　取150 mL无水乙醇于250 mL圆底烧瓶中,加入0.75 g铝粉,1.5 g氢氧化钾,连接回流冷凝管,85℃水浴回流1 h,然后用全玻璃蒸馏器蒸馏收集约100 mL馏液。

(2)精制苯　取125 mL苯置于250 mL分液漏斗中,加入12.5 mL硫酸,小心振摇5 min,开始振摇时注意放气。静置分层,弃除硫酸层,再加入12.5 mL硫酸重复处理一次。将苯层移入另一个分液漏斗,用水洗涤3次,按上述步骤再制取125 mL苯,然后经无水硫酸钠脱水(将25 g硫酸钠和苯液置于干燥的锥形瓶中,塞紧盖子,振荡,静置20～30 min,过滤),用全玻璃蒸馏装置90℃蒸馏收集约200 mL馏液。

(3)2,4-二硝基苯肼溶液　称取25 mg 2,4-二硝基苯肼,溶于50 mL精制苯中。

(4)三氯乙酸溶液　称取1.29 g固体三氯乙酸,加入30 mL精制苯溶解。

(5)氢氧化钾-乙醇溶液　称取4 g氢氧化钾,加入100 mL精制乙醇使其溶解,置于暗处过夜,取上部澄清液使用。若溶液变为黄褐色则不能使用,需重新配制。

7.2.3.3 测定方法

称取约0.3 g试样,置于25 mL容量瓶中,加苯溶解并定容至刻度。

取5.0 mL精制苯于空白比色管中,5.0 mL样液于样品比色管中。然后各加3.0 mL三氯乙酸及5.0 mL 2,4二硝基苯肼溶液,振摇混匀。60℃水浴加热30 min,冷却后沿管壁慢慢加入10 mL氢氧化钾-乙醇溶液,剧烈振摇混匀。放置10 min,以1 cm比色皿用试剂空白调零，于波长 440 nm 处测定吸光度。

7.2.3.4　结果计算

$$X = \frac{A}{854 \times m \times \frac{V_2}{V_1}} \times 1\ 000$$

式中，X 为试样的羰基价，meq/kg；A 为样液吸光度；m 为试样质量，g；V_1 为试样稀释后的总体积，mL；V_2 为测定用试样稀释液的体积，mL；854 为各种醛的毫克当量吸光系数的平均值。

7.2.3.5　说明与注意事项

(1)水浴锅水位宜浸没圆底烧瓶 2/3，蒸馏一段时间后及时补充水保持水位，以便保持较高的蒸馏速度。

(2)试剂空白的吸收值（波长 440 nm，以水做对照）超过 0.20 时，表明所用试剂的纯度不够，应当重蒸馏。

7.2.4　丙二醛的测定

丙二醛含量是评价食品酸败的重要指标之一，食品中的脂类物质在光、热、氧气的作用下分解生成甘油和游离脂肪酸。食品中的不饱和脂肪酸又进一步被氧化产生氢过氧化物，氢过氧化物很不稳定，继续分解成具有臭味和异味的小分子醛类、酮类和酸类化合物，从而导致哈败。哈败不仅使食品的营养价值和感官品质下降，还会产生致癌物质丙二醛。自从 Kohn 和 Liversedge 发现动物组织能够与硫代巴比妥酸(TBA)反应生成粉红色物质后，此反应广泛用于脂肪氧化酸败程度的评价。

7.2.4.1　测定原理

硫代巴比妥酸(TBA)在酸性条件下加热，与丙二醛生成红棕色的三甲川(3,5,5-三甲基噁唑 2,4-二酮)，三甲川最大吸收波长在 532 nm 处。

对该反应干扰最大的是可溶性糖。糖与硫代巴比妥酸也可发生显色反应，其产物的最大吸收波长在 450 nm 处，但在 532 nm 处也有吸收，因此测定时一定要排除可溶性糖的干扰。

此外，在 532 nm 波长处尚有非特异的背景吸收的影响，如低浓度的铁离子能显著增加硫代巴比妥酸与蔗糖或丙二醛显色反应物在 532、450 nm 处的吸光度。所以在丙二醛与硫代巴比妥酸显色反应中需要有一定浓度的铁离子。

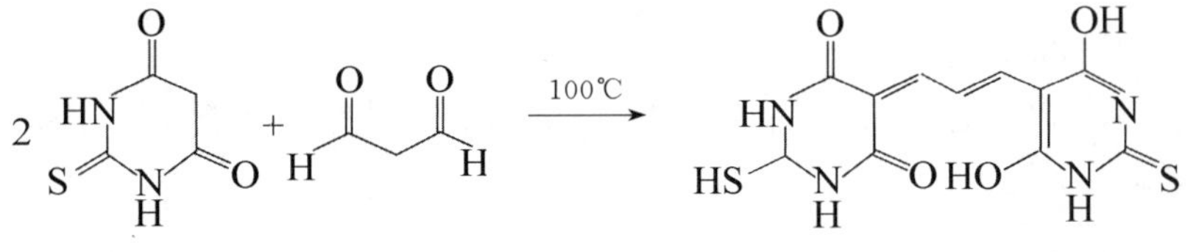

7.2.4.2　主要试剂的配制

(1)0.6%硫代巴比妥酸　称取 0.6 g 硫代巴比妥酸(TBA)，先用少量 1 mol/L NaOH 溶解，再用 10%三氯乙酸(TCA)定容至 100 mL。

(2)0.05 mol/L 磷酸缓冲液(pH 7.8)

甲液(0.05 mol/L Na_2HPO_4 溶液):称取 7.01 g 无水 Na_2HPO_4(或 $Na_2HPO_4 \cdot 2H_2O$ 9.47 g),加蒸馏水至 1 000 mL。

乙液(0.05 mol/L NaH_2PO_4 溶液):称取 6.0 g 无水 NaH_2PO_4(或 $NaH_2PO_4 \cdot 2H_2O$ 7.8 g),加蒸馏水至 1 000 mL。

将甲、乙液分装在棕色瓶内,于 4℃冰箱中保存。用时甲、乙两液按 91.5∶8.5 比例混合。

7.2.4.3 测定方法(以饼干为例)

(1)称取饼干 3 g,放入冰浴的研钵中,加入少许石英砂和 0.05 mol/L 磷酸缓冲液 20 mL,研磨成匀浆。

(2)将匀浆转移到三角瓶中,再用 0.05 mol/L 磷酸缓冲液 10 mL 分 3 次冲洗研钵,合并提取液。

(3)在提取液中加入 0.5%硫代巴比妥酸溶液 50 mL,摇匀。

(4)将三角瓶放入沸水浴中煮沸 10 min(自瓶内溶液出现小气泡开始计时)。到时间后,立即将三角瓶取出并放入冷水浴中。

(5)待三角瓶内溶液冷却后,3 000 r/min 离心 15 min,取上清液并测量其体积。以 0.5%硫代巴比妥酸溶液为空白调零,测 532、600 和 450 nm 处的吸光度值。

7.2.4.4 结果计算

$$\mathrm{MDA}(\mathrm{mmol \cdot g^{-1} F_W}) = [6.452 \times (A_{532} - A_{600}) - 0.559 \times A_{450}] \times \frac{V_t}{V_s \times W}$$

式中,V_t 为提取液总体积,mL;V_s 为测定用提取液体积,mL;W 为样品鲜重,g。

7.2.4.5 说明与注意事项

如待测液浑浊,可通过离心使其澄清。

7.2.5 碘价的测定

碘价(也称碘值)即 100 g 油脂所吸收的氯化碘或溴化碘换算为碘的质量(g)。

油脂中含有的不饱和脂肪酸能在双键处与卤素起加成反应。碘价越高,说明油脂中脂肪酸的双键越多,越不饱和,容易氧化、分解。因此,碘价的大小反映了油脂的不饱和程度。测定碘价,可以了解油脂脂肪酸的组成是否正常,有无掺杂等。

测定碘价时,常不用游离的卤素而是用它的化合物(氯化碘、溴化碘、次碘酸等)作为试剂,最常用的是氯化碘-乙酸溶液法(韦氏法)。

7.2.5.1 测定原理

在溶剂中溶解样品并加入韦氏试剂(韦氏碘液),氯化碘则与油脂中的不饱和脂肪酸发生加成反应,反应式如下。

$$CH_3(CH_2)_nCH{=}CH(CH_2)_nCOOH + ICl = CH_3(CH_2)_n\underset{\displaystyle I}{\underset{|}{CH}}{-}\underset{\displaystyle Cl}{\underset{|}{CH}}(CH_2)_nCOOH$$

再加入过量的碘化钾与剩余的氯化碘作用,析出单质碘。

$$KI + ICl = KCl + I_2\downarrow$$

析出的碘用硫代硫酸钠标准溶液进行滴定。

$$I_2+2Na_2S_2O_3 = Na_2S_4O_6+2NaI$$

同时做空白试验进行对照，从而计算试样加成的氯化碘（以碘计）的量，求出碘价。

7.2.5.2　主要试剂的配制

(1)0.1 mol/L 硫代硫酸钠标准溶液(标定后 7 d 内使用，配制及标定方法参见本章 7.2.2 过氧化值的测定)。

(2)5 g/L 淀粉指示剂。

(3)100 g/L 碘化钾溶液(不含碘酸盐或游离碘)。

(4)韦氏碘液　称 9 g 三氯化碘溶解在 700 mL 冰乙酸和 300 mL 环己烷的混合液中。取 5 mL 碘化钾溶液和 30 mL 水，加几滴淀粉指示剂，用 0.1 mol/L 硫代硫酸钠标准溶液滴定析出的碘，滴定体积记作 V_1，加 10 g 纯碘于以上溶液中，使其完全溶解。再取 5 mL 溶液如上法滴定，滴定体积记作 V_2。V_2/V_1 应大于 1.5，否则再补充一些纯碘于上述溶液中，直到 V_2/V_1 略超过 1.5。

将加好纯碘的溶液静置后取上层清夜倒入具塞棕色试剂瓶中，即为韦氏碘液。避光保存，此溶液在室温下可保存几个月。

7.2.5.3　测定方法

称取样品的质量根据估计的碘价而定（碘价高，取样少，反之则多取），一般取 0.25 g 左右。

将称好的试样放入 500 mL 锥形瓶中，加入 20 mL 溶剂(环己烷和冰乙酸等体积混合液)溶解试样，准确加入 25.00 mL 韦氏碘液，塞好塞子，摇匀，放于暗处 30 min 以上（碘价低于 150 的样品，应放 1 h；碘价高于 150 的样品，应放 2 h)。反应结束后，加入 20 mL 碘化钾溶液和 150 mL 水，用标定好的 $Na_2S_2O_3$ 标准溶液滴定至浅黄色，加几滴 0.5%淀粉指示剂继续滴定至蓝色刚好消失，记录消耗 $Na_2S_2O_3$ 标准溶液的体积。

在相同条件下，做空白试验。

7.2.5.4　结果计算

$$\text{油脂碘价}=\frac{(V_2-V_1)\times c\times 0.1269}{m}\times 100$$

式中，V_1 为试样消耗 $Na_2S_2O_3$ 标准溶液的体积，mL；V_2 为空白消耗 $Na_2S_2O_3$ 标准溶液的体积，mL；c 为 $Na_2S_2O_3$ 标准溶液的准确浓度，mol/L；m 为试样的质量，g；0.126 9 为 $\frac{1}{2}I_2$ 的毫摩质量，g/mmol。

7.2.5.5　说明及注意

(1)光线和水分对氯化碘起作用，含碘试剂必须用棕色瓶盛放且放于暗处保存。

(2)样本试验加入碘液的速度、放置作用时间和温度要与空白试验保持一致。

7.2.6　皂化价的测定

皂化价是指中和 1 g 油脂中全部游离脂肪酸和结合脂肪酸(甘油酯)所需氢氧化钾的质量

(mg)。皂化价的大小与油脂中甘油酯的平均相对分子质量有密切关系，平均相对分子质量越大，皂化价越小。若油脂内含有不皂化物、一甘油酯和二甘油酯，将使油脂皂化价降低，而含有游离脂肪酸将使皂化价增高。

由于各种植物油的脂肪酸组成不同，其皂化价也不相同。因此，测定油脂皂化价结合其他检验指标，可对油脂的种类、纯度等进行鉴定。

7.2.6.1 测定原理

利用油脂与过量的碱醇溶液共热皂化，皂化完全后，过量的碱用盐酸标准溶液滴定，同时做空白试验。由所消耗盐酸标准溶液的量计算出皂化价。皂化反应式如下。

$$C_3H_5(OCOR)_3+3KOH \longrightarrow C_3H_5(OH)_3+3RCOOK$$

7.2.6.2 主要试剂的配制

(1)0.500 mol/L 氢氧化钾-乙醇溶液　准确称取 2.8 g KOH，加入少量无水乙醇溶解，然后用无水乙醇定容至 1 000 mL。

(2)0.100 mol/L 标准盐酸溶液　取浓盐酸 9 mL，加蒸馏水稀释至 1 000 mL，然后对此溶液进行标定。

标定：精密称取 0.15 g 在 270～300℃条件下干燥至恒重的基准无水碳酸钠，加 50 mL 水使之溶解，加 10 滴溴甲酚绿-甲基红混合指示液，用盐酸溶液滴定至溶液由绿色变为暗紫色。记录盐酸的用量。

$$c=\frac{m}{(V_1-V_2)\times 0.0530}$$

式中，c 为盐酸标准溶液的实际浓度，mol/L；m 为基准无水碳酸钠的质量，g；V_1 为盐酸标准滴定溶液的用量，mL；V_2 为试剂空白试验中盐酸标准滴定溶液的用量，mL；0.053 0 为与 1.00 mL 盐酸标准滴定溶液[c(HCl)=1.000 mol/L]相当的无水碳酸钠的质量，g。

7.2.6.3 测定方法

称取混匀试样 2.00 g 于锥形瓶中，加入 0.5 mol/L 氢氧化钾-乙醇溶液 25.00 mL，沸水浴回流加热煮沸，不时摇动。维持沸腾 1 h(难以皂化样本需 2 h)后取下，加入酚酞指示剂 0.5 mL，趁热用盐酸标准溶液滴定至红色消失。同时进行空白试验。

7.2.6.4 结果计算

$$皂化价=\frac{(V_0-V_1)\times c\times 56.11}{m}$$

式中，V_1 为样品消耗盐酸标准溶液的体积，mL；V_0 为空白消耗盐酸标准溶液体积，mL；c 为 HCl 标准溶液的准确浓度，mol/L；m 为试样质量，g；56.11 为 KOH 的摩尔质量，g/mol。

7.2.6.5 说明与注意事项

(1)皂化剩余碱只能用盐酸中和，不能用硫酸。因为生成的硫酸钾不溶于乙醇，易生成沉淀影响测定结果。

(2)若油脂样本的颜色较深，可用碱性蓝 6B 酒精溶液作指示剂，这样容易观察终点。

碱性蓝 6B 酒精溶液的配制：称取碱性蓝 1 g(准确至 0.01 g)，然后将它加在 50 mL 煮沸的 95%乙醇中，并在水浴中回流 1 h，冷却后过滤。必要时煮热的澄清滤液要用 0.05%氢氧化钾-乙醇溶液或 0.05%盐酸溶液中和，直至加入 1～2 滴碱溶液能使指示剂溶液从蓝色变成浅红色，而在冷却后又能恢复成蓝色为止。

（王艳萍）

7.3　脂肪含量的测定方法

脂肪在食品基质中主要有 2 种存在形式，即游离脂肪和结合脂肪。测定食品中脂肪含量的方法有很多，大多数采用低沸点溶剂直接萃取，或用酸碱溶液破坏结合的碳水化合物和蛋白质，然后用溶剂萃取或离心离析。

7.3.1　索氏抽提法

作为国际国内的脂类测定所推荐的通用方法，索氏抽提法也称索氏提取法，可以对含脂类食品中的粗脂肪进行定量提取和分析。

索氏提取法是由 Franz Ritter von Soxhlet 于 1879 年在利用试纸处理乳脂测定过程中提议使用的方法。近年来，自动索氏提取装置的问世，使索氏提取法也得到不断的改进和完善，如直滴式抽提法和脂肪自动测定仪法。

7.3.1.1　原理

索氏提取器又称脂肪抽取器或脂肪抽出器，由提取瓶、提取管、冷凝器 3 部分组成（见前面图 2-7）。

提取管两侧分别有虹吸管和连接管，各部分连接处要严格密封。提取时，将待测样品包裹在脱脂滤纸内，放入提取管内。将一定量的石油醚等有机溶剂加入提取瓶内，水浴加热提取瓶。石油醚汽化，由连接管上升进入冷凝器，凝成液体滴入提取管内，浸提样品中的脂类物质。待提取管内石油醚液面达到一定高度，溶有粗脂肪的石油醚经虹吸管流入提取瓶。流入提取瓶内的石油醚继续被加热气化、上升、冷凝、滴入提取管内，如此循环往复，直到将样品中的脂类物质抽提完全。加热挥发除去有机溶剂，所得残留物即为脂肪。

7.3.1.2　主要试剂

无水乙醚（不含过氧化物）、石油醚（沸程为 30～60℃）、海沙（直径为 0.65～0.85 mm，二氧化硅含量≥99%）。

7.3.1.3　操作步骤

（1）样品的制备　先取不少于 200 g 的样品，捣碎、研细、混合均匀，备用。

（2）索氏提取器的清洗和滤纸筒的制备　将索氏提取器各部位取下，洗涤，烘干。烧瓶在（103±2）℃的烘箱中干燥至恒重（前后 2 次称量差值≤0.002 g），置于干燥器中备用。

将滤纸折成底端封口的筒状，筒内底部放入一小片脱脂棉，在（103±2）℃的烘箱中干燥至恒重，置于干燥器中保存备用。

（3）样品处理

固体样品：精密称取制备好的样品 2.0～5.0 g，加入适量海沙混匀，转入滤纸筒内，封口。

半固体或液体样品：称取处理好的样品5.0～10.0 g于蒸发皿中，加入约20 g海沙于沸水浴上蒸干，再于(103±2)℃烘干，研细后全部移入滤纸筒内。蒸发皿及玻璃棒都用浸有乙醚的脱脂棉擦拭，将脱脂棉一并放入滤纸筒内，封口。

(4)脂肪的提取　将盛有试样的滤纸筒放入索氏提取器内，连接烧瓶(脂肪接收瓶)。由冷凝管上端加入无水乙醚或石油醚(也可以先往烧瓶中加入该溶剂)，加量为烧瓶容量的2/3；水浴加热使溶剂不断回流提取脂肪。对于肉制品、豆制品、谷物油炸食品、糕点等提取时间一般在6～12 h，坚果类一般在16 h。

(5)烘干、称重　提取完毕后，取下烧瓶，在水浴上蒸发除尽溶剂，在(103±2)℃烘12 h，置于干燥器内冷却至室温，称重。重复干燥0.5 h，冷却、称重直至达到恒重。

7.3.1.4　计算

$$X=\frac{m_2-m_1}{m}\times 100\%$$

式中，X为所测样品中粗脂肪的含量，%；m为样品的质量，g；m_1为接收瓶的质量，g；m_2为接收瓶和脂肪的总质量，g。

7.3.1.5　说明与注意事项

(1)该法为脂肪测定的经典方法，选择性较高，也是国标法之一。

(2)该法适合于脂类含量较高、结合态脂类含量较少、能烘干磨细和不易吸湿结块的样品中粗脂肪含量的测定。本法提取的是脂溶性物质，除了脂肪外，还有磷脂、色素、树脂、甾醇和芳香油等脂溶性物质。乙醚、石油醚等常用溶剂可直接用于游离态脂肪的提取，而对结合态脂肪(如脂蛋白、糖脂等)提取效果不好。如果样本中结合态脂肪含量较高，则需先经过水解然后再利用这类溶剂进行提取。

(3)对于固体或半固体样品，样品的细度对提取效果影响较大。试样粉末过粗，脂肪不易抽提干净；试样粉末过细，则有可能透过滤纸孔隙随回流溶剂流失，影响测定结果。

(4)对多糖及糊精含量高的样品可以先用冷水将其溶解，经过滤除去多糖及糊精，将残渣和滤纸一并烘干，然后进行提取。

(5)所用的无水乙醚不应含有过氧化物。检查乙醚中是否有过氧化物存在的方法是，取一定量乙醚，加碘化钾溶液，混匀，放置1 min。若出现黄色，则表明有过氧化物存在，乙醚需经处理后才能使用。乙醚的处理方法，在乙醚中加入亚硫酸钠，用盐酸酸化，振摇，静置分层后，弃去水层，再用水洗至中性，无水硫酸钠脱水，蒸馏。蒸馏时可放入少量无锈铁丝或铝片。蒸馏后再用无水硫酸钠脱水，取上清液使用。

(6)在抽提时冷凝管上端可连接一支氯化钙干燥管或者塞一团干燥脱脂棉，以防止空气中水分进入，也可以避免乙醚的散失。

(7)只能用水浴挥发乙醚或石油醚，切忌使用明火。烘前要驱除全部残余的乙醚或者石油醚。若有乙醚或者石油醚残留，放入烘箱后将可能发生爆炸。由于乙醚具有麻醉作用，要注意室内通风。

(8)反复加热会因脂类氧化而增重。重量增加时，以增重前的重量作为恒重。

7.3.1.6　自动索氏提取装置

(1)快速测油器　是直滴式抽提法的改进型，是在索氏提取的基础上发展起来的一种脂类测定仪器，有多种结构形式，常见的如图 7-1 所示。

基本工作原理：将试样滤纸筒置入抽提筒，用乙醚抽提脂肪。抽净后，取滤纸筒，关三通阀，继续加热直接回收乙醚。可以看出，直滴式抽提法在原理、所用试剂、结果计算等方面与索氏提取法一样，只是操作方式存在不同。

该法的效率高于索氏提取法，但仍需要 3～8 h。主要的区别在于比索氏法的提取管内径大、滴口呈锯齿形、抽提筒在烧瓶中，使得温度高、烧瓶口径大，烘干时间短。所以许多改进型直滴式抽提器还做了如下完善：加大仪器容量，增大滤纸筒内径，使溶剂与试样接触面增大；抽提筒置于烧瓶中，使抽提在较高温度下进行，提高抽提效率。

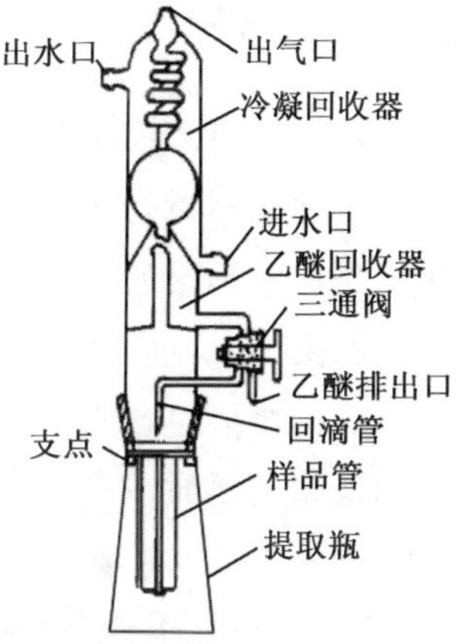

图 7-1　快速测油器

(2)脂肪测定仪　食品中脂肪含量测定也可以采用自动或全自动分析仪，实现了脂肪含量的快速测定。目前，脂肪测定仪的型号虽然多种多样，但是原理基本上都是基于索氏提取法实现的。下面以 FOSS 公司的 SOXTEC AVANTI 索氏提取系统为例，对脂肪含量分析仪进行简单介绍。该系统包括 4 个主要元素：热浸提、淋洗、溶剂回收和预干燥，并且可以实现全自动。如图 7-2 所示。

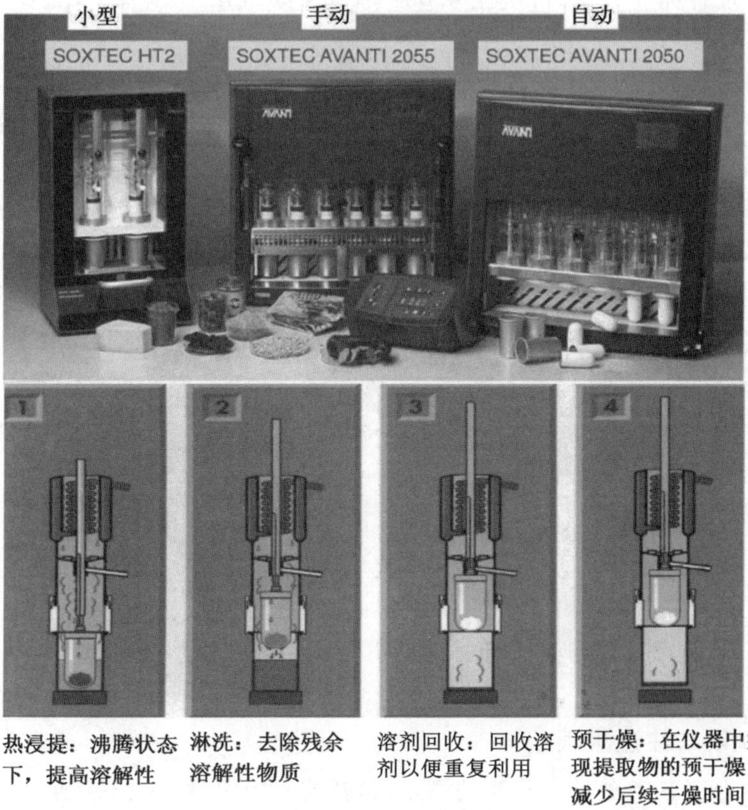

图 7-2　FOSS SOXTEC AVANTI 的常见类型及工作原理

SOXTEC AVANTI 有如下特点：全过程实现全自动操作，比传统的索氏提取法操作要快

5 倍;冷却水控制系统,以减少水的浪费;封闭式溶剂添加系统,减少溶剂挥发;采用电热板加热,快速实现预热。

7.3.2 酸水解法

为了测得试样中总脂肪(游离态和结合态)的含量,常采用效果良好的酸水解法,酸水解法也是国家标准所推荐的方法。

7.3.2.1 原理

含油脂的试样与盐酸溶液一同在加热状态下水解,组织中结合或保藏的脂肪游离出来,再添加适量的乙醚或石油醚进行提取,回收溶剂,干燥后称量即为样品中脂肪的含量。

7.3.2.2 主要试剂

盐酸(2 mol/L):市售浓盐酸一般为 12 mol/L,取 50 mL 浓盐酸,加入 250 mL 蒸馏水,混匀即成。

碘液(0.05 mol/L):称取 6.5 g 碘和 25 g 碘化钾于少量水中溶解,稀释至 1 L。

7.3.2.3 操作

(1)样品处理

固体样品:称取样品 3～5 g,准确至 0.001 g,置于 50 mL 大试管中,加 8 mL 水混匀后再加 10 mL 盐酸。

液体样品:称取样品 10.0 g 左右于 50 mL 大试管中,加 10 mL 盐酸。

(2)将试管放入 70～80℃水浴中,每隔 5～10 min 以玻璃棒搅拌 1 次,至样品消化完全为止,需要 40～50 min。

(3)取出试管,加入 10 mL 95%乙醇,混合。冷却后将混合物移于 100 mL 具塞量筒中,以 25 mL 乙醚分次洗试管,一并倒入量筒中。加塞振摇量筒 1 min,小心开塞放气,再塞好,静置 1～2 min。小心开塞,并用乙醚冲洗塞及筒口附着的脂肪。静置 10～20 min,待上部液体澄清,吸出上清液于已恒重的锥形瓶内,再加 5 mL 无水乙醚于具塞量筒内,振摇。静置后,仍将上层乙醚吸出,放入原锥形瓶内。

(4)将锥形瓶置水浴上蒸干,然后于 100℃±5℃烘箱中干燥 1 h,取出放干燥器内冷却 0.5 h 后称重。重复干燥至恒重。

7.3.2.4 计算

$$X=\frac{m_2-m_1}{m}\times 100\%$$

式中,X 为样品中脂肪含量,%;m 为样品的质量,g;m_1 为空锥形瓶的质量,g;m_2 为锥形瓶和脂肪的总质量,g。

7.3.2.5 说明与注意事项

(1)本方法适合于各类食品中脂肪的测定,包括容易吸湿、结块、不易烘干的食品和不适宜采用索氏提取法测定的食品等。但不适合于糖分含量高的食品中脂肪的测定,因为糖类遇强酸易发生炭化,从而影响测定结果。

(2)水解后加入乙醇可使蛋白质沉淀,促进脂肪球聚合,同时溶解一些碳水化合物、有机酸等。后面用乙醚-石油醚，是因乙醇可溶于乙醚，加入石油醚可降低乙醇在乙醚中的溶解度，使乙醇溶解物残留在水层，并使分层清晰。

(3)溶剂挥发殆尽后，如果残留物中有黑色焦油状杂质，是分解物与水一起混入所致，可使测定结果偏高。处理方法：可用等量的乙醚或石油醚溶解后再过滤，再次进行溶剂挥发、蒸干直到恒重的操作。

(4)在静置阶段，时间要按照操作规程把握恰当，不能静置太久，以免少量糖分析出，使测定结果偏高。

(5)因磷脂在酸水解条件下分解为脂肪酸和碱，故本法不宜用于测定含有大量磷脂的食品如鱼类、贝类和蛋品中的脂肪。

7.3.3　罗兹-哥特里法

7.3.3.1　原理

罗兹-哥特里(Rose-Gottlieb)法也称碱性乙醚提取法，主要用于乳及其制品中脂肪的测定。

乳类脂肪虽然也属于游离脂肪，但因脂肪球被乳中酪蛋白钙盐包裹，又处于高度分散的胶体分散系中，故不能直接被乙醚、石油醚提取。罗兹-哥特里(Rose-Gottlieb)法的原理是：利用氨-乙醇溶液破坏乳的胶体性状及脂肪球膜，使非脂成分溶解于氨-乙醇溶液中，而脂肪游离出来用乙醚-石油醚提取，挥发除去乙醚-石油醚后，残留物即为乳的脂肪。罗兹-哥特里抽脂瓶如图7-3所示。

图7-3　罗兹-哥特里抽脂瓶

7.3.3.2　主要试剂

250 g/L 氨水(相对密度0.91)，95%乙醇、乙醚(不含过氧化物)、石油醚(沸程为30～60℃)。

7.3.3.3　操作

(1)准备　将接收瓶烘干至恒重，抽脂瓶洗净并干燥。

(2)脂肪的抽提　称取一定量样品(液态乳10.0 mL，乳粉1.0 g左右，用10 mL 60℃的热水分数次溶解)置于抽脂瓶中，加入1.25 mL 250 g/L的氨水，充分混匀。置于60℃水浴中加热5 min，再振摇2 min，加入10 mL乙醇，充分摇匀。于冷水中冷却，加入25 mL乙醚振摇0.5 min，再加入25 mL石油醚，振荡0.5 min。静置30 min，待上层液体澄清时，读取醚层的体积(V)。

用移液管将有机层吸入至已恒重的接收瓶(m_1)中。再加乙醚、石油醚(2～3次)于样品中重复提取(每次用15 mL)，将有机层合并于同一接收瓶中。

(3)接收瓶的干燥　在水浴上将接收瓶中的乙醚-石油醚挥发除去，然后将接收瓶置于100～105℃的烘箱中干燥1 h，称重；重复操作直至前后2次质量相差不超过1.0 mg。

7.3.3.4　计算

$$X=\frac{m_2-m_1}{m\times\frac{V_1}{V}}\times 100\%$$

式中，X 为样品中脂肪含量，%；m 为样品的质量，g；m_1 为空接收瓶的质量，g；m_2 为接收瓶和脂肪的总质量，g；V 为读取醚层总体积，mL；V_1 为放出醚层体积，mL。

7.3.3.5 说明与注意事项

(1)该法为国际标准化组织(International Standardization Organization，ISO)、联合国粮农组织/世界卫生组织(Food and Agriculture Organization of the United Nations/World Health Organization，FAO/WHO)等所采用，为乳及乳制品脂类定量的国际标准法。

(2)若无罗兹-哥特里抽脂瓶时，可用 100 mL 的具塞量筒代替使用，待分层后读数。

(3)氨水加入后要充分混匀，不然会影响乙醚对脂肪的提取效果。

(4)加入乙醇的作用是沉淀蛋白质以防其发生乳化，并溶解一些醇溶性物质使其留在水层中。

(5)加入石油醚的作用是降低乙醚极性，使乙醚与水不混溶，只提取出脂肪，并可使分层清晰，便于读数。

(6)对已经吸湿结块的乳粉用本法测定脂肪含量时，结果往往偏低。

7.3.4 巴布科克氏法和盖勃氏法

乳及其产品中脂肪含量的测定方法有重量法和容积法，重量法的标准方法是罗兹-哥特里法，而容积法有巴布科克氏法(Babcock 法)和盖勃氏法(Gerber 法)等。容积法较重量法测定速度快、省时、省力。

牛乳中的脂类并不是以溶解状态而是以脂肪球呈乳浊液状态存在，在它周围有一层膜，这层膜使脂肪球得以在乳中保持乳浊液的稳定状态。这层膜中含有蛋白质、磷脂等许多物质，通常用浓 H_2SO_4 处理时，脂肪球膜被软化破坏，于是乳浊液就被破坏，脂肪即可分离出来。巴布科克法和盖勃氏法具有相似的原理，所以在此一起介绍。

7.3.4.1 原理

用浓硫酸溶解乳中的乳糖和蛋白质，将牛奶中的酪蛋白钙盐转变成可溶性的重硫酸酪蛋白，脂肪球膜被破坏，脂肪游离出来。利用加热离心，使脂肪完全迅速分离，直接读取脂肪层的体积可知被测乳的含脂率。巴布科克氏乳脂瓶和盖勃氏乳脂瓶如图 7-4 所示。

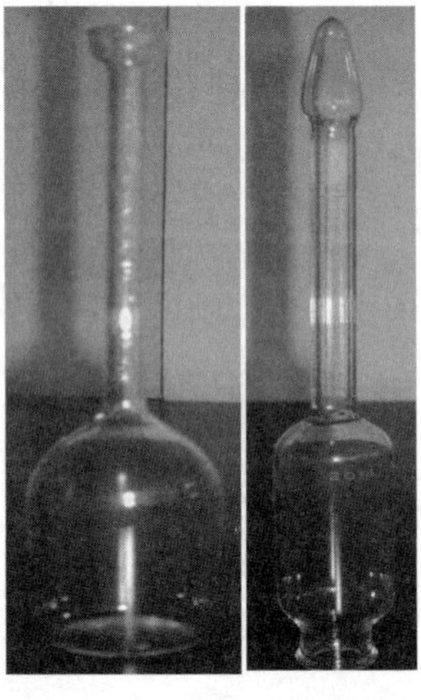

图 7-4 巴布科克氏乳脂瓶(左)和盖勃氏乳脂瓶(右)

这 2 种方法都是测定乳脂肪的标准方法，适用于鲜乳及乳制品中脂肪的测定。但不适合测定含巧克力、糖的食品中的脂肪，因为硫酸可使巧克力和糖分发生炭化，使结果的误差较大。

改良巴布科克氏法可用于测定风味提取液中芳香油的含量及海产品中脂肪的含量。

盖勃氏法较巴布科克氏法简单快速，多用一种试剂——异戊醇。使用异戊醇是为了防止糖分炭化，促进磷脂从蛋白质中分离和有利于游离脂肪从水相中分离。

7.3.4.2 主要试剂

浓硫酸、异戊醇(沸程为 128～132℃)。

7.3.4.3　操作

(1)巴布科克氏法

①精确吸取 17.6 mL 牛乳于巴布科克氏乳脂瓶中,沿瓶颈壁慢慢加入硫酸 17.5 mL,将瓶颈回旋,充分混合至无凝块并呈均匀的棕色。

②将乳脂瓶置于乳脂离心机中,转速约 1 000 r/min(操作方式如图 7-5 所示)离心 5 min,使脂肪分离升至瓶颈基部。加入热水使脂肪上浮到瓶颈基部,转速同上,离心 2 min。再加入热水使脂肪上浮到 2 或 3 刻度处,转速同上,离心 1 min。将离心后的乳脂瓶置于 55～60℃水浴 5 min 后,立即读取脂肪层最高与最低点所占的格数,即为样品含脂肪的百分率。

图 7-5　巴布科克氏法测定乳脂时的离心操作方式

(2)盖勃氏法

①将 10 mL 硫酸倒入盖勃氏乳脂瓶中,并精确吸取 11 mL 牛乳于瓶中,加入 1 mL 异戊醇,盖紧塞子,振摇至呈均匀棕色液体,静置数分钟后置于 65～70℃水浴中 5 min。

②将盖勃氏乳脂瓶取出擦干,调节脂肪柱在刻度内,放入离心机(800～1 000 r/min)中离心 5 min。

③将乳脂瓶置于 65～70℃水浴 5 min 后取出,立即读数,即为脂肪的含量。

7.3.4.4　注意事项

(1)巴布科克氏法和盖勃氏法在具体的测定过程中都要使用专门设计的玻璃器皿作为测定工具,即巴布科克氏乳脂瓶和盖勃氏乳脂瓶,如图 7-4 所示。一般来说,巴布科克低乳脂瓶的颈部刻度有 0.0～8.0%和 0.0～10.0%两种,最小刻度值为 0.1%;盖勃氏乳脂瓶的颈部刻度为 0.0～8.0%,最小刻度也是 0.1%。

(2)硫酸的浓度要严格遵守规定,如过浓会使乳炭化成黑色溶液而影响读数;过稀则不能使酪蛋白完全溶解,而使测定值偏低或使脂肪层浑浊。

(3)1 mL 异戊醇应能完全溶于酸中,但如果质量不佳,可能有部分析出掺入油层而使测定结果偏高。因此在使用异戊醇之前,应进行如下操作:将硫酸、水(代替牛乳)及异戊醇按测定样品时的数量注入乳脂计中,振摇后静置 24 h 澄清。如在乳脂计的上部狭长部分无油层析出,认为该异戊醇适用,否则该异戊醇不能使用。

(4)巴布科克氏法中采用 17.6 mL 标准吸管取样,如图 7-6 所示,实际上注入巴氏瓶中的样品只有 17.5 mL,牛乳的相对密度为 1.03,故样品质量为 17.5×1.03=18 (g)。巴布科克氏瓶颈的刻度(0～10%)共 10 个大格,每大格容积为 0.2 mL,在 60℃左右,脂肪的平均相对密度为 0.9,故当整个刻度部分充满脂肪时,脂肪重量为 0.2×10×0.9=1.8(g)。18 g 样品中含有 1.8 g 脂肪，即瓶颈全部刻度表示为脂肪含量 10%，每一大格代表 1%的脂肪，故瓶颈刻度读数即为样品中脂肪百分含量。

(5)盖勃氏法所用移乳管为 11 mL，实际注入的样品为 10.9 mL，样品的重量为 11.25 g，乳脂计刻度部分(0～8%)的容积为 1 mL。当充满脂肪时，脂肪的重量为 0.9 g，11.25 g 样品中含有 0.9 g 脂肪，故全部刻度表示为脂肪含量$=\frac{0.9}{11.25}\times 100\%=8\%$，刻度数即为脂肪百分含量。

(6)罗兹-哥特里法、巴布科克氏法和盖勃氏法都是测定乳脂肪的标准方法。根据对比研究表明，前者的准确度较后两者高，后两者中巴布科克法的准确度比盖勃法的稍高，两者差异显著。

(7)由于巴布科克氏法用浓硫酸作为蛋白质溶解剂，如果用该法测定肉制品的脂肪含量时会使蛋白质发生炭化，这些碳化物悬浮在脂肪层和水层的界面间，就会造成读数不准确。将巴布科克氏法加以改进，用来测定肉制品和谷物类样品的脂肪含量。研究表明，用高氯酸-乙酸混合液代替硫酸，测定肉及肉制品的脂肪，测定值与美国分析化学家协会(Association of Official Analytical Chemists，AOAC)的方法一致，精密度以标准偏差表示为 0.2%。

图 7-6　标准牛乳吸管

具体操作：称 9 g 绞碎的肉于巴布科克氏瓶中，加高氯酸-乙酸混合液(6%的高氯酸与等容量的乙酸混合)30 mL 于沸水浴中加热 15 min(使样品充分溶解)。再加混合酸使之达到瓶颈的刻度范围，离心 2 min(转速约 1 000 r/min)，60℃水浴 10 min，读取液面读数 H，按脂肪%$=H\times 0.95$ 计算脂肪含量(0.95 为溶解于脂肪层中的乙酸修正值)。

7.3.5　氯仿-甲醇提取法

索氏抽提法只能提取游离态的脂肪，而脂蛋白、磷脂等结合态的脂类则不能被完全提取出来，酸水解法又会使磷脂水解而损失。在一定水分存在下，极性的甲醇与非极性的氯仿混合液却能有效地提取结合态脂类。本法适合于含结合态脂类比较高、特别是磷脂含量高的样品，如鲜鱼、贝类、禽、蛋等脂肪的测定，对于含水量高的试样更有效。

7.3.5.1　原理

将试样分散于氯仿-甲醇混合液中，在水浴中轻微沸腾。氯仿-甲醇及样品中一定的水分形成提取脂类的溶剂，在使样品组织中结合态脂类游离出来的同时，与磷脂等极性脂类的亲和性增大，从而有效地提取出全部脂类。经过滤除去非脂成分、回收溶剂后，对残留脂类用石油醚提取，蒸去石油醚后称量即为脂肪含量。

7.3.5.2　试剂

氯仿体积分数为 97%以上，甲醇体积分数为 96%以上，氯仿-甲醇混合液(按 2∶1体积比混合)，石油醚，无水硫酸钠(120～135℃干燥 12 h)。

7.3.5.3　操作步骤

(1)提取　准确称取样品 5 g 于 200 mL 具塞三角瓶中(水分含量高的食品可加适量硅藻土使其分散)，加入 60 mL 氯仿-甲醇混合液(对干燥食品可加入 2～3 mL 水)，连接布氏漏斗，于 60℃水浴中，从微沸开始计时提取 1 h。

(2)回收溶剂　提取结束后，取下三角瓶，用布氏漏斗过滤，滤液用另一具塞三角瓶收集。用氯仿-甲醇混合液洗涤烧瓶、滤器及滤器中的试样残渣，洗涤烧瓶每次 5 mL，洗涤 3 次；用 30 mL 洗涤残渣及滤器，洗涤液并入滤液中，置于 65～70℃水浴中回收溶剂，至三角瓶内物料显浓稠态，但不能使其干涸，冷却。

(3)萃取　向三角瓶中加入 25.0 mL 石油醚，再加入 15 g 无水硫酸钠，立刻加塞振荡 10 min，将醚层移入具塞离心管中，以 3 000 r/min 离心 5 min 进行分离。

(4)定量　迅速从离心管中吸取澄清的醚层 10 mL 于已烘干至恒重的称量瓶内，蒸发去除石油醚后，于 103℃±2℃烘箱中烘至恒重(约 30 min)。

7.3.5.4　计算

测定结果以百分含量 X 表示，计算按照公式进行。

$$X=\frac{2.5\times(m_2-m_1)}{m}\times100\%$$

式中，X 为样品中脂肪的含量，%；m 为样品的质量，g；m_1 为称量瓶的质量，g；m_2 为称量瓶和脂肪的总质量，g；2.5 为 25 mL 乙醇中取 10 mL 进行干燥，故乘以系数 2.5。

7.3.5.5　注意事项

(1)溶剂回收至残留物尚具有一定的流动性，不能完全干涸，否则脂类难以溶解于石油醚中，从而使测定结果偏低。

(2)在进行萃取时，无水硫酸钠必须在石油醚之后加入，以免影响石油醚对脂类的溶解。其加入量可根据残留物中水分含量确定，一般为 5～15 g。

(3)对于干燥试样，可先加入一定量的水，使组织膨润，再用氯仿-甲醇混合液提取。

(张清)

本章小结

本章阐述了脂类的组成、分类、性质；脂肪提取剂的种类、性质和应用的优缺点；脂肪测定的样品前处理方法。介绍了油脂的重要理化指标酸价、过氧化值、羰基价、丙二醛、碘价和皂化价的测定原理、方法和注意事项；介绍了索氏提取法、酸水解法、罗兹-哥特里法、巴布科克氏法、盖勃氏法和氯仿-甲醇法脂肪含量测定方法的原理、操作和注意事项；简要介绍了自动脂肪测定仪的工作原理。

思考题

1. 简述油脂测定常用提取剂的种类、性质。
2. 试述食用油脂测定的主要理化指标和方法。
3. 索氏法测脂肪的原理和注意事项是什么？
4. 为什么将罗兹-哥特里法称为碱性乙醚提取法？该法主要用于测定哪类食品的脂肪含量？
5. 为什么氯仿-甲醇提取法特别适合于结合态脂肪和水分含量高的试样中的脂肪含量的

测定？

6. 试述酸水解法测定脂肪的原理和注意事项。

参考文献

[1] 韦芳三，李纯厚，戴明，等. 索氏提取法测定海洋微藻粗脂肪含量及其优化方法的研究. 上海海洋大学学报，2011，20(4)：619-622.

[2] 王启军. 食品分析实验. 2版. 北京：化学工业出版社，2011.

[3] 张水华. 食品分析. 北京：中国轻工业出版社，2007.

[4] 谢笔钧，何慧. 食品分析. 北京：科学出版社，2009.

[5] 食品安全国家标准　食品中脂肪的测定：GB 5009.6—2016.

第 8 章
蛋白质和氨基酸的测定

本章学习目的与要求

1. 熟悉蛋白质快速测定方法的原理；
2. 掌握凯氏定氮法测定蛋白质的原理和注意事项；
3. 掌握甲醛滴定法测定氨基酸总量的原理。

8.1 概述

蛋白质是维持人体正常生长和健康不可缺少的营养素之一。蛋白质与人类健康的关系主要表现在构成和修补人体组织、构成维持人体各类重要生命活动的活性物质、调节体内渗透压和酸碱平衡以及提供一定的能量等。构成蛋白质的基本单位是氨基酸,它也对人体健康具有不可或缺的作用。食物是人体所需蛋白质或氨基酸的主要来源,而蛋白质也是大部分食物的主要成分。其中,豆类与肉类食品中蛋白质的含量较高且属于优质蛋白质。表 8-1 中展示了部分食品的蛋白质含量。为了满足人类对蛋白质的需要,不仅要寻找新蛋白质资源、开发蛋白质利用新技术,更要充分利用现有的蛋白质资源,树立大食物观,发展设施农业,构建多元化食物供给体系。因此,需要了解蛋白质的物理、化学和生物学性质以及加工储藏处理对蛋白质性质的影响。

表 8-1　常见食品的蛋白质含量　%

食品	蛋白质湿基含量	食品	蛋白质湿基含量
肉类		豆类	
猪肉(瘦)	20.3	黄豆(大豆)	35.1
猪肝	19.3	豆腐(北)	12.2
鸡(乌骨鸡)	22.3	豆腐(南豆腐)	6.2
墨鱼	15.2	腐乳(白)	10.9
蟹(河蟹)	17.5	绿豆	21.6
龙虾	18.9	芸豆(红)	21.4
蛋类		谷物类	
鸡蛋(红皮)	12.8	稻米(粳,标一)	7.7
鸡蛋白	12.6	稻米(早籼,标一)	8.8
鸡蛋黄	15.2	小麦粉(标准粉)	11.2
鸭蛋	12.6	方便面	9.5
鸡蛋粉(全蛋粉)	43.4	挂面(标准粉)	10.1
		小米	9
乳品		果蔬类	
牛乳(原料奶)	4.1	草莓	1
奶片	13.3	苹果(国光苹果)	0.3
黄油	1.4	葡萄(巨峰)	0.4
酸奶(高蛋白)	3.2	大白菜(青白口)	1.4
奶酪(干酪)	25.7	菜花(花椰菜)	2.1
牛乳粉(婴儿奶粉)	19.8	胡萝卜(黄)	1.4

来源:王光亚. 中国食物成分表. 北京:北京大学医学出版社,2009.

蛋白质及其分解产物不仅直接影响食品的色、香、味,还影响食品的营养价值,因此是食品的重要质量指标。

由于构成蛋白质的氨基酸种类很多,已知有 20 余种,加上这些氨基酸通过酰胺键(肽键)组成蛋白质时,数量、空间结构和构象等因素都有很大差异,使得不同食品蛋白质的数量及化学结构都有差异,因此一般不能直接测定蛋白质的含量。但是,蛋白质含氮量区别于其他营养素的主要标志，具有相对固定的特点。可以通过测定食品的含氮量然后换算成蛋白质的含量，经典的测定方法就是凯氏定氮法。双缩脲法、水杨酸比色法、福林酚比色法、染料结合法等也常用于食品中蛋白质的定量分析。在食物和生物材料中，除了蛋白质氮外，还可能含有非蛋白氮的物质，如核酸、含氮糖类、生物碱、含氮类脂、卟啉和含氮色素等。这些非蛋白氮的存在可使蛋白质测定结果偏高。

测定食品中氨基酸总量的常规检测方法除了传统的酸碱滴定法外，主要是可以利用氨基酸自动分析仪来完成。该仪器主要基于液相色谱技术，可以对除了色氨酸以外的绝大部分氨基酸进行定性与定量分析。还可以利用如近红外分析技术、电喷雾电离质谱（electrospray ionization mass spectrometry，ESI-MS）、基质辅助激光解析飞行时间质谱（matrix assisted laser desorption ionization time-of-flight mass spectrometry，MALDI-TOF-MS）等先进技术对食品中的蛋白质或氨基酸进行定量分析。其中 ESI-MS 和 MALDI-TOF-MS 也是蛋白质组学分析中的常用方法。

8.2　蛋白质的快速测定方法

食品中蛋白质含量的快速检测，主要体现在操作简便且快速，这是现代食品质量安全控制的发展要求。目前，实现食品中蛋白质含量的快速测定主要依靠一些仪器来完成，如分光光度计、蛋白质快速测定仪、近红外光谱仪、快速检测试剂盒等。

8.2.1　双缩脲法

8.2.1.1　原理

当脲被加热至 150～160℃时，可由 2 个分子同脱去 1 个氨分子而生成二缩脲（也叫双缩脲），反应式如下：

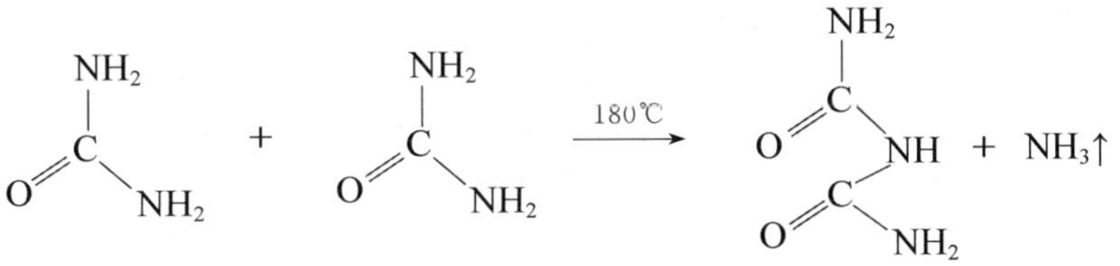

双缩脲在碱性条件下能与 Cu^{2+} 结合生成紫红色的配合物，此反应称为双缩脲反应。反应式如下：

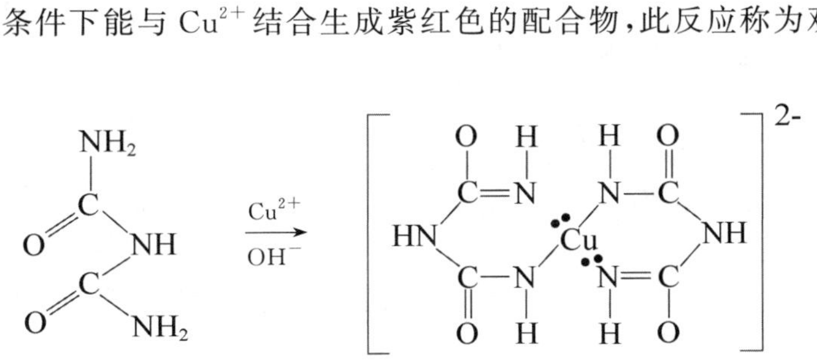

由于蛋白质分子中有肽键（—CO—NH—），其结构与双缩脲相似，所以也能发生此反应（二肽和氨基酸都不能发生双缩脲反应）。生成紫红色配合物在一定条件下其颜色深浅与蛋白质含量成正比，该配合物在 540～560 nm 波长有最大吸收，可用吸光度法测蛋白质含量。

8.2.1.2 主要试剂的配制

双缩脲法测定蛋白质所使用的主要试剂为碱性硫酸铜溶液，它的配制方法如下。

(1)以甘油为稳定剂　将 10 mL 10 mol/L 氢氧化钾溶液和 3 mL 甘油加到 937 mL 蒸馏水中，剧烈搅拌，同时缓慢加入 50 mL 40 g/L 硫酸铜($CuSO_4 \cdot 5H_2O$)溶液。

(2)以酒石酸钾钠为稳定剂　将 10 mol/L 氢氧化钾溶液 10 mL 和 250 g/L 酒石酸钾钠溶液 20 mL 加到 930 mL 蒸馏水中，剧烈搅拌，同时缓慢加入 40 g/L 硫酸铜溶液 40 mL。

8.2.1.3 操作步骤

(1)标准曲线绘制　以采用凯氏定氮法测出蛋白质含量的样品作为标准蛋白质样品。按蛋白质含量 40、50、60、70、80、90、100 和 110 mg 分别称取混合均匀的标准蛋白质样品于 8 支 50 mL 纳氏比色管中，各加入 1 mL 四氯化碳，再用碱性硫酸铜溶液准确稀释至 50.0 mL，振摇 10 min，静置 1 h。取上清液离心 5 min，取离心后的透明液于比色皿中，在 560 nm 波长处以蒸馏水做参比调节仪器零点，并测定各溶液的吸光度 A，以蛋白质的含量为横坐标，以吸光度 A 为纵坐标绘制标准曲线。

(2)样品测定　准确称取样品适量(使样品中蛋白质含量在 40～110 mg)于 50 mL 纳氏比色管中，加入 1 mL 四氯化碳，按上述步骤加入试剂显色后，在相同条件下测其吸光度 A。用测得的 A 值在标准曲线上即可查得蛋白质质量(mg)，进而求得样品中的蛋白质含量。

8.2.1.4 结果计算

$$X=\frac{m}{m_1}\times 100$$

式中，X 为样品中蛋白质的含量，mg/100 g；m_1 为标准曲线上查得的蛋白质质量，mg；m 为样品质量，g。

8.2.1.5 说明与注意事项

(1)双缩脲反应不仅为含有 2 个以上肽键的物质所有，含有 1 个肽键和 1 个$—CS—NH_2$、$—CH_2—NH_2$、$—CHR—NH_2$、$—CH_2—NH—CH_2—NH—CH_2—OH$ 或$—CHOHCH_2NH_2$ 等基团的物质以及乙二酰二胺等物质也有此反应。NH_3 也干扰此反应，因为 NH_3 与 Cu^{2+} 可生成暗蓝色的络离子 $Cu(NH_3)_4^{2+}$。因此，有双缩脲反应的物质不一定都是蛋白质或多肽，表明该反应的特异性不强，灵敏度较低。但该法操作简单快速，故常用在豆类、油料、米谷等作物种子及肉类等样品中蛋白质含量测定量。

(2)在配制铜溶液加入硫酸铜溶液时，必须剧烈搅拌，否则将生成氢氧化铜沉淀而使该试剂不能使用。

(3)含脂肪高的样品应预先进行脱脂处理。

(4)如果样品中含有不溶性成分，会给比色测定带来困难，此时可将蛋白质提取出来进行测定。

(5)当肽链中含有较多的脯氨酸时，若有多种糖类共存，则显色不好，测定值偏低。

8.2.2 考马斯亮蓝比色法(Bradford 法)

8.2.2.1 原理

考马斯亮蓝 G-250(R-250)是一种染料，具有红色和蓝色 2 种色调。考马斯亮蓝 G-250

(R-250)结构式如下：

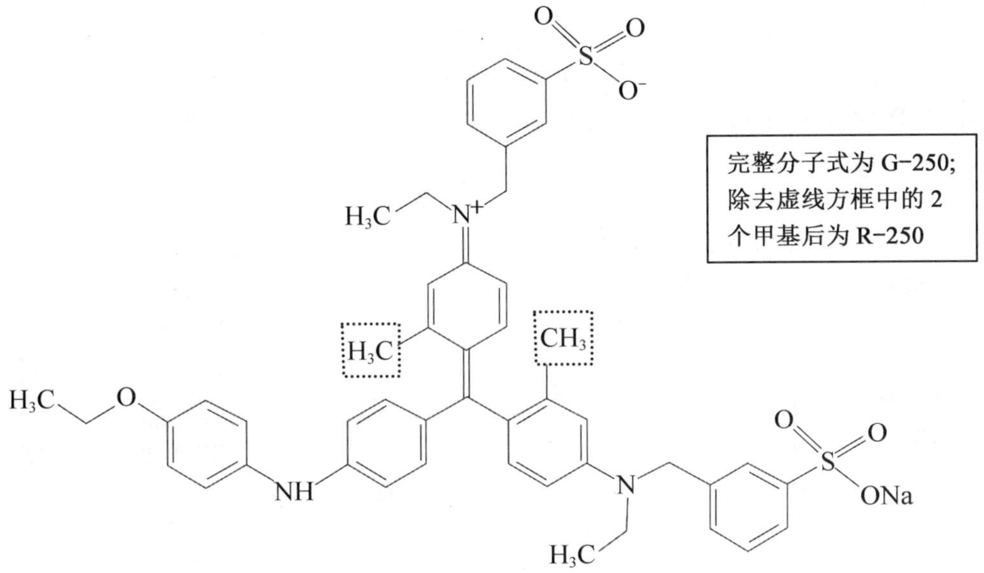

在酸性溶液中，考马斯亮蓝以游离态存在时呈棕红色，其最大吸收峰在 465 nm 处；当它与蛋白质通过疏水作用结合后变为蓝色，最大吸收峰位置变为 595 nm 处。蛋白质含量在 1～100 mg，蛋白质-染料复合物在 595 nm 处的吸光度与蛋白质含量成正比，故可用该比色法测定蛋白质含量。该反应的灵敏度高，反应速度快(在 2 min 左右反应达到平衡，在室温 1 h 内稳定)，经常用于蛋白质含量测定。

8.2.2.2　主要试剂的配制

(1)标准蛋白质溶液　准确称取 10 mg 牛血清白蛋白或 10 mg G-球蛋白，溶于蒸馏水中并定容至 100 mL，该标准溶液的质量浓度为 0.1 mg/mL。

(2)考马斯亮蓝 G-250 试剂　称取 100 mg 考马斯亮蓝 G-250，溶于 50 mL 95%乙醇中，加入 85%(m/V)的磷酸 100 mL，最后用蒸馏水定容到 1 000 mL。此溶液可在常温下放置 1 个月。

8.2.2.3　操作步骤

(1)标准曲线的绘制　取 7 支比色管，分别加入 0.1 mg/mL 的标准蛋白质溶液 0.0、0.1、0.2、0.4、0.6、0.8、1.0 mL，用去离子水补充到 1.0 mL，各试管中分别加入 5.0 mL 考马斯亮蓝 G-250 试剂，每加完一管，立即在旋涡混合器上混合均匀(不要太剧烈，以免产生大量气泡而难以消除)。用试剂空白调零在 595 nm 处测定各标准蛋白溶液的吸光度，用标准蛋白质含量(mg)为横坐标，用吸光度值 A_{595} 为纵坐标，绘制标准曲线。

(2)样品测定　吸取一定量的样品稀释液于比色管中，按上述标准曲线绘制方法加入试剂显色，以试剂空白调零，测定其在 595 nm 处的吸光度，从标准曲线上查出并计算样品的蛋白质含量。

8.2.2.4　说明与注意事项

(1)该法的蛋白质与染料结合后产生的颜色变化很大，蛋白质-染料复合物有更高的消光系数，因而光吸收值随蛋白质浓度的改变而具有较大的变化。其最低蛋白质检测量可达1 mg，有较高的灵敏度。

(2)该法测定快速、简便，颜色稳定性好，干扰物质少。染料主要是与蛋白质中的碱性氨基酸（特别是精氨酸）和芳香族氨基酸残基相结合，但由于各种蛋白质中精氨酸和芳香族氨基酸的含量不同，因此该法用于不同蛋白质测定时有较大的偏差。在制作标准曲线时通常选用G-球蛋白为标准蛋白质，以减少这方面的偏差。

(3)所有玻璃仪器要清洗干净并干燥，取样要准确。

(4)在试剂加入后的5～20 min内测定吸光度，因为在这段时间内颜色是最稳定的。测定中，蛋白质-染料复合物会有少部分吸附于比色皿壁上，测定完后可用乙醇将比色皿洗干净。因不易洗去染料的颜色，因此不可使用石英比色皿。

8.2.3 蛋白质快速测定仪

为了弥补凯氏定氮法存在的无法区分蛋白氮和非蛋白氮的缺点，近年来出现了蛋白质快速测定仪，实现了蛋白质快速、准确、定量且不受非蛋白氮影响的测定。

8.2.3.1 原理

一般的蛋白质快速测定仪包括3个部分：称量、显色分离和测量，其中称量部分由分析天平完成，然后通过数据线将重量传输至快速测定仪系统中。显色分离和测量部分的结构如图8-1所示，主要由光源、比色池、检测器、硬件驱动系统和显示系统等构成。

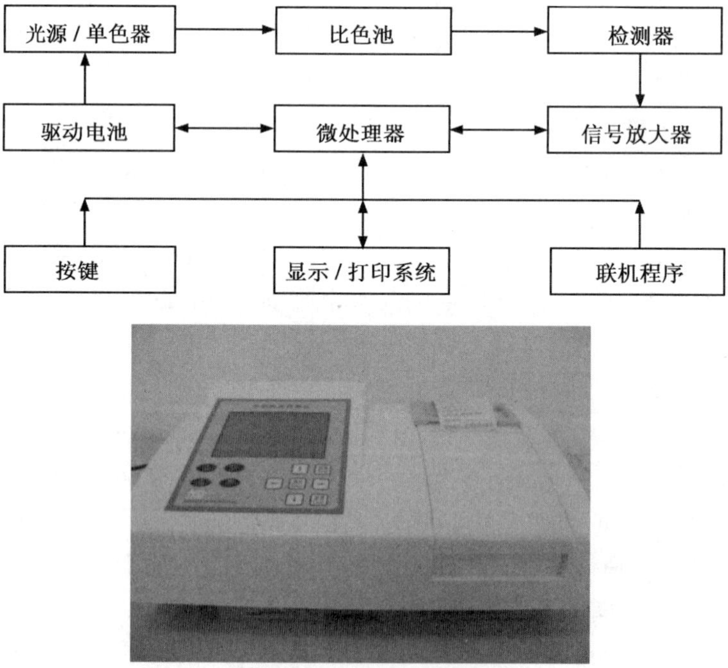

图 8-1 蛋白质快速测定仪及其硬件结构示意图

将特定有机试剂（如偶氮染料）适量加到含有蛋白质的溶液中，有机试剂与蛋白质相互作用生成不溶性化合物（这些有机试剂可称为蛋白质试剂），离心分离不溶性化合物，未与蛋白质反应的有机试剂仍存在溶液中。通过定量加入有机试剂，借助蛋白质快速检测仪检测有机试剂与蛋白质结合前后吸光度的变化，可测定出样品中蛋白质的含量。因为溶液吸光度与有机试剂的浓度成正比，当蛋白质存在时，溶液中有机试剂浓度降低，其吸光度也降低，降低程度与蛋白质浓度相关。

8.2.3.2　主要试剂的配制

包括蛋白质试剂（偶氮染料）在内的所有试剂都由蛋白质快速测定仪生产厂家提供，在使用时只需对其进行稀释即可。

8.2.3.3　操作步骤

（1）样品前处理

①准确称取 1.000 g 牛奶于塑料样品杯中，加入 40 mL 蛋白质试剂，搅拌 1 min，以 12 000 r/min 离心 3 min，上清液为待测溶液。

②准确称取 10.000 g 豆奶粉于塑料样品杯中，加入 90 mL 蒸馏水，搅拌 3 min，此溶液为奶粉稀释液。其他步骤同牛奶的蛋白质测定。

③取 2.000 g 搅拌均匀的生鸡蛋液，加入 1.0 mL 鸡蛋蛋白质前处理试剂（由仪器厂家提供）和 7 mL 蒸馏水，摇匀，准确称取 0.500 g 上述处理后的鸡蛋样品于塑料样品杯。加入 40 mL 蛋白质试剂，搅拌 1 min，分取搅拌后溶液，以 12 000 r/min 离心 3 min，上清液为待测溶液。

（2）测量　用蒸馏水做试剂空白试验，通过蛋白质快速检测仪检测蛋白质试剂反应前后吸光度，根据仪器内置数据处理系统计算样品中蛋白质的含量。

8.2.3.4　说明与注意事项

（1）在 17～40℃条件下，蛋白质试剂与蛋白质在 1 min 内即可完成反应，整个蛋白质含量测定过程仅需 5～10 min 即可完成。测定结果的精密度（RSD）小于 1%，与凯氏定氮法测定结果和标准物质比较，测定结果的相对误差均小于 5%。

（2）适用于测定牛奶（包括纯奶、核桃牛奶、燕麦牛奶、红枣牛奶、牛初乳）、奶粉（包括牛初乳粉）、豆粉、豆奶粉和鸡蛋等样品中的蛋白质氮，不受三聚氰胺、尿素、硝酸铵及甘氨酸等非蛋白氮的干扰。

（3）操作简单，对工作环境及操作人员无特殊要求。通过 RS-232/USB 接口和专用软件可实现仪器联机操作，实时对测量数据收集、分析。

8.2.4　食品中蛋白质的近红外光谱检测法

近年来，近红外光谱技术在食品掺伪快速检测中逐渐崭露头角，成为很多物质检测的国标推荐方法，如小麦粗蛋白质和玉米粗蛋白质的国标推荐测定方法，见“扩展资源”。目前，近红外光谱技术应用于蛋白质快速测定的食品主要有牛乳、鱼糜、鲜猪肉、大米、豆类或豆粕等，该方法具有分析速度快、操作简便、稳定性好和非破坏性的优点。近红外光谱仪如图 8-2 所示。

8.2.4.1　原理

近红外光谱的波长范围为 780～2 526 nm。蛋白质含量的近红外光谱分析主要基于蛋白质在近红外光谱区域内的特征吸收波长为 2 180 nm 和 2 050 nm，这主要是胺化物的倍频和合频振动，以及 N—H 键的倍频振动的吸收波长。通过样本较大（定标样品集）的蛋白质含量光

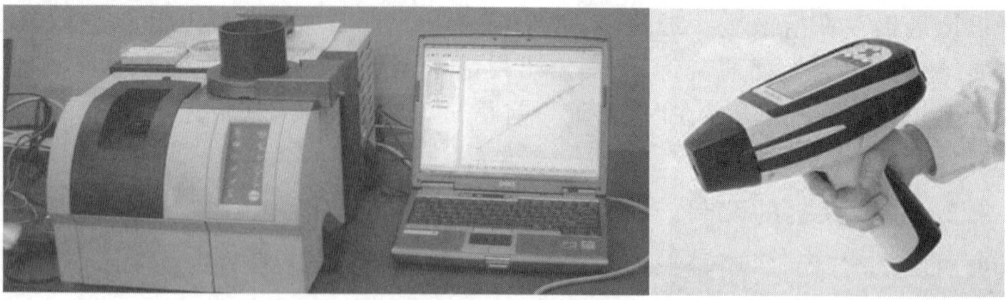

图 8-2 近红外光谱仪

谱信息的采集和蛋白质含量的化学测定，在化学计量学方法帮助下处理光谱信息和化学测定，建立模型；然后使用该模型预测非定标样品集样品的蛋白质含量，与化学测定值之间进行 T 检验，判断化学值与预测值的显著差异性，说明所建模型的预测准确性和可靠性；最后再对蛋白质含量未知的样品进行近红外光谱采集，借助化学计量学的方法对谱图进行信息提取，利用验证后的模型分析未知样品的谱图信息，预测其蛋白质含量。

8.2.4.2 操作步骤

从上述原理可以看出，近红外光谱法应用于食品蛋白质含量的测定步骤，主要包括训练集样品的大量收集、训练集样本近红外光谱信息采集、训练集样品的化学测定、利用化学计量学方法建立预测模型、预测模型的评价、待测样品的光谱采集、待测样品蛋白质含量的预测等。以小麦中粗蛋白质的含量测定为例。

(1)所需的近红外分析仪需满足《粮油检验 近红外分析定标模型验证和网络管理与维护通用规则》(GB/T 24895—2010)中的要求，见“扩展资源”；粉碎机在使用时应采用和定标模型建立与验证时相同的粉碎过程。

(2)正确采样，选取具有代表性的样品，并除去其中杂质。

(3)近红外分析仪的预热与自检测试。

(4)在使用状态下，每天至少用监控样品对仪器监测 1 次，同一监控样品的粗蛋白含量测定结果与最初的测定结果相比，应符合绝对差≤0.2%(粗蛋白质含量≤15%)和绝对差≤0.3%(粗蛋白质含量>15%)。如不符合上述要求，则需停止使用，寻找解决办法。

(5)按照仪器说明书要求，取适量的小麦样品或小麦粉碎样品，放入近红外分析仪样品室中，进行测定，记录测定数据。每个样品测定 2 次：第 1 次测定后的样品应与原待测样品混匀，再次取样进行第 2 次测定。

(6)测定完毕后，需要对数据进行处理，包括测定值是否处于定标模型所覆盖的蛋白质含量范围内、标准差是否符合要求、是否存在异常值(异常样品)等。

(7)最后填写测试报告。

8.2.4.3 说明与注意事项

(1)使用近红外光谱仪测定时，样品从清晰或高浊度的液体以至固体都不需作前处理。

(2)近红外光谱仪的应用核心步骤在于预测模型的有效建立，包括训练集的光谱采集、谱图信息处理、模型建立和训练集中待测物含量的化学测量，一旦预测模型建立起来，将可以较长久地运用于以后的实际分析过程中。只是需要定期对预测模型所使用的训练集进行样品补充。

(3)近红外光谱仪测定食品中蛋白质含量时，需要充分考虑一系列因素对检测结果准确性的影响。这些因素主要包括样品其他成分组成情况、样本大小、样品的物性、处理方法、测试条件和仪器自身稳定性等。下面以定标样品的选取和样品物性 2 个方面来阐述。

定标样品组分含量范围一定要尽量地宽，这样才能保证以后待测样品的近红外预测值不会出现异常或比较大的偏差。定标样品的选取最好服从待测组分含量的"均匀"分布，且对天然产物，要考虑其生长气候、生长条件、品种、质地、收获季节等因素；对在线检测要包括各个工艺条件下的样品。在实际工作中，建立较窄范围模型需要 50～100 个定标样品；对于较宽范围或开放样品群则需要至少 150 个定标样品。

样品粒度大小的不同往往会出现不同的测量结果，甚至会出现很大的偏差。这是因为样品粒度大时，其光学表面粗糙，影响反射光谱和传感系统呈现的透射层的物理深度，影响到感受系统对样品表面的反应，从而影响测试的灵敏度及准确度。所以，不仅是定标样品集中所有样品在测定时保证粒度大小一致，预测样品与定标样品也需保持一致。一些表面比较光亮的样品，对光的反射比较强烈，这样就导致近红外光不能携带样品信息到达检测器。所以，一般颜色差异比较大的样品需要根据颜色分类，按类分别单独定标。谷物在收获、运输、储藏过程中难免会混入杂质，这样在分析过程中就会有像稻草、谷壳、沙子、草籽等杂质影响近红外的有效波程长。因此，杂质的去除是样品测定前必须进行的操作。

8.2.5　食品中蛋白质的质谱检测分析法

随着高灵敏度和高分辨率商用质谱仪的发展以及各类数据库的建立和不断完善，蛋白质分析概念也得到扩展，形成了蛋白质组学。目前蛋白质组学研究包括分析蛋白质的结构、含量、定位、修饰、相互作用和功能。虽然建立在质谱基础上的蛋白质组学已经在医学和生物学研究中使用较为广泛，但是其在食品分析方面应用却并不多。不过其强有力且较为快速的蛋白质分析能力，在食品加工或食品营养学中定会有广泛的应用。下面以 MALDI-TOF-MS 在食品蛋白质分析中的应用为例进行介绍。

8.2.5.1　原理

MALDI-TOF-MS 是一种较新的软电离质谱技术。"软"是相对于最常用的电子电离(electron ionization，EI)而言，质谱分析中采用较低的能量使试样分子电离的技术。采用软电离技术容易获得能指明分子量的准分子离子，但能提供结构信息的碎片离子较少，适用于混合物及生物大分子的测定。

MALDI-TOF-MS 将生物大分子与特定的基质分子混合，用激光照射样品与基质形成的共结晶薄膜，基质从激光中吸收能量传递给生物分子，软电离出一个电子。利用这种技术可以得到分子的母体离子和一些大的碎片离子，对于几十万甚至几百万质量数的分子可以进行检测，而且时间飞行质谱仪的分析时间快，原则上它可以在一次电离事件中给出所有离子的质谱图。在电离过程中，基质分子本身则电离成质量数(m/z)小于 600 的碎片，这并不对生物大分子样品的分析构成干扰。

随着质谱仪的改进、新基质的引入和新技术(尤其是 delay extraction 技术)的使用，MALDI-TOF-MS 的最高分辨率超过 20 000，并且如果在同一台 TOF-MS 上，使用 MALDI 做离子源时的分辨率要比使用 ESI 高出 1 倍多。MALDI 的优点还有质量检测精度高，远远高于目前常规应用的 SDS 电泳与高效凝胶色谱；质子化正离子和去质子化负离子均可检测；单电荷峰占主要，碎片峰少，这有利于对复杂混合物的检测；能忍受较高浓度的盐、缓冲剂和其他难挥发成分,降低了对样品预处理的要求。MALDI 的缺点是不能与液相色谱或毛细管电泳在线联用,对基质的选用也要谨慎。另外,正是由于 MALDI 谱图主要是单电荷峰,碎片峰信息较少,不利于对样品结构的细致分析。

8.2.5.2 试剂

可根据具体的分析对象,选择合适的基质与辅助有机溶剂。目前,常用的基质主要有芥子酸、肉桂酸、阿魏酸、2,5-二羟基苯甲酸、2-咔啉和 α-氰基-4-羟基-肉桂酸等。其中分子量小的多肽分析采用 α-氰基-4-羟基-肉桂酸(一般溶解在乙腈、水、0.1%三氟乙酸混合溶剂中)作为基质;较小或中等分子量的蛋白质采用芥子酸;糖基化蛋白质或分子量大的蛋白质采用 2,5-二羟基苯甲酸或阿魏酸。

8.2.5.3 操作步骤

(1)分析样品中蛋白质的分离提纯。

(2)样品的点靶对于测定结果的准确性尤其重要,所以在实际操作过程中需要操作细致,选择恰当的有机溶剂使得样品在靶点上位置牢固。

(3)每一台 MALDI-TOF-MS 都有其特定的操作说明书,待样品完全在样品靶上点靶以后,放入样品室进行测定,按照说明书进行仪器的自检、保存、记录和数据处理。

(4)对比专用蛋白质或多肽分子量数据库,结合对分析样品中可能存在的物质的初步认识,推断出蛋白质组成情况。

生物样品中蛋白质的 MALDI-TOF-MS 分析过程如图 8-3 所示。

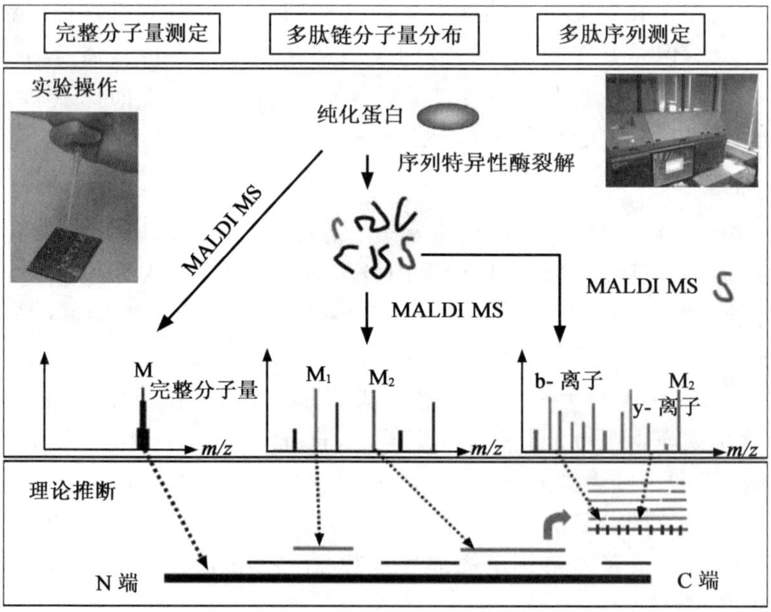

图 8-3 生物样品中蛋白质的 MALDI-TOF-MS 分析过程

8.2.5.4 说明与注意事项

(1)MALDI-TOF-MS 在实际的应用过程中,由于大部分基质的分子质量都在 600 u 以下,所以 MALDI-TOF-MS 适合于分子质量在 600 u 以上的多肽或蛋白质的定性与定量分析。

(2)通过专用软件对所得图谱进行初步处理,包括峰值和丰度的显示;再结合蛋白质或多肽的有关数据库,从而推断所检测样品中可能的蛋白质或多肽组成情况。

(3)由于有的食品组分十分复杂,其中多糖、脂肪、大分子的生物活性物质可能会对检测结果产生干扰;所以,在测定之前需要对分析对象中的蛋白质或多肽进行提取或纯化。

(刘丽波　张清)

8.3　凯氏定氮法测定食品中蛋白质

因食品种类繁多,食品中蛋白质含量各异,但是其他成分,如碳水化合物、脂肪和维生素等干扰成分很多,因此蛋白质含量测定最常用的方法是凯氏定氮法。它是测定总有机氮,然后换算成蛋白质的量,在国内外应用相当普遍。由于样品中常含有少量非蛋白氮,因此该法测定的是样品中的粗蛋白含量,此法为《食品安全国家标准　食品中蛋白质的测定》(GB 5009.5—2016)第一法。

8.3.1　凯氏定氮法

8.3.1.1　原理

食品中的蛋白质在催化加热条件下被分解,产生的氨与硫酸结合生成硫酸铵。碱化蒸馏使氨游离,用硼酸吸收后以硫酸或盐酸标准溶液滴定,根据酸的消耗量计算氮含量,再乘以换算系数,即为蛋白质的含量。

凯氏定氮法的普遍适用性、精确性和可重复性已经得到了广泛认可,已经被确定为检测食品中蛋白质含量的标准方法。该方法主要包括以下 3 个过程。

(1)消化　样品与硫酸一起加热,硫酸使有机物脱水并破坏有机物,使有机物中的 C、H 氧化为 CO_2 和 H_2O,以气体的形式逸出,其中氮和硫酸反应生成不挥发的硫酸铵,留在酸性溶液中。反应式如下:

$$2NH_2(CH_2)_2COOH + 13H_2SO_4 = (NH_4)_2SO_4 + 6CO_2\uparrow + 12SO_2\uparrow + 16H_2O$$

在消化反应中为加速蛋白分解,常常要加入硫酸钾和硫酸铜。一般纯硫酸的沸点为340℃左右,加入硫酸钾可以提高溶液的沸点到 400℃以上而加快有机物的分解。因为消化过程中硫酸不断被分解,水分不断逸出,使硫酸钾浓度增大,故沸点升高。反应式如下:

$$K_2SO_4 + H_2SO_4 = 2KHSO_4$$

$$2KHSO_4 \overset{\triangle}{=} K_2SO_4 + H_2O\uparrow + SO_3\uparrow$$

但硫酸钾加入量不能太大,否则消化体系温度过高,又会引起生成的硫酸铵分解放出氨而造成氮的损失:

$$(NH_4)_2SO_4 \xrightarrow{\triangle} NH_3\uparrow + NH_4HSO_4$$

$$NH_4HSO_4 \xrightarrow{\triangle} NH_3\uparrow + SO_3\uparrow + H_2O$$

除硫酸钾外,也可以加入硫酸钠、氯化钾等盐类提高沸点,但升温效果不如硫酸钾好。

硫酸铜则起催化剂的作用，除硫酸铜外，还有氧化汞、汞、二氧化钛、硒粉等有同样的作用，但应用最广泛的是硫酸铜。硫酸铜的作用机理如下所示：

$$2CuSO_4 \xrightarrow{\triangle} Cu_2SO_4 + SO_2\uparrow + O_2\uparrow$$

$$C + 2CuSO_4 \xrightarrow{\triangle} Cu_2SO_4 + SO_2\uparrow + CO_2\uparrow$$

$$Cu_2SO_4 + 2H_2SO_4 \xrightarrow{\triangle} 2CuSO_4 + 2H_2O + SO_2\uparrow$$

此反应不断进行，待有机物全部被消化后，不再有硫酸亚铜（Cu_2SO_4）生成，溶液呈现清澈的蓝绿色。故硫酸铜除了具有催化剂作用外，还可以指示消化反应的终点。

（2）蒸馏　在消化完全的样品溶液中加入浓氢氧化钠使其呈碱性，加热蒸馏放出氨气，反应式如下：

$$2NaOH + (NH_4)_2SO_4 = 2NH_3\uparrow + Na_2SO_4 + 2H_2O$$

（3）吸收与滴定　加热蒸馏出的氨用硼酸溶液吸收，待吸收完全后，用盐酸标准溶液滴定。硼酸虽然呈微弱酸性（$K_a = 5.8\times10^{-10}$），但不影响酸滴定指示剂的变色反应，它有吸收氨的作用。吸收与滴定反应式如下：

$$2NH_3 + 4H_3BO_3 = (NH_4)_2B_4O_7 + 5H_2O$$

$$(NH_4)_2B_4O_7 + 5H_2O + 2HCl = 2NH_4Cl + 4H_3BO_3$$

8.3.1.2　主要试剂的配制

浓硫酸，硫酸铜，硫酸钾，20 g/L 硼酸溶液，400 g/L 氢氧化钠溶液，0.050 0 mol/L 盐酸标准溶液。

混合指示剂：A 混合指示液为 2 份甲基红乙醇溶液（1 g/L）与 1 份亚甲蓝乙醇溶液（1 g/L），临用时混合；B 混合指示液为 1 份甲基红乙醇溶液（1 g/L）与 5 份溴甲酚绿乙醇溶液（1 g/L），临用时混合。

8.3.1.3　操作步骤

（1）样品处理　称取充分混匀的固体试样 0.2～2 g、半固体试样 2～5 g 或液体试样 10～25 g（相当于 30～40 mg 氮），精确至 0.001 g，移入干燥的 100、250 或 500 mL 定氮瓶中，加入 0.4 g 硫酸铜、6 g 硫酸钾及 20 mL 硫酸，轻摇后于瓶口放一小漏斗，将瓶以 45°角斜支于有小孔的石棉网上。小心加热，待内容物全部炭化，泡沫完全停止后，加强火力，并保持瓶内液体微沸，至液体呈蓝绿色并澄清透明后，再继续加热 0.5～1 h。取下放凉，小心加入 20 mL 水，放凉后，移入 100 mL 容量瓶中，并用少量水洗定氮瓶，洗液并入容量瓶中，再加水至刻度，混匀备用。同时做试剂空白试验。

（2）测定　按图 8-4 装好定氮蒸馏装置，向水蒸气发生器内装水至 2/3 处，加入数粒玻璃珠，加甲基红乙醇溶液数滴及数毫升硫酸，以保持水呈酸性，加热煮沸水蒸气发生器内的水并保持沸腾。

（3）向接受瓶内加入 10.0 mL 硼酸溶液及 1～2 滴 A 混合指示剂或 B 混合指示剂，并使冷凝管的下端插入液面下，根据试样中氮含量，准确吸取 2.0～10.0 mL 试样处理液由小玻杯注入反应室，以 10 mL 水洗涤小玻杯并使之流入反应室内，随后塞紧棒状玻塞。将 10.0 mL 氢氧化钠溶液倒入小玻杯，提起玻璃塞使其缓缓流入反应室，立即将玻璃塞盖紧，并水封。夹紧螺旋夹，开始蒸馏。蒸馏 10 min 后移动蒸馏液接收瓶，液面离开冷凝管下端，再蒸馏 1 min。然后用少量水冲洗冷凝管下端外部，取下蒸馏液接收瓶。尽快以硫酸或盐酸标准滴定溶液滴定至终点，如用 A 混合指示液，终点颜色为灰蓝色：如用 B 混合指示液，终点颜色为浅灰红色。同时做空白试验。

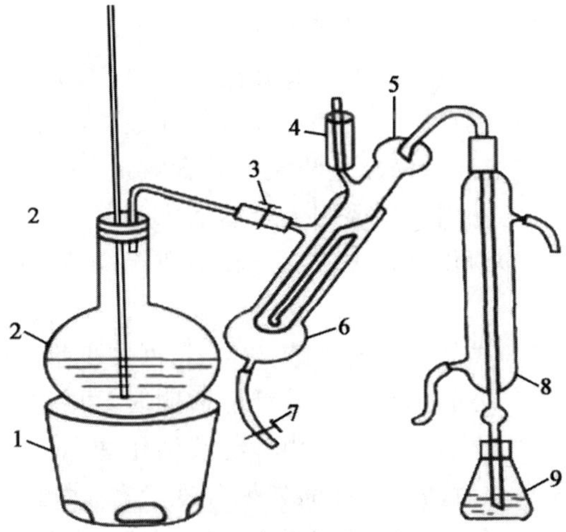

1.电炉　2.水蒸气发生器　3.螺旋夹　4.小玻杯及棒状玻璃塞　5.反应室　6.反应室外层　7.橡皮管及螺旋夹　8.冷凝管　9.接收瓶

图 8-4　凯氏定氮蒸馏装置

8.3.1.4　结果计算

试样中蛋白质的含量按以下公式计算：

$$X = \frac{c \times (V_1 - V_2) \times 0.0140 \times F}{m \times V_3/100} \times 100\%$$

式中，X 为试样中蛋白质的含量，g/100 g；V_1 为试液消耗硫酸或盐酸标准滴定液的体积，mL；V_2 为试剂空白消耗硫酸或盐酸标准滴定液的体积，mL；c 为硫酸或盐酸标准滴定溶液浓度，mol/L；0.014 0 为 1.0 mL 硫酸[$c(1/2H_2SO_4)=1.000$ mol/L]或盐酸[$c(HCl)=1.000$ mol/L]标准滴定溶液相当的氮的质量，g；m 为试样的质量，g；V_3 为吸取消化液的体积，mL；F 为氮换算为蛋白质的系数，各种食品中氮转换系数见表 8-2；100 为换算系数，蛋白质含量≥1 g/100 g 时，结果保留 3 位有效数字：蛋白质含量＜1 g/100 g 时，结果保留 2 位有效数字。

注：当只检测氮含量时，不需要乘蛋白质换算系数 F。

部分食品的蛋白质换算系数见表 8-2。

表 8-2　部分食品的蛋白质换算系数

食品种类	蛋白质含量/%	换算系数
蛋或肉	16.00	6.25
牛奶	15.70	6.38
小麦	18.76	5.33
玉米	17.70	5.56
燕麦	18.66	5.36
大豆	18.12	5.52
大米	19.34	5.17

8.3.1.5 说明与注意事项

(1)一般样品中尚有其他含氮物质,测出的蛋白质为粗蛋白。若要测定样品的蛋白氮,需向样品中加入三氯乙酸溶液,使其最终浓度为5%,然后测定未加入三氯乙酸的样品及加入三氯乙酸溶液后样品上清液中的含氮量,进一步算出蛋白质、蛋白氮、总氮、非蛋白氮的含量。

(2)所用试剂要用无氨蒸馏水配制。

(3)消化过程中应注意转动凯氏烧瓶,利用冷凝的酸液将附在瓶壁上的炭粒冲下,以促进消化完全。

(4)样品消化时如泡沫太多,可加少量辛醇或液体石蜡,减少泡沫,以防止样品溢出。

(5)样品消化液不易澄清透明时,可将凯氏烧瓶冷却,加入 H_2O_2 2～3 mL 后再加热。

(6)样品消化至透明后继续消化 30 min 即可。对于难以氨化的氮化合物的样品,应适当延长消化时间。但样品如果含铁量多,消化好的溶液呈较深绿色。

(7)蒸馏装置要密闭不漏气,严防氨逸出。蒸馏过程中不得中途间断,以免样品液发生倒吸。蒸馏前若加碱量不足,消化液呈蓝色不生成氢氧化铜沉淀,此时需要再增加氢氧化钠的加入量。

(8)蒸馏完毕后,应先将冷凝管下端提离液面清洗管口,再蒸 1 min 后关掉热源,否则可能造成吸收液倒吸。

(9)操作过程中要严防酸、碱污染硼酸吸收液,否则会造成较大的测定误差。混合指示剂在碱性溶液中为绿色,在中性溶液中呈灰色,在酸性溶液中呈红色。

8.3.2 自动凯氏定氮法

自动凯氏定氮法的原理和试剂与常量法相同,只是将原来消化用的电炉操作改为电热板自动加热,并且同时可以消化多个样品。原来的蒸馏方式改进为蒸馏与滴定同时快速完成,大大缩短原来由玻璃仪器蒸馏操作的时间。自动凯氏定氮仪见图 8-5。

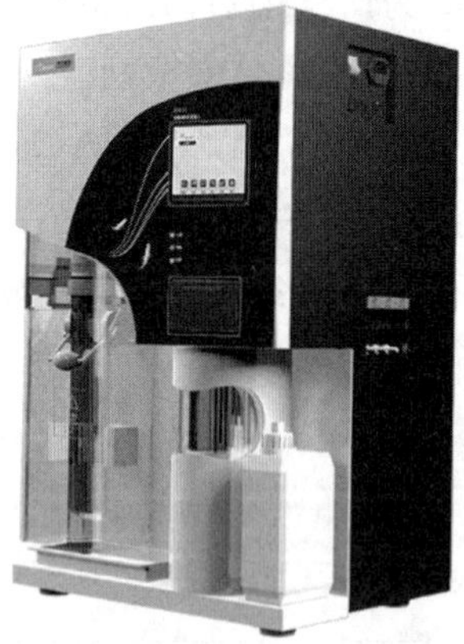

图 8-5 自动凯氏定氮仪

操作方法

(1)样本的制备

固体样品:按样品中含氮量的不同,准确称取合适含量固体样品,加入 7 g 催化剂,15 mL 浓硫酸,置消化炉中于 420℃下消化 70～90 min。

液体样品:按样品中含氮量的不同,准确移取 10～15 mL 的液体样品,加 2～3 mL 浓硫酸进行炭化,炭化结束后,加入 7 g 催化剂,15 mL 浓硫酸,置消化炉中于 420℃下消化 70～90 min。

(2)样品的测定 将消化好的样品放入凯氏定氮仪的样品架上,按仪器的操作规程测试。

当打开电源后,仪器会自动执行一个自检程序,自检完成后按回车键确认。分析程序在插入消化管和关闭安全门后启动。当一次测定完成后更换消化管,关闭安全门,开始下次分析。

(3)结果计算 同常量凯氏定氮法。但仪器通常可以将测定结果计算后直接输出在显示屏上,根据要求可用多种形式表示样品中蛋白质含量。

(4)注意事项

①样品的称样量不宜过多,否则试剂消耗多,消化时间长。适宜称样范围在0.05～2.00 g。

②消化液过冷,在加水时可能有盐析出。将消化管加热,使沉淀溶解。

③定氮前应该将自动分析仪管路中的吸收液排出,因为管路中的吸收液长时间停留会变色,影响测定。

(刘丽波)

8.4 氨基酸的测定

8.4.1 氨基酸总量的测定

氨基酸既是蛋白质的基本组成单位,又是合成核酸的重要氮源并且为其提供能量,氨基酸不仅是生命代谢的物质基础,还在生物的生命活动中扮演着至关重要的角色。氨基酸的准确分析,在生物化学、食品科学、临床疾病诊断、代谢组学等领域都有广泛而重要的作用。

8.4.1.1 甲醛滴定法

(1)原理 氨基酸具有酸性的羧基(—COOH)和碱性的氨基($—NH_2$),它们相互作用使氨基酸成为中性的内盐。加入甲醛溶液时,氨基酸的$—NH_2$与甲醛结合,其碱性消失,可以用强碱标准溶液滴定羧基,间接测定氨基酸的总量。

(2)主要试剂的配制

①体积分数为20%的中性甲醛溶液:以百里酚酞作指示剂,用氢氧化钠溶液将20%甲醛中和至淡蓝色。

②0.050 0 mol/L氢氧化钠标准溶液。

(3)操作步骤

①吸取含氨基酸约20 mg的样品溶液于100 mL容量瓶内,加水至刻度,混匀后吸取20.00 mL于200 mL烧杯中,加水60 mL,开动磁力搅拌器,用0.050 0 mol/L氧氧化钠标准溶液滴定至酸度计指示pH 8.2,记录消耗氢氧化钠标准溶液的体积。

②加入10.00 mL中性甲醛溶液,混匀,用氢氧化钠标准溶液继续滴定至pH 9.2,记录消耗氢氧化钠标准溶液体积V_1。

③同时取80 mL蒸馏水于200 mL烧杯中,先用氢氧化钠标准溶液调至pH 8.2,再加入10.0 mL中性甲醛溶液,用0.050 0 mol/L氢氧化钠标准溶液滴定至pH 9.2,记录消耗氢氧化钠标准溶液的体积V_2。

(4)结果计算

$$\omega = \frac{(V_1 - V_2) \times c \times 0.014\,01}{m \times \frac{20}{100}} \times 100\%$$

式中,ω为样品中氨基酸的质量分数,%;V_1为样品稀释液滴定至pH 9.2所消耗氢氧化钠标准溶液的体积，mL；V_2 为实际空白滴定至 pH 9.2 所消耗的氢氧化钠标准溶液的体积，mL；c 为氧氧化钠标准溶液的浓度，mol/L；m 为测定所用样品质量，g；0.014 01 为氮的毫摩尔质量，g/mmol。

(5)注意事项

①本法准确快速，可用于各类食品中总游离氨基酸质量分数测定。

②由于是用 pH 计指示反应的终点，因此浑浊和色深的样液可不经处理直接测定。

③脯氨酸与甲醛作用时产生不稳定的化合物，使结果偏低；酪氨酸含有酚羟基，滴定时也会消耗一些碱而致使结果偏高。

④该法可以测定蛋白质的水解程度。随着蛋白质水解度的增加，滴定值也增加，当蛋白质水解完成后，滴定值不再增加。

⑤中性甲醛溶液在临用前配制。若已放置一段时间，则在使用前需要重新中和。

8.4.1.2　茚三酮比色法

(1)原理　氨基酸在碱性溶液中能与茚三酮作用，生成蓝紫色化合物(除脯氨酸外均有此反应)，颜色的深浅与氨基酸含量成正比，其最大吸收波长为 570 nm，据此可以测定样品中氨基酸含量。反应式如下：

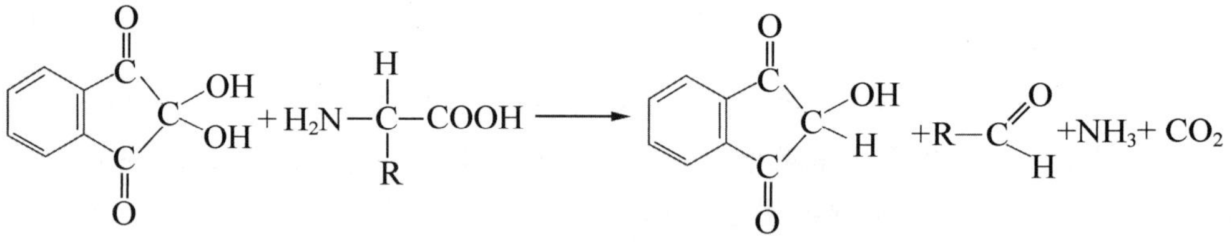

还原型茚三酮

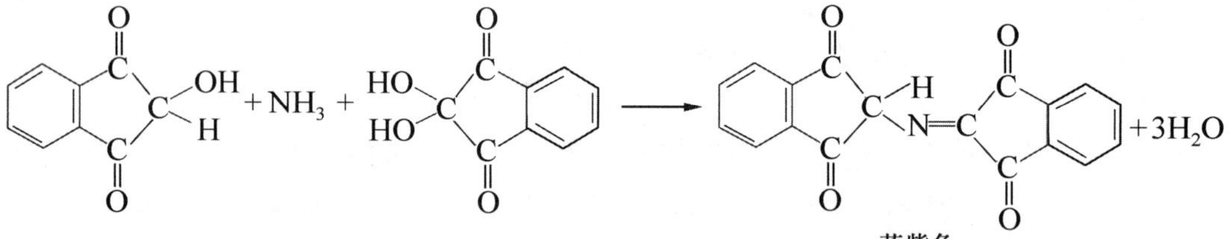

蓝紫色

蛋白质、多肽和各种氨基酸以及所有 α-氨基酸均能发生该反应，除无 α-氨基的脯氨酸和羟脯氨酸反应后呈黄色反应外，其他均生成蓝紫色化合物，该反应的特异性不强。

以下是测定茶叶中游离氨基酸含量的方法。

(2)主要试剂配制

茶氨酸或谷氨酸标准液的配制：称取 100 mg 茶氨酸或谷氨酸溶于 100 mL 水中，作为母液。准确称取 5 mL 母液，加水定容至 50 mL 作为工作液(0.1 mg/mL)。

(3)操作步骤

①试液制备：称取 1.0 g(准确至 0.000 1 g)磨碎茶样，置于 500 mL 烧瓶中。加 4.5 g 氧化镁及 300 mL 沸水，于沸水浴中加热，浸提 20 min(每隔 5 min 摇动一次)。浸提完毕后立即趁热减压过滤，滤液移入 500 mL 容量瓶中，冷却后，用水定容至刻度，混匀。取一部分试液，

通过 0.45 μm 滤膜过滤，待用。

②测定：准确吸取试液 1 mL，注入 25 mL 的容量瓶中，加 pH 8.0 磷酸盐缓冲液 0.5 mL 和浓度为 20 g/L 茚三酮溶液 0.5 mL，在沸水浴中加热 15 min。待冷却后加水定容至 25 mL。放置 10 min 后，用 5 mm 比色杯，在 570 nm 处，以试剂空白溶液作参比，测定吸光度 A。

③氨基酸标准曲线的制作：分别吸取 0.0、1.0、1.5、2.0、2.5、3.0 mL 氨基酸工作液于一组 25 mL 容量瓶中，各加 pH 8.0 磷酸盐缓冲液 0.5 mL 和 20 g/L 茚三酮溶液 0.5 mL，在沸水浴中加热 15 min，冷却后加水定容至 25 mL，按上一步的操作测定吸光度 A。将测得的吸光度与对应的茶氨酸或谷氨酸质量浓度绘制标准曲线。

(4)结果计算　茶叶中游离氨基酸含量以干态质量分数表示，按下式计算：

$$\text{游离氨基酸总量(以茶氨酸或谷氨酸计)}=\frac{\frac{M}{1\,000}\times\frac{L_1}{L_2}}{M_0\times m}\times 100$$

式中，L_1 为试液总量，mL；L_2 为测定用试液量，mL；M_0 为试样量，g；M 为根据吸光值从标准曲线上查得的茶氨酸或谷氨酸的质量，mg；m 为试样干物质含量，%。

(5)注意事项

①通常采用的样品处理方法：准确称取粉碎样品 5～10 g 或吸取液体样品 5～10 mL，置于烧杯中，加入 50 mL 蒸馏水和 5 g 左右活性炭，煮沸，过滤。用 30～40 mL 热水洗涤活性炭。收集滤液于 100 mL 容量瓶中，加水至刻度，摇匀备测。

②茚三酮受阳光、空气、温度、湿度等影响而被氧化呈淡红色或深红色，使用前须进行纯化。方法如下：取 10 g 茚三酮溶于 40 mL 热水中，加入 1 g 活性炭，摇动 1 min，静置 30 min 后过滤。将滤液放入冰箱中过夜，即出现蓝色结晶，过滤，用 2 mL 冷水洗涤结晶，置干燥器中干燥，装瓶备用。

8.4.1.3 电位滴定法

(1)原理　根据氨基酸的两性作用，加入甲醛以固定氨基的碱性，使羧基显示出酸性，将酸度计插入被测液中，用碱液滴定，根据酸度计指示的 pH 判断和控制滴定终点。

(2)主要试剂的配制

①体积分数为 20%中性甲醛溶液：参考甲醛滴定法；

②0.050 0 mol/L 氢氧化钠标准溶液。

(3)操作步骤

①吸取含氨基酸约 20 mg 的样品溶液于 100 mL 容量瓶中，加水至刻度，混匀后吸取 20.0 mL 于 200 mL 烧杯中，加水 60 mL，开动磁力搅拌器，用 0.050 0 mol/L 氢氧化钠标准溶液滴定至酸度计指示 pH 8.2，记录消耗氢氧化钠标准溶液体积(mL)，用以计算总酸含量。

②加入 10.0 mL 体积分数为 20%的中性甲醛溶液，混匀。再用上述氢氧化钠标准溶液继续滴定至 pH 9.2，记录消耗氢氧化钠标准溶液体积(mL)。

③同时取 80 mL 蒸馏水置于另一 200 mL 烧杯中，先用氢氧化钠标准溶液滴定至 pH 8.2(此时不计碱消耗量)，再加入 10.0 mL 20%中性甲醛溶液，用 0.050 0 mol/L 氢氧化钠标准溶液滴定至 pH 9.2，做试剂空白试验，记录消耗氢氧化钠标准溶液体积(mL)。

(4)结果计算　与甲醛滴定法相同。

(5)注意事项　每次测定前应用标准的缓冲液对酸度计进行校正，使用完毕后要注意对电极正确维护，以保证电极的使用寿命。

8.4.2　氨基酸的分离与测定

8.4.2.1　氨基酸自动分析仪法

1. 原理

利用各种氨基酸的酸碱性、极性和分子量大小等性质，使用阳离子交换树脂在色谱柱上进行分离。当样液加入色谱柱顶端后，采用不同 pH 和离子浓度的缓冲溶液可将它们依次洗脱下来，先是酸性氨基酸和极性较大的氨基酸被洗脱，其次是非极性的芳香性氨基酸被洗脱，最后是碱性氨基酸被洗脱。分子量小的氨基酸比分子量大的先被洗脱下来。洗脱下来的氨基酸用茚三酮显色，进而定量分析。

定量测定的依据是氨基酸和茚三酮反应生成蓝紫色化合物，其颜色深浅与各氨基酸的含量成正比。脯氨酸和羟脯氨酸则生成黄棕色化合物，可在其他波长处比色测定。以下是食品中氨基酸的测定方法。

2. 操作步骤

(1)样品处理

①样品制备：固体或半固体试样使用组织粉碎机或研磨机粉碎，液体试样用匀浆机打成匀浆密封冷冻保存，分析用时将其解冻后使用。

②样品称量：均匀性好的样品，如奶粉等，准确称取一定量试样(精确至 0.000 1 g)，使试样中蛋白质含量在 10～20 mg 内。对于蛋白质含量未知的样品，可先测定样品中蛋白质含量。将称量好的样品置于水解管中。很难获得高均匀性的试样，如鲜肉等，为减少误差可适当增大称样量，测定前再做稀释。对于蛋白质含量低的样品，如蔬菜、水果、饮料和淀粉类食品等，固体或半固体试样称样量不大于 2 g，液体试样称样量不大于 5 g。

③样品水解：根据试样的蛋白质含量，在水解管内加 6 mol/L 盐酸溶液 10～15 mL。对于含水量高、蛋白质含量低的试样，如饮料、水果、蔬菜等，可先加入约相同体积的盐酸混匀后，再用 6 mol/L 盐酸溶液补充至大约 10 mL。继续向水解管内加入苯酚 3～4 滴。

将水解管放入冷冻剂中，冷冻 3～5 min，接到真空泵的抽气管上，抽真空(接近 0 Pa)，然后充入氮气，重复抽真空—充入氮气 3 次后，在充氮气状态下封口或拧紧螺丝盖。

将已封口的水解管放在 110℃±1℃的电热鼓风恒温箱或水解炉内，水解 22 h 后，取出，冷却至室温。

打开水解管，将水解液过滤至 50 mL 容量瓶内，用少量水多次冲洗水解管，水洗液移入同一 50 mL 容量瓶内，最后用水定容至刻度，振荡混匀。

准确吸取 1.0 mL 滤液移入 15 mL 或 25 mL 试管内，用试管浓缩仪或平行蒸发仪在 40～50℃加热环境下减压干燥，干燥后残留物用 1～2 mL 水溶解，再减压干燥，最后蒸干。

用 1.0～2.0 mL pH 2.2 柠檬酸钠缓冲溶液加入干燥后试管内溶解，振荡混匀后，吸取溶液通过 0.22 μm 滤膜后，转移至仪器进样瓶，为样品测定液，供仪器测定用。

(2)样品测定

①仪器条件：使用混合氨基酸标准工作液注入氨基酸自动分析仪，参照氨基酸分析仪检定

规程及仪器说明书，适当调整仪器操作程序及参数和洗脱用缓冲溶液试剂配比，确认仪器操作条件。

②色谱参数条件：色谱柱为磺酸型阳离子树脂；检测波长为 570 nm 和 440 nm。

③样品测定：混合氨基酸标准工作液和样品测定液分别以相同体积注入氨基酸分析仪，以外标法通过峰面积计算样品测定液中氨基酸的浓度。

(3)结果计算

①混合氨基酸标准储备液中各氨基酸浓度的计算。

各氨基酸标准品称量质量参考值见表 8-3。

表 8-3 配制混合氨基酸标准储备液时氨基酸标准品的称量质量参考值及摩尔质量

氨基酸标准品名称	称量质量参考值/mg	摩尔质量/(g/mol)	氨基酸标准品名称	称量质量参考值/mg	摩尔质量/(g/mol)
L-天冬氨酸	33	133.1	*L*-蛋氨酸	37	149.2
L-苏氨酸	30	119.1	*L*-异亮氨酸	33	131.2
L-丝氨酸	26	105.1	*L*-亮氨酸	33	131.2
L-谷氨酸	37	147.1	*L*-酪氨酸	45	181.2
L-脯氨酸	29	115.1	*L*-苯丙氨酸	41	165.2
甘氨酸	19	75.07	*L*-组氨酸盐酸盐	52	209.7
L-丙氨酸	22	89.06	*L*-赖氨酸盐酸盐	46	182.7
L-缬氨酸	29	117.2	*L*-精氨酸盐酸盐	53	210.7

混合氨基酸标准储备液中各氨基酸的含量按以下公式计算：

$$c_j = \frac{m_j}{M_j \times 250} \times 1\,000$$

式中，c_j 为混合氨基酸标准储备液中氨基酸 j 的浓度，μmol /mL；m_j 为称取氨基酸标准品 j 的质量，mg；M_j 为氨基酸标准品 j 的分子量；250 为定容体积，mL；1 000 为换算系数。

结果保留 4 位有效数字。

②样品中氨基酸含量的计算。

样品测定液氮氨基酸的含量按以下公式计算：

$$c_i = \frac{c_s}{A_s} \times A_i$$

式中，c_i 为样品测定液氨基酸 i 的含量，nmol/mL；A_i 为试样测定液氨基酸 i 的峰面积；A_s 为氨基酸标准工作液氨基酸 s 的峰面积；c_s 为氨基酸标准工作液氨基酸 s 的含量，nmol/mL。

试样中各氨基酸的含量按以下公式计算：

$$X_i = \frac{c_i \times F \times V \times M}{m \times 10^9} \times 100$$

式中，X_i 为试样中氨基酸 i 的含量，g/100 g；c_i 为试样测定液中氨基酸 i 的含量，nmol/mL；F 为稀释倍数；V 为试样水解液转移定容的体积，mL；M 为氨基酸 i 的摩尔质量，g/mol，各氨基酸的名称及摩尔质量见表 8-4；m 为称样量，g；10^9 为将试样含量由纳克(ng)折算成克(g)的系数；100 为换算系数。

表 8-4 16 种氨基酸的名称和摩尔质量

氨基酸名称	摩尔质量/(g/mol)	氨基酸名称	摩尔质量/(g/mol)
天冬氨酸	133.1	蛋氨酸	149.2
苏氨酸	119.1	异亮氨酸	131.2
丝氨酸	105.1	亮氨酸	131.2
谷氨酸	147.1	酪氨酸	181.2
脯氨酸	115.1	苯丙氨酸	165.2
甘氨酸	75.1	组氨酸	155.2
丙氨酸	89.1	赖氨酸	146.2
缬氨酸	117.2	精氨酸	174.2

试样氨基酸含量在 1.00 g/100 g 以下，保留 2 位有效数字；含量在 1.00 g/100 g 以上，保留 3 位有效数字。

3. 说明与注意事项

(1)酸水解法：称取干燥样品数毫克，加 5.7 mol/L HCl 2 mL，于 110℃烘箱内水解 24 h，然后除去过量的盐酸，加缓冲溶液稀释到一定体积，摇匀。取一定量的水解样品上柱进行分析检测。

(2)除杂质的方法

①去糖和淀粉：用淀粉酶水解样品，然后用乙醇溶液洗涤，得蛋白质沉淀物。

②去脂肪：先把干燥的样品研碎，用丙酮或乙醚等有机溶剂离心或过滤抽提，得蛋白质沉淀物。

③去核酸：将样品在 100 g/L 氯化钠溶液中 85℃加热 6 h，然后用热水洗涤、过滤，将固形物用丙酮干燥即可。

④去无机盐：样品经水解后含有大量无机盐，用阳离子交换树脂进行去盐处理。先用 1 mol/L 盐酸使国产 732 型树脂转成 H 型，然后用水洗至中性装在一根小柱内。将要去除盐酸的水解样品用水溶解后上柱，并不断用水洗涤，直至洗出液中无氯离子为止（用硝酸银溶液检查）。此时氨基酸全被交换在树脂上，而无机盐被洗去。最后用 2 mol/L 的氨水溶液把交换柱上的氨基酸洗脱下来。收集洗脱液进行浓缩、蒸干，然后进行分析检测。

(3)显色反应用的茚三酮试剂随着存放时间的推移发色效率降低。因此，如果测定的样本较多，使测定的时间变长，应随时用已知浓度的氨基酸标准溶液上柱测定，以检验其变化情况。

8.4.2.2 高效液相色谱法

对于高效液相色谱法用于氨基酸分析的研究已进行了大量的工作，该方法已取得了广泛应用。由于大多数氨基酸无紫外吸收及荧光发射特性，而紫外吸收检测器(UV)和荧光检测器(FLD)又是高效液相色谱(HPLC)仪的最常用配置，故需将氨基酸进行衍生化，使其可以利用紫外吸收或荧光检测器进行测定。

氨基酸的衍生可分为柱前衍生和柱后衍生。柱后衍生需额外的反应器和泵，故氨基酸的 HPLC 测定多采用柱前衍生法。其优点有：固定相采用 C18 或其他疏水物，可分辨分子结构细小的差异；反相洗脱，流动相为极性溶剂，如甲醇、乙二腈等，避免对荧光检测的干扰，可提高灵敏度及速度；一机多用。下面以葡萄酒为例，测定葡萄酒中 12 种游离氨基酸含量。

(1)原理　采用丹磺酰氯衍生剂与葡萄酒中游离氨基酸进行衍生反应，氨基酸衍生产物具有荧光特性，经色谱柱分离后，荧光检测器检测，外标法定量。

(2)主要试剂的配制　除另有说明外，所有试剂均为分析纯，水为 GB/T 6682 规定的一级水。

乙腈(色谱纯)，无水碳酸钠，碳酸氢钠，磷酸二氢钠(二水化物)，磷酸氢二钠(十二水化物)，浓磷酸(85%，质量分数)，甲胺盐酸盐，N，N-二甲基甲酰胺，丹磺酰氯(纯度≥98%)，浓盐酸，氨基酸标准品(纯度≥98%)。

盐酸溶液(0.1 mol/L)：吸取 0.90 mL 浓盐酸至 100 mL 容量瓶中，用水定容至刻度线，混匀。

磷酸水溶液(10%，体积分数)：吸取 10 mL 浓磷酸至 100 mL 容量瓶中，用水定容至刻度线，混匀。

碳酸钠-碳酸氢钠溶液(0.08 mol/L，pH 9.5)：分别称取 0.256 g 无水碳酸钠和 1.141 g 碳酸氢钠用水溶解并定容至 200 mL 容量瓶中，混匀。

丹磺酰氯溶液(6 g/L)：称取 0.060 g 丹磺酰氯，用乙腈溶解并转移至 10 mL 容量瓶中，定容至刻度线，混匀，现配现用。

盐酸甲胺溶液(20 g/L)：称取 0.2 g 甲胺盐酸盐，用水溶解并转移至 10 mL 容量瓶中，定容至刻度线，混匀。

氨基酸标准储备液(500 mg/L)：准确称取 0.050 g 各氨基酸标准品，用 0.1 mol/L 盐酸溶液溶解并定容至 100 mL 容量瓶中，混匀。4℃冰箱保存，有效期 3 个月，或经国家认证并授予标准物质证书的氨基酸标准物质。

氨基酸混合系列标准作液：准确量取氨基酸标准储备液，用水逐级稀释，依次配制成 0、2.0、5.0、10.0、50.0 mg/L 的系列氨基酸混合标准工作液，现配现用。

(3)仪器　高效液相色谱仪：配有荧光检测器、天平(感量为 0.1 mg 和 0.01 g)、涡旋混合器、恒温水浴锅、有机系微孔滤膜(孔径不大于 0.45 μm)。

(4)操作步骤

①样品衍生：吸取 0.5 mL 葡萄酒样品于 10 mL 容量瓶中，用水定容，混匀。吸取 1 mL 稀释后的葡萄酒样于带塞试管中，加入 1mL 碳酸钠-碳酸氢钠溶液、1 mL 丹磺酰氯溶液，涡旋混匀。置于恒温水浴锅中 60℃避光衍生 2 h，然后加入 0.1 mL 盐酸甲胺溶液混匀，60℃避光衍生 15 min。取反应完成的溶液，经 0.45 μm 有机系滤膜过滤，滤液用于液相色谱测定。

②标准工作液衍生：分别移取 1.0 mL 氨基酸混合系列标准工作液，置于带塞试管中，按①方法进行衍生。

③参考色谱条件：色谱柱：C18 色谱柱(250 mm×46 mm，5 μm)或等效色谱柱。

流动相A：分别称取0.98 g磷酸二氢钠和1.15 g磷酸氢二钠用适量的水溶解，加入40 mL N,N-二甲基甲酰胺，用水定容至1 000 mL，用磷酸水溶液调节pH至5.8，有机系微孔滤膜过滤，滤液超声30 min。

流动相B：乙腈。

流量：1.0 mL/min。

进样体积：10 μL。

柱温：30℃。

荧光检测波长：激发波长为320 nm；发射波长为523 nm。

洗脱梯度见表8-5。

表8-5 梯度洗脱程序表

时间/min	A/%(体积分数)	B/%(体积分数)
0	86	14
5	80	20
10	75	25
19	75	25
35	50	50
37	30	70
47	30	70
48	86	14
58	86	14

④定性分析：根据各氨基酸标准品的保留时间，与待测样品中组分的保留时间进行比较定性，12种氨基酸标准品与葡萄酒样品的色谱图如图8-6和图8-7所示。

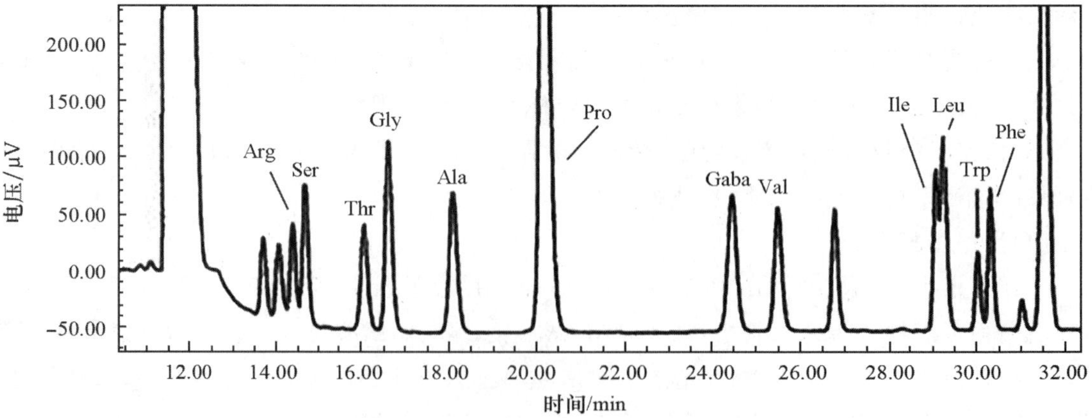

图8-6 12种氨基酸混标色谱图

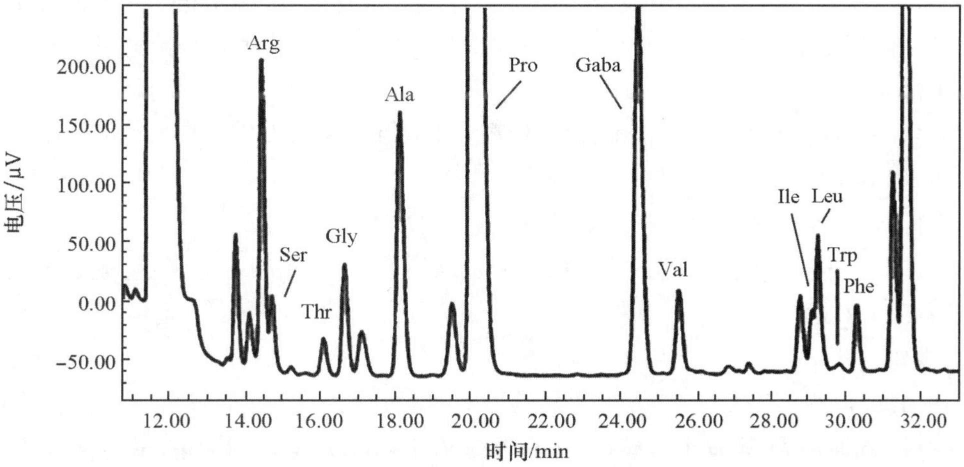

图 8-7　葡萄酒样品色谱图

⑤定量分析：以氨基酸混合系列标准工作液中各氨基酸浓度为横坐标，以峰面积为纵坐标，绘制标准工作曲线。将经制备的待测液注入高效液相色谱仪，测定待测液中各氨基酸色谱峰面积，由标准工作曲线计算样品中的各氨基酸浓度。

(4)结果计算　样品中各氨基酸的含量按公式计算：

$$X_i = c_i \times n$$

式中，X_i 为样品中各氨基酸的含量，mg/L；c_i 为从标准曲线求得待测液中氨基酸的含量，mg/L；n 为样品稀释倍数。

测定结果以重复性条件下获得的 2 次独立测定结果的算术平均值表示，保留至小数点后 1 位。

(5)注意事项

①精密度：在重复性条件下获得的 2 次独立测定结果的绝对差值不应超过算术平均值的 10%。

②流动相必须使用 HPLC 级的试剂，使用前过滤去其中的颗粒性杂质和其他物质。

③流动相过滤后要用超声波脱气，气泡会导致压力不稳，重现性差，所以在使用过程中尽量避免产生气泡。脱气后应该恢复到室温后使用。

④长时间不用仪器，应将柱子取下用堵头封好保存，注意不能用纯水保存柱子，而应该用有机相，因为纯水易长霉。

8.4.2.3　气相色谱法

(1)原理　将本身没有挥发性的氨基酸转变为适合于气相色谱分析的衍生物——三氟乙酰基正丁酯，然后将酰化好的氨基酸衍生物进行气相色谱分析。该方法包括用正丁醇的酯化和用三氟乙酸酐(TFAA)的酰化 2 个步骤。

(2)主要试剂

①正丁醇、二氯甲烷：均为分析纯，先用无水氯化钙处理，然后分别用全玻璃蒸馏器重蒸馏一次。

②3 mol/L 盐酸的正丁醇溶液:在气体发生器中,使氯化铵与硫酸混合,产生氯化氢气体。让气体通过两级浓硫酸的干燥后,再通入重蒸馏过的正丁醇溶液中。最后通过标定,直至正丁醇溶液中盐酸的浓度为 3 mol/L 即可。

③氨基酸标准溶液的配制:精确称取适量各种氨基酸标准品,溶于 0.6 mol/L HCl,定容至 10 mL,得到 1~2.5 mg/mL 标准溶液。

④内标溶液配制:精确称取正亮氨酸,配成一定浓度的内标液。

(3)仪器　气相色谱仪、数据处理机、平衡自动记录仪、电子微量天平、直流磁力搅拌器、电热板、容量瓶、蒸馏装置。

(4)操作方法

①样品处理:根据需衍生样品所含氨基酸数量,可分为常量、半微量及微量衍生的方法。常量衍生时,氨基酸总量为 1~20 mg;半微量衍生时,为 0.2~1 mg;微量衍生时,为 1~200 μg。下面以半微量衍生的方法为例,叙述其具体操作:将总量约为 1 mg 的氨基酸的稀盐酸(0.1 mol/L)溶液加入 10 mL 容量瓶中。将容量瓶置于 100℃沙浴,吹入高纯氮气,蒸发水分,待恰好干燥时取出,加入 0.5 mL 二氯甲烷溶液再置于沙浴中继续吹入高纯氮气,使残存的水分和二氯甲烷成共沸物吹出。吹干后,加入 1.5 mL 3 mol/L 盐酸浓度的正丁醇溶液,在超声波浴中振荡约 2 min 以加速氨基酸的溶解(当样品中有碱性氨基酸和胱氨酸等组分时,尤需此步骤,否则氨基酸不溶或溶解不完全将影响酯化反应的顺利进行)。盖紧磨口塞,将容量瓶置于 100℃沙浴中,酯化 35 min。稍冷,吹入高纯氮气,在沙浴中蒸发正丁醇和盐酸,按前述步骤加入二氯甲烷进行共沸,进一步除去水分。最后加入 0.2 mL 三氟乙酸酐和 0.6 mL 二氯甲烷,在超声波浴中振荡 1~2 min。将磨口塞继续盖严后,置干燥器中室温下进行酰化反应,2 h 后即可对所形成的衍生物进行气相色谱分析。

②气相色谱条件设置:选择程序升温方法,从 100℃起始,升温速度为 10℃/min,至 250℃。载气条件设置为,高纯氮气 1.85×10^{5} Pa、氢气 5.0×10^{4} Pa、氧气 2.0×10^{4} Pa。氢火焰离子化检测器温度为 300℃,气化室温度为 300℃,分流比为 1/60。

③定性鉴定:根据保留时间与标样比较后加以定性,它们是丙氨酸、缬氨酸、甘氨酸、正亮氨酸、别异亮氨酸、异亮氨酸、亮氨酸、苏氨酸、脯氨酸、丝氨酸、蛋氨酸、羟脯氨酸、苯丙氨酸、天冬氨酸、谷氨酸、赖氨酸、组氨酸、精氨酸、色氨酸和胱氨酸。

④定量测定:采用正亮氨酸为内标。以峰高乘半峰宽的方法计算出色谱峰面积之比,并求出含量。

(5)说明及注意事项

①样品处理操作应在通风橱中进行。

②氯化氢气体也可采用氯化钠与硫酸反应制得。

③采用高纯氮气吹干,注意酰化后不能把样品吹得太干,否则会使很多氨基酸损失,尤其对保留时间短、分子量小的氨基酸,更容易逸出,影响定量结果;吹得不干,则可能残留三氟乙酸酐,对内标物稳定性有影响,因此酰化后用高纯氮气吹干要适度。

(刘丽波)

本章小结

本章介绍了双缩脲法、考马斯亮蓝比色法快速测定蛋白质的原理、方法和注意事项；简要介绍了蛋白质快速测定仪、近红外光谱检测法和质谱法快速测定蛋白质的原理、方法和注意事项。重点介绍了蛋白质测定的经典方法——凯氏定氮法的原理、操作和注意事项。介绍了用甲醛滴定法、茚三酮比色法和电位滴定法测定氨基酸总量的原理和方法，用氨基酸自动分析仪、高效液相色谱法和气相色谱法分离测定各类氨基酸的原理和方法。

思考题

1. 食品中蛋白质含量的快速测定方法有哪些？

2. 凯氏定氮法测定蛋白质的原理是什么？测定过程中的注意事项是什么？为什么测定结果为粗蛋白质？

3. 列出凯氏定氮法测蛋白质的 3 个主要步骤，并简述每一步的实验现象，说明根据 HCl 消耗量可以间接测定蛋白质含量的依据。

4. 甲醛法测定氨基酸含量的原理是什么？甲醛的作用是什么？为什么用氢氧化钠溶液滴定氨基酸的—COOH 上的 H^+ 不能用一般的酸碱指示剂？

参考文献

[1] 杨月欣，王光亚，潘兴昌. 中国食物成分表 2010 版. 北京：北京大学医学出版社，2010.

[2] 冯旭东，安卫东，丁毅，等. 蛋白质快速检测仪测定乳及乳制品中蛋白质. 分析化学，2011，39(10)：1496-1500.

[3] 李勇，魏益民，王锋. 影响近红外光谱分析结果准确性的因素. 核农学报，2005，19(3)：236-240.

[4] Suzanne Nielsen S. 食品分析——国外现代食品科技系列. 3 版. 杨严俊等译. 北京：中国轻工业出版社，2012.

[5] 杨严俊. 食品分析. 北京：化学工业出版社，2012.

[6] 侯玉泽，丁晓雯. 食品分析. 郑州：郑州大学出版社，2011.

[7] 葡萄酒中 12 种游离氨基酸的测定　高效液相色谱法：QB/T 5197—2017.

[8] 食品安全国家标准　食品中氨基酸的测定：GB 5009.124—2016.

[9] 周建华. 毛细管气相色谱法分析氨基酸. 山东轻工业学院学报：自然科学版，1998(04)：48-50.

第9章

维生素的测定

本章学习目的与要求

1. 了解维生素来源和性质；
2. 熟悉脂溶性和水溶性维生素测定的主要方法；
3. 掌握测定原理。

维生素是维持人体正常生命活动所必需的一类有机化合物，目前已确认的有30余种，其中被认为对维持人体健康和促进发育至关重要的有20余种。

食品中维生素含量主要取决于食品的种类、加工工艺与储存条件，许多维生素对光、热、氧、pH敏感，因而加工条件不合理或储存不当都会造成维生素的损失。测定食品中维生素的含量在评价食品的营养价值、开发利用富含维生素的食品资源、指导人们制订合理的加工工艺及储存条件、监督维生素强化食品的强化剂量等方面，具有十分重要的作用。

按照维生素的溶解性，将其分为脂溶性维生素和水溶性维生素两大类。前者是能溶于脂肪或脂溶剂，在食物中与脂类共存的一类维生素，包括维生素A、维生素D、维生素E、维生素K各小类，共同特点是摄入后存在于脂肪组织中，不能从尿中排除，大剂量摄入时可能引起中毒；后者是能溶于水的一类维生素，包括维生素B族、维生素C各小类，共同特点是一般只存在于植物性食品中，满足组织需要后都能从机体排出。维生素的类别及食物来源见表9-1。

表9-1　维生素的类别及食物来源

中文名称		英文名称	食物来源
脂溶性维生素	维生素A	vitamin A	鱼肝油、蛋黄、肝、肾、乳汁
	维生素D	vitamin D	鱼肝油、肝脏、蛋黄、牛奶
	维生素E	vitamin E	植物油、豆类、玉米、绿叶蔬菜
	维生素K	vitamin K	绿叶蔬菜、大豆
水溶性维生素	B族维生素	vitamin B complex	
	维生素 B_1(硫胺素)	thiamine，aneurin	糙米、麦麸、酵母、豆类
	维生素 B_2(核黄素)	riboflavin	肝、肾、蛋黄、豆类、酵母
	维生素 B_3(泛酸)	pantothenic acid	蛋黄、动物肝脏、酵母
	维生素 B_5(盐酸、烟酸)	nicotinamide，niacin	金枪鱼、动物肝脏、蘑菇
	维生素 B_6(吡哆素)	pyridoxine	肝脏、蛋黄、肉、大豆、谷类
	维生素 B_7(生物素)	vitamin H，biotin	酵母、动物肝脏
	维生素 B_{11}(叶酸)	folic acid	绿叶蔬菜、豆类、动物肝脏
	维生素 B_{12}(钴胺素)	cobdamins	肉类、鱼类、家禽、奶类
	维生素C(抗坏血酸)	vitamin C，ascorbic acid	新鲜蔬菜、水果、豆芽

9.1　脂溶性维生素的测定

食物中的脂溶性维生素包括维生素A、维生素D、维生素E和维生素K，脂溶性维生素具有以下理化性质。

(1)溶解性　不溶于水，易溶于脂肪、丙酮-三氯甲烷、乙醚、苯、乙醇等有机溶剂。

(2)耐酸碱性　维生素A、维生素D对酸不稳定，对碱稳定；维生素E在无氧条件下，对热、酸、碱稳定；维生素K对酸、碱都不稳定。

(3)耐热、耐光、耐氧化性　脂溶性维生素耐热性都好，但维生素 A 易被氧化，光和热会促进其氧化；维生素 D 性质稳定，不易被氧化；维生素 E 容易被氧化，对可见光稳定但易被紫外线破坏；维生素 K 对热稳定，但容易被光、氧化剂及醇破坏。

测定脂溶性维生素的方法较多，其中常见的方法有：分光光度法、气相色谱法、高效液相色谱法、GC-MS、LC-MS 等，其中高效液相色谱法因具有快速、高效、高灵敏度等优点，是普遍采用的方法。

根据脂溶性维生素性质，测定时通常先用皂化法处理试样，水洗去除类脂物，然后用有机溶剂提取脂溶性维生素(不皂化物)，浓缩后溶于适当的溶剂中再进行测定。在皂化和浓缩时，为防止维生素的氧化分解，常加入抗氧化剂(如焦性没食子酸、抗坏血酸等)。对于某些含脂肪量低、脂溶性维生素含量较高的试样，可以先用有机溶剂抽提，然后皂化，再提取。对于那些对光敏感的维生素，分析操作一般需要在避光条件下进行。

9.1.1　维生素 A 及维生素 E 的测定

维生素 A 只存在于动物组织中，在植物体内以胡萝卜素(维生素 A 原)的形式存在。纯品的维生素 A 为条状淡黄色，熔点为 62～64℃，不溶于水，可溶于乙醇、甲醇、氯仿等有机溶剂，易被氧化破坏，对酸不稳定。维生素 A 对紫外线、空气(和助氧化剂之类的物质)、高温和湿度敏感。因此，操作时要避免因上述因素而使维生素 A 发生分解，可在操作中加入抗氧化剂。反相高效液相色谱法被认为是可精确测定食品中维生素 A 的唯一可接受方法。

由于天然维生素 E 以具有不同生物学活性的多种形式存在，因此，其测定需要对每种形式都进行定量。目前，最佳的测定方法是 HPLC 方法。同时测定维生素 A 与维生素 E 的方法反相高效液相色谱法和比色法见“扩展资源”。

9.1.1.1　高效液相色谱法

反相高效液相色谱法测定维生素 A 和测定维生素 E 的说明与注意事项：

(1)所有的实验都要在较弱的人工光线下进行，必须注意在整个实验操作期间，为防止维生素 A 的氧化，需要将其标准储备溶液置于棕色试剂瓶中。应该在保持完全充氮的条件下进行溶剂蒸发，防止加入的正十六烷在溶剂蒸发时结构的破坏。

(2)采用标准物色谱图的保留时间定性，根据外标法进行定量计算。试样液经高效液相色谱仪分析，测得峰面积，采用外标法通过上述标准曲线计算其浓度。

测定维生素 E 的方法还有正相高效液相色谱法。

9.1.1.2　比色法

比色法测定维生素 A 和维生素 E 的说明与注意事项：

(1)维生素 A 极易被光照破坏，实验操作应在微弱光线下进行，全部使用棕色玻璃仪器。

(2)以乙醚为溶剂的萃取体系易发生乳化现象。在提取、洗涤操作中不要用力过猛，若发生乳化，可加几滴乙醇破乳化。

(3)所用氯仿中不应含有水分，因三氯化锑遇水会出现沉淀，干扰比色测定。故在每毫升氯仿中加入乙酸酐 1 滴，以保证脱水。由于三氯化锑遇水生成白色沉淀，因此用过的仪器要用稀盐酸浸泡后再清洗。

(4)由于三氯化锑与维生素 A 所产生的蓝色物质很不稳定,通常生成 6 s 后便开始比色,因此要求反应在比色皿中进行,产生蓝色后立即读取吸光度。

(5)如果样品中含 β-胡萝卜素(如奶粉、禽蛋等食品)干扰测定,可将浓缩蒸干的样品用正已烷溶解,以氧化铝为吸附剂,丙酮、乙烷混合液为洗脱剂进行洗脱。

(6)比色法除用三氯化锑作显色剂外,还可用三氟乙酸、三氯乙酸作显色剂。其中三氟乙酸没有遇水发生沉淀而使溶液浑浊的缺点。

(7)本法适用于维生素 A 含量较高的各种样品(含量高于 510 μg/g),对低含量样品,因受其他脂溶性物质的干扰,不易比色测定。

9.1.2 胡萝卜素的测定

胡萝卜素是一种广泛存在于有色蔬菜和水果中的天然色素,有多种异构体与衍生物,总类称为类胡萝卜素。其中在分子结构中含有 β-紫罗宁残基的胡萝卜素在人体中可以转化为维生素 A,所以称其为维生素 A 原。

胡萝卜素对热、酸、碱等比较稳定,但紫外线和空气中的氧可促进其氧化破坏。胡萝卜素可溶解于脂肪及大多数的有机溶剂中。

高效液相色谱法和纸色谱法测定胡萝卜素的方法见“扩展资源”。

(1)原理　试样经皂化使胡萝卜素释放为游离态,用石油醚萃取二氯甲烷定容后,采用反相色谱法分离,外标法定量。

(2)主要试剂的配制

氢氧化钾溶液:称固体氢氧化钾 500 g,加入 500 mL 水溶解。临用前配制。

胡萝卜素标准储备液(500 μg/mL):分别准确称取 α-胡萝卜素标准品和 β-胡萝卜素标准品 50 mg(精确到 0.1 mg),加入 0.25 g BHT,用二氯甲烷溶解,转移至 100 mL 棕色容量瓶中,定容至刻度。于−20℃以下避光储存,使用期限不超过 3 个月。标准储备液使用前需进行标定。

胡萝卜素标准中间液(100 μg/mL):分别从 α-胡萝卜素标准储备液和 β-胡萝卜素标准储备液中准确移取 10.0 mL 溶液于 50 mL 棕色容量瓶中,用二氯甲烷定容至刻度。

α-胡萝卜素、β-胡萝卜素混合标准工作液(色谱条件):准确移取 α-胡萝卜素标准中间液 0.50、1.00、2.00、3.00、4.00、10.00 mL 溶液至 6 个 100 mL 棕色容量瓶,分别加入 3.00 mL β-胡萝卜素中间液,用二氯甲烷定容至刻度,得到 α-胡萝卜素浓度分别为 0.5、1.0、2.0、3.0、4.0、10.00 μg/mL,β-胡萝卜素质量浓度均为 3.0μg/mL 的系列混合标准工作液。

(3)分析步骤

①试样制备。谷物、豆类、坚果等试样需粉碎、研磨、过筛(筛板孔径 0.3～0.5 mm)蔬菜、水果、蛋、藻类等试样用匀质器混匀;固体粉末状试样和液体试样用前振摇或搅拌混匀。在 4℃冰箱中可保存 1 周。

②样品的处理

普通食品试样预处理:蔬菜、水果、菌藻类、谷物、豆类、蛋类等普通食品试样准确称取混合均匀的试样 1～5 g(精确至 0.001 g),油类准确称取 0.2～2 g(精确至 0.001 g),转至 250 mL 锥形瓶中,加入 1 g 抗坏血酸、75 mL 无水乙醇,于 60℃±1℃水浴振荡 30 min。皂化:加入 25 mL 氢氧化钾溶液,盖上瓶塞。置于已预热至 53℃±2℃恒温振荡水浴箱中,皂化 30 min。取出,静置,冷却到室温。

添加 β-胡萝卜素的食品试样预处理:固体试样准确称取 1～5 g(精确至 0.001 g),置于 250 mL 锥形瓶中,加入 1 g 抗坏血酸,加 50 mL 45～50℃温水混匀。加入 0.5 g 木瓜蛋白酶和 0.5 g α-淀粉酶(无淀粉试样可以不加 α-淀粉酶),盖上瓶塞,置 55℃±1℃恒温水浴箱内振荡或超声处理 30 min。

液体试样准确称取 5～10 g(精确至 0.001 g),置于 250 mL 锥形瓶中,加入 1 g 抗坏血酸。皂化:取预处理后试样,加入 75 mL 无水乙醇,摇匀,再加入 25 mL 氢氧化钾溶液,盖上瓶塞。置于已预热至 53℃±2℃恒温振荡水浴箱中,皂化 30 min;取出,静置,冷却到室温。

③试样萃取。将皂化液转入 500 mL 分液漏斗中,加入 100 mL 石油醚,轻轻摇动,排气,盖好瓶塞,室温下振荡 10 min 后静置分层,将水相转入另一分液漏斗中按上述方法进行第二次提取。合并有机相,用水洗至近中性。弃用水相,有机相通过无水硫酸钠过滤脱水。滤液收入 500 mL 蒸发瓶中,在旋转蒸发器上用 40℃±2℃减压浓缩,直至干燥。用氮气吹干,用移液管准确加入 5.0 mL 二氯甲烷,盖上瓶塞,充分溶解提取物。经 0.45 μm 膜过滤后,弃用初始约 1 mL 滤液后,收集至进样瓶中,备用。

④测定。液相色谱参考条件如下所示。

色谱柱:C30 柱,柱长 150 mm,内径 4.6 mm,粒径 5 μm,或等效柱。

流动相:A 相为甲醇∶乙腈∶水＝73.5∶24.5∶2;B 相为甲基叔丁基醚。

流速:1.0 mL/min。

检测波长:450 nm。

柱温:30℃±1℃。

进样体积:20μL。

(4)计算

$$RF = \frac{\overline{A}_{\text{all-E}}}{\rho \times CP}$$

式中,RF 为全反式 β-胡萝卜素响应因子,AU·mL/μg;$\overline{A}_{\text{all-E}}$ 为全反式 β-胡萝卜素标准工作液色谱峰峰面积平均值,AU;ρ 为 β-胡萝卜素标准工作液标定质量浓度,μg/mL;CP 为全反式 β-胡萝卜素的色谱纯度,%。

9.1.3 维生素 D 的测定

维生素 D 是指有抗佝偻病的一类物质,具有维生素 D 活性的化合物约有 10 种,其中最重要的是维生素 D_2、维生素 D_3 及其维生素 D 原。维生素 D_2 只存在于某些动物性食物中,但它们都可由维生素 D 原(麦角固醇和 7-脱氢胆固醇)经紫外线照射形成。

维生素 D 的测定主要有高效液相色谱法、比色法、紫外分光光度法。液相色谱-串联质谱法是目前分析测定维生素 D 的最好方法,其灵敏度高、分析速度快。

液相色谱-串联质谱法测定维生素 D 的说明与注意事项:

(1)如果皂化不完全,可适当增加氢氧化钾的加入量。

(2)标样与试样在同样条件下皂化,消除了维生素D的热异化性损失。

（李春）

9.2　水溶性维生素的测定

水溶性维生素B_1、维生素B_2和维生素C广泛存在于动植物组织中,具有易溶于水而不溶于甲苯、乙醚、氯仿等大多数有机溶剂的特征;在酸性介质中很稳定,加热也不会被破坏;但在碱性介质中不稳定,易于分解,在碱性条件下加热,可大部分或全部被破坏。它们易受空气、光、热、酶、金属离子等的影响。维生素B_2对光,特别是紫外线敏感,易被光线破坏;维生素C对氧、铜离子敏感,易被氧化。

水溶性维生素的测定方法主要有化学法、仪器法、生物分析法。仪器分析方法中有荧光法、分光光度法、色谱法、酶法、免疫法等多种方法,其中紫外可见分光光度法、荧光光度法是多种维生素的标准分析方法,它们灵敏、快速,有较好的选择性。各种色谱法以其独特的高分离效能,在维生素分析中占有越来越重要的地位。

根据水溶性维生素的性质,测定其含量时一般都在酸性溶液中进行前处理。根据不同维生素在食品中存在的形式(游离态或结合态)、在不同酸性溶液中的稳定情况及杂质干扰情况,分别采用不同的处理方法。维生素B_1、维生素B_2通常采用盐酸水解,或经淀粉酶、木瓜蛋白酶等酶解作用,使结合态维生素游离出来,再将它们从食品中提取出来。为进一步去除杂质,还可用活性人造浮石、硅镁吸附剂等进行纯化处理。维生素C通常采用草酸、草酸-乙酸、偏磷酸-乙酸溶液直接提取。在一定浓度的酸性介质中,可以消除某些还原性杂质对维生素C的破坏作用。

9.2.1　维生素B_1(硫胺素)的测定

维生素B_1,又称抗神经炎素,它是由一个嘧啶环和一个噻唑环所组成的化合物,结构式如图9-1所示。

因其分子中既含有氮(N),又含有硫(S),故又称硫胺素。硫胺素常以盐酸盐的形式出现,为白色结晶,溶于水,微溶于乙醇,不易被氧化,比较耐热,特别是在酸性介质中相当稳定,但在碱性介质中对热极不稳定。亚硫酸盐在中、碱性介质中能加速硫胺素的分解和破坏。硫胺素在碱性介质中可被铁氰化钾氧化产生硫色素,在紫外光照射下产生蓝色荧光,可借此以荧光比色法定量。硫胺素能与多种重氮盐偶合呈现各种不同颜色,借此可用比色法测定,但灵敏度较低,准确度也稍差,适用于测定含硫胺素高的样品。

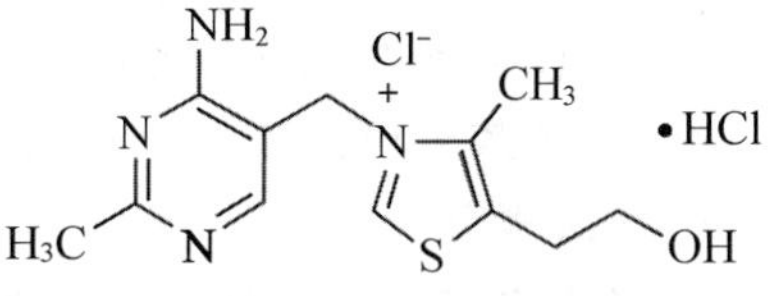

图9-1　维生素B_1

荧光法和高效液相色谱法的灵敏度很高,是目前常用的方法。

荧光法测定维生素B_1的说明与注意事项:

(1)一般样品中的维生素B_1有游离型的,也有结合型的(即与淀粉、蛋白质等结合在一起),故需要用酸和酶水解,使结合型转化为游离型,然后再用本法测定。

(2)谷类物质不需酶分解，样品粉碎后用酸性氯化钾(250 g/L)直接提取、氧化测定。

(3)样液和标准液通过交换管的流速要一致，流速过快会因交换不彻底或吸附不完全而影响测定结果。

(4)铁氰化钾的用量要适当，过多会破坏硫胺素，过少硫胺素则氧化不彻底。

(5)氧化是操作的关键步骤，操作中应保持试剂添加的速度一致。

(6)硫色素在紫外线照射下会被破坏，所以硫色素形成后要迅速测定，并力求避光操作(用黑布遮盖反应瓶或在暗室中进行荧光测定)。

(7)硫色素能溶于正丁醇，在正丁醇中比在水中稳定，故用正丁醇提取硫色素。萃取时振摇不宜过猛，以免乳化，不易分层。

9.2.2 维生素 B_2(核黄素)的测定

维生素 B_2，又名核黄素，是由核糖醇与异咯嗪连接而成的化合物，结构式如图 9-2 所示。

维生素 B_2 能溶于水，水溶液呈现强的黄绿色荧光，对空气、热稳定，在中性和酸性溶液中，即使短时间高压加热亦不至于被破坏，在 120℃下加热 6 h 仅有少量被破坏，但在碱性溶液中则较易被破坏。游离核黄素对光敏感，特别是紫外线，可产生不可逆分解。在碱性溶液中受光线照射很快转化为光黄素，有较强的荧光强度。

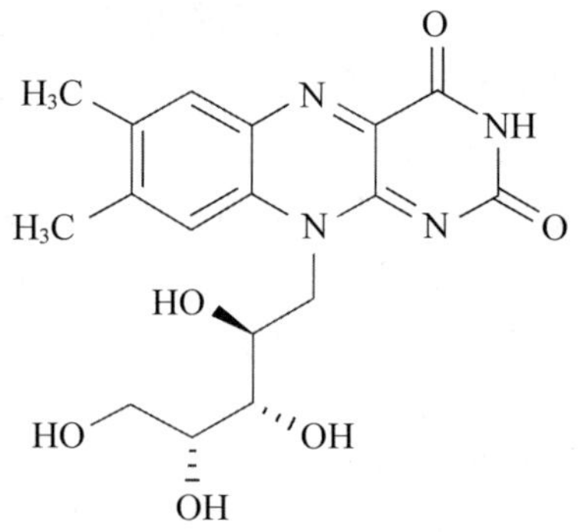

图 9-2 维生素 B_2

测定核黄素常用的方法有荧光法和高效液相色谱法。荧光法又分为测定自身荧光的核黄素荧光法和测定光分解产物荧光的光黄素荧光法，前者分析精度不高，只适合于测定比较纯的试样；后者的灵敏度、精密度都较高，且只要提取完全，可省去将结合型核黄素转变为游离型的操作。高效液相色谱法具有简便、快速的特点。我国国家标准中采用的是荧光分光光度法和高效液相色谱法，其中荧光法操作简单、灵敏度高，应用最普遍。

荧光法测定的说明与注意事项：

(1)样品水解后，加入一定量的淀粉酶或木瓜酶酶解，酶解的目的是为了使结合型的维生素 B_2 转化为游离型的维生素 B_2。

(2)核黄素对光比较敏感，因此操作时应尽可能在暗室进行。

(3)核黄素可被连二亚硫酸钠还原为无荧光物质，但摇动后很快又被氧化成荧光物质，所以要立即测定。

高效液相色谱法测定维生素 B_2 参见“扩展资源”。

9.2.3 维生素 C 的测定

维生素 C 又名抗坏血酸，广泛存在于植物组织中，新鲜的水果、蔬菜中含量较丰富。自然界存在的有 *L*-型、*D*-型两种，*D*-型的生物活性仅为 *L*-型的 1/10。维生素 C 具有较强的还原性，对光敏感，氧化后的产物称为脱氢抗坏血酸，仍然具有生理活性，进一步水解则生成 2,3-二酮古乐糖酸，失去生理作用。

食品分析中的“总抗坏血酸”是指抗坏血酸和脱氢抗坏血酸的总量，不包括 2,3-二酮古乐糖酸和进一步的氧化产物。测定维生素 C 的常用方法有滴定法、比色法、荧光法和高效液相色谱法等。靛酚滴定法测定的是还原型抗坏血酸，该法简便，也较灵敏，但特异性差，样品中的其他还原性物质(如 Fe^{2+}、Sn^{2+}、Cu^{+} 等)会干扰测定，使测定结果偏高。苯肼比色法和荧光比色法测得的都是总抗坏血酸，其中以荧光法受干扰较小，准确度较高。高效液相色谱法可以同时测得抗坏血酸和脱氢抗坏血酸的含量，具有干扰少、准确度高、重现性好、灵敏、简便、快速等优点。

9.2.3.1　荧光法

本方法适用于乳粉、蔬菜、水果及其制品中 *L*(+)-抗坏血酸总量的测定。

方法的说明与注意事项：

(1)邻苯二胺溶液在空气中颜色变暗，应临用前配制。

(2)活性炭对抗坏血酸的氧化作用，是基于其表面吸附的氧进行界面反应。加入量过少，氧化不充分，测定结果偏低；加入量过多，对抗坏血酸有吸附作用，使结果也偏低。

(3)样品提取液中抗坏血酸质量浓度为 100 μg/mL 左右，应根据此浓度酌情取样。

(4)当食物中含有丙酮酸时，可与邻苯二胺反应生成一种荧光物质，干扰测定。可加入硼酸，而硼酸与脱氢抗坏血酸结合不与丙酮酸反应，以此消除样品中丙酮酸产生的荧光干扰。

(5)影响荧光强度的因素很多，各次测定条件很难完全再现，因此，标准曲线最好与样品同时做。

9.2.3.2　高效液相色谱法

1. 原理

维生素 C 具有水溶性且在酸性条件下比较稳定，试样用 20 g/L 偏磷酸溶液处理，提取维生素 C，过滤后用高效液相色谱仪测定。以保留时间定性，外标法定量。

2. 主要试剂的配制

维生素 C 标准储备液(1 mg/mL)：准确称取抗坏血酸标准品 0.01 g(精确至 0.01 mg)，用 20 g/L 的偏磷酸溶液定容至 10 mL。

维生素 C 标准工作液：分别吸取抗坏血酸标准储备液 0、0.05、0.50、1.00、2.50、5.00 mL，用 20 g/L 的偏磷酸溶液定容至 100 mL。标准系列工作液中抗坏血酸质量浓度分别为 0、0.5、5.0、10.0、25.0、50.0 μg/mL。临用时配制。

3. 分析步骤

(1)样品的处理　称取相对于样品 0.5～2 g(精确到 0.1 mg)于 50 mL 烧杯中，用 20 g/L 的偏磷酸溶液将试样转移至 50 mL 容量瓶中，振摇溶解并定容。摇匀，全部转移至 50 mL 离心管中，超声提取 5 min 后，于 4 000 r/min 离心 5 min，取上清液过 0.45 μm 水相滤膜，滤液待测。

(2)测定

①液相色谱参考条件

色谱柱：Welch AQ C18(250 mm×4.6 mm，5 μm)；

流动相：A 为 6.8 g 磷酸二氢钾和 0.91 g 十六烷基三甲基溴化铵，用水溶解并定容至 1 L(用磷酸调 pH 至 2.5～2.8)；B 为 100%甲醇。按 A∶B=98∶2 混合，过 0.45 μm 滤膜，超声脱气。

流速:0.7 mL/min。

柱温:25℃。

检测波长:245 nm。

进样量:20 μL。

②样品的测定:根据试样溶液中维生素 C 的含量情况,选定峰面积相近的标准工作液。标准工作液和试样溶液中维生素 C 的响应值均应在仪器检测线性范围内。标准工作液和试样溶液等体积间隔进样测定。根据保留时间定性,外标法定量。标准色谱图见图 9-3。

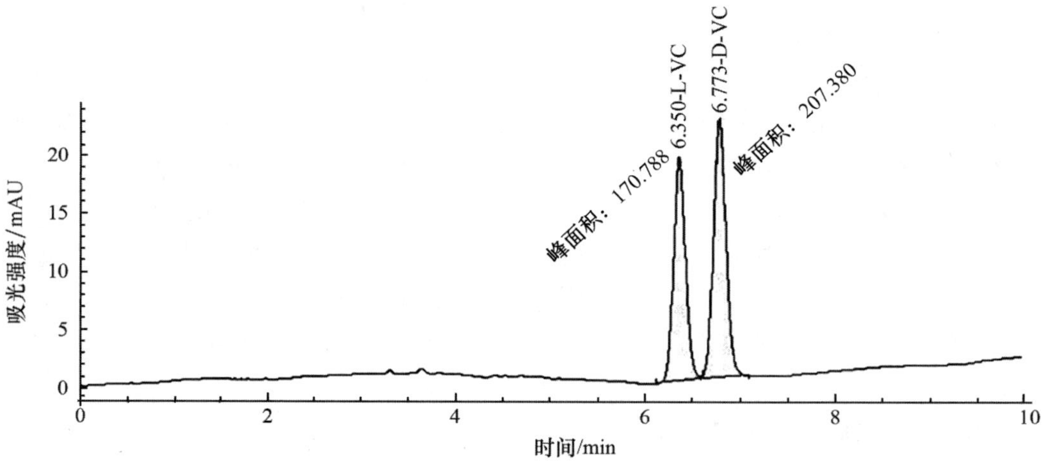

图 9-3 维生素 C 标准溶液的液相色谱图

(3)空白试验 除不加入试样外,均按上述步骤进行测定。

4. 计算

$$X = \frac{(c_1 - c_0) \times V}{m \times 1\,000} \times F \times K \times 100$$

式中,X 为试样中 L(+)-抗坏血酸[或 D(−)-抗坏血酸、L(+)-抗坏血酸总量]的含量,mg/100 g;c_1 为样液中 L(+)-抗坏血酸[或 D(−)-抗坏血酸]的质量浓度,μg/mL;c_0 为样品空白液中 L(+)-抗坏血酸[或 D(−)抗坏血酸]的质量浓度,μg/mL;V 为试样的最后定容体积,mL;m 为实际检测试样质量,g;1 000 为换算系数(由 μg/mL 换算成 mg/mL 的换算因子);F 为稀释倍数(若使用还原步骤时,即为 2.5);K 为使用甲醇沉淀步骤时,即为 1.25;100 为换算系数(由 mg/g 换算成 mg/100 g 的换算因子)。计算结果以重复性条件下获得的 2 次独立测定结果的算术平均值表示,结果保留 3 位有效数字。

9.2.3.3 2,6-二氯靛酚滴定法

(1)原理 用蓝色的碱性染料 2,6-二氯靛酚标准溶液对含 L(+)-抗坏血酸的试样酸性浸出液进行氧化还原滴定,2,6-二氯靛酚被还原为无色,当到达滴定终点时,多余的 2,6-二氯靛酚在酸性介质中显浅红色,由 2,6-二氯靛酚的消耗量计算样品中 L(+)-抗坏血酸的含量。

(2)主要试剂的配制

①偏磷酸溶液(20 g/L):称取 20 g 偏磷酸,用水溶解并定容至 1 L。

②草酸溶液(20 g/L):称取 20 g 草酸,用水溶解并定容至 1 L。

③抗坏血酸标准溶液:准确称取 100 mg(精确至 0.1 mg)L(+)-抗坏血酸标准品,溶于偏磷酸溶液或草酸溶液并定容至 100 mL。该储备液在 2～8℃避光条件下可保存 1 周。

④2,6-二氯靛酚(2,6-二氯靛酚钠盐)溶液:称取碳酸氢钠 52 mg 溶解在 200 mL 热蒸馏水中,然后称取 2,6-二氯靛酚 50 mg 溶解在上述碳酸氢钠溶液中。冷却并用水定容至 250 mL,过滤至棕色瓶内,于 4～8℃环境中保存。每次使用前,用标准抗坏血酸溶液标定其滴定度。

标定:准确吸取 1 mL 抗坏血酸标准溶液于 50 mL 锥形瓶中,加入 10 mL 偏磷酸溶液或草酸溶液,摇匀,用 2,6-二氯靛酚溶液滴定至粉红色,保持 15 s 不褪色为止。同时另取 10 mL 偏磷酸溶液或草酸溶液做空白试验。

计算:

$$T=\frac{c\times V}{V_1-V_0}$$

式中,T 为 2,6-二氯靛酚溶液的滴定度,即每毫升 2,6-二氯靛酚溶液相当于抗坏血酸的毫克数,mg/mL; c 为抗坏血酸标准溶液的质量浓度, mg/mL; V 为吸取抗坏血酸标准溶液的体积,mL;V_1 为滴定抗坏血酸标准溶液所消耗 2,6-二氯靛酚溶液的体积,mL;V_0 为滴定空白所消耗 2,6-二氯靛酚溶液的体积,mL。

(3)操作步骤　整个检测过程应在避光条件下进行。

试液制备:称取具有代表性样品的可食部分 100 g,放入粉碎机中,加入 100 g 偏磷酸溶液或草酸溶液,迅速捣成匀浆。准确称取 10～40 g 匀浆样品(精确至 0.01 g)于烧杯中,用偏磷酸溶液或草酸溶液将样品转移至 100 mL 容量瓶,并定容至刻度,摇匀后过滤。若滤液有颜色,可按每克样品加 0.4 g 白陶土脱色后再过滤。

滴定:准确吸取 10 mL 滤液于 50 mL 锥形瓶中,用标定过的 2,6-二氯靛酚溶液滴定,直至溶液呈粉红色 15 s 不褪色为止。同时做空白试验。

结果计算:

$$X=\frac{(V-V_0)\times T\times A}{m}\times 100$$

式中,X 为试样中 L(+)-抗坏血酸含量,mg/100 g;V 为滴定试样所消耗 2,6-二氯靛酚溶液的体积,mL;V_0 为滴定空白所耗 2,6-二氯靛酚溶液的体积,mL;T 为 2,6-二氯靛酚溶液的滴定度,即每毫升 2,6-二氯靛酚溶液相当于抗坏血酸的毫克数,mg/mL;A 为稀释倍数;m 为试样质量,g。计算结果以重复性条件下获得的 2 次独立测定结果的算术平均值表示,结果保留 3 位有效数字。

(4)说明与注意事项

①所有试剂最好用重蒸馏水配制。

②样品采取后应浸泡在已知量的 20 g/L 草酸溶液中,以防止维生素 C 氧化损失。测定时整个操作过程要迅速,防止抗坏血酸被氧化。

③本方法适用于水果、蔬菜及其制品中 L(+)-抗坏血酸的测定。

④若样品滤液颜色较深,影响滴定终点观察,可加入白陶土再过滤。白陶土使用前应测定

回收率。

⑤若样品中含有 Fe^{2+}、Cu^{+}、Sn^{2+}、亚硫酸盐、硫代硫酸盐等还原性杂质时，会使结果偏高。有无这些干扰离子可用以下方法检验：取样品提取液、偏磷酸-乙酸溶液各 5 mL 混合均匀，加入 0.05%亚甲蓝水溶液 2 滴。如亚甲蓝颜色在 5～10 s 内消失，即证明有干扰物存在；此检验对 Sn^{2+} 无反应，可在另一份 10 mL 的样品溶液中加入 1∶3盐酸溶液 10 mL，加 0.05%靛胭脂红水溶液 5 滴，若颜色在 5～10 s 内消失，证明有亚锡或其他干扰性物质存在。

为消除上述杂质带来的误差，可采取以下测定方法：取 10 mL 提取液 2 份，各加入 0.1 mL 10%硫酸铜溶液，110℃加热 10 min，冷却后用染料滴定。有铜存在时，抗坏血酸完全被破坏，从样品滴定值中扣除校正值，即得抗坏血酸含量。

（赵丽华）

本章小结

本章介绍了维生素的分类、组成和性质；重点介绍了高效液相色谱法测定脂溶性维生素A、维生素 E、维生素 D 的原理、方法和注意事项，介绍了用高效液相色谱法测定胡萝卜素的原理、方法和注意事项；介绍了荧光法测定维生素 B_1、维生素 B_2 的原理、方法和注意事项；重点介绍了荧光法、高效液相色谱法测定维生素 C 总量和用 2,6-二氯靛酚滴定法测定还原性维生素 C 的原理、方法及其注意事项。

思考题

1. 测定维生素 A 应该注意哪些问题？
2. 简述维生素 E 测定的 2 种方法。
3. 试比较维生素 C 3 种测定方法（荧光法、2,6-二氯靛酚滴定法、高效液相色谱法）的优缺点，及各自的适用范围。
4. 简要说明维生素 B_1 的测定原理及方法。
5. 测定脂溶性维生素时样品需如何处理？
6. 测定水溶性维生素时，从样品中提取浓缩这些维生素可采用哪些方法？
7. 如何选择维生素 C 浸提剂？新鲜果蔬样品在研磨时如何防止维生素 C 的氧化？

参考文献

[1] 杨严俊. 食品分析. 北京：化学工业出版社，2012.
[2] 侯玉泽，丁晓雯. 食品分析. 郑州：郑州大学出版社，2011.
[3] 张水华. 食品分析. 北京：中国轻工业出版社，2007.
[4] 朱克永. 食品检验技术——理化检验　感官检验技术. 北京：科学出版社，2004.
[5] 王永华，戚穗坚. 食品分析. 3 版. 北京：中国轻工业出版社，2017.
[6] 穆华荣，于淑萍. 食品分析. 北京：化学工业出版社，2004.
[7] 万萍. 食品分析与实验. 北京：中国纺织出版社，2015.
[8] 万鹏，赵贞，高敏，等. 高效液相色谱法检测乳制品中的 VC. 乳业科学与技术，2014，

(37)5:14-16.
[9] 食品安全国家标准　食品中维生素A、D、E的测定:GB 5009.82—2016.
[10] 食品安全国家标准　食品中胡萝卜素的测定:GB 5009.83—2016.
[11] 食品安全国家标准　食品中维生素 B_1 的测定:GB 5009.84—2016.
[12] 食品安全国家标准　食品中维生素 B_2 的测定:GB 5009.85—2016.
[13] 食品安全国家标准　食品中抗坏血酸的测定:GB 5009.86—2016.

第 10 章
矿物元素和限量元素的测定

本章学习目的与要求

1. 掌握原子吸收光谱法与原子荧光光谱法的工作原理；
2. 熟悉食品中汞、铅、砷、钙、铁、锌等元素测定的原理和方法；
3. 了解原子吸收分光光谱仪和原子荧光光谱仪的组成单元。

食品中所含的元素已知有 50 多种，除去碳、氢、氧、氮 4 种构成水分和有机物质元素以外，其他元素统称为矿物元素。其中含量较多的有钙、镁、钾、钠、磷、硫、氯 7 种，含量都在 0.01%以上，称为常量元素，约占矿物质总量的 80%。此外还含有铁、钴、镍、锌、铬、硒、碘等元素，含量都在 0.01%以下，称为微量元素或痕量元素。限量元素是指在机体代谢过程中起着重要作用，但需求量极低的元素，如铜、锌、铁、锰、铬、钴、硒、氟等 14 种以及有害元素如铅、砷、汞、镉等。由于大多数限量元素在机体中具有蓄积性，随着机体内蓄积量的增加，可导致对机体不同程度的损害，甚至引起"三致"作用。人体所需和不需的矿物元素主要来自食物和水，食物和水中矿物质含量的变化会受到环境因素影响，环境优劣对人民身体健康至关重要。因此，要坚持精准治污、科学治污、依法治污，持续深入打好蓝天、碧水、净土保卫战；加强污染物协同控制，基本消除重污染天气。统筹水资源、水环境、水生态治理，推动重要江河湖库生态保护治理，基本消除城市黑臭水体；加强土壤污染源头防控，开展新污染物治理；提升环境基础设施建设水平，推进城乡人居环境整治；全面实行排污许可制，健全现代环境治理体系，严密防控环境风险。

原子吸收光谱法又称原子吸收分光光度法，是 20 世纪 50 年代提出，在 60 年代有较大发展的一种光学分析方法。原子吸收光谱的研究起源于对太阳光的观测。1802 年沃拉斯顿发现太阳光谱中存在许多黑线，以后弗兰霍夫详细研究了这些现象，但未阐明原因。因此，这些黑线也称弗兰霍夫线。1860 年柯尔希霍夫对碱金属和碱土金属元素的发射光谱自吸现象的研究证实了基态的原子蒸气对于同种原子发射的电磁波具有吸收作用，联系到弗兰霍夫线的位置恰好相当于某些化学元素发射的特征谱线的位置，从而说明这些黑线是由于大气层中的蒸气组分吸收了太阳辐射的某些波长的电磁波所造成的。1955 年瓦尔西(Wals)正式提出原吸理论，1959 年沃夫(Wolf)发明非火焰法(石墨炉)，1965 年威尔茨提出 N_2O-C_2H_4 焰，70 年代出现背景扣除技术。

原子吸收光谱法具有灵敏度高、选择性和重现性好、干扰少、操作简便快捷、应用范围广的优点，成为食品中矿物元素与限量元素测定的主要分析方法。

原子荧光光谱法是 1964 年以后发展起来的分析方法，是以原子在辐射能激发下发射的荧光强度进行定量分析的发射光谱分析法。

10.1　原子吸收光谱法与原子荧光光谱法

10.1.1　原子吸收光谱法

10.1.1.1　工作原理

原子吸收光谱法是基于从光源辐射出具有待测元素特征谱线的光，通过试样蒸气时被蒸气中待测元素基态原子所吸收，根据辐射特征谱线光被减弱的程度来测定试样中待测元素含量的分析方法。原子受外界能量激发时，外层电子可跃迁到不同能级上，把电子从基态跃迁到第一激发态所产生的吸收谱线称作共振吸收线。元素的共振线是所有谱线中最灵敏的谱线，是元素测定的特征谱线。

对不同元素，其原子结构和外层电子排布不同，因此，其共振吸收线的频率也不相同。即共振吸收线是与元素的原子结构相关的特征谱线，共振吸收能量最低，最容易发生，一般原子吸收分光光度分析就是利用元素的共振吸收来进行的。

原子吸收与元素含量之间的定量关系符合郎伯-比尔定律：

$$A=-\lg\frac{I}{I_0}=-\lg T=Kcl$$

式中，I 为透射光强度，cd；I_0 为发射光强度，cd；T 为透射比，%；l 为光通过原子化器光程（长度），每台仪器的 l 值是固定的，cm；c 为被测样品浓度，mol/L；K 为摩尔吸收系数，L/(mol·cm)。

10.1.1.2 原子吸收分光光度计的结构

原子吸收分光光度计一般由四大部分组成，即光源（单色锐线辐射源）、试样原子化器、单色仪和数据处理系统（包括光电转换器及相应的检测装置），见图 10-1。

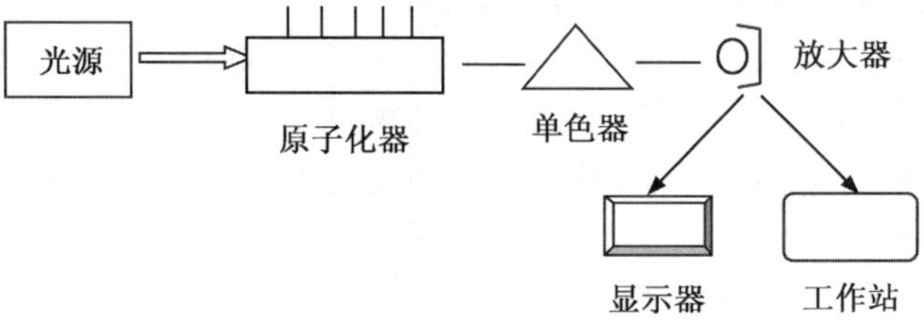

图 10-1 原子吸收分光光度计的结构示意图

（1）光源　光源的作用是发射被测元素的特征共振辐射。对光源的基本要求：发射的共振辐射的半宽度要明显小于吸收线的半宽度；辐射的强度大；辐射光强稳定，使用寿命长等。空心阴极灯是符合上述要求的理想光源，应用最广，是由玻璃管制成的封闭着低压气体的放电管，主要是由一个阳极和一个空心阴极组成。

（2）原子化器　原子化器的功能是提供能量，使试样干燥、蒸发和原子化。入射光束在这里被基态原子吸收，因此也可把它视为“吸收池”。对原子化器的基本要求：必须具有足够高的原子化效率，良好的稳定性和重现形，操作简单及较低的干扰水平等。

常用的原子化器有火焰原子化器和非火焰原子化器。火焰原子化法中，常用的是预混合型原子化器，它是由雾化器、雾化室和燃烧器三部分组成。用火焰使试样原子化是目前广泛应用的一种方式。它是将液体试样经喷雾器形成雾粒，这些雾粒在雾化室中与气体（燃气与助燃气）均匀混合，除去大液滴后，再进入燃烧器形成火焰。此时，试液在火焰中产生原子蒸气。

火焰原子吸收分光光度计，利用空气-乙炔测定的元素可达 30 多种，若使用氧化亚氮-乙炔火焰，测定的元素可达 70 多种。但氧化亚氮-乙炔火焰安全性较差，应用不普遍。空气-乙炔火焰原子吸收分光光度法，一般可检测到 μg/mL 级（10^{-6}），精密度 1%左右。国产的火焰原子吸收分光光度计，都可配备各种型号的氢化物发生器（属电加热原子化器），利用氢化物发生器，可测定砷（As）、锑（Sb）、锗（Ge）、碲（Te）等元素。一般灵敏度在 ng/mL 级（10^{-9}），相对标准偏差 2%左右。汞（Hg）可用冷原子吸收法测定。

非火焰原子化器常用的是石墨炉原子化器。石墨炉原子化法的过程是将试样注入石墨管中间位置，用大电流通过石墨管以产生高达 2 000～3 000℃的高温使试样经过干燥、蒸发和原子化。石墨炉原子吸收分光光度计，可以测定近 50 种元素。石墨炉法，进样量少，灵敏度高，有的元素也可以分析到 pg/mL 级。

火焰原子化法的优点：火焰原子化法的操作简便，重现性好，有效光程大，对大多数元素有较高灵敏度，因此应用广泛。缺点：原子化效率低，灵敏度不够高，而且一般不能直接分析固体样品。

石墨炉原子化器的优点：原子化效率高，在可调的高温下试样利用率达 100%，灵敏度高，试样用量少，适用于难熔元素的测定。缺点：试样组成不均匀性的影响较大，测定精密度较低，共存化合物的干扰比火焰原子化法大，干扰背景比较严重，一般都需要校正背景。

(3)单色器　由入射和出射狭缝、反射镜和色散元件组成。色散元件一般为光栅。单色器可将被测元素的共振吸收线与邻近谱线分开。

(4)检测器　原子吸收光谱法中检测器通常使用光电倍增管。光电倍增管的工作电源应有较高的稳定性。因为工作电压过高、照射的光过强或光照时间过长，都会引起疲劳效应。

10.1.1.3　原子吸收光谱法干扰的去除方法

原子吸收光谱法的主要干扰有物理干扰、化学干扰、电离干扰、光谱干扰和背景干扰等。

(1)化学干扰及其抑制　化学干扰是由待测元素与其他组分之间的化学作用所引起的，它主要影响待测元素的原子化效率。消除化学干扰最常用的方法有以下几种。

①加入释放剂：与干扰物质生成比被测元素更稳定的化合物，使被测元素释放出来。例如，磷酸根干扰钙的测定，可在试液中加入镧、锶盐，镧、锶与磷酸根首先生成比钙更稳定的磷酸盐，就相当于把钙释放出来。

②加入保护剂：保护剂作用是它可与被测元素生成易分解的或更稳定的配合物，防止被测元素与干扰组分生成难离解的化合物。保护剂一般是有机配合剂。例如，EDTA、8-羟基喹啉。

③加入缓冲剂：在试液和标准溶液中，均加入超过缓冲量(缓冲量即干扰不再变化的最低限量)的干扰元素化合物。

(2)光谱干扰及其抑制　光谱干扰主要来源有以下几种。

①空心阴极灯内杂质引起的，在测定波长附近有单色器不能分离的非待测元素的邻近线。

②共存元素也能部分吸收待测元素共振线的元素。

③分子吸收。在原子化过程中，其中存在某些基态分子，其吸收带与待测元素共振线重叠；也来源于火焰本身或火焰中待测元素的辐射。

对于光谱干扰的常用消除方法有：减少狭缝、使用高纯度的单元素灯、零点扣除、使用合适的燃气与助燃气，以及使用氘灯背景校正等方法来消除。

10.1.2　原子荧光光谱法

10.1.2.1　工作原理

原子荧光光谱法的工作原理是当气态原子受到强特征辐射时，由基态跃迁到激发态，约在 10^{-8} s 后，再由激发态跃迁回到基态，同时发射出与原激发辐射波长相同或不同的辐射即原子荧光。不同元素的荧光波长不同。浓度很低时，强度与蒸气中该元素的密度成正比，定量依据，可适用于微量或痕量分析。原子浓度与荧光的强度符合以下关系式：

$$I_f = \varphi \times A \times I_0 \times \varepsilon \times l \times N = K \times c$$

式中，φ 为荧光量子效率；I_0 为原子化器内单位面积上接受的光源强度，cd；A 为受光源照射在检测器系统中观察到的有效面积，cm^2；l 为吸收光程长，cm；K 为峰值吸收系数，L/(mol·cm)；N 为单位体积内的基态原子数。该关系式是原子荧光定量分析的基础。

10.1.2.2　原子荧光光度计的构造

原子荧光光度计分为非色散型和色散型。这两类仪器的结构基本相似，只是单色器不同。

原子荧光光度计的色散型由下列 4 部分组成。

(1)光源　锐线光源(高强度空心阴极灯等)、连续光源(氙灯)提供辐射能,使基态气态原子转化为激发态原子。

(2)原子化器　提供能量使被测元素转化为基态气态原子。

(3)色散系统　分离分析线和邻近谱线。

(4)检测系统　光电倍增管接受光信号,并将光信号转化为电信号。

10.2　钙、铁、锌、硒、磷、碘的测定

10.2.1　食品中钙的测定

10.2.1.1　测定原理

火焰原子吸收光谱法为食品中钙测定国家标准第一法。试样经消解处理后,加入镧溶液作为释放剂,经原子吸收火焰原子化,在 422.7 nm 处测定的吸光度值在一定浓度范围内与钙含量成正比,与标准系列比较定量。该方法若以称样量 0.5 g(或 0.5 mL),定容至 25 mL 计算,方法检出限为 0.5 mg/kg(或 0.5 mg/L),定量限为 1.5 mg/kg(或 1.5 mg/L)。

10.2.1.2　主要试剂的配制

(1)硝酸溶液(5+95)　量取 50 mL 硝酸,加入 950 mL 水,混匀。

(2)硝酸溶液(1+1)　量取 500 mL 硝酸,与 500 mL 水混合均匀。

(3)盐酸溶液(1+1)　量取 500 mL 盐酸,与 500 mL 水混合均匀。

(4)镧溶液(20 g/L)　称取 23.45 g 氧化镧,先用少量水湿润后再加入 75 mL 盐酸溶液(1+1)溶解,转入 1 000 mL 容量瓶中,加水定容至刻度,混匀。

(5)钙标准储备液(1 000 mg/L)　准确称取 2.496 3 g(精确至 0.000 1 g)碳酸钙,加盐酸溶液(1+1)溶解,移入 1 000 mL 容量瓶中,加水定容至刻度,混匀。

(6)钙标准中间液(100 mg/L)　准确吸取钙标准储备液(1 000 mg/L)10 mL 于 100 mL 容量瓶中,加硝酸溶液(5+95)定容至刻度,混匀。

(7)钙标准系列溶液:分别吸取钙标准中间液(100 mg/L)0、0.500、1.00、2.00、4.00、6.00 mL 于 100 mL 容量瓶中,另在各容量瓶中加入 5 mL 镧溶液(20 g/L),最后加硝酸溶液(5+95)定容至刻度,混匀。此钙标准系列溶液中钙的质量浓度分别为 0、0.500、1.00、2.00、4.00 和 6.00 mg/L。

注:可根据仪器的灵敏度及样品中钙的实际含量确定标准溶液系列中元素的具体浓度。

10.2.1.3　仪器与设备

所有玻璃器皿及聚四氟乙烯消解内罐均需硝酸溶液(1+5)浸泡过夜,用自来水反复冲洗,最后用水冲洗干净。

(1)原子吸收光谱仪:配火焰原子化器,钙空心阴极灯。

(2)分析天平:感量为 1 mg 和 0.1 mg。

(3)微波消解系统:配聚四氟乙烯消解内罐。

(4)可调式电热炉。

(5)可调式电热板。

(6)压力消解罐:配聚四氟乙烯消解内罐。

(7)恒温干燥箱。

(8)马弗炉。

10.2.1.4　分析步骤

(1)试样制备

①粮食、豆类样品:去除杂物后,粉碎,储于塑料瓶中。

②蔬菜、水果、鱼类、肉类等样品:用水洗净,晾干,取可食部分,制成匀浆,储于塑料瓶中。

③饮料、酒、醋、酱油、食用植物油、液态乳等液体样品:将样品摇匀。

注:在采样和试样制备过程中,应避免试样污染。

(2)试样消解

① 湿法消解:准确称取固体试样 0.2～3 g(精确至 0.001 g)或准确移取液体试样 0.500～5.00 mL 于带刻度消化管中,加入 10 mL 硝酸、0.5 mL 高氯酸,在可调式电热炉上消解[参考条件:120℃/(0.5～1 h)、升至 180℃/(2～4 h)、升至 200～220℃]。若消化液呈棕褐色,再加硝酸,消解至冒白烟,消化液呈无色透明或略带黄色。取出消化管,冷却后用水定容至 25 mL,再根据实际测定需要稀释,并在稀释液中加入一定体积的镧溶液(20 g/L),使其在最终稀释液中的质量浓度为 1 g/L,混匀备用,此为试样待测液。同时做试剂空白试验。也可采用锥形瓶,于可调式电热板上,按上述操作方法进行湿法消解。

②微波消解:准确称取固体试样 0.2～0.8 g(精确至 0.001 g)或准确移取液体试样 0.500～3.00 mL 于微波消解罐中,加入 5 mL 硝酸,按照微波消解的操作步骤消解试样,消解条件见表 10-1。冷却后取出消解罐,在电热板上于 140～160℃赶酸至 1 mL 左右。消解罐放冷后,将消化液转移至 25 mL 容量瓶中,用少量水洗涤消解罐 2～3 次,合并洗涤液于容量瓶中并用水定容至刻度。根据实际测定需要稀释,并在稀释液中加入一定体积镧溶液(20 g/L),使其在最终稀释液中的质量浓度为 1 g/L,混匀备用,此为试样待测液。同时做试剂空白试验。

表 10-1　微波消解升温程序参考条件

步骤	设定温度/℃	升温时间/min	恒温时间/min
1	120	5	5
2	160	5	10
3	180	5	10

③压力罐消解:准确称取固体试样 0.2～1 g(精确至 0.001 g)或准确移取液体试样 0.500～5.00 mL 于消解内罐中,加入 5 mL 硝酸。盖好内盖,旋紧不锈钢外套,放入恒温干燥箱,于 140～160℃下保持 4～5 h。冷却后缓慢旋松外罐,取出消解内罐,放在可调式电热板上于 140～160℃赶酸至 1 mL 左右。冷却后将消化液转移至 25 mL 容量瓶中,用少量水洗涤内罐和内盖 2～3 次,合并洗涤液于容量瓶中并用水定容至刻度,混匀备用。根据实际测定需要稀释,并在稀释液中加入一定体积的镧溶液(20 g/L),使其在最终稀释液中的质量浓度为 1 g/L,混匀备用,此为试样待测液。同时做试剂空白试验。

④干法灰化:准确称取固体试样 0.5～5 g(精确至 0.001 g)或准确移取液体试样 0.500～

10.0 mL 于坩埚中，小火加热，炭化至无烟，转移至马弗炉中，于 550℃灰化 3～4 h。冷却，取出。对于灰化不彻底的试样，加数滴硝酸，小火加热，小心蒸干，再转入 550℃马弗炉中，继续灰化 1～2 h，至试样呈白灰状，冷却，取出，用适量硝酸溶液(1+1)溶解转移至刻度管中，用水定容至 25 mL。根据实际测定需要稀释，并在稀释液中加入一定体积的镧溶液，使其在最终稀释液中的质量浓度为 1 g/L，混匀备用，此为试样待测液。同时做试剂空白试验。

(3)测定

①仪器测试条件：火焰原子吸收光谱法参考条件见表 10-2。

表 10-2　火焰原子吸收光谱法参考条件

元素	波长/nm	狭缝/nm	灯电流/mA	燃烧头高度/mm	空气流量/(L/min)	乙炔流量/(L/min)
钙	422.7	1.3	5～15	3	9	2

②标准曲线的制作：将钙标准系列溶液按浓度由低到高的顺序分别导入火焰原子化器，测定吸光度值，以标准系列溶液中钙的质量浓度为横坐标，相应的吸光度值为纵坐标，制作标准曲线。

③试样溶液的测定：在与测定标准溶液相同的实验条件下，将空白溶液和试样待测液分别导入原子化器，测定相应的吸光度值，与标准系列比较定量。

(4)结果计算　试样中钙的含量按下式计算。

$$X=\frac{(\rho-\rho_0)\times V\times f}{m}$$

式中，X 为试样中钙的含量，mg/kg 或 mg/L；ρ 为试样待测液中钙的质量浓度，mg/L；ρ_0 为空白溶液中钙的质量浓度，mg/L；V 为试样消化液的定容体积，mL；f 为试样消化液的稀释倍数；m 为试样质量或移取体积，g 或 mL。

当钙含量≥10.0 mg/kg 或 10.0 mg/L 时，计算结果保留 3 位有效数字；当钙含量<10.0 mg/kg 或 10.0 mg/L 时，计算结果保留 2 位有效数字。

10.2.2　食品中铁的测定

10.2.2.1　测定原理

火焰原子吸收光谱法为食品中铁测定国家标准第一法。试样消解后，经原子吸收火焰原子化，在 248.3 nm 处测定吸光度值。在一定浓度范围内铁的吸光度值与铁含量成正比，与标准系列比较定量。该方法当称样量为 0.5 g(或 0.5 mL)，定容体积为 25 mL 时，检出限为 0.75 mg/kg(或 0.75 mg/L)，定量限为 2.5 mg/kg(或 2.5 mg/L)。

10.2.2.2　主要试剂的配制

(1)硝酸溶液(5+95)　量取 50 mL 硝酸，倒入 950 mL 水中，混匀。

(2)硝酸溶液(1+1)　量取 250 mL 硝酸，倒入 250 mL 水中，混匀。

(3)硫酸溶液(1+3)　量取 50 mL 硫酸，缓慢倒入 150 mL 水中，混匀。

(4)铁标准储备液(1 000 mg/L)　准确称取 0.863 1 g(精确至 0.000 1 g)硫酸铁铵，加水溶解，加 1.00 mL 硫酸溶液(1+3)，移入 100 mL 容量瓶，加水定容至刻度，混匀。此铁溶液质量浓度为 1 000 mg/L。

(5)铁标准中间液(100 mg/L) 准确吸取铁标准储备液(1 000 mg/L)10 mL 于 100 mL 容量瓶中,加硝酸溶液(5+95)定容至刻度,混匀。此铁溶液质量浓度为 100 mg/L。

(6)铁标准系列溶液 分别准确吸取铁标准中间液(100 mg/L)0、0.500、1.00、2.00、4.00、6.00 mL 于 100 mL 容量瓶中,加硝酸溶液(5+95)定容至刻度,混匀。此铁标准系列溶液中铁的质量浓度分别为 0、0.500、1.00、2.00、4.00、6.00 mg/L。

注:可根据仪器的灵敏度及样品中铁的实际含量确定标准溶液系列中铁的具体浓度。

10.2.2.3 仪器和设备

所有玻璃器皿及聚四氟乙烯消解内罐均需硝酸溶液(1+5)浸泡过夜,用自来水反复冲洗,最后用水冲洗干净。

(1)原子吸收光谱仪:配火焰原子化器,铁空心阴极灯。

(2)分析天平:感量为 1 mg 和 0.1 mg。

(3)微波消解系统:配聚四氟乙烯消解内罐。

(4)可调式电热炉。

(5)可调式电热板。

(6)压力消解罐:配聚四氟乙烯消解内罐。

(7)恒温干燥箱。

(8)马弗炉。

10.2.2.4 分析步骤

(1)试样制备

①粮食、豆类样品:去除杂物后,粉碎,储于塑料瓶中。

②蔬菜、水果、鱼类、肉类等样品:用水洗净,晾干,取可食部分,制成匀浆,储于塑料瓶中。

③饮料、酒、醋、酱油、食用植物油、液态乳等液体样品:将样品摇匀。

(2)试样消解

①湿法消解:准确称取固体试样 0.5~3 g(精确至 0.001 g)或准确移取液体试样 1.00~5.00 mL 于带刻度消化管中,加入 10 mL 硝酸和 0.5 mL 高氯酸,在可调式电热炉上消解[参考条件:120℃/(0.5~1 h)、升至 180℃/(2~4 h)、升至 200~220℃]。若消化液呈棕褐色,再加硝酸,消解至冒白烟,消化液呈无色透明或略带黄色,取出消化管,冷却后将消化液转移至 25 mL 容量瓶中,用少量水洗涤 2~3 次,合并洗涤液于容量瓶中并用水定容至刻度,混匀备用。同时做试样空白试验。也可采用锥形瓶,于可调式电热板上,按上述操作方法进行湿法消解。

②微波消解:准确称取固体试样 0.2~0.8 g(精确至 0.001 g)或准确移取液体试样 1.00~3.00 mL 于微波消解罐中,加入 5 mL 硝酸,按照微波消解的操作步骤消解试样,消解条件参考表 10-1。冷却后取出消解罐,在电热板上于 140~160℃赶酸至 1.0 mL 左右。冷却后将消化液转移至 25 mL 容量瓶中,用少量水洗涤内罐和内盖 2~3 次,合并洗涤液于容量瓶中并用水定容至刻度,混匀备用。同时做试样空白试验。

③压力罐消解:准确称取固体试样 0.3~2 g(精确至 0.001 g)或准确移取液体试样 2.00~5.00 mL 于消解内罐中,加入 5 mL 硝酸。盖好内盖,旋紧不锈钢外套,放入恒温干燥

箱，于140～160℃下保持4～5 h。冷却后缓慢旋松外罐，取出消解内罐，放在可调式电热板上于140～160℃赶酸至1.0 mL左右。冷却后将消化液转移至25 mL容量瓶中，用少量水洗涤内罐和内盖2～3次，合并洗涤液于容量瓶中并用水定容至刻度，混匀备用。同时做试样空白试验。

④干法消解：准确称取固体试样0.5～3 g(精确至0.001 g)或准确移取液体试样2.00～5.00 mL于坩埚中，小火加热，炭化至无烟，转移至马弗炉中，于550℃灰化3～4 h。冷却，取出，对于灰化不彻底的试样，加数滴硝酸，小火加热，小心蒸干，再转入550℃马弗炉中，继续灰化1～2 h，至试样呈白灰状，冷却，取出，用适量硝酸溶液(1＋1)溶解，转移至25 mL容量瓶中，用少量水洗涤内罐和内盖2～3次，合并洗涤液于容量瓶中并用水定容至刻度。同时做试样空白试验。

(3)测定

①仪器测试条件：火焰原子吸收光谱法参考条件见表10-3。

表10-3 火焰原子吸收光谱法参考条件

元素	波长/nm	狭缝/nm	灯电流/mA	燃烧头高度/mm	空气流量/(L/min)	乙炔流量/(L/min)
铁	248.3	0.2	5～15	3	9	2

②标准曲线的制作：将标准系列工作液按质量浓度由低到高的顺序分别导入火焰原子化器，测定其吸光度值。以铁标准系列溶液中铁的质量浓度为横坐标，以相应的吸光度值为纵坐标，制作标准曲线。

③试样测定：在与测定标准溶液相同的试验条件下，将空白溶液和样品溶液分别导入原子化器，测定吸光度值，与标准系列比较定量。

(4)结果计算　试样中铁的含量按下式计算。

$$X=\frac{(\rho-\rho_0)\times V}{m}$$

式中，X为试样中铁的含量，mg/kg或mg/L；ρ为测定样液中铁的质量浓度，mg/L；ρ_0空白液中铁的质量浓度，mg/L；V为试样消化液的定容体积，mL；m为试样称样量或移取体积，g或mL。

当铁含量≥10.0 mg/kg或10.0 mg/L时，计算结果保留3位有效数字；当铁含量＜10.0 mg/kg或10.0 mg/L时，计算结果保留2位有效数字。

10.2.3 食品中锌的测定

10.2.3.1 分析原理

火焰原子吸收光谱法为食品中锌测定国家标准第一法。试样消解处理后，经火焰原子化，在213.9 nm处测定吸光度。在一定质量浓度范围内锌的吸光度值与锌含量成正比，与标准系列比较定量。该方法当称样量为0.5 g(或0.5 mL)，定容体积为25 mL时，检出限为1 mg/kg(或1 mg/L)，定量限为3 mg/kg(或3 mg/L)。

10.2.3.2 主要试剂的配制

(1)硝酸溶液(5+95) 量取 50 mL 硝酸,缓慢加入 950 mL 水中,混匀。

(2)硝酸溶液(1+1) 量取 250 mL 硝酸,缓慢加入 250 mL 水中,混匀。

(3)锌标准储备液(1 000 mg/L) 准确称取 1.244 7 g(精确至 0.000 1 g)氧化锌,加少量硝酸溶液(1+1),加热溶解,冷却后移入 1 000 mL 容量瓶,加水定容至刻度,混匀。

(4)锌标准中间液(10.0 mg/L) 准确吸取锌标准储备液(1 000 mg/L)1.00 mL 于 100 mL 容量瓶中,加硝酸溶液(5+95)定容至刻度,混匀。

(5)锌标准系列溶液 分别准确吸取锌标准中间液 0、1.00、2.00、4.00、8.00 和 10.0 mL 于 100 mL 容量瓶中,加硝酸溶液(5+95)定容至刻度,混匀。此锌标准系列溶液的质量浓度分别为 0、0.100、0.200、0.400、0.800 和 1.00 mg/L。

注:可根据仪器的灵敏度及样品中锌的实际含量确定标准系列溶液中锌元素的质量浓度。

10.2.3.3 仪器和设备

(1)原子吸收光谱仪 配火焰原子化器,附锌空心阴极灯。

(2)分析天平 感量为 1 mg 和 0.1 mg。

(3)微波消解系统 配聚四氟乙烯消解内罐。

(4)可调式电热炉。

(5)可调式电热板。

(6)压力消解罐 配聚四氟乙烯消解内罐。

(7)恒温干燥箱。

(8)马弗炉。

注:所有玻璃器皿及聚四氟乙烯消解内罐均需硝酸溶液(1+5)浸泡过夜,用自来水反复冲洗,最后用水冲洗干净。

10.2.3.4 分析步骤

(1)试样制备

①粮食、豆类样品:去除杂物后,粉碎,储于塑料瓶中。

②蔬菜、水果、鱼类、肉类等样品:用水洗净,晾干,取可食部分,制成匀浆,储于塑料瓶中。

③饮料、酒、醋、酱油、食用植物油、液态乳等液体样品:将样品摇匀。

注:在采样和试样制备过程中,应避免试样污染。

(2)试样前处理

①湿法消解:准确称取固体试样 0.2~3 g(精确至 0.001 g)或准确移取液体试样 0.500~5.00 mL 于带刻度消化管中,加入 10 mL 硝酸、0.5 mL 高氯酸,在可调式电热炉上消解[参考条件:120℃/(0.5~1 h)、升至 180℃/(2~4 h)、升至 200~220℃]。若消化液呈棕褐色,再加少量硝酸,消解至冒白烟,消化液呈无色透明或略带黄色,取出消化管,冷却后用水定容至 25 mL 或 50 mL,混匀备用。同时做试剂空白试验。也可采用锥形瓶,于可调式电热板上,按上述操作方法进行湿法消解。

②微波消解:准确称取固体试样 0.2~0.8 g(精确至 0.001 g)或准确移取液体试样 0.500~3.00 mL 于微波消解罐中,加入 5 mL 硝酸,按照微波消解的操作步骤消解试样,消解条件参考表 10-1。冷却后取出消解罐,在电热板上于 140~160℃赶酸至 1 mL 左右。消解罐

放冷后，将消化液转移至 25 mL 或 50 mL 容量瓶中，用少量水洗涤消解罐 2～3 次，合并洗涤液于容量瓶中，用水定容至刻度，混匀备用。同时做试剂空白试验。

③压力罐消解：准确称取固体试样 0.2～1 g（精确至 0.001 g）或准确移取液体试样 0.500～5.00 mL 于消解内罐中，加入 5 mL 硝酸。盖好内盖，旋紧不锈钢外套，放入恒温干燥箱，于 140～160℃下保持 4～5 h。冷却后缓慢旋松外罐，取出消解内罐，放在可调式电热板上，于 140～160℃赶酸至 1 mL 左右。冷却后将消化液转移至 25～50 mL 容量瓶中，用少量水洗涤内罐和内盖 2～3 次，合并洗涤液于容量瓶中并用水定容至刻度，混匀备用。同时做试剂空白试验。

④干法灰化：准确称取固体试样 0.5～5 g（精确至 0.001 g）或准确移取液体试样 0.500～10.0 mL 于坩埚中，小火加热，炭化至无烟，转移至马弗炉中，于 550℃灰化 3～4 h。冷却，取出，对于灰化不彻底的试样，加数滴硝酸，小火加热，小心蒸干，再转入 550℃马弗炉中，继续灰化 1～2 h，至试样呈白灰状，冷却，取出，用适量硝酸溶液（1＋1）溶解并用水定容至 25 mL 或 50 mL。同时做试剂空白试验。

（3）测定

①仪器参考条件：根据各自仪器性能调至最佳状态。参考条件见表 10-4。

表 10-4　火焰原子吸收光谱法参考条件

元素	波长/nm	狭缝/nm	灯电流/mA	燃烧头高度/mm	空气流量/(L/min)	乙炔流量/(L/min)
锌	213.9	0.2	3～5	3	9	2

②标准曲线的制作：将锌标准系列溶液按质量浓度由低到高的顺序分别导入火焰原子化器，原子化后测其吸光度值，以质量浓度为横坐标，吸光度值为纵坐标，制作标准曲线。

③试样测定：在与测定标准溶液相同的实验条件下，将空白溶液和试样溶液分别导入火焰原子化器，原子化后测其吸光度值，与标准系列比较定量。

（4）结果计算　试样中锌的含量按下式计算。

$$X=\frac{(\rho-\rho_0)\times V}{m}$$

式中，X 为试样中锌的含量，mg/kg 或 mg/L；ρ 为测定样液中锌的质量浓度，mg/L；ρ_0 空白液中锌的质量浓度，mg/L；V 为试样消化液的定容体积，mL；m 为试样称样量或移取体积，g 或 mL。

当锌含量≥10.0 mg/kg（或 mg/L）时，计算结果保留 3 位有效数字；当锌含量＜10.0 mg/kg（或 mg/L）时，计算结果保留 2 位有效数字。

10.2.4　食品中硒的测定

10.2.4.1　测定原理

氢化物原子荧光光谱是食品中硒测定的国家标准第一法。试样经消化后，在 6 mol/L 盐酸介质中，将试样中的 6 价硒还原成 4 价硒。用硼氢化钠或硼氢化钾作还原剂，将 4 价硒在盐酸介质中还原成硒化氢（H_2Se）。由载气（氩气）将其带入原子化器中进行原子化，在硒空心阴极灯照射下，基态硒原子被激发至高能态。在去活化回到基态时，发射出特征波长的荧光，其荧光强度与硒含量成正比。与标准系列比较定量。该方法当称样量为 1 g（或 1 mL），定容体积为 10 mL 时，检出限为 0.002 mg/kg（或 0.002 mg/L），定量限为 0.006 mg/kg（或 0.006 mg/L）。

10.2.4.2　主要试剂的配制

硝酸、高氯酸、盐酸、氢氧化钠、硼氢化钠，优级纯。过氧化氢、铁氰化钾。

（1）硝酸-高氯酸混合酸（9＋1）　将 900 mL 硝酸与 100 mL 高氯酸混匀。

（2）氢氧化钠溶液（5 g/L）　称取 5 g 氢氧化钠，溶于 1 000 mL 水中，混匀。

（3）硼氢化钠碱溶液（8 g/L）　称取 8 g 硼氢化钠，溶于氢氧化钠溶液（5 g/L）中，混匀。现配现用。

（4）盐酸溶液（6 mol/L）　量取 50 mL 盐酸，缓慢加入 40 mL 水中，冷却后用水定容至 100 mL，混匀。

（5）铁氰化钾溶液（100 g/L）　称取 10 g 铁氰化钾，溶于 100 mL 水中，混匀。

（6）盐酸溶液（5＋95）　量取 25 mL 盐酸，缓慢加入 475 mL 水中，混匀。

（7）硒标准中间液（100 mg/L）　准确吸取 1.00 mL 硒标准溶液（1 000 mg/L）于 10 mL 容量瓶中，加盐酸溶液（5＋95）定容至刻度，混匀。

（8）硒标准使用液（1.00 mg/L）　准确吸取硒标准中间液（100 mg/L）1.00 mL 于 100 mL 容量瓶中，用盐酸溶液（5＋95）定容至刻度，混匀。

（9）硒标准系列溶液　分别准确吸取硒标准使用液（1.00 mg/L）0、0.500、1.00、2.00 和 3.00 mL 于 100 mL 容量瓶中，加入铁氰化钾溶液（100 g/L）10 mL，用盐酸溶液（5＋95）定容至刻度，混匀待测。此硒标准系列溶液的质量浓度分别为 0、5.00、10.0、20.0 和 30.0 μg/L。

注：可根据仪器的灵敏度及样品中硒的实际含量确定标准系列溶液中硒元素的质量浓度。

10.2.4.3　仪器和设备

（1）原子荧光光谱仪：配硒空心阴极灯。

（2）天平：感量为 1 mg。

（3）电热板。

（4）微波消解系统：配聚四氟乙烯消解内罐。

注：所有玻璃器皿及聚四氟乙烯消解内罐均需硝酸溶液（1＋5）浸泡过夜，用自来水反复冲洗，最后用水冲洗干净。

10.2.4.4　分析步骤

（1）试样制备

①粮食、豆类样品：去除杂物后，粉碎，储于塑料瓶中。

②蔬菜、水果、鱼类、肉类等样品：用水洗净，晾干，取可食部分，制成匀浆，储于塑料瓶中。

③饮料、酒、醋、酱油、食用植物油、液态乳等液体样品：将样品摇匀。

注：在采样和制备过程中，应避免试样污染。

（2）试样消解

①湿法消解：称取固体试样 0.5～3 g（精确至 0.001 g）或准确移取液体试样 1.00～5.00 mL，置于锥形瓶中，加 10 mL 硝酸-高氯酸混合酸（9＋1）及几粒玻璃珠，盖上表面皿冷消

化过夜。次日于电热板上加热，并及时补加硝酸。当溶液变为清亮无色并伴有白烟产生时，再继续加热至剩余体积为 2 mL 左右，切不可蒸干。冷却，再加 5 mL 盐酸溶液（6 mol/L），继续加热至溶液变为清亮无色并伴有白烟出现。冷却后转移至 10 mL 容量瓶中，加入 2.5 mL 铁氰化钾溶液（100 g/L），用水定容，混匀待测。同时做试剂空白试验。

②微波消解：称取固体试样 0.2～0.8 g（精确至 0.001 g）或准确移取液体试样 1.00～3.00 mL，置于消化管中，加 10 mL 硝酸、2 mL 过氧化氢，振摇混合均匀，于微波消解仪中消化，微波消化推荐条件见表 10-5（可根据不同的仪器自行设定消解条件）。消解结束待冷却后，将消化液转入锥形烧瓶中，加几粒玻璃珠，在电热板上继续加热至近干，切不可蒸干。再加 5 mL 盐酸溶液（6 mol/L），继续加热至溶液变为清亮无色并伴有白烟出现，冷却，转移至 10 mL 容量瓶中，加入 2.5 mL 铁氰化钾溶液（100 g/L），用水定容，混匀待测。同时做试剂空白试验。

其消化推荐条件见表 10-5，可根据不同的仪器自行设定消解条件。

表 10-5　微波消解升温程序参考条件

步骤	设定温度/℃	升温时间/min	恒温时间/min
1	120	6	1
2	150	3	5
3	200	5	10

（4）测定

①仪器参考条件：根据各自仪器性能调至最佳状态。负高压，340 V；灯电流，100 mA；原子化温度，800℃；炉高，8 mm；载气流速，500 mL/min；屏蔽气流速，1 000 mL/min；测量方式，标准曲线法；读数方式，峰面积；延迟时间，1 s；读数时间，15 s；加液时间，8 s；进样体积，2 mL。

②标准曲线的制作：以盐酸溶液（5＋95）为载流，硼氢化钠碱溶液（8 g/L）为还原剂，连续用标准系列的零管进样，待读数稳定之后，将硒标准系列溶液按质量浓度由低到高的顺序分别导入仪器，测定其荧光强度，以质量浓度为横坐标，荧光强度为纵坐标，制作标准曲线。

③试样测定：在与测定标准系列溶液相同的实验条件下，将空白溶液和试样溶液分别导入仪器，测其荧光值强度，与标准系列比较定量。

（4）结果计算　试样中硒的含量按下式计算。

$$X=\frac{(\rho-\rho_0)\times V}{m\times 1\,000}$$

式中，X 为试样中硒的含量，mg/kg 或 mg/L；ρ 为测定样液中硒的质量浓度，μg/L；ρ_0 空白液中硒的质量浓度，μg/L；V 为试样消化液的定容体积，mL；m 为试样称样量或移取体积，g 或 mL；1 000 为换算系数。

当硒含量≥1.00 mg/kg（或 mg/L）时，计算结果保留 3 位有效数字；当硒含量＜1.00 mg/kg（或 mg/L）时，计算结果保留 2 位有效数字。

10.2.5　食品中磷的测定

10.2.5.1　测定原理

钼蓝分光光度法为食品磷测定的国家标准第一法。试样经消解，磷在酸性条件下与钼酸铵结合生成磷钼酸铵，此化合物被对苯二酚、亚硫酸钠或氯化亚锡、硫酸肼还原成蓝色化合物钼蓝。钼蓝在 660 nm 处的吸光度值与磷的质量浓度成正比。用分光光度计测定试样溶液的吸光度，与标准溶液比较定量。该方法当取样量为 0.5 g(或 0.5 mL)，定容至 100 mL 时，检出限为 20 mg/100 g(或 20 mg/100 mL)，定量限为 60 mg/100 g(或 60 mg/100 mL)。

10.2.5.2　主要试剂的配制

硫酸(H_2SO_4)、高氯酸($HClO_4$)、硝酸(HNO_3)、盐酸(HCl)均为优级纯。对苯二酚、无水亚硫酸、钼酸铵、氯化亚锡、硫酸肼。磷酸二氢钾(KH_2PO_4，CAS 号 7778-77-0)：纯度>99.99%，或经国家认证并授予标准物质证书的一定浓度的磷标准溶液。

(1)硫酸溶液(15%)　量取 15 mL 硫酸，缓慢加入 80 mL 水中，冷却后用水稀释至 100 mL，混匀。

(2)硫酸溶液(5%)　量取 5 mL 硫酸，缓慢加入 90 mL 水中，冷却后用水稀释至 100 mL，混匀。

(3)硫酸溶液(3%)　量取 3 mL 硫酸，缓慢加入 90 mL 水中，冷却后用水稀释至 100 mL，混匀。

(4)盐酸溶液(1+1)　量取 500 mL 盐酸，加入 500 mL 水，混匀。

(5)钼酸铵溶液(50 g/L)　称取 5 g 钼酸铵，加硫酸溶液(15%)溶解，并稀释至 100 mL，混匀。

(6)对苯二酚溶液(5 g/L)　称取 0.5 g 对苯二酚于 100 mL 水中，使其溶解，并加入 1 滴硫酸，混匀。

(7)亚硫酸钠溶液(200 g/L)　称取 20 g 无水亚硫酸钠溶解于 100 mL 水中，混匀。临用时配制。

(8)氯化亚锡-硫酸肼溶液　称取 0.1 g 氯化亚锡，0.2 g 硫酸肼，加硫酸溶液(3%)并用其稀释至 100 mL。此溶液置棕色瓶中，储于 4℃可保存 1 个月。

(9)磷标准储备液(100.0 mg/L)　准确称取在 105℃下干燥至恒重的磷酸二氢钾 0.439 4 g (精确至 0.000 1 g)置于烧杯中，加入适量水溶解并转移至 1 000 mL 容量瓶中，加水定容至刻度，混匀。

(10)磷标准使用液(10.0 mg/L)　准确吸取 10 mL 磷标准储备液(100.0 mg/L)，置于 100 mL 容量瓶中，加水稀释定容至刻度，混匀。

10.2.5.3　仪器和设备

(1)分光光度计。

(2)可调式电热板或可调式电热炉。

(3)马弗炉。

(4)分析天平：感量 0.1 mg 和 1 mg。

10.2.5.4 分析步骤

1.试样制备

在采样和试样制备过程中,应避免污染。

(1)粮食、豆类　去除杂物后,粉碎,储于塑料瓶中。

(2)蔬菜、水果、鱼类、肉类等样品　用水洗净,晾干,取可食部分,制成匀浆,储于塑料瓶中。

(3)饮料、酒、醋、酱油、食用植物油、液态乳等液体样品　将样品摇匀。

2.试样消解

(1)湿法消解　称取试样 0.2～3 g(精确至 0.001 g)或准确吸取液体试样 0.500～5.00 mL 于带刻度消化管中,加入 10 mL 硝酸,1 mL 高氯酸,2 mL 硫酸,在可调式电热炉上消解[参考条件:120℃/(0.5～1) h、升至 180℃/(2～4) h、升至 200～220℃]。若消化液呈棕褐色,再加硝酸,消解至冒白烟,消化液呈无色透明或略带黄色。消化液放凉,加 20 mL 水,赶酸。放凉后转移至 100 mL 容量瓶中,用水多次洗涤消化管,合并洗液于容量瓶中,加水至刻度,混匀。作为试样测定溶液。同时做试剂空白试验。亦可采用锥形瓶,于可调式电热板上,按上述操作方法进行湿法消解。

(2)干法灰化　称取试样 0.5～5 g(精确至 0.001 g)或准确移取液体试样 0.500～10.0 mL,在火上灼烧成炭分,再于 550℃下成灰分,直至灰分呈白色为止(必要时,可在加入浓硝酸润湿蒸干后再灰化),加 10 mL 盐酸溶液(1+1),在水浴上蒸干。再加 2 mL 盐酸溶液(1+1),用水分数次将残渣完全转移至 100 mL 容量瓶中,并用水稀释定容至刻度,摇匀。同时做试剂空白试验。

3.测定

可任选苯二酚、亚硫酸钠还原法或氯化亚锡、硫酸肼还原法。

(1)对苯二酚、亚硫酸钠还原法

①标准曲线的制作:准确吸取磷标准使用液 0、0.500、1.00、2.00、3.00、4.00、5.00 mL,相当于含磷量 0、5.00、10.0、20.0、30.0、40.0、50.0 μg,分别置于 25 mL 具塞试管中,依次加入 2 mL 钼酸铵溶液(50 g/L)摇匀,静置。加入 1 mL 亚硫酸钠溶液(200 g/L)、1 mL 对苯二酚溶液(5 g/L),摇匀。加水定容至刻度,混匀。静置 0.5 h 后,用 1 cm 比色杯,在 660 nm 波长处,以零管作参比,测定吸光度,以测出的吸光度对磷含量绘制标准曲线。

②试样溶液的测定:准确吸取试样溶液 2.00 mL 及等量的空白溶液,分别置于 25 mL 具塞试管中,加入 2 mL 钼酸铵溶液(50 g/L)摇匀,静置。加入 1 mL 亚硫酸钠溶液(200 g/L)、1 mL 对苯二酚溶液(5 g/L),摇匀。加水至刻度,混匀。静置 0.5 h 后,用 1 cm 比色杯,在 660 nm 波长处,测定其吸光度,与标准系列比较定量。

(2)氯化亚锡、硫酸肼还原法

①标准曲线的制作:准确吸取磷标准使用液 0、0.500、1.00、2.00、3.00、4.00、5.00 mL,相当于含磷量 0、5.00、10.0、20.0、30.0、40.0、50.0 μg,分别置于 25 mL 具塞试管中,各加约 15 mL 水,2.5 mL 硫酸溶液(5%),2 mL 钼酸铵溶液(50 g/L),0.5 mL 氯化亚锡-硫酸肼溶液,各管均补加水至 25 mL,混匀。在室温放置 20 min 后,用 1 cm 比色杯,在 660 nm 波长处,以零管作参比,测定其吸光度,以吸光度对磷含量绘制标准曲线。

②试样溶液的测定：准确吸取试样溶液 2.00 mL 及等量的空白溶液，分别置于 25 mL 比色管中，各加约 15 mL 水，2.5 mL 硫酸溶液(5%)，2 mL 钼酸铵溶液(50 g/L)，0.5 mL 氯化亚锡-硫酸肼溶液。各管均补加水至 25 mL，混匀。在室温放置 20 min 后，用 1 cm 比色杯，在 660 nm 波长处，分别测定其吸光度，与标准系列比较定量。

4. 结果计算

试样中磷的含量按下式计算。

$$X=\frac{(m_1-m_0)\times V_1}{m\times V_2}\times\frac{100}{1\,000}$$

式中，X 为试样中磷含量，mg/100 g 或 mg/100 mL；m_1 为测定用试样溶液中磷的质量，μg；m_0 为测定用空白溶液中磷的质量，μg；V_1 为试样消化液定容体积，mL；V_2 为测定用试样消化液的体积，mL；m 为试样称样量或移取体积，g 或 mL；100 与 1 000 为换算系数。

计算结果保留 3 位有效数字。

10.2.6　食品中碘的测定

10.2.6.1　原理

氧化还原滴定法为食品中碘测定国家标准第二法，不同类型的食品中碘含量的测定方法不同，该方法主要适用于藻类及其制品的测定。样品经炭化、灰化后，将有机碘转化为无机碘离子，在酸性介质中，用液溴将碘离子氧化成碘酸根离子，生成的碘酸根离子在碘化钾的酸性溶液中被还原析出碘，以淀粉溶液作为指示剂，用硫代硫酸钠溶液滴定反应中析出的碘。该法适用于海带、紫菜、裙带菜等藻类及其制品中碘的测定。该方法以称样量 2 g 计算时，检出限为 1.4 mg/kg。

反应式如下：

$$I^- + 3Br_2 + 3H_2O \longrightarrow IO_3^- + 6H^+ + 6Br^-$$

$$IO_3^- + 5I^- + 6H^+ \longrightarrow 3I_2\downarrow + 3H_2O$$

$$2S_2O_3^{2-} + I_2 \longrightarrow 2I^- + S_4O_6^{2-}$$

10.2.6.2　主要试剂的配制

(1)碳酸钠溶液(50 g/L)　称取 5 g 无水碳酸钠，溶于 100 mL 水中。

(2)饱和溴水　量取 5 mL 液溴置于涂有凡士林的塞子的棕色玻璃瓶中，加水 100 mL，充分振荡，使其成为饱和溶液(溶液底部留有少量溴液，操作应在通风橱内进行)。

(3)硫酸溶液(3 mol/L)　量取 180 mL 硫酸，缓缓注入盛有 700 mL 水的烧杯中，并不断搅拌，冷却至室温，用水稀释至 1 000 mL，混匀。

(4)硫酸溶液(1 mol/L)　量取 57 mL 硫酸，按(3)方法配制。

(5)碘化钾溶液(150 g/L)　称取 15.0 g 碘化钾，用水溶解并稀释至 100 mL，储存于棕色瓶中，现用现配。

(6)甲酸钠溶液(200 g/L)　称取 20.0 g 甲酸钠，用水溶解并稀释至 100 mL。

(7)硫代硫酸钠标准滴定溶液[$c(Na_2S_2O_3)=0.1$ mol/L]　称取 25 g 硫代硫酸钠

($Na_2S_2O_3 \cdot 5H_2O$)和1.0 g氢氧化钠,用1 L新煮沸冷却的蒸馏水溶解,储于棕色试剂瓶中。取上层清液稀释50倍,储存于棕色试剂瓶中备用。该溶液准确浓度的标定方法见“附录Ⅰ常用标准滴定溶液9. 0.1 mol/L $Na_2S_2O_3$标准滴定溶液”。

(8)硫代硫酸钠标准滴定溶液[$c(Na_2S_2O_3)=0.01$ mol/L] 用移液管准确移取10.00 mL硫代硫酸钠标准滴定溶液[$c(Na_2S_2O_3)=0.1$ mol/L]于100 mL容量瓶中,用水定容。

(9)甲基橙溶液(1 g/L) 称取0.1 g甲基橙粉末,溶于100 mL水中。

(10)淀粉溶液(5 g/L) 称取0.5 g淀粉于200 mL烧杯中,加入5 mL水调成糊状,再倒入100 mL沸水,搅拌后再煮沸0.5 min,冷却备用,现用现配。

10.2.6.3 仪器和设备

(1)组织捣碎机。

(2)高速粉碎机。

(3)分析天平:感量为0.1 mg。

(4)电热恒温干燥箱。

(5)马弗炉:≥600℃。

(6)瓷坩埚:50 mL。

(7)可调电炉:1 000 W。

(8)碘量瓶:250 mL。

(9)棕色酸式滴定管:25 mL,最小刻度为0.1 mL。

(10) 微量酸式滴定管:1 mL或5 mL,最小刻度为0.01 mL。

10.2.6.4 分析步骤

(1)试样制备

①干样品经高速粉碎机粉碎,通过孔径为425 μm的标准筛,避光密闭保存或低温冷藏。

②鲜、冻样品取可食部分匀浆后,密闭冷藏或冷冻保存。

③海藻浓缩汁或海藻饮料等液态样品,混匀后取样。

(2)测定

①称取试样2~5 g(精确至0.1 mg),置于50 mL瓷坩埚中,加入5~10 mL碳酸钠溶液,使充分浸润试样,静置5 min,置于101~105℃电热恒温干燥箱中干燥约3 h,将样品烘干,取出。

②在通风橱内用电炉加热,使试样充分炭化至无烟,置于550℃±25℃马弗炉中灼烧40 min,冷却至室温,取出。在坩埚中加入少量水研磨,将溶液及残渣全部转入250 mL烧杯中,坩埚用水冲洗数次并入烧杯中,使烧杯中溶液总量为150~200 mL,煮沸5 min。

③对于碘含量较高的样品(海带及其制品等),将②得到的溶液及残渣趁热用滤纸过滤至250 mL容量瓶中,烧杯及漏斗内残渣用热水反复冲洗,冷却,定容。然后准确移取适量滤液于250 mL碘量瓶中,备用。

④对于其他样品,将②得到的溶液及残渣趁热用滤纸过滤至250 mL碘量瓶中,备用。

⑤在碘量瓶中加入2~3滴甲基橙溶液,用1 mol/L硫酸溶液调至红色,在通风橱内加入5 mL饱和溴水,加热煮沸至黄色消失。稍冷后加入5 mL甲酸钠溶液,在电炉上加热煮沸

2 min，取下，用水浴冷却至 30℃以下，再加入 5 mL 3 mol/L 硫酸溶液，5 mL 碘化钾溶液，盖上瓶盖，避光放置 10 min，用硫代硫酸钠标准溶液滴定至溶液呈浅黄色，加入 1 mL 淀粉溶液，继续滴定至蓝色恰好消失。同时做空白试验，分别记录消耗的硫代硫酸钠标准溶液体积 V、V_0。

(3)结果计算　试样中碘的含量按下式计算。

$$X=\frac{(V-V_0)\times c\times 21.15\times V_1\times 1\,000}{m_1\times V_2}$$

式中，X 为试样中碘的含量，mg/kg；c 为硫代硫酸钠标准滴定溶液的浓度，mol/L；V 为滴定样液消耗硫代硫酸钠标准溶液的体积，mL；V_0 为试剂空白消耗硫代硫酸钠标准溶液的体积，mL；V_1 为碘含量较高样液的定容体积，mL；V_2 为移取碘含量较高滤液的体积，mL；21.15 为与 1.00 mL 硫代硫酸钠标准滴定溶液[$c(Na_2S_2O_3)$=1.000 mol/L]相当的碘的质量，mg；1 000 为单位换算系数；m_1 为称取样品的质量，g。结果保留至小数点后 1 位。

10.3　汞、镉、铅、砷的测定

10.3.1　食品中汞的测定

10.3.1.1　分析原理

原子荧光光谱分析法为食品中总汞测定国家标准第一法。试样经加热消解后，在酸性介质中，试样中汞被硼氢化钾(KBH_4)或硼氢化钠($NaBH_4$)还原成原子态汞。由载气(氩气)带入原子化器中，在汞空心阴极灯照射下，基态汞原子被激发至高能态。在去活化回到基态时，发射出特征波长的荧光，其荧光强度与汞含量成正比，与标准系列比较定量。当样品称样量为 0.5 g，定容体积为 25 mL 时，检出限为 0.003 mg/kg，定量限为 0.010 mg/kg。

10.3.1.2　主要试剂的配制

硝酸、硫酸、过氧化氢、氢氧化钾、硼氢化钾，优级纯。

(1)硝酸溶液(1+9)　量取 50 mL 硝酸，缓缓倒入 450 mL 水中，混匀。

(2)硝酸溶液(5+95)　量取 5 mL 硝酸，缓缓倒入 95 mL 水中，混匀。

(3)氢氧化钾溶液(5 g/L)　称取 5.0 g 氢氧化钾，纯水溶解并定容至 1 000 mL，混匀。

(4)硼氢化钾溶液(5 g/L)　称取 5.0 g 硼氢化钾，溶于 5.0 g/L 的氢氧化钾溶液中，并稀释至 1 000 mL，混匀，现用现配。

(5)重铬酸钾的硝酸溶液(0.5 g/L)　称取 0.05 g 重铬酸钾于 100 mL 硝酸溶液(5+95)中。

(6)硝酸-高氯酸混合溶液(5+1)　量取 500 mL 硝酸，100 mL 高氯酸，混匀。

(7)汞标准储备液(1.00 mg/mL)　准确称取 0.135 4 g 干燥过的二氯化汞，用重铬酸钾的硝酸溶液(0.5 g/L)溶解并转移至 100 mL 的容量瓶中，稀释定容至刻度，混匀，于 4℃冰箱中避光保存，可保存 2 年。

(8)汞标准中间液(10 μg/mL)　吸取 1.00 mL 汞标准储备液(1.00 mg/mL)于 100 mL 容量瓶中，用重铬酸钾的硝酸溶液(0.5 g/L)稀释定容至刻度，混匀，于 4℃冰箱中避光保存，可保存两年。

(9)汞标准使用液(50 ng/mL) 吸取 0.50 mL 汞标准中间液(10 μg/mL)于 100 mL 容量瓶中,用重铬酸钾的硝酸溶液(0.5 g/L)稀释至刻度,混匀,现用现配。

10.3.1.3 仪器和设备

(1)原子荧光光谱仪。

(2)天平 感量为 0.1 mg 或 1 mg。

(3)微波消解系统。

(4)压力消解器。

(5)恒温干燥箱(50～300℃)。

(6)恒温电热板(50～200℃)。

(7)超声水浴箱。

注:所有玻璃器皿及聚四氟乙烯消解内罐均需硝酸溶液(1+4)浸泡 24 h,用自来水反复冲洗,最后用去离子水冲洗干净。

10.3.1.4 分析步骤

1. 试样预处理

(1)粮食、豆类等样品去杂物后粉碎均匀,装入洁净聚乙烯瓶中,密封保存备用。

(2)蔬菜、水果、鱼类及蛋类等新鲜样品,洗净晾干,取可食部分匀浆,装入洁净聚乙烯瓶中,密封,于 4℃冰箱冷藏备用。

注:在采样和试样制备过程中,应注意不使试样污染。

2. 试样消解

(1)压力罐消解法 称取固体试样 0.2～1.0 g,新鲜样品 0.5～2.0 g 或液体试样吸取 1～5 mL,称量(精确到 0.001 g),置于消解内罐中,加入 5 mL 硝酸浸泡过夜。盖好内盖,旋紧不锈钢外套,放入恒温干燥箱,140～160℃保持 4～5 h,在箱内自然冷却至室温,然后取出消解内罐,于 80℃脱气 2～5 min 赶出棕色气体。将消化液转移至 25 mL 容量瓶中,用少量水分 3 次洗涤内罐,洗涤液合并于容量瓶中并定容至刻度,混匀备用。同时做空白试验。

(2)微波消解法 称取固体试样 0.2～0.5 g(精确到 0.001 g),新鲜样品 0.2～0.8 g 或液体试样吸取 1～3 mL 于消解罐中,加入 5～8 mL 硝酸浸泡,加盖放置过夜,旋紧罐盖,按照微波消解仪的标准操作步骤进行消解(消解参考条件见表 10-6,表 10-7)。冷却后取出,后续操作同“压力罐消解法”。

表 10-6 粮食、蔬菜、鱼肉类试样微波消解参考条件

项目	步骤		
	1	2	3
功率(1 600 W)变化/%	50	80	100
温度/℃	80	120	160
升温时间/min	30	30	30
保温时间/min	5	7	5

表 10-7　油脂、糖类试样微波消解参考条件

项目	步骤				
	1	2	3	4	5
功率(1 600 W)变化/%	50	70	80	100	100
温度/℃	50	75	100	140	180
升温时间/min	30	30	30	30	30
保温时间/min	5	5	5	7	5

(3)回流消解法

①粮食:称取 1.0～4.0 g(精确到 0.001 g)试样,置于锥形瓶中,加玻璃珠数粒,加 45 mL 硝酸、10 mL 硫酸,转动锥形瓶防止局部炭化。装上冷凝管后,小火加热,待开始发泡即停止加热,发泡停止后,加热回流 2 h。如加热过程中溶液变棕色,再加 5 mL 硝酸,继续回流 2 h,消解到样品完全溶解,呈淡黄色或无色,放冷后从冷凝管上端小心加 20 mL 水,继续加热回流 10 min 放冷,用适量水冲洗冷凝管,冲洗液并入消化液中,将消化液经玻璃棉过滤于 100 mL 容量瓶内,用少量水洗涤锥形瓶、滤器,洗涤液并入容量瓶内,加水至刻度,混匀。同时做空白试验。

②植物油及动物油脂:称取 1.0～3.0 g(精确到 0.001 g)试样,置于消化装置锥形瓶中,加玻璃珠数粒,加入 7 mL 硫酸,小心混匀至溶液颜色变为棕色,然后加 40 mL 硝酸。以下按"装上冷凝管后,小火加热……同时做空白试验"步骤操作。

③薯类、豆制品:称取 1.0～4.0 g(精确到 0.001 g)试样,置于消化装置锥形瓶中,加玻璃珠数粒及 30 mL 硝酸、5 mL 硫酸,转动锥形瓶防止局部炭化。以下按"装上冷凝管后,小火加热……同时做空白试验"步骤操作。

④蛋、肉类:称取 0.5～2.0 g(精确到 0.001 g)试样,置于消化装置锥形瓶中,加玻璃珠数粒及 30 mL 硝酸、5 mL 硫酸,转动锥形瓶防止局部炭化。以下按"装上冷凝管后,小火加热……同时做空白试验"步骤操作。

⑤乳及乳制品:称取 1.0～4.0 g(精确到 0.001 g)乳或乳制品,置于消化装置锥形瓶中,加玻璃珠数粒及 30 mL 硝酸,乳加 10 mL 硫酸,乳制品加 5 mL 硫酸,转动锥形瓶防止局部炭化。以下按"装上冷凝管后,小火加热……同时做空白试验"步骤操作。

3.测定

(1)标准系列测定液的配制　分别吸取 50 ng/mL 的汞标准使用液 0.00、0.20、0.50、1.00、1.50、2.00、2.50 mL 于 50 mL 容量瓶中,用硝酸溶液(1+9)稀释至刻度,混匀。

(2)试样溶液的测定　设定好仪器处于测定的最佳条件,连续用硝酸溶液(1+9)进样,待读数稳定后,转入标准系列测量,绘制标准曲线并得到线性回归方程。试样测量时,先用硝酸溶液(1+9)进样,使读数基本回零,再分别测定试样空白和试样消化液的荧光值。每次测定不同的试样前应清洗进样器。

以测出的荧光度值在汞标准曲线上查得试样液中的汞含量,根据下式计算样品中汞含量。

4.结果计算

$$X=\frac{(c-c_0)\times V\times 1\,000}{m\times 1\,000\times 1\,000}$$

式中，X 为试样中汞的含量，mg/kg 或 mg/L；c 为试样消化液中汞的含量，ng/mL；c_0 为试剂空白液中汞的含量，ng/mL；V 为试样消化液总体积，mL；m 为试样质量或体积，g 或 mL；1 000 为换算系数。

10.3.2 食品中镉的测定

10.3.2.1 测定原理

国家标准规定了各类食品中镉的石墨炉原子吸收光谱测定方法。试样经灰化或消解后，将一定量的样品消化液导入原子吸收分光光度计石墨炉中，电热原子化后吸收 228.8 nm 共振线。在一定质量浓度范围内，其吸光度值与镉含量成正比，采用标准曲线法定量。该方法检出限为 0.001 mg/kg，定量限为 0.003 mg/kg。

10.3.2.2 主要试剂的配制

(1)硝酸溶液(1%)　取 10.0 mL 硝酸(优级纯)加入 100 mL 水中，稀释至 1 000 mL。

(2)盐酸溶液(1+1)　取 50 mL 盐酸(优级纯)慢慢加入 50 mL 水中。

(3)硝酸-高氯酸混合液(9+1)　取 9 份硝酸(优级纯)与 1 份高氯酸(优级纯)混合。

(4)磷酸二氢铵溶液(10 g/L)　称取 10.0 g 磷酸二氢铵，用 100 mL 硝酸溶液(1%)溶解后定量移入 1 000 mL 容量瓶，用硝酸溶液(1%)定容。

(5)镉标准储备液(1 000 mg/L)　准确称取 1 g 金属镉标准品(精确至 0.000 1 g)于小烧杯中，分次加入 20 mL 盐酸溶液(1+1)溶解，加 2 滴硝酸，移入 1 000 mL 容量瓶中，用水定容至刻度，混匀；或购买经国家认证并授予标准物质证书的标准物质。金属镉(Cd)标准品，纯度为 99.99%或经国家认证并授予标准物质证书的标准物质。

(6)镉标准使用液(100 ng/mL)　吸取镉标准储备液 10.0 mL 于 100 mL 容量瓶中，用硝酸溶液(1%)定容。多次稀释成该质量浓度的镉标准使用液。

(7)镉标准曲线工作液　准确吸取镉标准使用液(100 ng/L)0、0.50、1.0、1.5、2.0、3.0 mL 于 100 mL 容量瓶中，用硝酸溶液(1%)定容至刻度。

注：本方法所用玻璃仪器均需要硝酸溶液(1+4)浸泡 24 h 以上，用水反复冲洗，最后用去离子水冲洗干净。

10.3.2.3 仪器和设备

(1)原子吸收分光光度计，附石墨炉。

(2)镉空心阴极灯。

(3)电子天平：感量为 0.1 mg 和 1 mg。

(4)可调温式电热板、可调温式电炉。

(5)马弗炉。

(6)恒温干燥箱。

(7)压力消解器、压力消解罐。

(8)微波消解系统:配聚四氟乙烯或其他合适的压力罐。

10.3.2.4 分析步骤

(1)试样制备

①干试样:粮食、豆类,去除杂质;坚果类去杂质、去壳;磨碎成均匀的样品,颗粒度不大于0.425 mm。储于洁净的塑料瓶中室温保存备用。

②鲜(湿)试样:蔬菜、水果、肉类、鱼类及蛋类等,用食品加工机打成匀浆或碾磨均匀,储于塑料瓶中,并标明,于−18～−16℃冰箱中保存备用。

③液态试样:按样品保存条件保存备用。含气样品使用前应除气。

(2)试样消解

压力消解罐消解法:称取干试样 0.3～ 0.5 g(精确至 0.000 1 g)、鲜(湿)试样 1～ 2 g(精确至 0.001 g)于聚四氟乙烯内罐,加硝酸 5 mL 浸泡过夜。再加过氧化氢溶液(30%)2～3 mL(总量不能超过罐容积的 1/3)。盖好内盖,旋紧不锈钢外套,放入恒温干燥箱,120～160℃保持 4～6 h。在箱内自然冷却至室温,打开后加热赶酸至近干,将消化液洗入 10 mL 或25 mL 容量瓶中,用少量硝酸溶液(1%)洗涤内罐和内盖 3 次,将洗液合并于容量瓶中并用硝酸溶液(1%)定容,混匀备用。同时做试剂空白试验。

②微波消解:称取干试样 0.3～0.5 g(精确至 0.000 1 g)、鲜(湿)试样 1～2 g(精确至0.001 g)置于微波消解罐中,加 5 mL 硝酸和 2 mL 过氧化氢。消解完毕,待消解罐冷却后打开,余下操作同上。

③湿式消解法:称取干试样 0.3～0.5 g(精确至 0.000 1 g)、鲜(湿)试样 1～2 g(精确至0.001 g)于锥形瓶中,放数粒玻璃珠,加 10 mL 硝酸-高氯酸混合溶液(9+1),加盖浸泡过夜。加一小漏斗在电热板上消化,若变棕黑色,再加硝酸,直至冒白烟,消化液呈无色透明或略带微黄色,放冷后将消化液洗入 10～25 mL 容量瓶中,用少量硝酸溶液(1%)洗涤锥形瓶 3 次,将洗液合并于容量瓶中并用硝酸溶液(1%)定容至刻度,混匀备用。同时做试剂空白试验。

④干法灰化:称取干试样 0.3～0.5 g(精确至 0.000 1 g)、鲜(湿)试样 1～2 g(精确至0.001 g)、液态试样 1～2 g(精确至 0.001 g)于瓷坩埚中,先在电炉上炭化至无烟,移入马弗炉500℃灰化 6～8 h,冷却。若个别试样灰化不彻底,加 1 mL 混合酸在电炉上小火加热,将混合酸蒸干后,再转入马弗炉中 500℃继续灰化 1～2 h,直至试样消化完全,呈灰白色或浅灰色。放冷,用硝酸溶液(1%)将灰分溶解,将试样消化液移入 10 mL 或 25 mL 容量瓶中,用少量硝酸溶液(1%)洗涤瓷坩埚 3 次,洗液合并于容量瓶中并用硝酸溶液(1%)定容,混匀备用。同时做试剂空白试验。

注:①可根据实验室条件选用以下任何一种方法消解,称量时应保证样品的均匀性。

②含油脂的样品尽量避免用湿式消解法消化。如果必须采用湿式消解法消化,取样量不能超过 1 g。

(3)仪器参考条件

①波长 228.8 nm,狭缝 0.2 ～1.0 nm,灯电流 2～10 mA,干燥温度 105℃,干燥时间20 s。

②灰化温度 400～700℃,灰化时间 20～40 s。

③原子化温度 1 300～2 300℃,原子化时间 3～5 s。

④背景校正为氘灯或塞曼效应。

(4)标准曲线的绘制　将标准曲线工作液按质量浓度由低到高的顺序各取 20 μL 注入石墨炉，测其吸光度值。以镉标准工作液的质量浓度为横坐标，相应的吸光度值为纵坐标，绘制标准曲线并求出线性回归方程。标准系列溶液应不少于 5 个点，相关系数不应小于 0.995。

(5)试样溶液的测定　于测定标准工作液相同的实验条件下，吸取样品消化液 20 μL(进样量可根据仪器的条件改变)，注入石墨炉，测其吸光度值。代入标准曲线线性回归方程中求样品消化液中镉的含量，平行测定次数不少于 2 次。若测定结果超出标准曲线范围，用硝酸溶液(1%)稀释后再行测定。

对有干扰的试样，在测定标准溶液和样品消化液时，一起注入 5 μL 基体改进剂磷酸二氢铵溶液(10 g/L)于石墨炉中。

(6)结果计算　试样中镉的含量按下式计算。

$$X=\frac{(c_1-c_0)\times V}{m\times 1\,000}$$

式中，X 为试样中镉含量，mg/kg 或 mg/L；c_1 为测定样液中镉含量，ng/mL；c_0 为空白液中镉含量，ng/mL；V 为试样消化液定容总体积，mL；m 为试样质量或体积，g 或 mL；1 000 为换算系数。

10.3.3　食品中铅的测定

10.3.3.1　分析原理

石墨炉原子吸收光谱法是食品中铅测定的国家标准第一法。试样消解处理后，经石墨炉原子化，在 283.3 nm 处测定吸光度。在一定质量浓度范围内铅的吸光度值与铅含量成正比，与标准系列比较定量。该方法当称样量为 0.5 g(或 0.5 mL)，定容体积为 10 mL 时，检出限为 0.02 mg/kg(或 0.02 mg/L)，定量限为 0.04 mg/kg(或 0.04 mg/L)。

10.3.3.2　主要试剂的配制

除非另有规定，本方法所使用试剂均为分析纯，水为 GB/T 6682—2008 规定的一级水。

(1)硝酸溶液(5+95)　量取 50 mL 硝酸，缓慢加入 950 mL 水中，混匀。

(2)硝酸溶液(1+9)　量取 50 mL 硝酸，缓慢加入 450 mL 水中，混匀。

(3)磷酸二氢铵-硝酸钯溶液　称取 0.02 g 硝酸钯，加少量硝酸溶液(1+9)溶解后，再加入 2 g 磷酸二氢铵，溶解后用硝酸溶液(5+95)定容至 100 mL，混匀。

(4)硝酸铅[$Pb(NO_3)_2$，CAS 号：10099-74-8]　纯度>99.99%。或经国家认证并授予标准物质证书的一定质量浓度的铅标准溶液。

(5)铅标准储备液(1 000 mg/L)　准确称取 1.598 5 g(精确至 0.000 1 g)硝酸铅，用少量硝酸溶液(1+9)溶解，移入 1 000 mL 容量瓶，加水至刻度，混匀。

(6)铅标准中间液(1.00 mg/L)　准确吸取铅标准储备液(1 000 mg/L)1.00 mL 于 1 000 mL 容量瓶中，加硝酸溶液(5+95)至刻度，混匀。

(7)铅标准系列溶液　分别吸取铅标准中间液(1.00 mg/L)0、0.500、1.00、2.00、3.00 和 4.00 mL 于 100 mL 容量瓶中，加硝酸溶液(5+95)至刻度，混匀。此铅标准系列溶液的质量浓度分别为 0、5.00、10.0、20.0、30.0 和 40.0 μg/L。

注：可根据仪器的灵敏度及样品中铅的实际含量确定标准系列溶液中铅的质量浓度。

10.3.3.3　仪器和设备

(1)原子吸收光谱仪　配石墨炉原子化器,附铅空心阴极灯。

(2)分析天平:感量 0.1 mg 和 1 mg。

(3)可调式电热炉。

(4)可调式电热板。

(5)微波消解系统:配聚四氟乙烯消解内罐。

(6)恒温干燥箱。

(7)压力消解罐:配聚四氟乙烯消解内罐。

注:所有玻璃器皿及聚四氟乙烯消解内罐均需硝酸溶液(1+5)浸泡过夜,用自来水反复冲洗,最后用水冲洗干净。

10.3.3.4　分析步骤

(1)试样制备

①粮食、豆类样品去除杂物后,粉碎,储于塑料瓶中。

②蔬菜、水果、鱼类、肉类等样品用水洗净,晾干,取可食部分,制成匀浆,储于塑料瓶中。

③饮料、酒、醋、酱油、食用植物油、液态乳等液体样品将样品摇匀。

注:在采样和试样制备过程中,应避免试样污染。

(2)试样消解

①湿法消解:称取固体试样 0.2～3 g(精确至 0.001 g)或准确移取液体试样 0.500～5.00 mL 于带刻度消化管中,加入 10 mL 硝酸和 0.5 mL 高氯酸,在可调式电热炉上消解[参考条件:120℃/(0.5～1 h);升至 180℃/(2～4 h)、升至 200～220℃]。若消化液呈棕褐色,再加少量硝酸,消解至冒白烟,消化液呈无色透明或略带黄色,取出消化管,冷却后用水定容至 10 mL,混匀备用。同时做试剂空白试验。也可采用锥形瓶,于可调式电热板上,按上述操作方法进行湿法消解。

②微波消解:称取固体试样 0.2～0.8 g(精确至 0.001 g)或准确移取液体试样 0.500～3.00 mL 于微波消解罐中,加入 5 mL 硝酸,按照微波消解的操作步骤消解试样,消解条件参考表 10-1。冷却后取出消解罐,在电热板上于 140～160℃赶酸至 1 mL 左右。消解罐放冷后,将消化液转移至 10 mL 容量瓶中,用少量水洗涤消解罐 2～3 次,合并洗涤液于容量瓶中并用水定容至刻度,混匀备用。同时做试剂空白试验。

③压力罐消解:称取固体试样 0.2～1 g(精确至 0.001 g)或准确移取液体试样 0.500～5.00 mL 于消解内罐中,加入 5 mL 硝酸。盖好内盖,旋紧不锈钢外套,放入恒温干燥箱,于 140～160℃下保持 4～5 h。冷却后缓慢旋松外罐,取出消解内罐,放在可调式电热板上于 140～160℃赶酸至 1 mL 左右。冷却后将消化液转移至 10 mL 容量瓶中,用少量水洗涤内罐和内盖 2～3 次,合并洗涤液于容量瓶中并用水定容至刻度,混匀备用。同时做试剂空白试验。

(3)测定

①仪器参考条件:波长 283.3 nm,狭缝 0.5 nm,灯电流 8～12 mA,干燥温度 85～120℃,干燥时间 40～50 s;灰化温度 750℃,持续 20～30 s;原子化温度 2 300℃,持续 4～5 s。

②标准曲线的制作:按质量浓度由低到高的顺序分别将 10 μL 铅标准系列溶液和 5 μL 磷酸二氢铵-硝酸钯溶液(可根据所使用的仪器确定最佳进样量)同时注入石墨炉,原子化后测其

吸光度值，以质量浓度为横坐标，吸光度值为纵坐标，制作标准曲线。

③试样测定：在与测定标准溶液相同的实验条件下，将 10 μL 空白溶液或试样溶液与 5 μL 磷酸二氢铵-硝酸钯溶液（可根据所使用的仪器确定最佳进样量）同时注入石墨炉，原子化后测其吸光度值，与标准系列比较定量。

对有干扰试样，在测定铅标准溶液和样品消化液时，注入 5 μL 的基体改进剂磷酸二氢铵溶液（20 g/L）消除干扰。

(4)结果计算　试样中铅的含量按下式计算。

$$X=\frac{(\rho-\rho_0)\times V}{m\times 1\,000}$$

式中，X 为试样中铅的含量，mg/kg 或 mg/L；ρ 为试样溶液中铅的质量浓度，μg/L；ρ_0 为空白溶液中铅的质量浓度，μg/L；V 为试样消化液定量总体积，mL；m 为试样质量或体积，g 或 mL；1 000 为换算系数。

当铅含量≥1.00 mg/kg（或 mg/L）时，计算结果保留 3 位有效数字；当铅含量＜1.00 mg/kg（或 mg/L）时，计算结果保留 2 位有效数字。

10.3.4　食品中砷的测定

10.3.4.1　分析原理

氢化物原子荧光光度法是食品中总砷测定的国家标准第一法。试样经消解后，加入硫脲将五价砷还原为三价砷，再加入硼氢化钠或硼氢化钾使之还原成砷化氢，由氩气载入石英原子化器中分解为原子态砷，在高强度砷空心阴极灯的发射光激发下产生原子荧光，其荧光强度与砷质量浓度成正比，与标准系列比较定量。该方法当称样量为 1 g，定容体积为 25 mL 时，检出限为 0.010 mg/kg，定量限为 0.040 mg/kg。

10.3.4.2　主要试剂的配制

(1)氢氧化钾溶液（5 g/L）。

(2)硼氢化钾溶液（20 g/L）：用 1 000 mL 5 g/L 氢氧化钾溶液做溶剂。

(3)硫脲＋抗坏血酸溶液：称取 10.0 g 硫脲，加约 80 mL 的水，加热溶解，待冷却后加入 10.0 g 抗坏血酸，稀释至 100 mL。现用现配。

(4)氢氧化钠溶液（100 g/L）。

(5)硝酸镁溶液（150 g/L）。

(6)盐酸溶液（1＋1）。

(7)硫酸溶液（1＋9）。

(8)硝酸溶液（2＋98）。

(9)砷标准储备液（100 mg/L，按砷计）：准确称取于 100℃ 干燥 2 h 的三氧化二砷 0.013 2 g，加 100 g/L 氢氧化钠溶液 1 mL 和少量水溶解，转入 100 mL 容量瓶中，加入适量盐酸调整其酸度近中性，加水稀释至刻度。4℃避光保存，保存期为 1 年。

(10)砷标准使用液（1.00 mg/L，按砷计）：用硝酸溶液（2＋98）作溶剂，现用现配。

注：玻璃器皿及聚四氟乙烯消解内罐均需以硝酸溶液（1＋4）浸泡 24 h，用水反复冲洗，最

后用去离子水冲洗干净。

10.3.4.3　分析步骤

(1)试样预处理

①粮食、豆类去杂物后粉碎均匀，装入洁净聚乙烯瓶中，密封保存备用。

②蔬菜、水果、鱼类、肉类及蛋类等新鲜样品，洗净晾干，取可食部分匀浆，装入洁净聚乙烯瓶中，密封，于 4℃冰箱冷藏备用。

(2)试样消解

①湿法消解：固体试样称样 1.0～2.5 g，液体试样称样 5.0～10.0 g (或 mL)(精确到 0.001 g)，放入 50～100 mL 锥形瓶中，同时做 2 份试剂空白。加硝酸 20 mL，高氯酸 4 mL，硫酸 1.25 mL，放置过夜。于电热板上加热消解。若消解液处理至 1 mL 左右时仍有未分解物质或色泽变深，取下放冷，补加硝酸 5～10 mL，再消解至 2 mL 左右观察，如此反复两三次，注意避免炭化。继续加热至消解完全后，再持续蒸发至高氯酸的白烟散尽，硫酸的白烟开始冒出，冷却，加水 25 mL，再蒸发至冒硫酸白烟。冷却，用水将内容物转入 25 mL 容量瓶中，加入硫脲＋抗坏血酸溶液 2 mL，补水至刻度并混匀，放置 30 min，待测。按同一操作方法做空白试验。

②干灰化：固体试样称取 1～2.5 g，液体试样取 4.00 mL(g)(精确到 0.001 g)，置于 50～100 mL 坩埚中，同时做 2 份试剂空白。加 150 g/L 硝酸镁 10 mL 混匀，低热蒸干，将 1 g 氧化镁覆盖在干渣上，于电炉上炭化至无黑烟，移入 550℃高温炉灰化 4 h。取出放冷，小心加入盐酸溶液(1＋1)10 mL 以中和氧化镁并溶解灰分，转入 25 mL 容量瓶中，向容量瓶中加入硫脲＋抗坏血酸溶液 2 mL，另用硫酸溶液(1＋9)分次洗涤坩埚后转出合并洗涤液至 25 mL 刻度，混匀，放置 30 min，待测。按同一操作方法做空白试验。

(3)标准曲线制作　取 25 mL 容量瓶或比色管 6 支，依次准确加入 1.00 μg/mL 砷使用标准液 0.00、0.10、0.25、0.50、1.5 和 3.0 mL，各加硫酸溶液(1＋9)12.5 mL，硫脲＋抗坏血酸溶液 2 mL，加水至刻度，混匀后放置 30 min 后测定。

仪器参考条件：负高压 260 V；砷空心阴极灯电流 50～80 mA；载气为氩气；载气流速 500 mL/min；屏蔽气流速 800 mL/min；测量方式为荧光强度；读数方式为峰面积。

仪器预热稳定后，将试剂空白、标准系列溶液依次引入仪器测定原子荧光强度。以原子荧光强度为纵坐标，砷标准溶液质量浓度为横坐标，绘制标准曲线并得到线性回归方程。

(4)试样溶液的测定　在相同条件下，将样品溶液分别导入仪器中测定荧光强度。根据回归方程计算出样品中砷的质量浓度。

(5)结果计算　试样中碘的含量按下式计算。

$$X=\frac{(c_1-c_0)\times V\times 1\,000}{m\times 1\,000\times 1\,000}$$

式中，X 为试样中的砷含量，mg/kg 或 mg/L；c_1 为试样被测液中砷的测定质量浓度，ng/mL；c_0 为试剂空白消化液中砷的测定质量浓度，ng/mL；V 为试样消化液定容总体积，mL；m 为试样的质量或体积，g 或 mL；1 000 为换算系数。

（李巨秀）

本章小结

本章阐述了原子吸收光谱法与原子荧光光谱法分析食品中的汞、铅、砷、钙、铁、锌等元素。原子吸收光谱法是基于待测组分的原子蒸汽对同种原子辐射出来的待测元素的特征谱线的吸收作用来进行定量分析的。原子吸收分光光度计一般由四大部分组成，即光源(单色锐线辐射源)、试样原子化器、单色仪和数据处理系统(包括光电转换器及相应的检测装置)。原子荧光光谱法是根据被测元素的气态基态原子在辐射能激发下，所发射的荧光强度进行定量分析的方法。通过本章的学习掌握食品中矿物和有害限量元素的测定原理和步骤。

思考题

1. 原子吸收分光光度计的工作原理是什么？其组成主要有哪些基本单元？
2. 利用原子吸收光谱法测定食品中钙的原理和步骤是什么？
3. 利用原子荧光光谱法测定食品中砷的原理和步骤是什么？
4. 原子化器分为哪两类？各有何优缺点？
5. 原子吸收光谱法中存在的化学干扰的去除方法有哪些？
6. 简述食品中总磷的测定原理及步骤。
7. 简述食品中碘含量的测定原理及步骤。

参考文献

[1] 鞠兴荣，袁建. 食品中限量元素分析样品的预处理技术进展. 食品科学，2004，25(2)：199-203.

[2] 张水华. 食品分析. 北京：中国轻工业出版，2007.

[3] 黄一石. 仪器分析. 3版. 北京：化学工业出版社，2013.

[4] 刘密新. 仪器分析. 2版. 北京：清华大学出版社，2008.

[5] 郭明才. 原子吸收光谱分析应用指南. 青岛：中国海洋大学出版社，2012.

[6] 汪正. 原子光谱分析基础与应用. 上海：上海科学技术出版社，2015.

[7] 国家食品安全标准　食品中铅的测定：GB 5009.12—2007.

[8] 国家食品安全标准　食品中硒的测定：GB 5009.93—2017.

[9] 国家食品安全标准　食品中钙的测定：GB 5009.92—2016.

[10] 国家食品安全标准　食品中总砷及无机砷的测定：GB 5009.11—2014.

[11] 国家食品安全标准　食品中铁的测定：GB 5009.90—2016.

[12] 国家食品安全标准　食品中锌的测定：GB 5009.14—2017.

[13] 国家食品安全标准　食品中磷的测定：GB 5009.87—2016.

[14] 国家食品安全标准　食品中碘的测定：GB 5009.267—2020.

[15] 国家食品安全标准　食品中总汞及有机汞的测定：GB 5009.17—2014.

[16] 国家食品安全标准　食品中镉的测定：GB 5009.15—2014.

第 11 章
部分常用食品添加剂的测定

本章学习目的与要求

1. 了解食品添加剂的分类及安全性；
2. 掌握本章介绍的常用食品添加剂的测定原理。

食品添加剂(food additives)是指为改善食品的品质、色、香、味以及防腐和加工工艺的需要而加入食品中的化合或天然物质。联合国粮农组织（FAO)和世界卫生组织(WHO)联合食品法规委员会对食品添加剂定义为:食品添加剂是有意识地一般以少量添加于食品,以改善食品的外观、风味和组织结构或储存性质的非营养物质。食品添加剂一般不能单独作食品食用,不是食品原料固有的物质,其添加量有严格限制。国家应加强食品安全法律法规和标准以及监督防控体系的建设,深入开展食品安全法等的宣传教育,引导人们正确认识食品添加剂,促进食品产业健康发展。

食品添加剂种类繁多,目前全世界允许使用的添加剂有 14 000 多种,可按其功能、来源及安全性进行分类。根据添加剂的用途,我国在《食品安全国家标准　食品添加剂使用标准》(GB 2760—2014)中,将其分为 23 类,包括酸度调节剂、抗结剂、消泡剂、抗氧化剂、漂白剂、膨松剂、着色剂、护色剂、乳化剂、酶制剂、增味剂、面粉处理剂、被膜剂、水分保持剂、营养强化剂、防腐剂、稳定和凝固剂、甜味剂、增稠剂、香料、胶姆糖基础剂、咸味剂和其他。按来源分,可分为两大类,一类是从动植物提取的天然物质;另一类是化学合成的物质。前者品种少,稳定性较差;后者品种多,工艺性好。食品添加剂法典委员会(CCFA),根据食品添加剂的安全性,将其划分为 A、B、C 三类。

A 类:毒理学资料清楚,已制订出 ADI(acceptable daily intake,日摄取容许量)值或认为毒性有限、无须规定 ADI 值类的食品添加剂,或毒理学资料不够完善、暂时可用于食品添加剂。

B 类:已进行安全评价,因毒理学资料不足,尚未定出 ADI 值的添加剂或未进行安全评价的添加剂。

C 类:根据毒理学资料,认为在食品中使用不安全或应该严格控制在某些食品中作为添加剂使用。

食品添加剂的使用应遵循《食品安全国家标准　食品添加剂使用标准》(GB 2760—2014),该标准明确规定了食品添加剂的使用原则、允许使用的食品添加剂品种、使用范围及最大使用量或残留量。选择适合的检测方法测定食品添加剂的残留量,对保证食品安全具有重要意义。

11.1　甜味剂的测定

甜味剂是指能赋予食品甜味的食品添加剂,目前我国批准使用的甜味剂约有 20 种,按其营养价值可分为营养性甜味剂和非营养性甜味剂两类;按其甜度可分为低甜度甜味剂和高甜度甜味剂;按其来源可分为天然甜味剂和合成甜味剂。天然甜味剂有甜菊糖、甘草、甘草酸二钠、甘草酸三钾或三钠等,蔗糖、葡萄糖、果糖、麦芽糖、蜂蜜等物质虽然是天然型甜味剂,但作为营养物质,在我国不属于添加剂的范畴。人工合成甜味剂有糖精、糖精钠、环己基氨基磺酸钠、天冬酰苯丙氨酸甲酯等。

11.1.1　糖精钠的测定

糖精钠学名是邻苯甲酰磺酰亚胺钠,其结构式如图 11-1 所示。

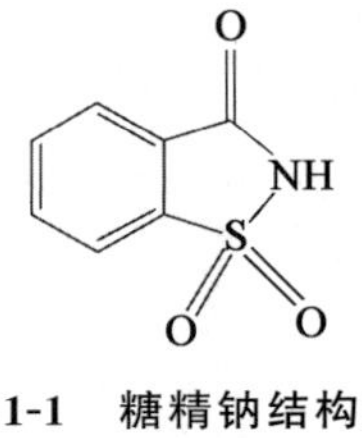

图 11-1　糖精钠结构式

糖精钠是食品工业中常用的合成甜味剂,无色结晶或稍带白色的结晶性粉末,无臭或微有香气,味浓甜带苦,其甜度是蔗糖甜度的 300～500 倍。

11.1.1.1 高效液体色谱法

该法是《食品安全国家标准 食品中苯甲酸、山梨酸和糖精钠的测定》(GB 5009.28—2016)中的第一法，主要适用于食品中苯甲酸、山梨酸和糖精钠的测定。

11.1.1.2 薄层色谱法

本法是《食品安全国家标准 食品中苯甲酸、山梨酸和糖精钠的测定》(GB 5009.28—2016)中的第二法，使用本法的说明及注意事项如下。

(1)样品提取时加入 $CuSO_4$ 及 NaOH 的作用是沉淀蛋白质，防止用乙醚萃取时发生乳化，其用量可根据样品情况增减。

(2)样品处理液酸化的目的是使糖精钠转化成糖精，以便用乙醚提取。因为糖精易溶于乙醚，而糖精钠易溶于水。

(3)为防止富含脂肪的样品在用乙醚萃取糖精时发生乳化，可先在碱性条件下用乙醚萃取脂肪，然后酸化，再用乙醚提取糖精。

(4)聚酰胺薄层板的烘干温度不能高于 80℃，否则聚酰胺变色。

(5)在薄层板上点样量，应估计其中糖精含量在 0.1～0.5 mg。

11.1.2 环己基氨基磺酸钠(甜蜜素)的测定

11.1.2.1 气相色谱法

该法为《食品安全国家标准 食品中环己基氨基磺酸钠的测定》(GB 5009.97—2016)第一法。

11.1.2.2 高效液相色谱法

本法为《食品安全国家标准 食品中环己基氨基磺酸钠的测定》(GB 5009.97—2016)第二法。

11.2 防腐剂的测定

食品防腐剂能抑制微生物活动，防止食品腐败变质，从而延长食品的保质期。我国到目前为止已批准了 30 多种可使用的食物防腐剂，包括：苯甲酸钠、山梨酸钾、脱氢乙酸钠、丙酸钙、双乙酸钠、乳酸钠、对羟基苯甲酸丙酯、乳酸链球菌素等，其中最常用的有苯甲酸、山梨酸及其盐类。

11.2.1 液相色谱法测定苯甲酸和山梨酸

该法为《食品安全国家标准 食品中苯甲酸、山梨酸和糖精钠的测定》(GB 5009.28—2016)的第一法。

11.2.2 气相色谱法测定苯甲酸和山梨酸

该法为《食品安全国家标准 食品中苯甲酸、山梨酸和糖精钠的测定》(GB 5009.28—2016)第二法。

11.3 发色剂的测定

在食品中添加适量的特定化学物质，与食品中某些成分作用使制品呈现良好的色泽，这类物质就是发色剂。在肉类腌制中最常用的发色剂是硝酸盐和亚硝酸盐，发色助剂为*L*-抗坏血酸、*L*-抗坏血酸钠及烟酰胺(即VPP)等。为了使肉制品呈鲜艳的红色，在加工过程中一般添加硝酸盐与亚硝酸盐的混合盐。硝酸盐在细菌作用下可以还原为亚硝酸盐。亚硝酸盐不但起到发色的作用，而且具有一定的防腐作用，可以抑制肉毒梭菌的生长和繁殖。但亚硝酸盐是有毒物质，能使血液中正常携氧的低铁血红蛋白氧化成高铁血红蛋白，因而血红蛋白失去携氧能力而引起组织缺氧；能与胺类物质反应，生成强致癌物亚硝胺，各个国家允许其在限量范围内使用。因此，测定其含量对保证食品安全具有重要意义。

11.3.1 离子色谱法测定亚硝酸盐与硝酸盐

该法为《食品安全国家标准　食品中亚硝酸盐与硝酸盐的测定》(GB 5009.33—2016)第一法，该法可以同时测定食品中硝酸盐和亚硝酸盐的含量。

11.3.2 分光光度法测定亚硝酸盐与硝酸盐

该法为《食品安全国家标准　食品中亚硝酸盐与硝酸盐的测定》(GB 5009.33—2016)第二法。

11.4 漂白剂亚硫酸盐的测定

漂白剂是通过化学作用消耗食品中的氧，破坏、抑制食品氧化酶活性和食品的发色因素，使食品褐变色素褪色或免于褐变，同时还具有一定的防腐作用。漂白剂从作用机理分为2类：还原型(SO_2、亚硫酸钠、亚硫酸氢钠、焦亚硫酸钠等)；氧化型(H_2O_2、次氯酸等)。食品中常用的是还原型漂白剂，大多属于亚硫酸及其盐类。

我国允许使用的漂白剂有二氧化硫、亚硫酸钠、硫黄等7种，其中硫黄仅限于蜜饯、干果、干菜、粉丝、食糖的熏蒸。

11.5 食用合成色素的测定

食用色素是以食品着色、改善食品的色泽为目的的食品添加剂，分为天然色素和合成色素两大类。天然色素主要是从动物、植物组织及微生物培养中提取的色素，天然色素色泽不稳定，在其使用过程中容易受各种因素的影响而发生褪色、变色，影响其着色效果；合成色素色泽鲜艳，着色力强，色调多样，但具有不同程度的毒性，其用量和使用范围受到严格限制。我国常用的合成色素有苋菜红、胭脂红、新红、柠檬黄、日落黄、靛蓝、亮蓝、赤红、诱惑红等。高效液相色谱法为《食品安全国家标准　食品中合成着色剂的测定》(GB 5009.35—2016)规定的方法。

(马春华)

本章小结

本章介绍了用色谱法测定食品中合成甜味剂糖精钠、环己基氨基磺酸钠，防腐剂山梨酸、苯甲酸及食用合成色素的检测原理及方法；介绍了色谱法测定发色剂亚硝酸盐与硝酸盐、漂白剂亚硫酸测定原理和方法。食品成分复杂，测定前需对样品采用如萃取、蒸馏及衍生化等前处理。

思考题

1. 食品添加剂的种类有哪些？简述其用途。
2. 简述糖精钠的测定方法及原理。
3. 用气相色谱法测苯甲酸时，如何对样品进行预处理？
4. 简述食品中亚硝酸盐和硝酸盐测定的方法和原理。
5. 分光光度法测定二氧化硫和亚硫酸盐的原理是什么？
6. 人工合成色素的分析中，如何对样品进行预处理？

参考文献

[1] 迟玉杰. 食品添加剂. 北京：中国轻工出版社，2013.

[2] 高向阳. 现代食品分析. 北京：科学出版社，2012.

[3] 李兴峰，刘豆，薛江超，等. 天然食品防腐剂的协同抗菌作用. 中国食品学报，2014(14)：140-144.

[4] 马育松，艾连峰，李玮，等. 凝胶净化/高效液相色谱-串联质谱法检测辣椒制品及肉制品中多种脂溶性着色剂. 分析试验室，2014，33(2)：195-200.

[5] 方长云，段彬伍，孙成效，等. 充氮蒸馏-盐酸副玫瑰苯胺比色法测定蔬菜及其制品中的亚硫酸盐. 食品科学，2013，34(22)：213-217.

[6] 周正香. 食品中甜蜜素气相色谱方法测定的研究. 食品科技，2012，37(4)：274-277.

[7] Cristina Lopez-Moreno，Isabel Viera Perez，Ana M. Urbano. Development and validation of an ionic chromatography method for the determination of nitrate，nitrite and chloride in meat. Food Chemistry. 2016 (194)：687-694.

[8] Katherine S Robbins. Romina Shah，Shaun MacMahon. Development of a liquid chromatography-tandem mass spectrometry method for the determination of sulfite in food. Journal of Agricultural and Food Chemistry. 2015 (63)：5126-5132.

[9] 食品中苯甲酸、山梨酸和糖精钠的测定：GB 5009.28—2016.

[10] 食品中环己基氨基磺酸钠的测定：GB 5009.97—2016.

[11] 食品中亚硝酸盐与硝酸盐的测定：GB 5009.33—2016.

[12] 食品中亚硫酸盐的测定　离子色谱法：DB 22/T 1811—2013.

[13] 食品中合成着色剂的测定：GB 5009.35—2016.

第 12 章

食品中有害有机物的测定

本章学习目的与要求

1. 掌握食品中有害物分析方法的原理和注意事项，尤其是重点有害物的主流分析方法；
2. 熟悉不同样品正确的前处理方法；
3. 熟悉检测成分的分离、富集、浓缩和萃取等操作过程；
4. 熟悉各种分析方法相关仪器设备的基本构造、操作与维护的知识和技能；
5. 了解食品中主要有害有机物分析方法的前沿动态。

食品中的有害化学物质按种类大致分为无机化合物和有机化合物，从金属元素、简单的无机盐到复杂的大分子物质。这些物质在人类长期的进化和生存过程中，有的已被充分认识，还有一些则是随着科技的发展近年来才被人们所认识。

对于食品中存在的各种有害有机物，目前研究较多的主要有农产品原料残留的农药和兽药、生物毒素、食品加工过程中产生的污染物以及非法添加物等。它们严重影响食品的安全性，对人类健康和生存环境造成重要威胁，甚至危及社会稳定和国家安全。因此，要加强食品中农药残留、兽药残留等有害物质的有效监测及监管，确保国家食物安全和社会稳定。

12.1　食品中农兽药残留的测定

12.1.1　有机磷农药的测定方法(气相色谱法)

有机磷农药可以采用气相色谱法(如 GB/T 5009.20—2003、GB/T 5009.145—2003、GB/T 18969—2003、GB/T 5009.207—2008)、气相色谱-质谱法(如 GB 23200.93—2016)、酶抑制法(如 GB/T 18630—2002、GB/T 18626—2002、GB/T 5009.199—2003)等方法测定。

12.1.1.1　原理

食品中残留的有机磷农药经有机溶剂提取并净化、浓缩后，注入气相色谱仪，气化后在载气携带下于色谱柱中分离，由火焰光度检测器检测。当含有机磷的试样在富氢焰上燃烧，以 HPO 碎片的形式放射出波长为 526 nm 的特性光，这种光通过滤光片选择后，由光电倍增管接收并转换成电信号，经微电流放大器放大后被记录下来。试样的峰面积或峰高与标准品的峰面积或峰高进行比较定量。

该方法适用于粮食、蔬菜、食用油等使用过敌敌畏(DDVP)、乐果、马拉硫磷、对硫磷、甲拌磷、稻瘟净、杀螟硫磷、倍硫磷、虫螨磷等有机磷农药的残留量分析。

12.1.1.2　主要试剂的配制

农药标准溶液的配制：根据测定目的，分别准确称取所需测定农药的标准品，用二氯甲烷分别配制成 1.0 mg/mL 的标准储备液，于 4℃保存备用。使用时根据各农药品种的仪器响应情况(或农药品种的最低检出限)，吸取不同量的标准储备液，用二氯甲烷稀释成混合标准使用液。

12.1.1.3　主要操作步骤

1. 样品的制备

取水果、蔬菜样品洗净，晾干，去掉非可食部分后切碎；取粮食样品粉碎，过 20 目筛制成粮食试样。

2. 提取

(1)水果、蔬菜样品提取　称取 50.00 g 水果、蔬菜，置于 300 mL 烧杯中，加入 50 mL 水和 100 mL 丙酮(总体积为 150 mL)。用组织捣碎机捣 1～2 min。匀浆液经铺有两层滤纸和约 10 g Celite545 的布氏漏斗，减压抽滤。从滤液中分取 100 mL 移至 500 mL 分液漏斗中。

(2)粮食样品提取　称取 25.00 g 谷物试样，置于 300 mL 烧杯中，加入 50 mL 水和 100 mL 丙酮，余下步骤同上。

3. 净化

向以上 2 种滤液中加入 10～15 g 氯化钠使其呈饱和状态。猛烈振摇 2～3 min，静置 10 min，将丙酮从水相中分离出来。向水相中加入 50 mL 二氯甲烷，振摇 2 min，静置分层。将丙酮与二氯甲烷提取液合并，经装有 20～30 g 无水硫酸钠的玻璃漏斗脱水，滤入 250 mL 圆底烧瓶中，再以约 40 mL 二氯甲烷分数次洗涤容器和无水硫酸钠，洗涤液并入烧瓶中。在旋转蒸发器中浓缩至约 2 mL，浓缩液转移至 5～25 mL 容量瓶中，加二氯甲烷定容至刻度。

4. 气相色谱参考条件

(1)色谱柱

①玻璃柱 2.6 m×3 mm(i. d)，填装涂有 4.5%(质量分数)DC-200＋2.5%(质量分数)OV-17 的 Chromosorb WAW DMCS(80～100 目)的担体。

②玻璃柱 2.6 m×3 mm(i. d)，填装涂有 1.5%(质量分数)QF-1 的 Chromosorb WAW DMCS(60～80 目)的担体。

(2)气体速度　氮气 50 mL/min、氢气 100 mL/min、空气 50 mL/min。

(3)温度　柱温 240℃，汽化室 260℃，检测器 270℃。

5. 测定

分别吸取 2～5 μL 有机磷农药混合标准液及样品净化液，注入气相色谱仪中，以保留时间定性，以试样的峰高或峰面积与标准比较定量。

12.1.1.4　计算公式

i 组分有机磷农药的含量计算：

$$X=\frac{A_i \times V_1 \times V_3 \times E_{si} \times 1\,000}{A_{si} \times V_2 \times V_4 \times m \times 1\,000}$$

式中，X 为 i 组分有机磷农药的含量，mg/kg；A_i 为试样中 i 组分的峰面积，积分单位；A_{si} 为混合标准液中 i 组分的峰面积，积分单位；V_1 为试样提取液的总体积，mL；V_2 为净化用提取液的总体积，mL；V_3 为浓缩后的定容体积，mL；V_4 为进样体积，μL；E_{si} 为进入色谱仪中的 i 标准组分的质量，ng；m 为样品的质量，g。

计算结果保留 2 位有效数字。

12.1.1.5　说明及其注意事项

16 种有机磷农药(标准溶液)的参考色谱图(图 12-1)和最低检出限(表 12-1)。

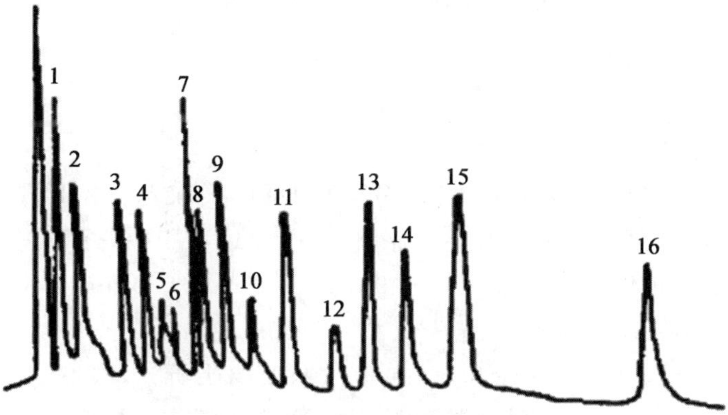

图 12-1　16 种有机磷农药(标准溶液)的参考色谱图

表 12-1　16 种有机农药的名称和最低检测浓度

农药名称	最低检测质量浓度/(mg/kg)
1. 敌敌畏	0.005
2. 速灭磷	0.004
3. 久效磷	0.014
4. 甲拌磷	0.004
5. 巴胺磷	0.011
6. 二嗪磷	0.003
7. 乙嘧硫磷	0.003
8. 甲基嘧啶硫磷	0.004
9. 甲基对硫磷	0.004
10. 稻瘟净	0.004
11. 水胺硫磷	0.005
12. 氧化喹硫磷	0.025
13. 稻丰散	0.017
14. 甲喹硫磷	0.014
15. 克线磷	0.009
16. 乙硫磷	0.014

12.1.2　氨基甲酸酯类农药的测定(高效液相色谱法)

氨基甲酸酯类农药可以采用气相色谱法(如 GB/T 5009.104—2003、GB/T 5009.145—2003、GB/T 19373—2003)、液相色谱法(如 GB/T 5009.163—2003)、酶抑制法(如 GB/T 18630—2002,GB/T 18626—2002,GB/T 5009.199—2003)等方法测定。

12.1.2.1　原理

试样经提取、净化、浓缩、定容、微孔滤膜过滤后,用反相高效液相色谱分离,紫外检测器检测,根据色谱峰的保留时间定性,外标法定量。

本方法适用于肉类、蛋类及乳类食品中涕灭威、速灭威、呋喃丹、甲萘威、异丙威等氨基甲酸酯类农药残留量的测定。

12.1.2.2 主要试剂的配制

(1)凝胶 Bio-Beads S-X3 200～400 目。

(2)氨基甲酸酯类农药标准溶液配制 将氨基甲酸酯类农药分别以甲醇配成一定质量浓度的标准储备液，冰箱保存。使用前取标准储备液一定量，用甲醇稀释成混合标准应用液。各种氨基甲酸酯农药质量浓度分别为涕灭威 6.0 mg/L，甲萘威 5.0 mg/L，呋喃丹 5.0 mg/L，速灭威 10.0 mg/L，异丙威 10.0 mg/L。

(3)凝胶净化柱 长 50 cm，内径 2.5 cm 带活塞玻璃层析柱，柱底垫少量玻璃棉，用洗脱剂(乙酸乙酯＋环己烷:1＋1)浸泡过夜的凝胶以湿法装入柱中，柱床高约 40 cm，柱床始终保持在洗脱剂中。

12.1.2.3 主要操作步骤

(1)试样准备 蛋品去壳，制成匀浆；肉品切块后，制成肉糜；乳品混匀后待用。

(2)提取与分配 称取蛋类试样 20.00 g，于 100 mL 具塞三角瓶中，加水 5 mL(视试样水分含量加水，使总水量约 20 g，通常鲜蛋水分含量约 75%，加水 5 mL 即可)，加 40 mL 丙酮，振摇 30 min，加氯化钠 6 g，充分摇匀，再加 30 mL 二氯甲烷，振摇 30 min。取 35 mL 上清液，经无水硫酸钠滤于旋转蒸发瓶中，浓缩至约 1 mL，加 2 mL 乙酸乙酯-环己烷(1＋1)溶液再浓缩，如此重复 3 次，浓缩至约 1 mL。

称取肉类试样 20.00 g，加水 6 mL(视试样水分含量加水，使总水量约 20 g，通常鲜肉水分含量约 70%，加水 6 mL 即可)，以下按照蛋类试样的提取、分配步骤处理。

称取乳类试样 20.00 g，鲜乳不需加水，直接加丙酮提取。以下按照蛋类试样的提取、分配步骤处理。

(3)净化 将上述浓缩液经凝胶柱以乙酸乙酯-环己烷(1＋1)溶液洗脱，弃去 0～35 mL 流分，收集 35～70 mL 流分，将其旋转蒸发浓缩至约 1 mL，再经凝胶柱净化收集 35～70 mL 流分，旋转蒸发浓缩，用氮气吹至约 1 mL 以乙酸乙酯定容至 1 mL，留待 HPLC 分析。

(4)高效液相色谱测定条件

色谱柱：Altima C18，4.6 mm×25 cm。

流动相：甲醇＋水(60＋40)，流速为 0.5 mL/min。

柱温：30℃。

紫外检测波长：210 nm。

(5)测定 将仪器调至最佳状态后，分别将 5 mL 混合标准溶液及试样净化液注入色谱仪中，以保留时间定性，以试样峰高或峰面积与标准储备液比较定量。

12.1.2.4 计算公式

$$X=\frac{m_1\times V_2\times 1\,000}{m\times V_1\times 1\,000}$$

式中，X 为试样中各农药的含量，mg/kg；m_1 为被测样液中各农药的含量，ng；m 为试样质量，g；V_1 为样液进样体积，μL；V_2 为试样最后定容体积，mL。

12.1.2.5　说明及其注意事项

(1)氨基甲酸酯类农药的标准色谱图(图 12-2)。

(2)由于有机磷农药和氨基甲酸酯类农药对胆碱酯酶的活性有抑制作用,可以采用酶抑制法进行快速测定(如 GB/T 18630—2002,GB/T 18626—2002,GB/T 5009.199—2003)。该类方法的原理是在一定条件下,胆碱酯酶活性抑制率取决于这两类农药的种类及其含量。在 pH 7～8 的溶液中,碘化硫代乙酰胆碱被胆碱酯酶水解,生成硫代胆碱。硫代胆碱具有还原性,能使蓝色的 2,6-二氯靛酚褪色,褪色程度与胆碱酯酶活性正相关,可在 600 nm 处比色测定,酶活性越高时,吸光度值越低。当样品溶液中有一定量的有机磷农药或氨基甲酸酯类农药存在时,酶活性受到抑制,吸光度值则较高。据此,可判断样品中有机磷农药或氨基甲酸酯类农药的残留情况。样品提取液用氧化剂氧化,可提高某些有机磷农药的抑制率,因而可提高测定灵敏度,过量的氧化剂再用还原剂还原,以免干扰测定。

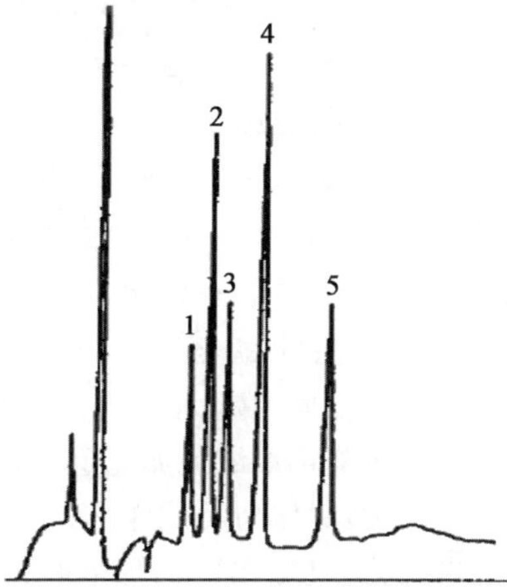

1. 涕灭威　2. 速灭威　3. 呋喃丹
4. 西维因　5. 异丙威

图 12-2　氨基甲酸酯类农药标准色谱图

12.1.3　拟除虫菊酯类农药的测定

拟除虫菊酯类农药可以采用气相色谱法(如 GB/T 5009.146—2008)、气相色谱-质谱(如 GB 23200.85—2016,GB/T 5009.162—2008,GB/T 2795—2008)、气相色谱-电子捕获检测器法(如 GB/T 5009.162—2008)等方法测定。

12.1.3.1　原理

在均匀的试样样液中定量加入$^{13}C_6$-六氯苯和$^{13}C_{10}$-灭蚁灵稳定性同位素内标,经有机溶剂振荡提取、凝胶色谱层析净化,采用选择离子监测的气相色谱-质谱法(GC-MS)测定,以内标法定量。

本方法(GB/T 5009.162—2008)适用于肉类、蛋类、乳类食品及油脂(含植物油)中六六六、滴滴涕、六氯苯、环氧七氯、灭蚁灵、氯氰菊酯、溴氰菊酯的确定分析。

12.1.3.2　主要试剂的配制

(1)拟除虫菊酯类农药标准溶液的配制　分别准确称取农药标准品适量,用少量苯溶解,再用正己烷稀释成一定质量浓度的标准储备溶液。量取适量标准储备溶液,用正己烷稀释为系列混合标准溶液。

(2)内标溶液　将质量浓度为 1 000 mg/L、体积为 1 mL 的$^{13}C_6$-六氯苯和$^{13}C_{10}$-灭蚁灵稳定性同位素内标溶液转移至容量瓶中,分别用正己烷定容至 10.00 mL,配制成 100 mg/L 的标准储备液,于－20℃冰箱保存。取此标准储备液 0.6 mL,分别用正己烷定容至 10.00 mL,配制成 6.0 mg/L 的标准工作液。

(3)凝胶净化柱　长 30 cm、内径 2.3～2.5 cm 的具活塞玻璃层析柱,柱底垫少许玻璃棉。

用洗脱剂乙酸乙酯-环己烷(1+1)浸泡的凝胶,以湿法装入柱中,柱高约 26 cm,使凝胶始终保持在洗脱剂中。

12.1.3.3 主要操作步骤

(1)试样准备 蛋品去壳,制成匀浆;肉皮去筋后,制成肉糜;乳品混匀后待用。

(2)提取与分配

①蛋类:称取蛋类试样 20.00 g,于 200 mL 具塞三角瓶中,加水 5 mL(视试样水分含量加水,使总水量约 20 g,通常鲜蛋水分含量约 75%,加水 5 mL 即可),加入 $^{13}C_6$-六氯苯(6 mg/L)和 $^{13}C_{10}$-灭蚁灵(6 mg/L)各 5 μL,加 40 mL 丙酮,振摇 30 min,加氯化钠 6 g,充分摇匀,再加入 30 mL 石油醚,振摇 30 min。静置分层后,将有机相全部转移至 100 mL 具塞三角瓶中经无水硫酸钠干燥,并量取 35 mL 于旋转蒸发器中,浓缩至约 1 mL,再加 2 mL 乙酸乙酯-环己烷(1+1)溶液再浓缩。如此重复 3 次,浓缩至约 1 mL,供凝胶色谱层析净化使用。

②肉类:称取肉类试样 20.00 g,加水 6 mL(视试样水分含量加水,使总含水量约 20 g。通常鲜肉水分含量约 70%,加水 6 mL 即可),加入 $^{13}C_6$-六氯苯(6 mg/L)和 $^{13}C_{10}$-灭蚁灵(6 mg/L)各 5 μL,再加入 40 mL 丙酮,振摇 30 min。其余操作与蛋类操作相同。

③乳类:称取乳类试样 20.00 g,鲜乳不需加水,直接加丙酮提取。加入 $^{13}C_6$-六氯苯(6 mg/L)和 $^{13}C_{10}$-灭蚁灵(6 mg/L)各 5 μL,再加入 40 mL 丙酮,振摇 30 min。其余操作与蛋类操作相同。

(3)净化 将上述浓缩液经凝胶柱以乙酸乙酯-环己烷(1+1)溶液洗脱,弃去 0~35 mL 流分,收集 35~70 mL 流分,将其旋转蒸发浓缩至约 1 mL。重复上述步骤,再经凝胶柱净化收集 35~70 mL 流分,旋转蒸发浓缩,用氮气吹至近干,以正乙烷定容至 1 mL,留待 GC-MS 分析。

(4)色谱的测定条件

①气相色谱的参考条件。色谱柱:CP-sil 8 毛细管柱或等效柱,柱长 30 m,膜厚 0.25 μm,内径 0.25 mm。进样口温度:230℃。柱温程序:初始温度 50℃,保持 1 min,以 30℃/min 升至 150℃,再以 5℃/min 升至 185℃,然后以 10℃/min 升至 280℃,保持 10 min。进样方式:不分流进样,不分流阀关闭时间 1 min。进样量:1 μL。载气:使用高纯氦气(纯度>99.999%),柱前压为 41.4 kPa。

②质谱的参考条件。离子化方式:电子轰击源(EI),能量为 70 eV。离子检测方式:选择离子监测(SIM)。离子源温度:250℃。接口温度:285℃。

(5)测定 吸取试样溶液 1 μL 进样,记录色谱图及各目标化合物和内标的峰面积,计算目标化合物与相应内标的峰面积比。

12.1.3.4 计算公式

$$X = \frac{A \times f}{m}$$

式中,X 为试样中各农药组分的含量,μg/kg;A 为试样色谱峰中与内标色谱峰的峰面积比值对应的目标化合物质量,ng;f 为试样溶液的稀释因子;m 为试样的取样量,g。

注:计算结果保留 3 位有效数字。

12.1.3.5　说明及注意事项

测定的 38 种农药混合标准溶液全扫描总离子流图(图 12-3)。

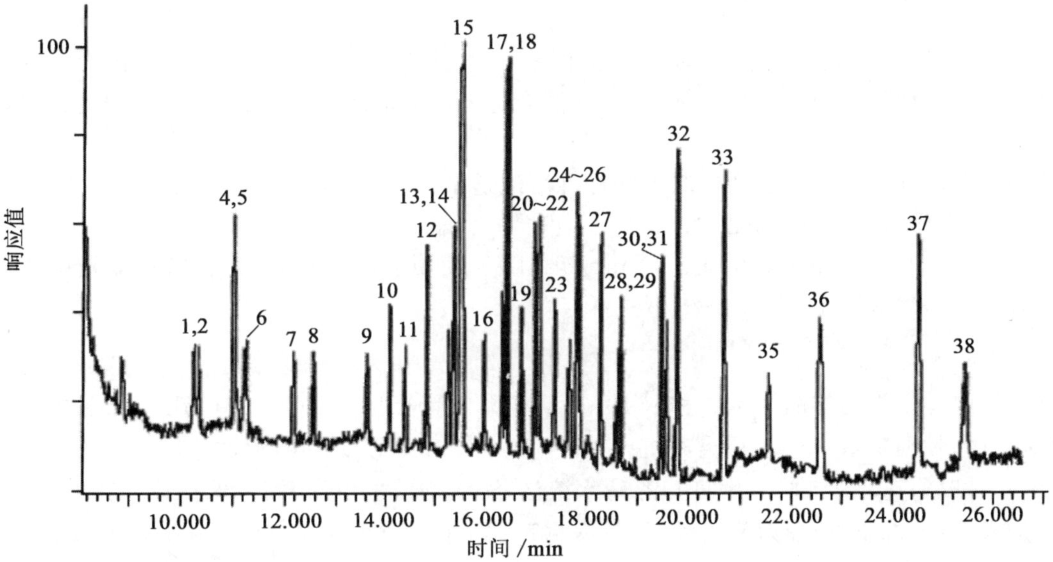

出峰顺序：α-六六六、六氯苯、$^{13}C_6$-六氯苯、β-六六六、五氯硝基苯、γ-六六六、δ-六六六、五氯苯胺、七氯、五氯苯基硫醚、艾氏剂、除螨酯、氧氯丹、环氧七氯、丙烯菊酯、反式氯丹、顺式氯丹、α-硫丹、杀螨螨、杀螨酯、p,p′-DDE、狄氏剂、异氏试剂、β-硫丹、p,p′-DDD、o,p′-DDT、异狄氏剂醛、硫丹硫酸酯、p,p′-DDT、异狄氏剂酮、胺菊酯、甲氰菊酯、灭蚁灵、$^{13}C_{10}$-灭蚁灵、氯菊酯、氯氰菊酯、氰戊菊酯、溴氰菊酯

图 12-3　测定的 38 种混合标准溶液全扫描总离子流图

12.2　常用兽药残留的测定

食品中常见的残留兽药主要包括抗生素类、磺胺类、激素类等药物。对于食品中兽药残留的测定常见的有液相色谱-串联质谱法(如 GB/T 22983—2008)、液相色谱-质谱/质谱法(如 GB/T 21315—2007)、酶联免疫法(如 GB/T 18932.28—2005)、薄层层析法(如 GB/T 5009.95—2003)、微生物学检验(如 GB/T 4789.27—2008、GB/T 20444—2006)等方法。下面以检测动物产品中抗生素残留的液相色谱-质谱/质谱法为例进行介绍。

1. 测定原理

样品中青霉素族抗生素残留物用乙腈-水溶液提取,提取液经浓缩后,用缓冲溶液溶解,固相萃取小柱净化,洗脱液经氮气吹干后,用液相色谱-质谱/质谱测定,外标法定量。

此方法参考《动物源性食品中青霉素族抗生素残留量检测方法　液相色谱-质谱/质谱法》(GB/T 21315—2007),适用于猪肌肉、猪肝、猪肾、牛奶、鸡蛋等动物源性食品中的青霉素族抗生素残留量的检测。

2. 主要试剂的配制

青霉素族抗生素标准品,磷酸盐缓冲液,乙腈,甲醇,甲酸,氢氧化钠等。

(1)11 种青霉素族抗生素标准品　阿莫西林、氨苄青霉素、邻氯青霉素、双氯青霉素、乙氧萘青霉素、苯唑青霉素、苄青霉素、苯氧甲基青霉素、苯咪青霉素、甲氧苯青霉素、苯氧乙基青霉素，纯度均大于等于 95%。

(2)11 种青霉素族抗生素标准储备溶液　分别称取上述标准品，并分别用乙腈水溶液溶解并定容至 1 000 mL，各种青霉素族抗生素质量浓度为 100 μg/mL，置于 −18℃ 冰箱中避光保存，保存期为 5 d。

(3)11 种青霉素族抗生素混合标准中间溶液　分别吸取适量的标准储备液于 100 mL 容量瓶中，用磷酸盐缓冲溶液定容至刻度，配成混合标准中间液。置于 −4℃ 冰箱中避光保存，保存期为 5 d。

(4)混合标准工作液　准确移取中间标准溶液适量，用空白样品基质配制成不同浓度系列的混合标准工作溶液，用时现配。

(5)Oasis HLB 固相萃取小柱(500 mg，6 mL)　使用前用甲醇和水预处理，即先用 2 mL 甲醇淋洗小柱，然后用 1 mL 水淋洗小柱。

3. 主要操作步骤

(1)提取　以牛奶样品为例。称取 10.00 g 样品(精确到 0.01 g)于 50 mL 离心管中，加入 20 mL 乙腈，均质提取 30 s。在离心机中以 4 000 r/min 离心 5 min，上清液转移至 50 mL 离心管中。另取一离心管，加入 10 mL 乙腈水溶液，洗涤均质器刀头，用玻璃棒捣碎离心管中的沉淀，加入上述洗涤均质器刀头溶液，在旋涡振荡器上振荡 1 min，4 000 r/min 离心 5 min，上清液合并至 50 mL 离心管中。重复用 50 mL 乙腈水溶液洗涤刀头并提取一次，上清液合并至 50 mL 离心管中，用乙腈水溶液定容至 50 mL，准确移取 25 mL 入 100 mL 鸡心瓶。

将鸡心瓶于旋转蒸发器上(37℃水浴)蒸发除去乙腈(易起沫样品可加入 4 mL 饱和氯化钠溶液)。

(2)净化　立即向已除去乙腈的鸡心瓶中加入 25 mL 磷酸盐缓冲溶液，涡旋混匀 1 min，用 0.1 mol/L 的氢氧化钠调节 pH 为 8.5。以 1 mL/min 的速度通过经过预处理的固相萃取柱，先用 2 mL 磷酸盐缓冲液淋洗 2 次，再用 1 mL 的超纯水淋洗，然后用 3 mL 乙腈洗脱(速度控制在 1 mL/min)。将洗脱液于 45℃条件下用氮气吹干，用 0.025 mol/L 磷酸盐缓冲液定容至 1 mL，过 0.45 μm 滤膜后，立即用液相色谱-质谱/质谱仪测定。

(3)液相色谱条件

色谱柱：C18 柱，250 nm×4.6 nm(内径)，粒度 5 μm，或相当者。

流动相：A 组分是 0.01 mol/L 乙酸铵溶液(用甲酸调节 pH 至 4.5)；B 组分是乙腈。梯度洗脱程序见表 12-2。

表 12-2　梯度洗脱程序参考条件

步骤	时间/min	流速/(mL/min)	组分 A/%	组分 B/%
1	0.00	1.0	98.0	2.0
2	3.00	1.0	98.0	2.0
3	5.00	1.0	90.0	10.0
4	15.00	1.0	70.0	30.0
5	20.00	1.0	60.0	40.0
6	20.10	1.0	98.0	2.0
7	30.00	1.0	98.0	2.0

流速：1.0 mL/min；进样量：100 μL。

(4)质谱条件　离子源为电喷雾离子源，扫描方式为正离子扫描，检测方式为多反应监测。雾化气、气帘气、辅助气、碰撞气均为高纯氮气，使用前应调节各参数使质谱灵敏度达到检测要求。

(5)液相色谱-质谱/质谱测定　根据试样中被测物的含量情况，选取响应值相近的标准工作液一起进行色谱分析。标准工作液和待测液中青霉素族抗生素的响应值均应在仪器线性响应范围内。对标准工作液和样液等体积进行测定。在上述色谱条件下，11 种青霉素的参考保留时间分别约为：阿莫西林 8.5 min，氨苄青霉素 12.2 min，邻氯青霉素 21.5 min，双氯青霉素 23.5 min，乙氧萘青霉素 22.3 min，苯唑青霉素 20.3 min，苄青霉素 18.1 min，苯氧甲基青霉素 19.4 min，苯咪青霉素 16.5 min，甲氧苯青霉素 16.8 min，苯氧乙基青霉素 20.5 min。

(6)定性、定量测定

定性测定：按照上述条件测定样品和建立标准工作曲线，如果样品中化合物质量色谱峰的保留时间与标准溶液相比在±2.5%的允许偏差之内；待测化合物的定性离子对的重构离子色谱峰的信噪比大于或等于 3，定量离子对的重构离子色谱峰的信噪比大于或等于 10；定性离子对的相对丰度与质量浓度相当的标准溶液相比，相对丰度偏差不超过表 12-3 的规定，则可判断样品中存在相应的目标化合物。

表 12-3　定性确证时相对离子丰度的最大允许偏差

相对离子丰度	>50%	>20%～50%	>10%～20%	≤10%
允许的相对偏差	±20%	±25%	±30%	±50%

定量测定：按外标法使用标准工作曲线进行定量测定。

4. 计算公式

用色谱数据处理或按公式计算试样中青霉素族抗生素残留量，计算结果需扣除空白值。

$$X = \frac{c \times V \times 1\,000}{m \times 1\,000}$$

式中，X 为试样中青霉素族残留量，μg/kg；c 为从标准曲线上得到的青霉素族残留溶液的质量浓度，ng/mL；V 为样液最终定容体积，mL；m 为最终样液代表的试样质量，g。

5. 说明及注意事项

11 种青霉素族抗生素的测定低限分别为：阿莫西林 5 μg/kg，氨苄青霉素 2 μg/kg，邻氯青霉素 1 μg/kg，双氯青霉素 10 μg/kg，乙氧萘青霉素 2 μg/kg，苯唑青霉素 2 μg/kg，苄青霉素 1 μg/kg，苯氧甲基青霉素 0.5 μg/kg，苯咪青霉素 1 μg/kg，甲氧苯青霉素 1 μg/kg，苯氧乙基青霉素 10 μg/kg。

12.3 食品中黄曲霉毒素的测定

黄曲霉毒素总量及各种黄曲霉毒素的定量检测方法主要有薄层色谱法、高效液相色谱法、液相色谱-质谱联用法、酶联免疫法等。我国有多种国家标准方法用于黄曲霉毒素的测定，如

《食品安全国家标准 食品中黄曲霉毒素B族和G族的测定》(GB 5009.22—2016),《食品安全国家标准 食品中黄曲霉毒素M族的测定》(GB 5009.24—2016)。

12.3.1 液相色谱法测定黄曲霉毒素M_1和黄曲霉毒素M_2

12.3.1.1 原理

样品中的黄曲霉毒素M_1和黄曲霉毒素M_2用甲醇-水溶液提取,上清液稀释后,经免疫亲和柱净化和富集,净化液浓缩、定容和过滤后经液相色谱分离,荧光检测器检测。该法适用于乳、乳制品和含乳特殊膳食用食品中黄曲霉毒素M_1和黄曲霉毒素M_2的测定。

12.3.1.2 主要试剂的配制

(1)乙腈-水溶液(25+75) 量取250 mL乙腈加入750 mL水中,混匀。

(2)乙腈-甲醇溶液(50+50) 量取500 mL乙腈加入500 mL甲醇中,混匀。

(3)黄曲霉毒素标准储备溶液(10 μg/mL) 分别称取黄曲霉毒素M_1和黄曲霉毒素M_2 1 mg(精确至0.01 mg),分别用乙腈溶解并定容至100 mL。将溶液转移至棕色试剂瓶中,在−20℃下避光密封保存。

(4)黄曲霉毒素M_1与黄曲霉毒素M_2混合标准储备溶液 分别准确吸取10 μg/mL黄曲霉毒素M_1和黄曲霉毒素M_2标准溶液1.00 mL于同一10 mL容量瓶中,加入乙腈定容稀释至刻度,得到1.0 μg/mL的混合标准液。避光,置于4℃冰箱中保存,有效期为3个月。

12.3.1.3 主要操作步骤

(1)样品提取 液态乳、酸奶;乳粉、特殊膳食食用食品;奶油、奶酪等样品提取采用不同的方法,具体方法参照《食品安全国家标准 食品中黄曲霉毒素M族的测定》(GB 5009.24—2016)中样品提取方法。

(2)净化 将低温保存的免疫亲和柱恢复至室温。免疫亲和柱内的液体放弃后,将上述样液移至50 mL注射器筒中,调节下滴流速为1~3 mL/min。待样液滴完后,往注射器筒内加入10 mL水,以稳定流速淋洗免疫亲和柱。待水滴完后,用真空泵抽干亲和柱。脱离真空系统,在亲和柱放置10 mL刻度试管,取下50 mL的注射器筒,加入2×2 mL乙腈(或甲醇)洗脱亲和柱,控制1~3 mL/min下滴速度,用真空泵抽干亲和柱,收集全部洗脱液至刻度试管中。在50℃下氮气缓缓地将洗脱液吹至近干,用初始流动相定容至1.0 mL,旋涡30 s溶解残留物,0.22 μm滤膜过滤,收集滤液于进样瓶中以备进样。

(3)测定 将系列标准溶液由低到高质量浓度依次进行检测,以峰面积-质量浓度作图,得到标准曲线回归方程。待测样液中的响应值应在标准曲线线性范围内,超过线性范围的则稀释后重新进样分析。

12.3.1.4 计算公式

黄曲霉毒素M_1或黄曲霉毒素M_2的含量按下式进行计算

$$x=\frac{\rho \times V \times f \times 1\,000}{m \times 1\,000}$$

式中,X为黄曲霉毒素M_1或黄曲霉毒素M_2含量,μg/kg;ρ为进样溶液中黄曲霉毒素M_1或黄曲霉毒素M_2的色谱峰由标准曲线所获得黄曲霉毒素M_1或黄曲霉毒素M_2的质量浓度,

ng/mL；V 为样品经免疫亲和柱洗脱后的最终定容体积，mL；f 为样液稀释因子；1 000 为换算系数；m 为试样的称样量，g。

计算结果保留 3 位有效数字。

12.3.1.5　说明及注意事项

(1)此方法的整个操作过程需要在暗室条件下进行。

(2)本实验应有相应的安全、防护措施，并且不得污染环境。测定过程要严格按照操作要求，注意人员的安全操作，佩戴手套，身着防护服。

(3)残留黄曲霉毒素的废液或废渣的玻璃器皿，应置于专用储存容器(装有 10%次氯酸钠溶液)内，浸泡 24 h 以上，再用清水将玻璃器皿冲洗干净。其他污染有黄曲霉毒素的材料和容器需要消毒后再处理。

12.3.2　免疫亲和-液相色谱法测定食品中黄曲霉毒素

12.3.2.1　原理

该法为食品中黄曲霉毒素 B 族和黄曲霉毒素 G 族测定的国家标准第三方法，试样中的黄曲霉毒素 B_1(AFTB_1)、黄曲霉毒素 B_2(AFTB_2)、黄曲霉毒素 G_1(AFTG_1)、黄曲霉毒素 G_2(AFTG_2)，用乙腈-水溶液或甲醇-水溶液的混合溶液提取，提取液经免疫亲和柱净化和富集，净化浓缩，定容和过滤后经液相色谱分离，柱后衍生(碘或溴试剂衍生、光化学衍生、电化学衍生等)，经荧光检测器检测，采用外标法定量。

12.3.2.2　主要试剂的配制

(1)标准储备溶液　将 AFTB_1、AFTB_2、AFTG_1 和 AFTG_2 标准物质，分别用乙腈配成 10 μg/mL 的标准储备液。储备液于－20℃下避光保存。

(2)混合标准工作液(AFTB_1 和 AFTG_1 为 100 ng/mL，AFTB_2 和 AFTG_2 为 30 ng/mL)　准确移取 AFTB_1 和 AFTG_1 标准储备液各 1 mL，AFTB_2 和 AFTG_2 标准储备液各 300 μL 至 100 mL 容量瓶中，乙腈定容。密封后避光－20℃下保存，3 个月内有效。

(3)标准系列工作溶液　分别准确移取混合标准工作液 10、50、200、500、1 000、2 000、4 000 μL 至 10 mL 容量瓶中，用初始流动相定容到刻度。

12.3.2.3　主要操作步骤

(1)样品的制备　将牛奶从冰箱中取出，放置至室温，摇匀、备用。

(2)提取　称取 20 g 牛奶试样，精确到 0.01 g，置于 50 mL 离心管中。于 10 000 r/min，－5℃条件下离心 10 min，用玻璃纤维滤纸过滤，待净化。

(3)净化　具体方法同 12.3.1.3 净化方法。

(4)测定及柱后衍生条件　流动相：A 相，水；B 相，乙腈-甲醇(50＋50)。等梯度洗脱条件：A，68%；B，32%。色谱柱为 C18 柱(柱长 150 mm 或 250 mm，柱内径 4.6 mm，填料粒径 5 μm)；流速为 1.0 mL/min；柱温为 40℃；进样量为 50 μL；利用柱后光化学衍生系统，衍生溶液为 5 mg/L 三溴化吡啶水溶液，衍生溶液流速为 0.2 mL/min，衍生反应管温度 70℃。激发波长为 360 nm；发射波长为 440 nm。

系列标准工作溶液由低到高质量浓度依次进行检测，以峰面积为纵坐标，质量浓度为横坐标作图，得到标准曲线回归方程。待测样液中待测化合物的响应值应在标准曲线线性范围内，质量浓度超过线性范围的样品则应稀释后重新进行分析。

12.3.2.4　计算公式

每种黄曲霉毒素含量的测定按下式计算：

$$X=\frac{\rho\times V_1\times V_3\times 1\ 000}{V_2\times m\times 1\ 000}$$

式中，X 为试样中 $AFTB_1$、$AFTB_2$、$AFTG_1$、$AFTG_2$ 的含量，μg/kg；ρ 为进样溶液中黄曲霉毒素按照外标法在标准曲线中对应的质量浓度，ng/mL；V_1 为试样提取液体积，mL；V_2 用于免疫亲和柱的分散样品体积，mL；V_3 为样品经免疫亲和柱净化洗脱后的最终定容体积，mL；1 000 为换算系数；m 为试样的质量，g。

计算结果保留 3 位有效数字。

12.3.2.5　说明及注意事项

(1)黄曲霉毒素 B_1、黄曲霉毒素 B_2、黄曲霉毒素 G_1、黄曲霉毒素 G_2 标准物质的液相色谱图(图 12-4)。

(2)本实验应有相应的安全、防护措施，操作人员需要佩戴手套，身着防护服，并不得污染环境。

(3)残留有黄曲霉毒素废液或废渣的玻璃器皿，应置于专用储存容器(装有 10%次氯酸钠溶液)内，浸泡 24 h 以上，再用清水将玻璃器皿冲洗干净。

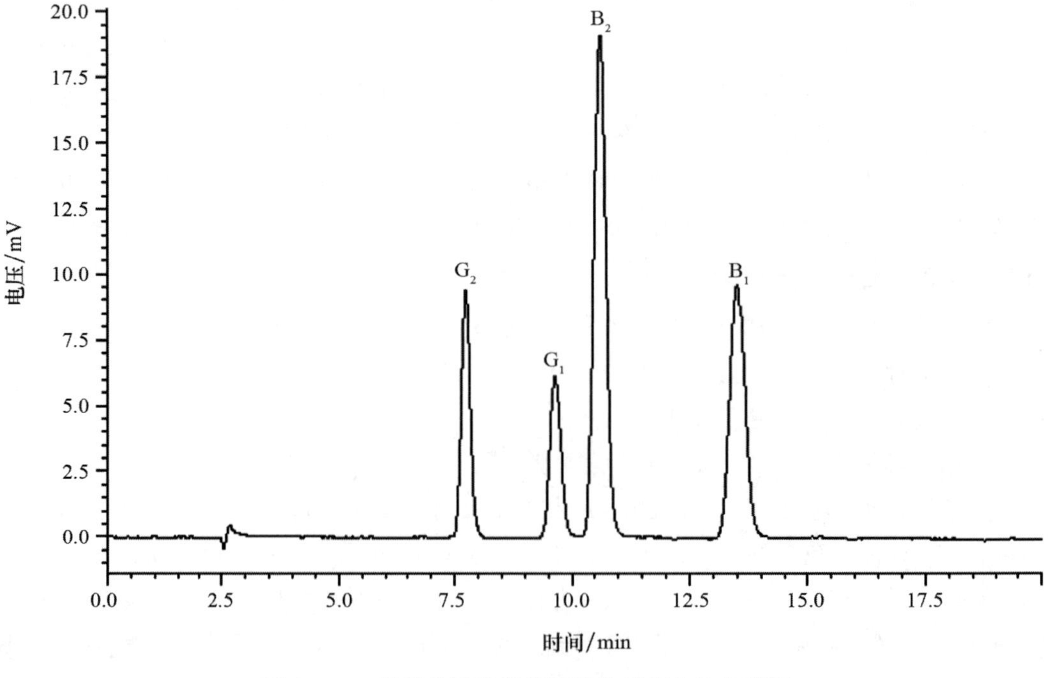

图 12-4　4 种黄曲霉毒素柱后光化学衍生法色谱图

12.4　食品中苯并[a]芘的测定

1. 原理

我国国家标准方法中，测定原理是样品经有机溶剂提取，通过氧化铝柱或分子印迹小柱净化吸附，用洗脱试剂洗脱苯并[a]芘，用反相高效液相色谱分离，荧光检测器检测，根据色谱峰的保留时间定性，外标法定量。本方法适用于测定谷物及其制品、肉及肉制品、水产动物及其制品、油脂及其制品的苯并[a]芘测定。

2. 主要试剂的配制

(1)中性氧化铝柱　填料粒径 75～150 μm，22 g，60 mL。

(2)苯并[a]芘标准储备溶液(100 μg/mL)　准确称取 1 mg(精确到 0.01 mg)苯并[a]芘于 10 mL 容量瓶中，用甲苯溶解，定容。避光保存在 0～5℃的冰箱中，保存期为 1 年。

(3)苯并[a]芘标准中间液(1.0 μg/mL)　吸取 0.10 mL 苯并[a]芘标准储备液，用乙腈定容到 10 mL。避光保存在 0～5℃的冰箱中，保存期为 1 个月。

(4)标准工作液　把苯并[a]芘标准中间溶液(1.0 μg/mL)用乙腈稀释得到一系列校准曲线溶液，现配现用。

3. 主要操作步骤

(1)试样制备

①谷物及其制品：去除杂质，磨碎成均匀样品，称取 1 g(准确到 0.001 g)试样，加入 5 mL 正己烷，旋涡混合超声提取，离心后移出上清液。再加入 5 mL 正己烷重复提取一次。合并上清液，待净化。

②熏、烧、烤肉类及熏、烤水产品：肉去骨、鱼去刺，把可食部分绞碎均匀，称取 1 g(准确到 0.001 g)试样，加入 5 mL 正己烷，旋涡混合超声提取，离心后移出上清液。再加入 5 mL 正己烷重复提取一次。合并上清液，待净化。

③油脂及其制品：称取 0.4 g(精确到 0.001 g)试样，加入 5 mL 正己烷，旋涡混合 0.5 min，待净化。

(2)样品的净化　采用中性氧化铝柱，用 30 mL 正己烷活化柱子，待液面降至柱床时，关闭底部旋塞。将待净化液转移进柱子，打开旋塞，以 1 mL/min 的速度收集净化液到茄形瓶，再转入 50 mL 正己烷洗脱，继续收集净化液。将净化液在 40℃下旋转蒸至约 1 mL，转移至色谱仪进样小瓶，在 40℃氮气流下浓缩至近干。用 1 mL 正己烷清洗茄形瓶，将洗涤液再次转移至色谱仪进样小瓶并浓缩至干。准确吸取 1 mL 乙腈到色谱仪进样小瓶，旋涡复溶 0.5 min，过微孔滤膜后供液相色谱测定。

(3)色谱条件　色谱柱为 C18 柱，柱长 250 mm，内径 4.6 mm，粒度 5 μm；进样量为 20 μL；流动相为乙腈∶水为880∶120(体积比)；流速为 1.0 mL/min；荧光检测器的发射波长为 406 nm，激发波长为 384 nm。

(4)标准曲线的绘制　将标准工作液稀释为 5 种不同质量浓度的溶液，根据峰的积分面积绘制 5 点校正曲线。

(5)样品分析　将待测液进样测定,得到苯并[a]芘色谱峰面积。根据标准曲线回归方程计算试样溶液中苯并[a]芘的质量浓度。

4. 计算公式

$$X=\frac{\rho\times V}{m}\times\frac{1\,000}{1\,000}$$

式中,X 为样品中苯并[a]芘含量,μg/kg; ρ 为从标准工作曲线得到的待测液中苯并[a]芘的质量浓度,ng/mL;V 为待测液体积,mL;m 为样品质量,g; 1 000 为换算系数。

结果保留到小数点后 1 位。

5. 说明与注意事项

高效液相色谱法分离多环芳烃的效果与洗脱剂的比例、柱温、流速、柱子情况等有关,其最适宜的条件随仪器而异。

12.5　*N*-亚硝基化合物的测定

食品中挥发性 *N*-亚硝胺类化合物的测定可采用气相色谱-质谱联用法,该方法为《食品安全国家标准　食品中 *N*-亚硝胺类化合物的测定》(GB 5009.26—2016)第一法、气相色谱-热能分析仪法(GB/T 5009.26—2016　第二法)及分光光度比色法。本书介绍了气相色谱-质谱联用法。

1. 原理

试样中的 *N*-亚硝胺类化合物经水蒸气蒸馏和有机溶剂萃取后,浓缩至一定量,采用气相色谱-质谱联用仪的高分辨峰匹配法进行确认和定量。

本方法(GB/T 5009.26—2016　第一法)适用于肉及肉制品、水产动物及其制品 *N*-二甲基亚硝胺含量的测定。

2. 主要试剂的配制

(1)*N*-亚硝胺标准溶液　用二氯甲烷配制成 1 mg/mL 的溶液。

(2)*N*-亚硝胺标准使用液　用二氯甲烷配制成 1 μg/mL 的标准使用液。

3. 主要操作步骤

(1)水蒸气蒸馏　称取 200 g 切碎(或绞碎、粉碎)后的试样,加入 100 mL 水和 50 g 氯化钠于蒸馏管中,充分混匀,检查气密性。在 500 mL 平底烧瓶中加入 100 mL 二氯甲烷及少量冰块用以接收冷凝液,冷凝管出口伸入二氯甲烷液面下,并将平底烧瓶置于冰浴中,开启蒸馏装置加热蒸馏,收集 400 mL 冷凝液后关闭加热装置,停止蒸馏。

(2)萃取纯化　在盛有蒸馏液的平底烧瓶中加入 20 g 氯化钠和 3 mL 的硫酸(1+3),搅拌使氯化钠完全溶解。然后转移到 500 mL 分液漏斗中,振荡 5 min,必要时放气,静置分层。将二氯甲烷层分至另一平底烧瓶中,再用 150 mL 二氯甲烷分 3 次提取水层,合并 4 次提取液,总体积为 250 mL。

(3)浓缩　将有机层用 10 g 无水硫酸钠脱水后,进行旋转蒸发,于 40℃ 水浴浓缩至 5～

10 mL，氮吹，并准确定容至 1.0 mL，摇匀后待测定。

(4)色谱条件　毛细管气相色谱柱为 INNOWAX 石英毛细管柱(柱长 30 m，内径 0.25 mm，膜厚 0.25 μm)。进样口温度为 220℃。程序升温条件：初始柱温为 40℃，以 10℃/min 的速率升温至 80℃，以 1℃/min 的速率升至 100℃，再以 20℃/min 的速率升至 240℃，保持 2 min。载气为氦气；流速为 1.0 mL/min。进样方式为不分流进样；进样体积为 1.0 μL。

(5)质谱仪条件　选择离子检测：9.9 min 开始扫描 N-二甲基亚硝胺，选择离子为 15.0、42.0、43.0、44.0、74.0。电子轰击离子化源(EI)，电压为 70 eV。离子化电流为 300 μA。离子源温度为 230℃。接口温度为 230℃。离子源真空度为 1.33×10^{-4} Pa。

4. 计算公式

$$X=\frac{h_1}{h_2}\times\rho\times\frac{V}{m}\times1\ 000$$

式中，X 为试样中 N-亚硝胺化合物的含量，μg/kg 或 μg/L；h_1 为浓缩液中该 N-亚硝基化合物的峰面积；h_2 为标准使用液中该 N-亚硝基化合物的峰面积；ρ 为标准使用液中该 N-亚硝基化合物的质量浓度，μg/mL；V 为试样浓缩液的体积，mL；m 为试样质量或体积，g 或 mL；1 000 为换算系数。

结果保留 3 位有效数字。

5. 说明与注意事项

该方法可测定肉及肉制品、水产品动物及其制品中 N-二甲基亚硝胺含量的测定。而分光光度比色法测定的是挥发性 N-亚硝胺总量，主要是利用食品中挥发性亚硝胺可采用夹层保温水蒸气蒸馏加以纯化，在紫外光的照射下，亚硝胺分解释放亚硝酸根。通过强碱性离子交换树脂浓缩，在酸性条件下，与对位氨基苯磺酸形成重氮盐，再与 N-萘乙烯二胺二盐酸盐形成红色偶氮染料来测定，颜色的深浅与亚硝胺的含量成正比。

(马良　郭婷)

本章小结

本章阐述了食品中主要有机有害物质如农兽药、抗生素、黄曲霉毒素、苯并[a]芘和 N-亚硝胺的常用分析方法。重点介绍了用气相色谱法测定有机磷农药残留、高效液相色谱法测定氨基甲酸酯类农药残留、黄曲霉毒素 M_1、黄曲霉毒素 M_2 和苯并[a]芘，气相色谱-质谱法测定拟除虫菊酯类农药残留、N-亚硝胺类化合物，液相色谱-质谱/质谱测定抗生素残留的检测原理、方法和注意事项。

思考题

1. 拟采用气相色谱法测定苹果中的有机磷农药残留，请说明其样品处理过程。
2. 叙述酶抑制法测定残留农药的种类和原理。
3. 测定黄曲霉毒素过程中，被黄曲霉毒素污染的玻璃器皿，应进行什么样的处理？
4. 液相色谱法检测食品中苯并[a]芘一般如何定性？
5. 叙述比色法测定食品中 N-亚硝胺类化合物的原理，及其与气质法测定 N-亚硝胺类化合物(第二法)相比,测定化合物种类的主要区别。

参考文献

[1]食品中有机磷农药残留量的测定:GB/T 5009. 20—2003.

[2] 植物性食品中有机磷和氨基甲酸酯类农药多种残留的测定:GB/T 5009. 145—2003.

[3] 饲料中有机磷农药残留量的测定气相色谱法:GB/T 18969—2003.

[4] 糙米中50种有机磷农药残留量的测定:GB/T 5009. 207—2008.

[5] 食品中有机磷农药残留量的测定 气相色谱-质谱法:GB 23200. 93—2016.

[6] 蔬菜中有机磷及氨基甲酸酯农药残留量的简易检验方法(酶抑制法)GB/T 18630—2002.

[7] 肉中有机磷及氨基甲酸酯农药残留量的简易检验方法酶抑制法:GB/T 18626—2002.

[8] 蔬菜中有机磷和氨基甲酸酯类农药残留量的快速检测:GB/T 5009. 199—2003.

[9] 植物性食品中氨基甲酸酯类农药残留量的测定:GB/T 5009. 104—2003.

[10] 饲料中氨基甲酸酯类农药残留量测定气相色谱法:GB/T 19373—2003.

[11] 动物性食品中氨基甲酸酯类农药多组分残留高效液相色谱测定:GB/T 5009. 163—2003.

[12] 植物性食品中有机氯和拟除虫菊酯类农药多种残留量的测定:GB/T 5009. 146—2008.

[13] 动物性食品中有机氯农药和拟除虫菊酯农药多组分残留量的测定:GB/T 5009. 162—2008.

[14] 冻兔肉中有机氯及拟除虫菊酯类农药残留的测定方法气相色谱质谱法:GB/T 2795—2008.

[15] 动物源性食品中青霉素族抗生素残留量检测方法液相色谱-质谱/质谱法:GB/T 21315—2007.

[16] 食品安全国家标准 食品中黄曲霉毒素M族的测定:GB 5009. 24—2016.

[17] 食品安全国家标准 食品中黄曲霉毒素B族和G族的测定:GB 5009. 22—2016.

[18] 食品安全国家标准 食品中苯并[a]芘的测定:GB/T 5009. 27—2016.

[19] 食品安全国家标准 食品中 *N*-亚硝胺类化合物的测定:GB 5009. 26—2016.

第 13 章

食品分析新技术与快速检测法简介

本章学习目的与要求

1. 掌握各种新技术、快速检测法的原理；
2. 了解各种新技术、快速检测法的应用和发展趋势。

13.1 酶联免疫吸附技术

酶联免疫吸附分析法(enzyme linked immunosorbent assay,ELISA)是荷兰学者 Weeman 和 Schurrs 与瑞典学者 Engvall 和 Perlamn 在 20 世纪 70 年代初期几乎同时提出。ELISA 最初主要用于病毒、细菌的检测,后期广泛用于抗原、抗体的测定,以及一些药物、激素、毒素等半抗原分子的定性、定量分析。

酶联免疫吸附分析法具有灵敏度高、特异性强、分析容量大、操作简单、成本低等优点,不涉及昂贵仪器,前处理简单,适合复杂基质中痕量组分的分析,且易实现商业化。目前,ELISA 成为世界各国学术研究的热点,美国化学会也将酶联免疫分析法、色谱分析技术共同列为农药、兽药残留分析的主要技术,检测结果的法律效力也得到认可。

13.1.1 酶联免疫吸附分析法的基本原理

ELISA 的基础是抗原或抗体的固相化及抗原或抗体的酶标记。在进行分析测定时,待测样品中的抗体或抗原和固相载体表面的抗原或抗体起反应;将固相载体上形成的抗原抗体复合物从未反应的其他物质中洗涤下来;再加入酶标记的抗原或抗体,通过反应结合在固体载体上。待测样品和固相上的酶呈一定的比例关系,因此,加入底物后,酶将底物催化为有色产物,产物和样品中待测物质的量相关。据此可根据其颜色的深浅对待测物质进行定性或定量分析,此方法具有很高的灵敏度。

食品中小分子残留物、污染物、有毒有害物质的免疫分析方法主要包括待测物质的选择、半抗原的设计和合成、人工抗原的合成、抗体制备、测定方法的建立、样品前处理方法的优化及方法的评价等步骤。

13.1.2 酶联免疫吸附分析法的类型

按照分析原理可分为均相免疫分析和非均相免疫分析。均相免疫分析是指抗原和抗体的免疫反应在同一介质中进行,不需磁性微球等固相载体,包括双抗体夹心法、竞争法、捕获法和间接法等类型。双抗体夹心法用于检测大分子抗原,竞争法可检测抗原和抗体,捕获法用于测定 IgM 类抗体,间接法用于测定抗体。非均相免疫分析,是指当抗原-抗体反应达到平衡后,只有在反应液中加入分离剂,将游离标记药物和结合标记药物分开之后,才能测出各自部分的标记药物浓度,否则,测定的是两者的总浓度,如放射免疫测定。

食品中有毒有害物的酶联免疫分析试剂盒检测一般采用间接竞争 ELISA 和直接竞争 ELISA 2 种方法。间接竞争 ELISA 法(包被完全抗原—加入酶标二抗—加底物显色)是将间接法和竞争法结合,扩大间接法的应用范围,可用于检测未知抗原。和竞争法相比也具有明显的优势:使用完全抗原包被固体载体,解决包被抗体时不能定量和抗原抗体结合率低的缺点;酶标二抗的采用可避免制备酶标抗原标记的烦琐和结合酶与游离酶不好分离的问题。对间接竞争 ELISA 操作的简化将是实现快速检测的一个发展方向。直接竞争 ELISA 法(包被特异性抗体—加底物显色或包被完全抗原—加底物显色)可简化间接竞争 ELISA 的反应步骤,酶标记第一抗体或抗原可起到免疫结合和信号放大的双重作用,理论上可降低引入误差的可能性。直接竞争 ELISA 可更好地实现快速检测的需求,在实际应用中通常选择直接竞争的检测方式。

13.1.3　酶联免疫吸附分析的形式

13.1.3.1　固相酶联免疫吸附分析方法

固相酶联免疫吸附分析方法即是在固体载体上进行抗原抗体的反应，最常用的固体物质是聚苯乙烯。固相载体的形状主要有试管（tube）、微孔板（microplate）和磁珠（immunobead）。而最常用的载体为微孔板，专用于 ELISA 测定的微孔板又被称为酶标板，国际通用的标准板形为 8×12 孔的 96 孔式。吸附性能好、孔底透明度高、空白值低、各孔性能相近的微孔板才是良好的 ELISA 板。配料和制作工艺的改变会明显地改变产品的质量。因此，每一批号的 ELISA 板在使用之前必须检查其性能，比较不同载体在实际测定中的优劣。可将同一个阴性和阳性血清梯度稀释，在不同的载体上按照设定的 ELISA 操作步骤进行测定并比较结果，差别最大的载体就是最合适的固体载体。ELISA 板可实现大量样品的同时测定，并可在酶标仪上快速读数。目前，板式 ELISA 检测已被应用于多种自动化仪器中，易于实现操作的标准化。

13.1.3.2　试纸条免疫吸附分析方法

试纸条技术和试剂盒相比，更方便携带，检测更为快速，尤其适用于现场快速检测。试纸条技术以微孔膜（硝酸纤维素膜、尼龙膜）为固相载体，采用酶或各种有色微粒子（胶体金、彩色乳胶、胶体硒）为标记物。根据标记物的不同，可将试纸条技术分为酶标记免疫检测技术（immunoenzyme labeling technique）和胶体金标记免疫检测技术（immunogold labeling technique）。

（1）酶标记免疫检测试纸条技术　包括渗滤式（flow-through）和浸蘸式（dip-stick）2 种形式，而胶体金标记检测技术包括渗滤式和层析式（lateral-flow）2 种形式。试纸条的制备步骤如下。

①包被：用双蒸水润湿滤纸，将多余水分甩掉，将滤纸和塑料板紧贴，使之间无气泡，再将浸泡后的膜放在润湿的滤纸上，保证之间无气泡（每次加样都做同样的准备）；再用微量移液器在膜上包被抗体的区域加样，先在室温下固定 15 min，再在 37℃下固定 30 min。

②封闭：在 37℃，1% BSA-PBS 溶液中恒温浸泡 30 min。

③洗涤：用 PBST 洗涤 3 次，将多余水分去掉后在 37℃放置 30 min 干燥。这类试纸条使用前需要加样竞争，操作较为烦琐。

（2）胶体金标记免疫检测试纸条技术　胶体金是由氯金酸在白磷、抗坏血酸和鞣酸等还原剂的作用下聚合成特定大小的金颗粒。柠檬酸三钠还原法是应用普遍的方法，还原剂的量由少变多，胶体金的颜色由蓝色变为红色，如表 13-1 所示。

表 13-1　不同颗粒的胶体金溶液的比较

金颗粒大小/nm	100 mL 氯金酸水溶液中加入的 1%柠檬酸三钠的体积/mL	胶体金溶液的颜色
15	2	略带红色
25	1.6	粉红
40	1	深红
55	0.8	紫红
75	0.6	紫色
100	0.46	紫灰
150	0.352	蓝色

胶体金标记抗体蛋白就是将抗体蛋白等生物大分子吸附到胶体金颗粒的包被过程。吸附的机理可能是胶体金和蛋白质分子间的范德华力，其结合过程主要是物理吸附，不会对蛋白质的生物活性产生影响。pH 很大程度上影响着胶体金对蛋白的吸附作用，在蛋白质的等电点或略偏碱性的 pH 时，二者容易形成牢固的结合物。目前，国内外已有商品化的胶体金试纸条应用于医学快检行业，但其应用在小分子检测时，检测精确度和稳定性都不太好，还需要进一步改进。

胶体金标记检测试纸条有 2 种检测形式。

①渗滤式胶体金标记免疫吸附分析试纸条技术：渗滤式胶体金标记试纸条分析装置如图 13-1 所示，用超纯水润湿滤纸，甩掉多余水分，将滤纸和塑料板紧贴，挤去气泡，将膜放在滤纸上，挤去气泡(气泡将影响液体垂直通过膜的速度)。将标样和金标记的待测物抗体按比例混合，竞争反应适当时间后，再将混合物滴加在反应区域，液体流过后与参照物进行对比，检测线颜色越浅待测物的浓度越高，若质控线无颜色，则实验无效。

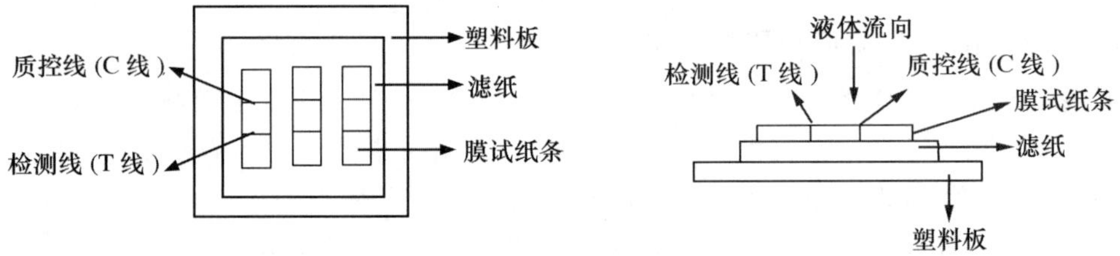

图 13-1 渗滤式胶体金标记试纸条分析装置示意图

②层析式胶体金标记免疫吸附分析试纸条技术：将有光滑底衬的硝酸纤维素膜用胶贴在塑料板上。玻璃纤维棉上放上金标抗体，干燥后，一端与固定有完全抗原和二抗的膜连接，另一端与样品垫连接，其装置见图 13-2。待测样品加入后，金标抗体重新水化后与样品反应，如样品中没有待测物，至检测线时，金标抗体和完全抗原反应后被部分截获，会出现明显的红色条带；而至质控线，金标抗体和二抗的反应也会出现红色条带。但如样品中含有待测物，金标抗体和待测物的反应会占据抗体上的有限位点，就不会和检测线上的完全抗原发生反应而越过检测线，红色条带就不会产生；在质控线会和二抗反应，金颗粒富集，红色条带产生。检测线颜色越浅，待测物浓度越高。质控线显色代表实验有效，无颜色出现，则实验无效。

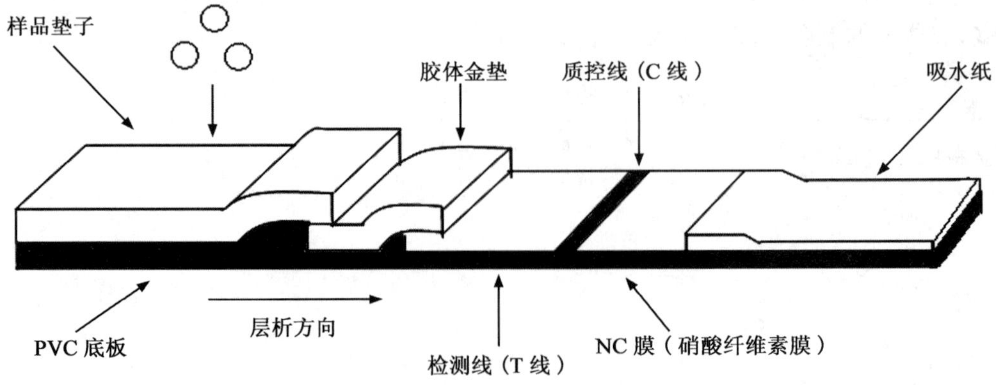

图 13-2 胶体金免疫层析装置结构图

13.1.3.3　管式酶联免疫吸附分析方法

采用试管作为固相载体，其吸附表面比较大，因此样品反应量也会很大。一般板式 ELISA 的样品量为 100～200 μL。管式 ELISA 可根据实际需要增大反应体积，这会提高试验的敏感性。同时，试管还可作为比色杯，直接放入分光光度计中进行比色而进行定量分析。

13.1.4　其他检测类型的免疫吸附分析方法

13.1.4.1　同位素标记免疫吸附分析方法

同位素标记免疫吸附分析方法可测定半抗原或抗原，原理是抗体和待测样品中带放射性标记的抗原和未标记的待测抗原之间的竞争。待测样品中未被标记的待测抗原越多，则其能结合的标记抗原量越少。因此，待测样品中待测抗原浓度经过比较之后就能确定。^{3}H，^{125}I 和 ^{32}P 是常用的核素，但 ^{3}H 标记条件高，且需在真空条件下进行标记，对设备要求较高。因此，后 2 种较为常用。

同位素标记免疫吸附分析方法优点是灵敏度高、重复性高，缺点是会受到放射性物质的使用限制、标记物灵敏度最低值的限制和短半衰期的限制。在日后会逐渐被其他免疫方法取代。

13.1.4.2　化学发光酶联免疫吸附分析方法

化学发光免疫是利用物质的发光特征和其产生辐射物质分子的结构常数、环境、构型、数量之间的密切相关性，通过分析受激分子发射的光谱、发光方向和发光衰减常数来判断该分子的属性，通过发光强度来对待测物进行定量分析的免疫分析方法。

常见的化学发光免疫法标记物是酶或化学发光物质，将其直接标记在抗原或抗体上。抗体-抗原的免疫反应先发生，然后加入发光底物（氧化剂或酶），催化剂和氧化剂对化学发光物质进行催化和氧化，形成激发态的中间体。当其回到稳定的基态时，会发射光子，测量其发光强度，再根据化学发光标记物和发光强度之间的关系计算被测物的含量。

13.1.4.3　荧光标记免疫吸附分析方法

荧光标记免疫吸附分析方法的原理是将抗原抗体反应的特异性、敏感性和显微示踪的精确性相结合。标记物采用荧光素，将其和已知的抗体结合，作为标准试剂来检测和鉴定未知的抗原。通过荧光显微镜可观察呈特异荧光的抗原抗体复合物和其存在部位。

各种病原微生物的快速检测常用荧光抗体技术，常见的分析方法有荧光偏振免疫分析和时间分辨荧光免疫分析。

荧光偏振免疫分析（fluorescence polarization immunoassay，FPIA）是一种定量免疫分析技术，FPIA 采用竞争反应的原理，在缺乏未标记分析物（通常是待测样品）时荧光信号最强；加入未标记分析物后，在已标记和未标记样品之间的竞争将减弱荧光信号。荧光信号强度与游离的分析物的浓度成正比，与待测样品中未标记分析物的浓度成反比。以测定半抗原药物的浓度为例，反应系统内除待测药物外，同时加入一定量用荧光物质标记的相应药物（小分子），二者与有限量的特异性抗体（大分子）竞争结合。当待测药物浓度高时，经过竞争，与大部分抗体结合，而标记药物则呈游离的小分子状态，因此在液相中转动速度较快，测得的偏振荧光强度也较低。反之，待测药物浓度低时，大部分标记药物与抗体结合，形成大分子的标记抗原抗体复合物，在液相中转动速度较慢，此时检测到的偏振荧光强度也较高。测定反应系统的偏振光大小，从标准曲线上就可精确地得知样品中待测药物的相应含量。

时间分辨荧光免疫分析(time resolved fluorescence immunoassay，TRFIA)是自20世纪80年代以来发展起来的一种新型分析技术。它能很好地消除背景荧光的干扰，使其灵敏度比普通荧光法(FIA)高出几个数量级，具有较强的发展潜力。时间分辨荧光免疫分析的原理就是使用三价稀土离子(如Eu^{3+}、Tb^{3+}、Sm^{3+}、Dy^{3+})作为示踪物，通过这些稀土离子与具有双功能结构的螯合剂以及抗原形成稀土离子-螯合剂-抗原螯合物。当标记抗原、待测抗原共同竞争抗体，形成免疫复合物时，由于免疫复合物中抗原抗体结合部分含有稀土离子，当采取一些办法将结合部分与游离部分分开后，利用时间分辨荧光分析仪，即可测定复合物中的稀土离子发射的荧光强度，从而确定待测抗原的量。

13.1.5 仿生抗体酶联免疫吸附分析方法

仿生抗体酶联免疫吸附分析方法利用分子印迹聚合物对目标分子的高选择识别性，然后将其作为人工抗体来取代生物抗体建立起来的酶联免疫分析法，这也是分子印迹技术和免疫分析领域的重要发展方向。这项技术被广泛应用于食品中激素、抗生素、兽药残留等的检测。

13.1.5.1 分子印迹放射免疫吸附方法

研究者以4-乙烯基吡啶和甲基丙烯酸的复合物为功能单体，在甲苯中制备得到17-α-乙炔雌醇的分子印迹物，该印迹物识别17-α-乙炔雌二醇和其类似物的性质和生物抗体相似。还有学者合成了吗啡和脑啡肽的人工受体，并建立了盐酸普萘洛尔的分子印迹放射分析方法。

13.1.5.2 分子印迹荧光免疫吸附方法

1997年研究者将荧光标记物应用于分子印迹免疫吸附检测中，他们采用甲基丙烯酸和甲基丙烯酸二乙氨乙酯为功能单体，以二乙烯基苯或乙二醇二甲基丙烯酸酯作为交联剂，合成氯霉素的分子印迹聚合物，再将其制备成生物传感器，效果良好。2001年，又有学者研究了肾上腺素、莠去津荧光标记分子印迹吸附技术。我国研究者于2008年采用丁基罗丹明B分子印迹型荧光纳米粒子标记免疫分析法测定人血清中甲胎蛋白，采用分子印迹荧光纳米粒子作为标记物，抗体—抗原—抗体—标记二抗的免疫反应模式，结合荧光显微成像技术，对甲胎蛋白进行了检测。此方法检测灵敏度高，操作简单。

13.1.5.3 分子印迹酶联免疫吸附方法

表面分子印迹技术的发展，使得聚合物的结合位点可分布于聚合物的表面，更利于酶标的结合，这使得分子印迹酶联免疫吸附检测技术发展较快。

研究者于2013年使用分子印迹技术在96孔酶标板上直接合成了一种可以代替生物抗体的新型呋喃唑酮代谢物(AOZ)人工抗体，并与化学免疫发光法结合。结果表明，制得的酶标板对AOZ的灵敏度为0.008 μg/L，批内变异系数为2.4%～3.6%，批内回收率为94%～110%。其灵敏度高于市售ELISA商品试剂盒的0.02 μg/L，同时在精密度、回收率、特异性方面无明显差异，并且可以重复使用。

研究者于2011年以苯磺隆为模板分子，甲基丙烯酸为功能单体，乙二醇二甲基丙烯酸酯为交联剂，采用本体聚合法在96孔酶标板上直接合成了对苯磺隆具有高选择识别能力的分子印迹聚合物膜。最适条件下，所建立仿生酶联免疫方法的灵敏度为 15.77 μg/L，最低检出限为 0.01 μg/L。同时，该方法对苯磺隆具有较高的选择性，对苯磺隆的 3 种结构类似物的交叉反应率为 3.17%～13.10%。将该方法用于水样和土样中苯磺隆的测定，得到水样中的回收率为 93.6%～96.8%，土样中的回收率为 87.5%～97.5%。

13.1.5.4　分子印迹水相识别检测技术

免疫分子的识别大多是在水中，因此，作为仿生抗体的聚合物必须具备足够的亲水性，亲水性分子印迹聚合物的制备是国内外研究的热点和难点。研究者于 2011 年以黄酮类物质——柚皮苷(NG)为印迹分子，研究了柚皮苷分子在水相中的印迹识别。他们利用天然高分子壳聚糖(CS)作为功能体，PEG 为致孔剂，制备了柚皮苷分子印迹壳聚糖膜，再以聚乙烯醇缩丁醛(PVB)为基体，*p*-环糊精为功能体，NG 为印迹分子，交联剂为六亚甲基二异氰酸酯(HMDI)，采用分子印迹技术与电纺丝技术相结合，制备 NG 分子印迹 *p*-CD 类纳米纤维。利用固体致孔剂 SiO_2 对该印迹纤维进行改性，印迹纤维吸附性能有较大的提高。最后，以邻氨基酚为单体，无电活性物质 NG 为模板分子，用循环伏安法在碳电极上电聚合成能识别 NG 的敏感膜。此传感器对 NG 有较好的选择性，响应快(30 s)，重现性好(RSD=1.79%)。传感器对 NG 的响应在 6.0×10^{-5}～1.4×10^{-4} mol/L 范围内呈线性关系，检出限为 1.6×10^{-5} mol/L。研究者采用水溶性的二丙烯酰哌嗪为交联剂，亲水性的 2-羟基甲基丙烯酸乙酯为功能单体，通过共价反应制备得到水溶性胆固醇印迹聚合物，选择性较好。

目前的研究主要集中在药物和污染物的分析，而蛋白质、生物大分子、金属离子的选择性分离分析将是日后发展的重要方向。

13.1.6　展望

ELISA 具有灵敏度和特异性高、稳定性好、样品处理量大、检测速度快、自动化程度高等优点，但也存在对试剂的选择性高，不能同时分析多种成分，对结构类似的化合物有一定程度的交叉反应，易出现假阳性等缺点。因此，开发高度免疫原性的重组抗原，研发多项标记快速测定方法，多种技术的联用，研发多种类的全自动酶联免疫测定仪，将酶体外的定向进化应用到检测中，避免与特异性抗体或抗原的交联，加强标准化，促进相关快检产品商品化的应用将是日后发展的方向，这也会使 ELISA 在食品分析领域发挥更重要的作用。

13.2　近红外光谱分析技术

近红外(near infrared，NIR)光是指波长介于可见区和中红外区之间的电磁波，波长范围为 0.8～2.5 μm，波数范围为 4 000～12 000 cm^{-1}。近红外光谱主要是利用近红外谱区包含的物质信息来对有机物质进行定性和定量分析，其具有可见区光谱分析信号容易获取和红外区光谱分析信息量丰富的优点，成为近年来的研究热点。

13.2.1　近红外光谱分析技术的基本原理和特点

近红外光谱是由于分子振动的非谐振性使分子振动从基态向高能级跃迁时产生的，主要记录的是 C—H、O—H、N—H、S—H、P—H 等含氢基团振动的倍频和合频吸收。近红外光谱区与有机分子中含氢基团振动的合频和各级倍频的吸收区一致，通过扫描样本的近红外光谱，可以得到样本中有机分子含氢基团的特征信息。不同基团（如甲基、亚甲基、苯环等）或同一基团在不同化学环境中的近红外吸收波长与强度都有明显差别，且同一基团的倍频与合频信息常可在近红外谱区的多个波段取得，同时，在同一波段包含样本多种信息的叠加。所以近红外光谱具有丰富的结构和组成信息，非常适合用于碳氢有机物质的组成性质测量。

近红外光谱法和传统分析方法相比具有方便、高效、快速、准确、无损、低成本、环境友好等优点，但也存在一些局限性和技术难点，又如近红外光谱信息的变动性、复杂性和重叠性，数学建模需不断更新和维护，检测灵敏度较低等。

13.2.2 近红外光谱技术工作流程

近红外光谱技术是一种简洁测量方法，工作流程包括以下几点。

(1)筛选校正集样本，要求样本对需要检测的指标具有很好的代表性，然后采用常规实验室方法测试需要检测指标的数据，获取参照数据。

(2)用近红外光谱仪扫描校正集样本，获取其近红外光谱数据。

(3)用化学计量学软件关联样本的光谱数据和参照数据，通过一定的数学计算方法计算出关联模型。

(4)用近红外光谱仪对未知样本进行扫描，获取光谱数据。

(5)调用模型对测得的光谱进行预测。

13.2.3 近红外光谱在食品工业的应用

近红外光谱技术可对食品成分进行定量分析，解析水分子中氢结合状态，检测淀粉的损失，测定加工的适应性和水果的内部品质。由于食品形态多种，样品池也有多种。长波近红外反射法主要用来测量粉状物料，短波近红外透射法用来测定液体样品，而固体样品可用发射或投射法来进行测定，近红外光谱技术在食品工业的应用情况如表 13-2 所示。

表 13-2 近红外技术在食品工业的应用

类别	名称	成分
谷物、豆类、种子类	米	淀粉(直链淀粉)、蛋白质、水分、灰分、氨基酸、风味值
	小麦(小麦粉)	淀粉、蛋白质、水分、灰分、软硬质、损伤淀粉、锈病、SDS 沉降性、淀粉酶、麸皮混入率、品种判别、氨基酸、制作面包适应性
	大麦	蛋白质、水分、提取物、氨基酸、氮、外观最终发酵度
	荞麦	蛋白质、水分、灰分
	棉籽	棉籽酚、水分、葡萄糖、果糖
	葵花籽	油脂、水分、纤维
	大豆	蛋白质、水分、脂肪、7S、11S
	油菜籽	油脂、叶绿素
	豌豆	蛋白质、淀粉

续表 13-2

类别	名称	成分
乳制品	牛奶	水分、脂肪、蛋白质、乳糖、TMS
	干燥乳	水分、脂肪、蛋白质、乳糖、灰分
	奶酪	水分、脂肪、蛋白质、乳糖、灰分、固形物、酪氨酸、pH
	乳清	水分、脂肪、蛋白质、乳糖
	冰淇淋	脂肪
	奶粉	水分、脂肪、蛋白质
水畜产品	鱼肉	鱼肉中水的存在状态
	畜肉(肉制品)	水分、脂肪、蛋白质、盐分、热量、大豆粉、pH、调理适应性
饮料	果酒	酒精、浸出物、糖、滴定酸度
	啤酒	酒精
	果汁	葡萄酒、果糖、蔗糖
	豆乳	蛋白质、水分
	茶	咖啡因、茶氨酸、总氨基酸
一般加工食品	麦芽	纤维、糊化度
	面包	蛋白质、水分、脂肪
	可可	蛋白质、脂肪、淀粉
	巧克力	蔗糖
	酱油	盐、氮、酒精、乳酸、转谷氨酸、葡萄糖
	干燥蔬菜	蛋白质、脂质、灰分、ADF
果蔬	葱头	糖度、水分、干物质
	生菜	成熟度
	甘蔗	粗纤维、水分、糖度、蔗糖、还原糖
	桃、梨	糖度
	苹果	糖度、酸度、硬度、水心病
	番茄	糖度、滴定酸度
	蜜橘	糖度、酸度

13.2.3.1　成分的定量分析

(1)水分　水在 1 940、1 450、1 190、970、760 nm 处的吸收较强，O—H 的倍频吸收带是 1 450、970、760 nm；O—H 的合频吸收带是 1 940 nm 和 1 190 nm。在以上的近红外吸收峰中，1 190 nm 处吸收率小，常用来测定大于 50%的湿度；2 950 nm 处吸收率较大，常用来进行小范围高精度的测量；适当的吸收率是 1 450 nm 和 1 940 nm，常应用于工业领域的湿度检测，研究发现，1 940 nm 的灵敏度更高，有很好的线性，因此应用地更为广泛。一般，低水分的样品（谷物）选择 1 450 nm 或 1 940 nm，高水分样品（水果类）选用 970 nm 或 760 nm，其预测标准误差（SEP）范围在 0.1%～0.5%。在实际测量中，可采用三色测量法来消除由于被测物体表面的不规则而引起光反射强度变化所产生的干扰。采用近红外光谱法测定水分的缺点是难以测定微量水分（0.04%）。

（2）蛋白质　2 180 nm 和 2 050 nm 是蛋白质的特征吸收波长，其为胺化合物Ⅰ的倍频和胺化合物Ⅲ的合频振动，及 N—H 的倍频振动和胺化合物Ⅲ的合频振动的吸收波长。

研究者利用漫反射法获得的整粒小麦短波近红外光谱为 833～1 111 nm，采用化学计量学中的偏最小二乘法（PLS）方法，选取不同的波长范围对光谱进行信息提取和分析，给出了不同因子数时 PLS 方法进行蛋白质分析的结果及其因子数与预测标准偏差平方和（PRESS）关系曲线，确定了最佳回归因子数。并通过选取最佳回归因子和不同波段，对整粒小麦的蛋白质成分进行了定量分析，比较了不同波长范围对分析的影响，并从中获得了较好的预测结果。实验表明，合理选择光谱范围可减少非主要信息的干扰，并以此来提高成分分析精度的方法是切实可行的，在实际应用中有一定的参考价值。

研究者采用色散扫描型仪器采集大麦样品的近红外光谱，用正交信号校正（OSC）预处理方法对这些原始光谱进行处理，剔除噪声等不相关因子以后建立偏最小二乘（PLS）近红外光谱分析模型（OSC-PLS），预测大麦蛋白质的含量，并与传统 PLS 建模方法进行对比。基于 OSC-PLS 算法的蛋白质含量近红外光谱分析模型的测定系数 R_2 为 0.901，检验集的化学值与模型预测值的相关系数 r 达到 0.971 7，分析模型的预测标准偏差 SD 为 0.545 0，相对标准偏差 RSD 为 4.2%。结果表明，OSC-PLS 回归方法能在较大程度上消除无关因素的影响，在简化模型的同时提高了模型的可解释性，能够建立准确的大麦蛋白质含量近红外预测模型，可代替经典分析方法，满足农产品快速分析的需要。

（3）脂肪　脂肪在近红外区域主要被吸收的是长链脂肪酸，吸收波长为 2 345、2 310、1 765、1 734 和 1 200 nm。CH_2 的伸缩振动和弯曲振动的合频振动是 2 345 nm 和 2 310 nm，CH_2 的第 1 倍频是 1 765 nm 和 1 735 nm，CH_2 的第 2 倍频是 1 200 nm。如为顺式不饱和脂肪酸，除上述波长外，还把 2 180 nm 和 2 140 nm 认为是吸收波长。

近红外技术的一大应用是对油料油分含量和油脂品质进行评价。研究者利用 GQA-31 近红外光谱仪对大豆进行扫描，其测定结果和索氏提取法进行对比，相对偏差为 0～3.5%。选用油分含量为 18.7%～23.38%的大豆作为仪器的有效区间来提高其准确性。对有效区间的两结果间进行相关性分析，相关系数 R 为 0.98，相对偏差为 1%～2%。可用其来准确预测大豆的油分含量。研究者对混浊液态食品介质中脂肪在近红外波段的光学特性进行研究。采用牛奶作为基体通过添加稀奶油得到的样品作为复杂液态食品介质的模拟物，应用双积分球技术在 10 000～6 000 cm^{-1} 的近红外波段范围测量脂肪含量变化引起的光学特性变化。结果表明，脂肪含量的变化会使吸收系数和散射系数都发生改变，而且散射系数的变化更大。此研究可为应用近红外光谱技术进行混浊液态食品介质的测量提供光学上的理论指导。研究者用 NIR 对样品在 75℃进行扫描，通过偏最小二乘法对光谱数据和样品集碘值进行分析，确定校正模型。此模型预测的碘值和气相色谱结果几乎一致。研究者使用 NIR 透射光谱对大豆油氧化水平进行快速测定，对过氧化值（PV）、共轭二烯值（CD）和茴香胺值（AV）进行了定量分析。建模后结果表明，PV（R=0.99），CD（R=0.95），仅 AV 值不太理想。研究者采用 NIR

法对天然棕榈油中的游离脂肪酸(FFA)进行测定，根据多元线性回归分析基于 C=O 的振动范围(1 850～2 050 nm)，得到 1 882、2 010 和 2 040 nm 3 个最好的波长，只需知道这 3 个波长的吸光度便可在 5 min 内确定 FFA 值。

此外，NIR 技术还可应用于油脂的品质分别、不饱和度测定、油脂制品真假鉴定等领域。

(4)淀粉　淀粉是由 O—H 和 C—H 构成，在红外区域可观察到多处吸收为分析波长。2 270、2 239、2 190、2 100、1 778、1 772 nm 是通常用来定量分析的波长。

研究者以普通玉米籽粒为试验材料，应用偏最小二乘回归法建立了基于近红外光谱数据的测定玉米籽粒中淀粉含量的校正模型。校正模型的校正误差(RMSEC)、交叉检验误差(RMSECV)和预测误差(RMSEP)分别为 0.31%、0.42%和 0.29%。校正数据集和独立的检验数据集的预测值与实际测定值之间的相关系数分别达到 0.925 5 和 0.931 0，表明所建立的校正模型具有较高的预测精度和较好的推广性，为玉米籽粒中淀粉含量的快速、无损测定提供了新的途径。

研究者应用近红外光谱技术无损检测莲藕的淀粉含量，对光谱数据的 3 种预处理方法进行了比较分析，再采用偏最小二乘法(PLS)和联合区间偏最小二乘法(siPLS)建立了莲藕淀粉含量的近红外光谱分析模型。研究结果表明，经多元散射校正、一阶导数和平滑等结合的预处理，采用联合区间偏最小二乘法(siPLS)建立的模型最佳。其校正集的相关系数(R_c)和均方根误差(RMSEC)分别为 0.960 0 和 0.741 6，预测集的相关系数(R_p)和均方根误差(RMSEP)为 0.923 8 和 1.050 6，可以满足实际应用要求。

研究者用化学方法测定 64 个大米样品中的淀粉含量，利用近红外谷物分析仪采集样品的近红外光谱，选择合适的光谱区间和光谱预处理方法。50 个定标集样品的近红外光谱经二阶导数及标准多元离散校正预处理，结合偏最小二乘法建立了大米中的淀粉含量测定的定标模型，其相关系数为 0.878 0。14 个验证集样品用于外部检验，大米中的淀粉含量的模型预测值与化学值之间的相关系数为 0.949 8。

(5)水果糖度　研究者采用透射的方式对温州蜜橘的光谱进行测定，当波长为 914、769、745、786 nm 时，测量的精度最高，相关系数为 0.99，所用波长中的 914 nm 为蔗糖吸收带。

(6)水果酸度　水果风味的一种重要指标为水果酸度，对其进行测定，实际上是对游离酸的含量进行测定，游离酸的吸收峰存在于 850 nm 和 900 nm，但因为游离酸的浓度仅为 0.4%～1.7%，比糖含量低，所以较难准确测量。

(7)硬度　果实的硬度虽不能直接吸收光纤，但却和光谱间接相关，因为与硬度密切相关的果胶组成成分变化引起的物性变化会反映在光谱上。近红外光谱可根据粉体物料粒度的不同，利用上下移位的性质来对小麦的硬度进行测量。

(8)果实成熟度　朱向荣等(2021)采用低温(4℃)贮藏桃果实 35 d，分别采集 6 个时期样品的近红外光谱，采用方差分析、邓肯多重极差检验和 Pearson 相关性分析方法，分析桃果实可溶性固形物、总酸、硬度和糖酸比 4 种品质在低温贮藏过程中的相互作用，比较几种光谱数据预处理算法的处理结果，利用偏最小二乘法建立了可溶性固形物、总酸、硬度和糖酸比的定量模型，利用近红外光谱检测技术对桃果实低温贮藏下的品质快速检测进行研究，建立了稳定性好、检测准确度高的品质预测模型，可为桃果实低温贮藏下的质量控制提供技术支持。

(9)盐、其他　可利用红外光谱法对存在于食品中的盐、小麦粉中的灰分进行测量。研究人员用近红外光谱对酱油中的盐分进行测量，并与现行方法进行对比，其相关系数达到 0.999。

13.2.3.2 食品的品质分析

(1)大米食味分析 大米食味是指人们对食用米饭的视觉、咀嚼、嗅觉和味觉的综合感觉,之前广泛采用感官检验法来对其进行分析,但感官检验法结果不是很准确。理化性质和大米食味有着密切关系。通过多次回归分析得:

$$y = -0.1272x_1 - 0.0929x_2 + 0.0902x_3 + 0.0946x_4 - 6.5955x_5 + 2.6425$$

式中,y 为食味估计值;x_1 为蛋白质(干物质);x_2 为精米粉糊的黏度特性中最高黏度;x_3 为精米粉糊的黏度特性中最低黏度;x_4 为爆腰率;x_5 为米饭液碘试剂显色度。

日本制造近红外食味计对大米进行分选、品质管理等,其均先求出与食味相关的各个成分值,再根据关系式计算得到食味值,如表 13-3 所示。

表 13-3 各企业生产的近红外食味计测量指标

公司仪器型号	测量项目	物料形态
佐竹(TB15A)	水分、蛋白质、脂肪酸度、直链淀粉、食味值	粉碎精米
静冈(RA-6101)	水分、蛋白质、黏度值、食味值	粉碎精米
山本(YAP)	水分、蛋白质、黏度值、食味值	粉碎精米
Nireko(HON4500)	Mg、K、N、直链淀粉	粉碎或未粉碎精米、糙米
久保田(K-AS100)	直链淀粉、蛋白质、水分	未粉碎米
Ketto 科学研究所	水分、蛋白质、直链淀粉、脂肪酸	未粉碎精米、糙米

(2)苹果水心病分析 水心病是最为常见的一种苹果的生理失调症状,由于其无规律性,所以预测难度很大。将严重的水心病果在储藏前分离,具有重要的工业价值。水心病苹果内大量空间充满液体,这会改变苹果组织的光散射特性,使通过水果的光学路径更长,透过的能力更强。据此原理,研究人员研发了对水心病苹果的快速无损检测方法,其近红外扫描谱图如图 13-3 所示。760 nm 是水的吸收带,水心病果水含量大,在 760 nm 处吸收变强,但水多则光散射减少,造成 760 nm 处散射强度变小;800 nm 处苹果物质吸收能量相对较少,是测量的最佳波长。目前还有利用时间飞行近红外光谱(TOF-NIRS)测定水心病的报道,但此研究还处于初级阶段。

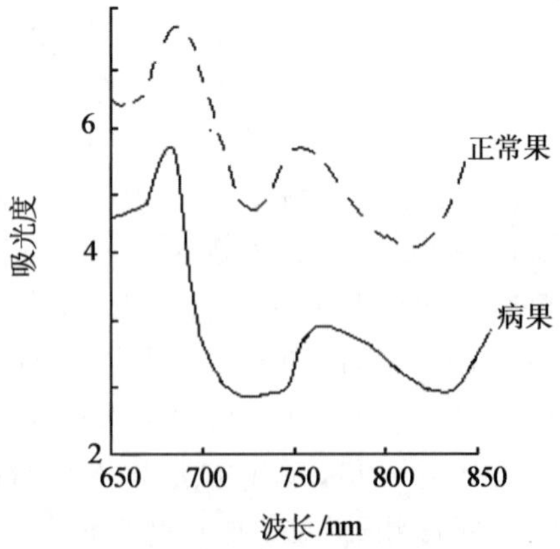

图 13-3 苹果的近红外扫描谱图

(3)水果内部褐变分析 NIR 投射光谱可提取褐变水果内部特征信息特点,且易实现在线检测。一般内心褐变果在 720～750 nm 处吸光度比好果大,褐变果透射率在 750 nm 以上比较高。组织褐变的程度决定了吸光度的大小。将 720 和 810 nm 的透射率之比作为判断水果好坏的特征值,褐变程度高,则比值减少。此方法对 420 个含褐变果的苹果进行检测,只有 6.3%的好果被误判,超过 12%的坏果因为有较轻的褐变而被误判。

(4)水果表面损伤分析　桃的损伤有多种形式,如疤痕、压伤、虫害、腐败等,研究者为了有效识别出损伤果,对其进行了可见到近红外区域的光谱特性研究。结果表明,腐烂和冲击损伤果在 800～940 nm 和 1 140～1 400 nm 区域置信极限差大于 10%,压伤为 5%,在此区间可检测出 3 种损伤果,可摩擦损伤的置信极限差低于 5%,检测上有一定的难度。梨在 800～1 000 nm,擦伤、刺伤、腐烂的置信极限差大于 10%,压伤、碰伤置信极限差为 5%,因此,可对其损伤果进行检测。

13.2.4　展望

近红外光谱在食品分析领域上存在以下几点缺点:①建立模型需要大量化学值已知并且具有代表性的样品;②建模方法较为单一,模型需要不断更新维护改进;③近红外测定精度和参比的分析精度相关,如参比方法精度较差,则分析结果也不令人满意;④大型傅里叶红外光谱仪价格昂贵,体积较大,不适合现场快速检测。尽管近红外光谱技术还存在着不足,但随着对其研究的深入,上述问题将会得到解决,红外光谱仪的更新换代、建模方式的科学化、检测程序的简化都将推动此技术在食品分析领域的广泛应用。

13.3　毛细管电泳分析技术

毛细管电泳分析技术(capillary electrophoresis,CE)是离子或荷电粒子以高压电场为驱动力,以毛细管为分离通道,依据样品中组分之间的淌度或分配系数的差异,而实现高效、快速分离的一类电泳新技术。仪器装置包括高压电源、毛细管、检测器以及供毛细管两端插入且和电源相连的 2 个储液瓶。毛细管电泳的分离过程是典型的差速运动过程。混合物在迁移过程中,各样品分子因自身的速度不同,将逐渐分成不同的区带,快者前,慢者后。时间越长,区带越小、数目越多、距离越开,即分离越好。在分离通道的终点安装一种检测器,把分子通过终点的情况记录下来,即可得到电泳图谱。以最常用的毛细管区带电泳为例,毛细管和电极槽内充有相同组分和相同浓度的背景电解质溶液。样品从毛细管一端(进样端)导入,当毛细管两端加上一定的电压后,荷电质向与其电荷极性相反的电极方向移动。同时,由于毛细管内壁与缓冲溶液接触的界面形成双电层,导致毛细管内的溶液在外加电场的作用下整体朝一个方向运动,即电渗流现象。由于电渗流的速度比电泳速度快 5～7 倍,因此毛细管电泳利用电渗流可将正、负离子和中性分子一起朝一个方向移动,而离子或荷电粒子迁移速度是电泳和电渗流速度的矢量和。由于样品各组分间迁移速度的不同,经过一定时间,各组分按其速度大小依次流出毛细管到达检测端进行检测,得到按时间分布的电泳谱图。用谱峰的迁移时间作定性分析;按其谱峰的高度或峰面积进行定量分析。

13.3.1　毛细管电泳分析技术的装置和特点

毛细管电泳系统的基本结构包括进样、填灌/清洗、电流回路、毛细管/温度控制、检测/记录/数据处理等部分,如图 13-4 所示。

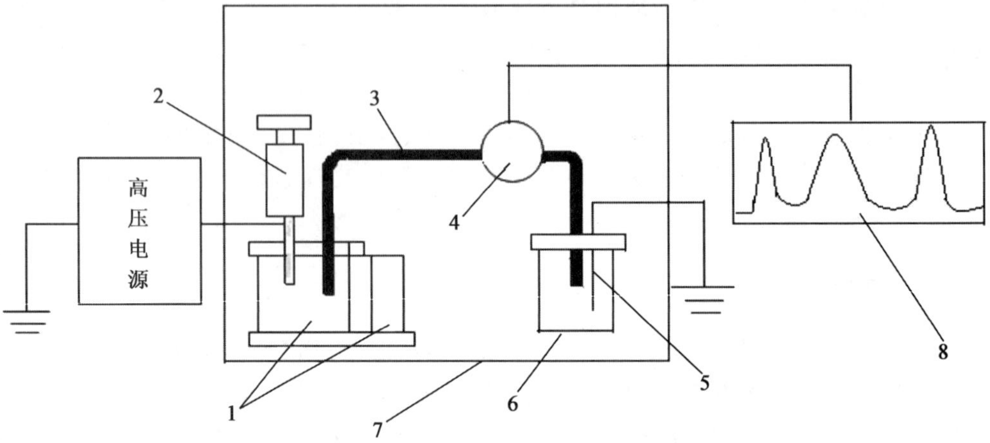

1. 高压电极槽与进样系统　2. 填灌清洗系统　3. 毛细管　4. 检测器　5. 铂丝电极
6. 低压电极槽　7. 恒温系统　8. 记录/数据处理系统

图 13-4　毛细管电泳系统基本结构

13.3.2　毛细管电泳分析技术的原理

毛细管电泳(CE)是一类以毛细管作为分离的通道,以高压直流电场为驱动力,依据被测物在溶液中带电粒子的淌度和分配行为上的差异而实现分离的检测技术。

13.3.3　毛细管电泳分析技术常用检测器

(1)紫外/可见(UV)检测器　毛细管电泳中应用最广泛的是紫外/可见检测器,其通用性好,结构简单,加上商品化检测器已有较高性能,UV 是目前应用最广泛的一种 CE 检测器。它主要由光源、光路系统、信号接收和处理系统构成。但是其灵敏度低,较难适合于痕量分析。

(2)激光诱导检测器(LIF)　是所有检测方法中灵敏度最高的一种方法,其检测限达到 $10^{-10}\sim10^{-12}$ mol/L。CE 荧光检测系统主要由激光光源、激发和收集光学系统、信号检测、显示或记录系统组成。但是大多数化合物本身不发荧光,在荧光检测时需要进行衍生化处理,所以此法使用范围狭窄,操作较为烦琐。

(3)质谱(MS)检测器　灵敏度高,专属性强,能够提供分子信息,是 CE 理想的一种检测器。CE 的高效分离和 MS 的高鉴定能力相结合,使得能用 nL 级样品进行分子结构分析和分子量的准确测定,成为微量生物样品分析的强有力工具。近年来,该方法已在多肽和蛋白质的分离分析中广泛使用。但是此方法造价昂贵,大多数样品需要衍生化,操作复杂,难以广泛使用。

(4)电化学(ED)检测器　可避免光学类检测器因光程太短导致的灵敏度低的问题。CE 的电化学检测有 3 种基本的模式,即安培法、电导法和电位法。电导法和电位法是测量两极间由于离子化合物的迁移引起的电导率或电位的变化。安培法测量化合物在电极表面受到氧化或还原反应时,失去或得到电子,产生与分析物浓度成正比的电极电流而进行检测。

13.3.4　毛细管电泳分析技术常见的分离模式

(1)毛细管区带电泳(capillary zone electrophoresis,CZE)　最基本工作方式。它采用均

一的、组成不因电场作用而发生变化的电解质体系，通常是缓冲溶液作为背景电解质(BGE)，其作用是为电流的通过提供介质，建立恒定电场，并影响样品组分的有效淌度。当被分离组分从毛细管一端引入后，各组分在电场力和电渗流的双重作用下以恒定但不同的速度向另一端迁移，经过一定时间以后，分离成若干谱带。分离主要依赖于组分之间有效淌度的差异。CZE 可以实现阴阳离子同时分离，但对中性组分无分离效果。对 CZE 中的毛细管和 BGE 进行修饰可以衍生出许多其他的分离模式。迄今为止，它也是应用最多的模式，可用于氨基酸、肽、蛋白质、简单离子和对映体等分析，但 CZE 仅适合于荷电粒子的分离分析。

(2)胶束电动毛细管色谱(micellar electrokinetic capillary chromatography，MECC)　采用表面活性剂在运行缓冲液内形成动态胶束，利用样品各组分在水相、胶束相两相间分配行为上的差异进行分离，是色谱技术和电泳技术的结合。此模式不仅能分离带电离子，而且能分离中性分子，主要用于手性拆分、药物分析等。

(3)毛细管凝胶电泳(capillary gel electrophoresis，CGE)　将凝胶充入毛细管中作支持物，样品中各组分不仅受电场力的作用，而且还受凝胶的尺寸摺阻效应(分子筛效应)的影响，不同体积的溶质分子在起分子筛作用的凝胶中得以分离。凝胶黏性大，抗对流，能减少溶质扩散，柱效高。CGE 是分离度极高的一种电泳分离技术。后来出现了无胶筛分，用黏度低的线性聚合物溶液代替高黏度的聚丙烯酰胺，同样起到了分子筛的作用，而且比凝胶柱便宜，寿命长。但是 CGE 制备困难，易产生空泡。CGE 对荷质比接近但分子大小形状不同的样品如蛋白质、RNA、DNA 及其碎片具有很高的分离能力，现已广泛用于 DNA 片段的分析。

(4)毛细管等电聚焦电泳(capillary isoelectric focusing，CIEF)　在毛细管内形成 pH 梯度，样品组分因其等电点的不同而分离。通常使用等电点有一定分布的同系的混合两性电解质溶液作为背景电解质。在外加电场的作用下，背景电解质的组成沿毛细管轴向发生变化，各种两性电解质按其等电点大小顺序依次排列，形成稳定的 pH 梯度。当两性样品被引入后，在电场作用下，各组分均向等于其等电点值的 pH 处移动，到达此点后因失去净电荷而停止移动从而实现分离，再通过改变电解质体系或压力驱动的方式，进行洗脱检测。CIEF 可用于测定蛋白质的等电点、分离异构体等。

(5)毛细管等速电泳(capillary isotachophoresis，CITP)　一种不连续介质电泳技术。两极浸入不同的电解质溶液中，为前导和终末电解质缓冲液，记作 LE 和 TE。前导电解质中含有淌度大于样品中所有离子淌度的前导离子，尾随电解质中则含有淌度小于样品中所有离子淌度的尾随离子，样品加在两电解质的界面处，电泳达稳态后，各区带依次相随，界面清晰，以前导离子领先，尾随离子随后，分析物按淌度大小的顺序排列向一端移动。CITP 中可使用较大内径的毛细管，在微制备中很有用途，可作为柱前浓缩方法用于富集样品。

(6)集成毛细管电泳芯片(integrated capillary electrophoresis chips，ICEC)　将毛细管缩微移植到很小的芯片上，将样品进样、反应、分离、检测等过程集成在一起的多功能快速、高效、低耗的缩微实验技术。即在硅、玻璃、塑料等基体上刻蚀毛细管槽，用盖板封闭好后，利用电场分离物质，它使 CE 分离物质的整个过程在一块几平方厘米的基片上得以实现。再用激光诱导荧光、电化学、化学等多种检测系统检测以及与质谱等分析手段结合进行样品分析，广泛用于生物生化、DNA、氨基酸的分离等方面。

(7)毛细管电色谱(capillary electrochromatography,CEC) 结合毛细管电泳和高效液相色谱法(HPLC)的优势发展起来的新型电分离液相色谱技术。CEC一般采用熔硅石英毛细管柱,在柱内填充或管壁键合固定相,用高压电源(或加一定的压力)代替高压泵,以电渗流驱动流动相,溶质依据它们在两相分配系数的不同和自身电泳淌度的差异得以分离。CEC把CE的高效和HPLC的高选择性有机结合,形成了独特的高效、微量、快速的特点。

13.3.5 毛细管电泳技术在食品安全检测中的应用

13.3.5.1 食品污染物的检测

(1)重金属的检测 重金属对人和环境影响巨大,某些重金属会进入食物链,因此对食品中重金属的检测有重要的意义。Li研究了鲨鱼、新鲜海产鱼、人的毛发和环境水样中甲基汞、乙基汞、苯基汞和无机汞(Ⅱ)的新的样品前处理的方法,将样品超声溶解后,先进行预分离和富集,再采用毛细管电泳进行大体积的富集和检测,处理后,4种汞富集倍数为160~478倍;研究者采用恒压辅助柱头场放大在线富集技术研究As(Ⅲ)、As(Ⅴ)、Se(Ⅳ)、Se(Ⅵ)和BrO_3^-等离子及其抗衡离子在各区带和界面上的迁移和分配行为,将其和质谱进行联用,其检出限为13 ng/mL,将其应用于饮用水的离子检测,回收率达到90%~118%,结果和离子色谱/液相色谱-质谱结果相近。研究人员采用凝胶毛细管电泳法研究了马来群岛污染水域的蚌类中的铜、铅、镉和锌对等位基因的变化。

(2)食品包材中的双酚A、塑化剂的检测 双酚A是内分泌干扰物,已确认对人体有害。研究人员采用非水毛细管电泳-化学发光法对包装材料中的双酚A、壬基酚等多种环境激素进行了检测,结果表明豆浆用塑料袋和塑料杯包装,能检测出壬基酚和叔丁基酚,婴儿奶瓶在使用前两次可检测出双酚A。Gallart-Ayala等(2010)采用场放大样品堆积对双酚A、双酚F和缩水甘油醚进行富集,用胶束电动毛细管色谱对灌装软性饮料中双酚A进行分离和检测,检出限可满足欧盟的要求。

邻苯二甲酸酯类化合物是应用广泛的增塑剂,对人类有致癌、致畸和干扰内分泌的作用,不是食品原料,也不是食品添加剂,严禁在食品、食品添加剂中人为添加,食品、食品添加剂中的邻苯二甲酸二(α-乙基已酯)(DE-HP)、邻苯二甲酸二异壬酯(DINP)和邻苯二甲酸二正丁酯(DBP)最大残留量分别为1.5、9.0和0.3 mg/kg。目前,已经有利用胶束电动色谱、恒压辅助电动进样和非水胶束电动色谱检测水体和尿液中残留的邻苯二甲酸酯类物质的报道,也有利用毛细管电泳对食品中塑化剂进行检测的报道。

13.3.5.2 非食品添加剂的检测

非食品添加剂是禁用品,不得在食品中添加,如苏丹红、瘦肉精、三聚氰胺、孔雀石绿和皮革水解液等。

(1)苏丹红 被国际癌症研究机构列为第三类致癌物,其代谢物易导致膀胱癌和肝癌,我国和欧盟都禁止将其添加到食品中。2014年,研究人员建立了辣椒油和辣椒酱中苏丹红Ⅰ、Ⅱ、Ⅲ、Ⅳ、G的胶束电动毛细管电泳分析方法,这5种色素在13 min内达到基线分离,标准曲线线性范围为1~20 mg/L,线性关系良好($r>0.997$),检出限为0.12~0.62 μg/mL,定量限为2.4~12.4 mg/kg。

(2)瘦肉精　是一类 β-兴奋剂。饲料如添加了瘦肉精可提高动物的瘦肉量，抑制动物脂肪的生长，但会导致心律不齐甚至心脏病。近几年的研究主要集中在 β-兴奋剂类药物的手性分离和研究提高 CE 检测灵敏度的富集方法。研究者采用 β-环糊精为手性选择剂、四丁基氢氧化铵为添加剂，实现西马特罗、盐酸克伦特罗和特布他林的在线富集和手性分离，这 3 种异构体的检测限为 1 μg/L。另有研究者研发了新的非水毛细管电泳-质谱法来对猪肉中痕量的 β-兴奋剂(沙丁胺醇、克伦特罗和特布他林)进行检测，其分离缓冲液选用 18 mmol/L 的乙酸铵，溶剂为甲醇-乙腈-冰醋酸(体积比为 66 : 33 : 1)的混合溶剂。此方法提高灵敏度的方式为采用同时压力进样、电动进样技术和固性萃取技术，检出限为 0.3 μg/L，结果和 HPLC-MS 结果相近。

(3)三聚氰胺　是常用的化工原料，是一种三嗪类含氮杂环类有机化合物，水解蛋白中含有大量的重金属等有害物质。因为含氮量较高，将其添加至饲料或奶粉中可提高含氮量。在人体中，三聚氰胺可部分转化为三聚氰酸，三聚氰酸和三聚氰胺可形成溶解性不好的氰尿酸三聚氰胺，导致结石。有学者采用 CZE-二极管阵列法对牛奶、酸奶、全脂奶粉和鱼肉中三聚氰胺进行快速检测，样品和 10%的三氯乙酸-水-氯仿(体积比为 1 : 7 : 1)混匀，超声萃取、过滤后可直接进样，其回收率可达 93%～104%；另有研究者采用反转电极堆积模式和阳离子选择性耗尽模式来提高 MEKC 对三聚氰胺和其副产物的检测灵敏度，阳离子选择性耗尽模式可富集三聚氰胺，检测限为 2.8 ng/mL，此方法可应用于餐具和面粉中三聚氰胺的测定。餐具用模拟溶液浸泡 30 min，将其真空干燥后与 NaOH 和磷酸缓冲液超声混合后进行 MEKC 分析，面粉则和 HCl、乙腈和去离子水混匀后离心，上清液用混合型阳离子交换固相萃取柱处理后用含 5% NH_4OH 的乙腈溶液洗脱，洗脱液干燥后得残渣，将残渣溶解后进行分析。

(4)孔雀石绿　是三苯甲烷类人工合成的有机化合物，有毒，可作染料和杀菌剂，很多养殖户使用孔雀石绿来治疗鱼类或鱼卵的真菌、细菌和寄生虫感染。孔雀石绿属第二类危险物，我国将其列为食品动物禁用的兽药和化合物。因此，食品分析的重要任务之一便是发展孔雀石绿的快速和高灵敏度的检测方法。有学者采用离线浊点萃取、在线阳离子选择性耗尽-扫集-MEKC 技术来实现对孔雀石绿的高灵敏度检测。在最优条件下，灵敏度比毛细管区带电泳(CZE)提高 19 000 倍，检出限可达 69.6 pg/mL，此方法还被成功地应用于环境水体中痕量孔雀石绿的测定。

(5)皮革水解物　将皮革水解蛋白添加至牛奶中可提高牛奶的蛋白质含量，但对消费者的身体健康甚至生命安全造成严重的威胁。我国将其列入食品中可能违法添加的非食用物质名单。农业农村部的检测方法是通过检测牛奶中是否含有“羟脯氨酸”这种动物胶原蛋白的特有成分来确定是否在奶制品中添加了皮革水解蛋白。有学者采用在线衍生激光诱导荧光检测的毛细管电动色谱法来对羟脯氨酸进行定量分析，其衍生试剂采用 4-氟-7-硝基-2,1,3-苯并噁二唑，检出限为 8.2 nmol/L，此方法被成功应用于牛奶、乳制品、奶粉和豆浆粉中羟脯氨酸的测定。

13.3.5.3　药物残留的检测

(1)农药残留的检测　农药可通过抑制昆虫中枢神经中的胆碱酯酶而起到杀虫的目的，但会抑制人体内的胆碱酯酶，阻断神经递质的传递，造成肌肉麻痹。有研究者采用化学键合法将合成的超支化聚醚涂覆于毛细管内壁，制备新型毛细管涂层柱，将其对马拉硫磷、多灭磷、乙酰甲胺磷、杀扑磷、辛硫磷和三唑磷进行在线富集和检测，检出限为 30～80 μg/L，回收率为 85.8%～104.6%，相对偏差为 3.0%～8.4%。另有学者将氧化铝包覆的四氧化三铁纳米颗粒作为固相萃取材料来萃取水溶液中的草甘膦和其主要代谢产物草甘膦酸，其检出限分别为 0.3 ng/mL 和 30 ng/mL，此方法可在 1 h 内完成番石榴中残留农药的测定。

(2)兽药残留的检测　养殖过程中普遍存在着滥用兽药和超标使用兽药的现象，这会导致动物源性食品中兽药残留，还会污染生态环境。有学者通过乙酸乙酯来萃取样品中的残留农药，再采用强阳离子交换固相萃取柱对样品进行净化，再通过毛细管电泳对样品进行分离和检测，建立了猪肉样品中苯酰甲硝唑、甲硝唑、地美硝唑、塞克硝唑和罗硝唑等硝基咪唑类药物残留的毛细管电泳法。此方法可在 18 min 内完成对 5 种药物的分离检测，检出限为 1.0 μg/kg，回收率为 85.4%～96.0%，RSD 为 1.3%～3.9%。

13.3.5.4　毒素的检测

研究者利用毛细管电泳法建立了贝类当中神经性贝毒(NSP)含量测定的新方法，试验的免疫部分采用了竞争免疫模式、HBR-H_2O_2-OAP(辣根过氧化物酶-过氧化氢-邻氨基酚)体系，电泳部分采用电化学检测法，检测电位为－0.35 V。此方法对 NSP 测定的线性范围为 1.0～50.0 ng/mL，检测限为 0.1 ng/mL，比常规酶联免疫法低 4 倍。

研究者使用毛细管电泳法对红曲红和红曲米样品中的桔霉素进行了测定，以二甲基丙烯酸乙二醇酯(EGDMA)为交联剂，螯合桔霉素制成免疫原，其检测线为 50～150 μg/kg，回收率为 83.7%～93.2%，相对标准偏差为 0.84%～2.06%。

13.3.6　展望

基于食品基质复杂，而被测物含量较低的特点，为了日后更好地进行食品安全检测，毛细管电泳应注重以下几个方面的研究。

(1)加强联用技术的研究，如 CE 与 MS 和核磁共振(NMR)的联用，实现对食品中未知组分的定性分析，可尽快确定食物中毒等突发公共卫生事件中有毒有害物质的结构。

(2)实现食品中多种成分的同时在线分析。

(3)毛细管电泳仪的集成化、微型化、多功能化。

(4)发展便捷、快速、有效的样品前处理方法。

13.4　分子印迹固相萃取技术

13.4.1　分子印迹技术原理

分子印迹技术(molecular imprinting technique，MIT)是指制备对特定目标分子在空间结构和结合位点完全匹配的聚合物的实验技术，所得的聚合物即为分子印迹聚合物(molecular imprinted polymers，MIPs)。MIT 是受抗原-抗体以及酶-底物的专一识别启发而产生的，如图 13-5 所示，在模板分子周围形成高度交联的刚性高分子，除去模板分子后，聚合物的网络结构中会留下模板分子在空间结构、尺寸大小和结合位点互补的立体孔穴，便可实现聚合物对模板分子的高度识别性能。

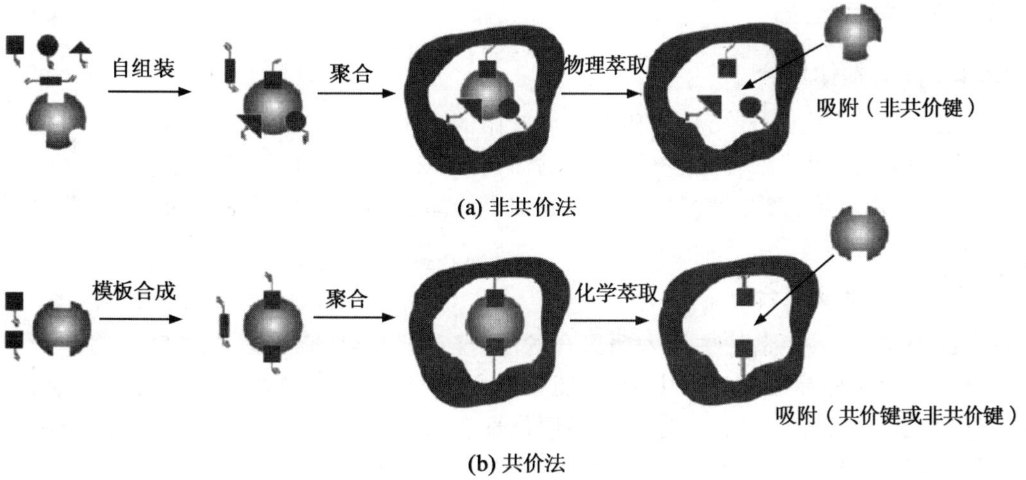

图 13-5　分子印迹原理示意图

13.4.2　分子印迹技术的方法

按照模板分子和功能单体形成复合物时不同的方式，可将 MIT 分为 2 种类型：共价法（预组织法，pre-organized approach）和非共价法（自组装法，self-assembly approach）。

13.4.2.1　共价法

模板分子和功能单体通过可逆共价键结合形成功能单体-模板分子复合物，然后与交联剂共聚，聚合后再通过化学法将功能单体-模板分子间的共价键断裂而去除模板分子，所得到的 MIPs 可依靠共价键的作用来选择性识别模板分子。其优点是 MIPs 对模板分子具有专一的吸附性能，但不适合快速分子识别。此外，共价法要求模板分子和功能基团间的共价键在温和条件下能断裂，仅有很少数模板分子可采用共价法制备，因此此方法发展比较缓慢。

13.4.2.2　非共价法

模板分子和功能单体通过非共价键（氢键、静电引力、疏水作用、离子键、金属螯合作用、范德华力等）形成复合物，与交联剂在溶液中共聚，将模板分子除去后得到 MIPs，识别位点保存在聚合物中。非共价法所得产物的模板分子可用简单溶剂萃取除去，识别过程和天然的分子识别系统接近，故大多数 MIPs 的制备是选用非共价法。此外，非共价法可选用组合功能单体来提高 MIPs 的选择性和亲和力。

13.4.2.3　其他方法

（1）固定模板法　又被称为半共价印迹法或牺牲空间法。聚合之前，功能单体和模板分子通过共价键形成模板分子的衍生物，再与交联剂共聚，将模板分子衍生物固定在聚合物的骨架上，再将模板分子和功能单体间的共价键通过化学法断裂，将模板分子除去，识别位点保留在聚合物内。而模板分子和 MIPs 是以非共价键结合的形式进行分子识别。

（2）金属离子络合法　一种以金属离子为模板分子，如 Cu^{2+}、Zn^{2+}、Co^{2+} 等；另一种将金属离子作为其媒介，将功能单体、模板分子和金属离子配位形成络合物，再进行交联聚合来制备 MIPs，而 MIPs 和模板分子进行再次结合时，该种金属离子必须存在于介质中。

13.4.3 聚合方法

13.4.3.1 本体聚合

将功能单体、模板分子、交联剂和引发剂按比例在适当的溶剂中溶解，在热或光引发条件下聚合，再将得到的棒状聚合物进行研磨、过筛，得到 2 580 μm 的 MIPs。此方法制备方便、操作容易，最为常用，但研磨容易产生不规则或细小的离子，MIPs 获得率仅为 30%～40%，且难以将模板去除。

13.4.3.2 原位聚合

在空的毛细管柱、色谱柱中注入预聚合的混合液，聚合得到 MIPs 的方法。将模板分子除去后可直接应用于样品的前处理中，此外还具有制备简单、高连续性和均一性等优点，可避免研磨、过筛和装柱的过程。同时，还可利用原位聚合法来制备毛细管电泳分子印迹柱，解决本体聚合得到，并经破碎、研磨及过筛后的 MIPs 难以装入毛细管柱的问题。

13.4.3.3 乳液聚合

将模板分子、功能单体和交联剂溶于有机溶剂，再将溶液转移至水中并加入适量表面活性剂，搅拌，乳化，加入引发剂进行交联聚合，可得到粒径均一的纳米级聚合物微球。其比表面积大，有较强的吸附力，常用来制备金属离子 MIPs。此方法有效解决了水溶性分子的印迹问题。

13.4.3.4 水相和非水相悬浮聚合

以高极性的有机溶剂或含有聚乙烯醇、羟乙基纤维素等分散剂的水溶液为分散相，再通过搅拌的方式将含有单体的有机溶液分散到分散相中形成悬浊液，再在引发剂的作用下发生聚合反应，得到分子印迹微球(molecularly imprinted microspheres，MIMs)。此方法制备工艺较为简单，但只能得到多分散性的 MIMs。

13.4.3.5 溶胀-悬浮聚合

以单分散的线性聚苯乙烯微球为种球，通过两步或多步溶胀的方式将模板分子、单体、交联剂、引发剂和溶剂引入种球中，再在引发剂的作用下发生聚合反应，最后将种球和模板分子从微球中除掉得到单分散的 MIMs。此方法所得 MIMs 规整性、单分散性都很好，且颗粒为微米级，有良好的色谱性能，但制备过程较烦琐，所需时间较长。

13.4.3.6 沉淀聚合

沉淀聚合是指聚合反应所使用的模板分子、功能单体、交联剂和引发剂都可溶于致孔剂中，聚合反应所生成的聚合物不溶而发生团聚、沉淀。此方法不需要在聚合溶液中加稳定剂或表面活性剂，所得聚合物因此表现出非特异性吸附。

13.4.3.7 表面印迹法

以有机聚合物或无机材料为载体，并在其表面固定识别点的一种新型印迹技术，可解决上述方法制备所得 MIPs 识别点位于聚合物内部，模板分子难以完全除去，模板分子与识别位点结合困难等缺点。表面印迹的载体有无机材料和有机聚合物材料两种，其中，以硅胶、氧化钛和氧化铝为载体所得 MIPs 分子识别能力、机械稳定性和热稳定性都较好，应用前景广阔。

13.4.3.8　分子印迹膜

分子印迹膜稳定性和机械强度高于生物膜，这是分子印迹膜在生物膜仿生中的一个突破性进展。Kobayashi 等(1995)以茶碱作为模板分子，采用相转化法制备得到聚丙烯腈-丙烯酸印迹膜，其对茶碱的识别性能良好，对结构类似的咖啡因不结合。

13.4.4　分子印迹固相萃取技术操作模式

分子印迹聚合物作为固相萃取填料是分子印迹技术目前最具有应用前景的领域之一，可弥补传统固相萃取技术特异性差等缺点，具有稳定性好、制备简单、可多次重复使用等优点。分子印迹固相萃取具体操作和传统固相萃取类似，主要包括柱子预处理、上样、淋洗和洗脱等步骤。

1. 离线模式

离线模式(off-line)是指先完成固相萃取，然后再使用分析仪器(液相色谱、气相色谱、毛细管电泳、生物传感器等)对处理后的样品进行分析。

2. 在线模式

在线模式(on-line)是指将分子印迹固相萃取柱与其他仪器联用，实现富集、分离和检测的自动化，很大程度上提高分析的工作效率、可靠性和重现性。

13.4.5　分子印迹固相萃取技术在食品污染物分析中的应用

分子印迹固相萃取技术被广泛地应用于食品污染物的分析检测中。如表 13-4 所示，分子印迹固相萃取技术常采用脱机模式来对食品中的污染物进行分析，而 MIPs 常采用本体聚合来进行制备。

表 13-4　分子印迹固相萃取技术在食品污染物分析中的应用

模板分子	分析物	MIPs 制备方法	样品	模式	分析系统
环十二烷-2,3-二羟基苯甲酸	玉米赤霉烯酮	本体聚合	小麦、玉米	脱机模式	HPLC-Fluo
赭曲霉素	赭曲霉素 A	本体聚合	小麦	脱机模式	LC-Fluo
5-(4-甲氧-苯氧基)-戊酸	霉酚酸	本体聚合	玉米	脱机模式	LC-MS/MS
T-2	T-2	本体聚合	玉米、大麦、燕麦	脱机模式	LC-MS/MS
呕吐毒素	呕吐毒素	本体聚合	意大利面	脱机模式	HPLC-UV
西草津	三嗪类除草剂	沉淀聚合	玉米、土壤	脱机模式	HPLC
氯磺隆	磺酰脲类除草剂	沉淀聚合	玉米	脱机模式	LC-MS/MS
苄嘧磺隆	磺酰脲类除草剂	沉淀聚合	大豆	脱机模式	HPLC
甲磺隆	磺酰脲类除草剂	溶胀聚合	饮用水	脱机模式	RP-HPLC
DDVP	DDVP	本体聚合	黄瓜、生菜	脱机模式	HPLC

续表 13-4

模板分子	分析物	MIPs 制备方法	样品	模式	分析系统
α-氯-DDT	三氯杀螨醇	悬浮聚合	鱼肉	脱机模式	GC-ECD
嘧霉胺	嘧啶胺类杀菌剂	表面聚合	红葡萄酒	脱机模式	HPLC
四环素	四环素类抗生素	本体聚合	牛奶、蜂蜜	脱机模式	HPLC
金霉素	四环素类抗生素	沉淀聚合	牛奶、蜂蜜、龙虾	脱机模式	HPLC-UV
磺胺二甲嘧啶	磺胺类抗菌剂	本体聚合	鱼和虾	脱机模式	HPLC-UV
氯霉素	氯霉素	本体聚合	蜂蜜	脱机模式	RP-HPLC
氯霉素	氯霉素	悬浮聚合	牛奶、虾	脱机模式	HPLC-UV
氟苯尼考	氟苯尼考	本体聚合	猪肝、猪肉、肌肉、鱼肉	联机模式	流动注射-荧光法
恩诺沙星	恩诺沙星、环丙沙星	本体聚合	猪肝	脱机模式	LC-UV
恩诺沙星	恩诺沙星	本体聚合	鸡肉	脱机模式	HPCE
己烯雌酚	己烯雌酚	表面聚合	鱼肉	脱机模式	HPLC
己烯雌酚	己烯雌酚	表面聚合	鲤鱼、带鱼、草鱼	脱机模式	HPLC
17β-雌二醇	17β-雌二醇	本体聚合	罗非鱼、对虾	脱机模式	HPLC
17β-雌二醇	17β-雌二醇	沉淀聚合	奶制品、肉类	脱机模式	HPLC-UV
甲巯咪唑	甲巯咪唑	本体聚合	猪肉	脱机模式	HPLC-UV
诱惑红	人工合成色素	沉淀聚合	红辣椒	脱机模式	HPLC
苯胺、2-萘酚	苏丹染料	悬浮聚合	番茄酱	脱机模式	HPLC-UV
苏丹Ⅰ	苏丹染料	表面聚合	番茄酱	联机模式	HPLC-UV
三苯甲烷染料	孔雀石绿、结晶紫、亮绿	沉淀聚合	鲑鱼	脱机模式	LC-QqQLIT-MS/MS
孔雀石绿	孔雀石绿、结晶紫	沉淀聚合	草鱼、对虾、贝类	脱机模式	HPLC
环丙氨嗪	三聚氰胺	本体聚合	牛奶、饲料	脱机模式	HPLC
环丙氨嗪	三聚氰胺	分散聚合	牛奶、饲料	脱机模式	GC-MS
双酚 A	酚类化合物	沉淀反应	蜂蜜	脱机模式	LC-DAD、LC-IT-MS

(1)分子印迹固相萃取技术在食品中农药残留的分析应用。它对食品中农药残留的测定具有检出限低、选择性好、抗干扰力强等优点。有学者采用二烯丙巴比妥为功能单体，细草津为模板分子，二乙烯基苯为交联剂，以沉淀聚合的方式制备 MIMs，将其作为固相萃取的填料结合 HPLC 对玉米和土壤中的西草津进行检测。此方法的回收率分别为 87.4%～105%和 94.6%～101%，检出限分别为 5.8 μg/kg 和 0.14 μg/kg，可实现对样品中低质量浓度西草津的测定。另有研究者采用在线分子印迹固相萃取-伏安法对水中的抗蚜威杀虫剂进行测定，其

最低检出限为 4.1 μg/L,可实现对微量抗蚜威杀虫剂残留的测定。

(2)分子印迹固相萃取技术在食品中兽药残留的分析应用。它可广泛应用于食品中兽药残留的萃取分离。研究者采用本体热聚合法以 17β-雌二醇为模板,分子制备得到对 3 种内源性雌激素均具有选择性的印迹材料,将其作为固相萃取的填料结合,HPLC 法对鱼、虾组织中的 17β-雌二醇进行测定,回收率为 84.8%±6.53%。另有学者采用多步溶胀法制备得到 MIPs,将其制备成预处理柱和 HPLC-MS 联用,对 17β-雌二醇进行在线检测,最低检测限达到 1 ng/L。Jiang 等(2014)以四环素、氧四环素、金霉素和多西环素为模板分子分别制备单一模板分子 MIPs 和混合模板分子 MIPs,研究其对四环素类抗生素的识别能力,然后以混合模板 MIPs 制备在线分子印迹固相萃取柱,并与 HPLC-UV 联用检测食品中的微量四环素类抗生素。结果表明蜂蜜、牛奶和龙虾中四环素类抗生素回收率为 91.1%~109.1%。

(3)分子印迹固相萃取技术在食品中非法添加物的分析应用。食品添加剂的滥用和非法添加的化学物质均威胁着人类的健康,常见的非法添加物有瘦肉精、苏丹红、三聚氰胺、孔雀石绿等。有研究人员以甲基丙烯酸为功能单体、三聚氰胺为模板,乙二醇二甲基丙烯酸酯为交联剂,采用表面印迹技术合成新型基于多壁碳纳米管的复合印迹材料(MIP/CNT),建立 SPE-HPLC 的在线检测方法,对牛奶和饲料中的三聚氰胺进行测定,检出限为 0.3 μg/L,富集因子为 3,定量限为 4.5 μg/L。Qiao 等(2013)以 MAA 为功能单体、苯胺和 2-萘酚为模板分子、EDMA 为交联剂、氯仿为致孔剂,采用悬浮聚合法制备得到 MIMs,然后将分子印迹固相萃取技术和 HPLC-UV 联用来测番茄酱中的苏丹染料(Ⅰ、Ⅱ、Ⅲ、Ⅳ),结果表明,此方法在苏丹染料质量浓度为 0.01~2.5 μg/g 时有较好的线性关系,检出限为 0.002~0.007 μg/g。

(4)分子印迹固相萃取技术在食品中环境污染物的分析应用。食品包装材料有害物质的迁移是食品中常见的环境污染物,如双酚 A 可引起人体内分泌系统的紊乱。有研究人员采用双酚 A(BPA)为模板分子,4-乙烯基吡啶(4-VP)为功能单体,二甲基丙烯酸乙二醇酯(EGDMA)为交联剂,以偶氮二异丁腈为引发剂,以沉淀聚合的形式制备 BPA-MIPs,将制备得到的分子印迹固相萃取柱与 LC-DAD 或 LC-IT-MS 联用,对蜂蜜中的酚类化合物和苯氧羧酸类化合物进行检测,其检出限可达 0.1~3.8 ng/g。

13.4.6　展望

分子印迹固相萃取和传统萃取技术相比,特异性强,可对被测组分进行快速专一的富集,是提高分析检测灵敏度的有效手段,预计未来的发展趋势有以下几个方面。

(1)印迹和识别机理的研究更加透彻。

(2)开发新型的功能单体、交联剂等。

(3)实现在水相/气相中进行识别。

(4)分子印迹聚合物和识别元件进行有机结合。

(5)研究方向转向大分子领域。

13.5　生物传感器技术

生物传感器就是对被分析物具有特定的识别性能,并可将被分析物的质量、浓度等物理量转化为相应的信号来进行检测的装置,如图 13-6 所示。生物传感器包括敏感组件和检测元件

2个部分，其中敏感组件又包括感受器和换能器。感受器一般为生物材料，如酶、细胞、抗原、抗体、核酸等；换能器用于连接识别元件和检测元件，可将敏感材料得到的信号转化为电、光、热、声、质量等信号，常见的换能器有化学电极和压电晶体等；检测元件将换能器得到的信号转化为电信号，并进行检测和记录。

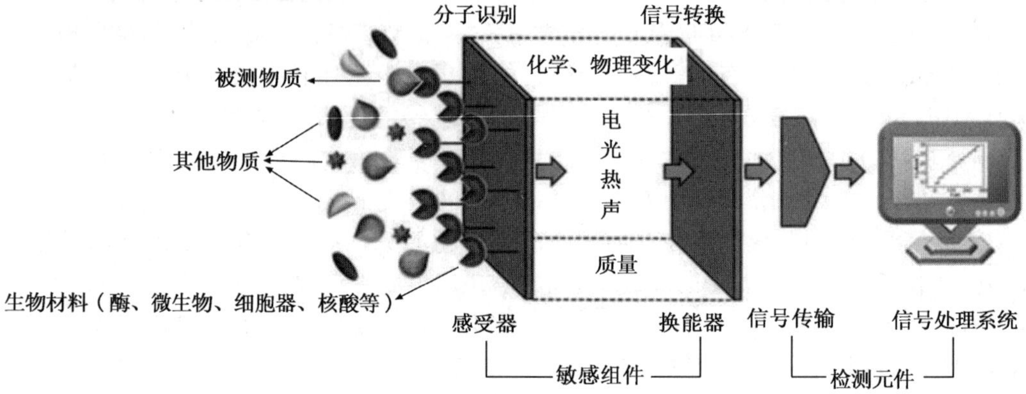

图 13-6 生物传感器工作原理示意图

13.5.1 生物传感器的特点

13.5.1.1 生物传感器的优点

（1）检测范围广 可广泛应用于食品加工、发酵工业、医学生物学、环境保护等多领域，有利于实现多学科、多领域的交叉研究。

（2）检测目标物广泛 成千上万种目标物都可采用生物传感器来进行检测，如有机污染物、农药、抗生素、重金属等小分子目标物，抗体、酶和蛋白质等大分子目标物，微生物和细胞等。

（3）检测特异性强 利用抗原和抗体之间的特异性反应的原理可实现抗原和抗体的特异性检测，利用小分子物质和其配体间的特异性反应可实现生物传感器对小分子物质的特异性检测。

（4）检测成本低、结构简单、检测速度快 生物传感器一般不需要对样品进行前处理或是只需简单的前处理，可简化步骤，缩短检测时间，降低检测成本。

（5）易于实现自动化分析 可进行大通量的样品检测，便于实现实时监控和自动化分析。

13.5.1.2 生物传感器的缺点

生物传感器的重复利用率较低，易造成浪费；感受器易受到外部条件的影响，其存放条件较为苛刻，且不能长期存放；某些生物传感器对反应条件的要求较为严格，这限制了生物传感器的应用；某些电化学生物传感器检测稳定性较差；某些构建生物传感器的材料需要修饰后才能使用，人工修饰不仅提高了劳动强度还增加了检测成本。

13.5.2 生物传感器的分类

13.5.2.1 按照分子识别元件种类分类

（1）酶传感器 以固定化的酶作为分子识别元件的生物传感器，此类传感器一般将酶固定在纳米材料、电极等固相载体上，再将分子识别原件和转换器基础电极结合，其对目标物的检测是通过测定酶和底物特异性反应所产生的信号来实现的。目前国内外已有多种酶被用于酶生物传感器的构建，如胆固醇氧化酶、辣根过氧化物酶、脲酶、葡萄糖氧化酶等。酶传感器结合电化学电极具有分析速度快、操作简单的优点。

(2)免疫传感器　以免疫物质作为分子识别元件的生物传感器，其识别机理是基于抗原和抗体的结合。电化学免疫传感器是将免疫蛋白固定在载体(电极表面或膜)上，抗体和抗原的特异性结合会引起电极电位或膜电位的变化，据此可对待测物质进行测定。此方法具有灵敏度高、选择性高、操作简单、分析速度快、易实现在线分析等优点。

(3)DNA 生物传感器　以 DNA 分子作为分子识别元件的生物传感器。基因识别的电化学 DNA 生物传感器是将单链 DNA 分子(ss DNS)固定在电极表面作为探针，探针与目标 DNA 按照碱基互补配对的原则进行结合，实现分析测定。非基因识别的电化学 DNA 传感器将双链 DNA 分子(ds DNA)固定在电极表面，研究小分子与 DNA 相互作用、金属离子的测定等。

(4)微生物传感器　以微生物作为分子识别元件的生物传感器，将微生物通过包埋、固定等化学、物理方法固定在载体表面。检测原理是基于微生物对检测物的敏感或代谢过程生化、生理指标的改变来对目标物进行测定。

(5)其他生物传感器　根据分子识别元件的不同，生物传感器还包括组织生物传感器、细胞传感器等。组织生物传感器是将动植物的组织作为分子识别元件而构造的生物传感器，而细胞传感器的分子识别元件是活细胞，监测细胞内外的环境，观察细胞特定的生理行为，判断物质和外界环境对细胞生理的影响。

13.5.2.2　按照信号处理元件种类分类

(1)电化学生物传感器　以电极作为信号处理元件的传感器，通过电极来接收、加工、转换、输出酶与底物反应所产生的电化学信号。常见的电化学电极包括离子选择性电极、金属电极、气敏电极和碳糊电极等。电化学生物传感器的稳定性和灵敏度都较好，尤其是酶的基因改造和纳米材料的引入会大大提高此传感器的灵敏度和稳定性。

(2)光学生物传感器　将光敏二极管或光纤作为信号处理元件的生物传感器，依靠光敏器件来接收、加工、转换和输出测定过程所产生的光信号。荧光光谱和紫外可见吸收光谱生物传感器应用较广，随着科技的进步，表面等离子共振光谱和拉曼光谱的发展也较为迅速。

(3)压电晶体生物传感器　基于压电效应，以压电声波作为信号转换器的生物传感器，常用的晶体是石英晶体。磁传感器检测速度快、操作简单。

(4)半导体生物传感器　以半导体作为信号处理元件的生物传感器。其优点是易于实现微型化，样品需要量少、灵敏度高、背景信号低。

13.5.2.3　按照检测物和分子识别元件反应特点分类

(1)亲和型生物传感器　利用受体和配体、抗原和抗体对的特异性作用来设计制备的生物传感器，具有抗干扰性和特异性强、信号稳定和背景信号低等优点。

(2)代谢、催化型生物传感器　根据细胞、微生物、酶催化作用和组织代谢等作用来构建的生物传感器，具有易于实现实时在线分析和对活体细胞、微生物的检测的优点，但其对反应的条件要求较高，稳定性低于亲和型生物传感器。

13.5.3　生物传感器在食品安全领域的应用

13.5.3.1　食品成分分析的检测

葡萄糖的含量是衡量水果储藏寿命和成熟度的重要指标之一，白酒、果酱、苹果汁和蜂蜜中的葡萄糖可利用酶电极型生物传感器来测定，还可将核微孔膜作为载体，并引入纳米金颗粒来制备特异性和灵敏度高的新型葡萄糖传感器。味精生产时可利用谷氨酸、葡萄糖双功能的生物传感仪——葡萄糖、乳酸传感器来监控其发酵罐内物质成分的变化，从而控制味精的质量。

13.5.3.2　致病菌的检测

利用生物传感器来检测食品中的致病菌可解决平板计数法耗时和烦琐的缺点。有学者选择光电倍增管作为信号转换元件，将样品中的生物荧光信号转换为电信号，成功检测了牛肉汁中的金黄色葡萄球菌、细菌总数和大肠杆菌，测定结果表明在 10^3～10^8 CFU/mL 范围内此方法和平板计数法相关性良好。2017 年有研究者研发了基于碳纳米材料的适配体传感器快速检测金黄色葡萄球菌的方法，利用核酸适配体与其靶标之间的特异性结合能力以及碳纳米管的荧光猝灭特性，构建了一种新型快速的金黄色葡萄球菌检测方法。此方法对金黄色葡萄球菌的检出限为 10^5 CFU/mL，线性范围为 10^5～10^9 CFU/mL。2018 年另有学者采用免荧光标记和免酶的适配体生物传感器对牛奶和自来水中的大肠杆菌 O157:H7 进行了检测，此方法的检测限为 66 CFU/mL，整个前处理和检测过程所需时间低于 100 min。

13.5.3.3　抗生素残留的检测

抗生素的常用检测方法为免疫学方法、微生物学方法、高效液相法等，生物传感器的研发可使测定更多样化、还可提高灵敏度和自动化程度并缩短反应时间。研究者采用表面等离子共振生物传感器来检测牛奶中的 β-内酰胺类抗生素。带有羧肽酶活性的微生物受体蛋白作为识别元件，受体蛋白比抗体的特异性更强，只能识别完整的、活性的 β-内酰胺结构，此方法的检出限可达 2.6 μg/kg。另有学者用戊二醛(GA)作为交联剂，将玻碳电极(GCE)表面氧化后，将新亚甲蓝(NMB)和辣根过氧化物酶标记的青霉素多克隆抗体(Ab3)修饰于电极的表面，制备得到青霉素免疫传感器，其对鸡肉中青霉素的检测线性范围为 5～45 ng/g，最低检出限可达 1.90 ng/g。

13.5.3.4　生物毒素的检测

食品在生产、储运和销售过程可能受到污染生成毒素，某些毒素有较大的毒性，甚至致癌、致畸，所以对食品中生物毒素的监测至关重要。有学者采用光纤免疫传感器来对花生和玉米提取物中的黄曲霉毒素 B_1 进行测定，其检测限可达 0.05 ng/mL，且检测时间较短。另有学者(2002)采用新型的免疫荧光生物传感器来对农产品中的霉菌毒素进行检测，其检测灵敏度高，且样品耗费量小，检测迅速、检测寿命较长，具有较好的分析稳定性，灵敏度达3.2 μg/g。

13.5.3.5　农药残留的检测

国内外学者对应用于农药残留检测的生物传感器做了许多研究，其中酶、免疫传感器应用较为广泛，随着科技的发展，不断有新的技术和生物传感器相结合，来提高其检测性能。研究者以脂质体纳米泡作为信号放大体系，采用小分子直接包被和荧光免疫分析结合的方式，构建了一种高灵敏的庆大霉素免疫传感检测方法。经过免疫识别反应，脂质体纳米泡可固定到96孔板表面，随后加入去污剂，释放脂质体纳米泡中包裹的荧光染料分子，通过荧光检测器测定庆大霉素浓度。采用该方法，可检测脱脂奶粉中庆大霉素残留量为14.16 ng/mL。此外，还有研究者构建了一个基于纳米金淬灭量子点荧光的酶传感器用于蔬菜中甲胺磷农药的测定。硫代乙酰胆碱酯酶可催化水解底物生成硫代胆碱，该物质能够促使纳米金聚沉，削弱纳米金对Cd Te量子点的淬灭，导致量子点荧光恢复。当有甲胺磷存在时，硫代乙酰胆碱酯酶活性受到抑制，量子点荧光未能恢复。Cd Te荧光强度与甲胺磷质量浓度在0.06～0.78 mg/kg范围内呈现良好的线性关系，检测下限达到2 μg/kg。

13.5.3.6　食品添加剂的检测

食品添加剂的滥用和超标问题严重威胁着公众的身体健康，对其监测十分必要。Rosa等(2018)采用络合沉淀凝胶法将亚硝酸盐还原酶固定在光纤可控微孔玻璃珠上，制得光学生物传感器，亚硝酸盐和酶的反应会引起光学变化，此光学变化和亚硝酸盐的浓度在一定范围内呈线性关系，据此可对亚硝酸盐进行定量测定。Situmorang等(1999)采用亚硫酸盐氧化酶制得的电流型生物传感器来对红酒中的亚硫酸盐进行检测，其检测线性范围为0.002～0.3 nmol/L。

13.5.4　展望

生物传感器作为跨学科的高新技术，具有高选择性、高灵敏度、快速、简便等优点，便于应用于食品安全检测中，但生物传感器的应用也受到了其重现性、使用寿命等方面的限制，其大规模推广还需再做一些研究和改进。

(1)加强生物传感器的基础研究，提高检测灵敏度，提高其稳定性。

(2)加强微型化、集成化、多通道生物传感器的研究，以便于实现现场准确、快速检测，并降低成本，实现商业化和产业化。

13.6　拉曼光谱在食品分析中应用

13.6.1　拉曼光谱的原理

光散射包括弹性散射和非弹性散射。弹性散射的散射光和入射光的频率相同，即所谓的瑞利散射。瑞利散射包括由某种散射中心引起的米氏散射(波数小于$10^{-5}cm^{-1}$)和由入射光波与介质内弹性波作用产生的布里渊散射(波数变化约 0.1 cm^{-1});非弹性散射的散射光和激发光的频率不相同,若散射频率低于入射频率则为斯托克散射,反之则为反斯托克散射,非弹性散射统称为拉曼散射,如图 13-7 所示。拉曼光谱是光与物质分子间的作用所产生的联合光散射现象,研究的是散射光与入射光的能级差和化合物转动频率、振动频率之间的关系,拉曼光谱是分子极化率改变的结果。用散射强度对拉曼位移作图,通过峰的位置、谱带形状和强度来反映被测物质分子的化学键或官能团的转动频率和特征振动,并提供散射分子的环境和结构信息。激发光的波数和散射辐射的波数之差即为拉曼位移。

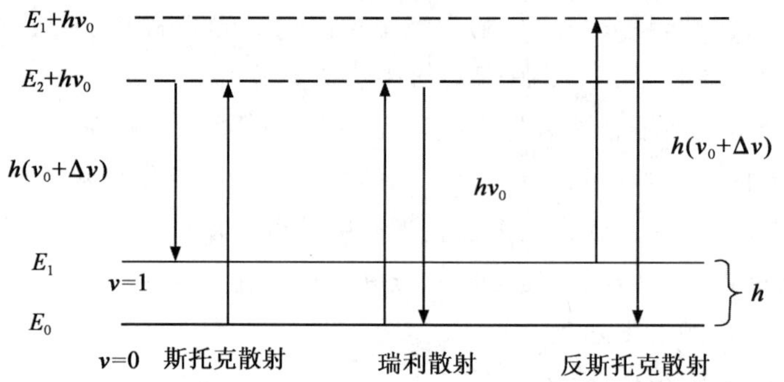

图 13-7 瑞利散射与拉曼散射的能级示意图

13.6.2 拉曼光谱的特点

拉曼光谱操作简单,样品不需前处理,还可利用光纤探头、蓝宝石、石英窗等对样品进行检测,且检测速度快,可重复,可实现无损检测。此外,拉曼光谱还具有其独特的优越性。

(1)由于水也具有微弱的拉曼散射信号,拉曼光谱可对水溶液样品进行分析。

(2)拉曼光谱单次扫描可覆盖 50～4 000 cm^{-1} 的区间,可对无机物和有机物进行测定。

(3)激发光的波长可根据样品的特点来有针对性地进行选择。

(4)拉曼光谱的谱峰尖锐清晰,便于进行定性和定量分析。

(5)利用拉曼光谱进行分析时仅仅需要少量的样品,显微拉曼技术还可将激光束聚焦至 20 μm,则对样品的需要量可减少至微克数量级。

(6)拉曼光谱测量对样品要求很低,样品不需进行研磨和粉碎,还可在气态、固态和液态的情况下进行测量。

(7)光纤的应用可实现远距离的在线监控,并提高测量的信噪比。

(8)共振拉曼光谱和表面增强拉曼光谱等技术的发展,提高了拉曼光的强度,提高了检测的灵敏度。

13.6.3 拉曼光谱的分类

拉曼光谱包括表面增强拉曼光谱(SERS)、傅里叶拉曼光谱(FT-Raman)、激光共振拉曼光谱(RRS)和共焦拉曼光谱等。表 13-5 列举了各种拉曼光谱技术的特点、原理和应用领域等。

表 13-5　拉曼光谱技术的分类

类型	原理	优点	缺点	应用领域
SERS	将痕量分子吸附于 Au、Ag、Cu 等金属溶胶和电极表面，使信号增强 $10^4 \sim 10^6$ 倍	所需样品浓度低，检测灵敏度高	稳定性难以控制	分子的理化分析、药物分析、病理分析等
FT-Raman	采用傅里叶交换技术采集信号，激光光源的波长为 1 064 nm	能消除荧光，精度高	温度漂移对光谱影响较大	结构分析，如染色纤维检验、蛋白质二级结构分析等
RRS	激光频率和待测分子的某个电子吸收峰重合或接近时，信号增强 $10^4 \sim 10^6$ 倍	所需样品浓度低，检测灵敏度高	有热效应和荧光干扰，要求光源具有可调节性	微量样品的检测，生物大分子、药物的检测等
共焦显微拉曼	使样品、探测器和光源三点共轭聚焦，消除杂散光，信号增强 $10^4 \sim 10^6$ 倍	所需样品浓度低，检测灵敏度高	有荧光干扰	电化学研究，宝石中细小包裹体的检测
固体光声拉曼	通过光声法对样品进行直接探测而存储能量的非线性光存储方式	分辨率和灵敏度高，避免非共振拉曼散射的影响	对激光的亮度要求高	液体、气体、固体介质的特性分析
高温拉曼	通过高温下理化反应，得到的反应物和产物的结构信息、反应中间体和变化过程的信息	空间分辨率高，消除杂散光，可对样品程序控温	有热辐射	冶金熔渣、地质岩浆、晶体生长等物质的高温结构研究

13.6.4　拉曼光谱在食品分析中的应用

13.6.4.1　碳水化合物的检测

由于碳水化合物具有多种同分异构体，对其进行分析具有较大的难度。碳水化合物的拉曼光谱较为明确，提供的结构信息比较精准，随着糖化学研究的深入和拉曼光谱的发展，拉曼光谱已经成为碳水化合物结构分析的重要手段。有学者将便携式拉曼光谱仪与化学计量学技术相结合，基于苹果汁和梨汁的拉曼光谱在 866 cm^{-1} 和 1 126 cm^{-1} 处的差别，建立了对浓缩苹果中渗入梨汁的快速检测新方法。

13.6.4.2　蛋白质的检测

拉曼光谱技术被应用于鉴别蛋白质及其组分的差异，通过谱图解析可得到多肽骨架构型信息和侧链微环境的化学信息及其受各种理化因素影响的信息。有研究者采用显微激光拉曼光谱对小麦胚芽 8S 球蛋白的二级结构进行了研究，检测结果表明小麦胚芽 8S 球蛋白的二级结构主要是 β-折叠，还有少量的无规卷曲构象和 α-螺旋。

13.6.4.3　脂质的检测

在油脂行业中，量化脂肪酸的不饱和度和顺反异构体的手段常为传统的化学方法和气相色谱法。拉曼光谱法可检测植物油的含油量、脂肪酸组成和动物脂肪的结构，可将其作为质量控制的快速筛选方法。有研究发现，位于 1 656 cm^{-1} 和 1 670 cm^{-1} 的三酰甘油酯和食用油的特征拉曼谱带的强度与植物油的顺、反式异构体含量有一定的相关性，其分析的精度可达到1%。有学者采用拉曼光谱对鲑鱼脂肪酸不饱和度进行了预测，其结果表明，此方法的稳定性较好，也可实现从水样品和高含量蛋白质的拉曼光谱中获取脂肪酸不饱和度信号的目的，易于实现在线快速检测。

13.6.4.4 水的检测

拉曼光谱技术可对水分子的氢键结构和振动特征进行表征。有研究结果表明，在0～20℃和大于20℃时，水的结构是不同的。当冰融化成水时，仅有10%的氢键断裂，随着温度的升高，水的密度也递增，当温度升高至4℃时，水的密度增至最大；但当温度高于17℃，水的密度随着温度的升高而降低。

13.6.4.5 色素的检测

拉曼光谱常用来测定类胡萝卜素，有学者采用近红外拉曼光谱对番茄、芦丁、灯笼椒、辣椒黄素、天竺葵叶中的类胡萝卜素进行了在线分析，该方法能从不同尺寸的植物组织中获取类胡萝卜素的结构信息。

13.6.4.6 维生素的检测

拉曼光谱可提供维生素分子的完整信息，还可对其结构进行进一步的表征和描述。有学者对维生素C的拉曼特征谱带进行了初步指认，并结合pH的变化来研究吸附作用的规律和特点。

13.6.4.7 核酸的检测

拉曼光谱主要针对DNA结构和不同因素与其相互作用机理进行研究。研究人员研究了固定在银胶颗粒上的单个腺嘌呤分子的拉曼光谱，观察到腺嘌呤分子的强度波动和发光猝灭现象，结果表明拉曼光谱技术易于提高DNA测序的速度和准确度。

13.6.5 展望

拉曼光谱具有操作简便，分析速度快，灵敏度高，对样品浓度要求低，可实现无损检测等优点，已成为生物学、分析化学和药学的重要研究手段，且不需要制备样品，不受水分子干扰，可实现现场快速检测。

拉曼光谱技术的发展不仅需要加强拉曼光谱技术的研究开发，需进一步结合化学计量学，在光谱预处理和建立数学模型等方面进行深入探讨；小型化、操作简便、受环境干扰影响小、模型稳定精度高、低成本将是便携式拉曼光谱分析仪研发的关键点。拉曼光谱技术作为一种先进的检测技术和分析手段，将会更好地造福于人类健康、食品安全和社会经济。

（陈姝娟　李诚）

本章小结

本章阐述了酶联免疫吸附技术、近红外光谱分析技术、毛细管电泳分析技术、分子印迹固相萃取技术、生物传感器技术和拉曼光谱技术的起源、特点、分类、仪器构成、工作原理和在食品分析中的应用。对各种方法的现状、存在的不足和发展趋势进行了阐述，有助于了解新的分析技术及其应用前景。

思考题

1. 仿生抗体酶联免疫分析有哪些优点和缺点？
2. 近红外光谱分析的原理和技术流程是什么？
3. 毛细管电泳常见的分离模式有哪些？
4. 比较本位聚合和原位聚合产物的特点。
5. 生物传感器的特点是什么？
6. 试述各种拉曼光谱技术的特点、原理和应用领域。

参考文献

[1] 王硕，张鸿雁，王俊平. 酶联免疫吸附分析方法：基本原理及其在食品中化学污染物检测应用. 北京：科学出版社，2011.

[2] 严衍禄，赵龙莲，韩东海，等. 近红外光谱分析基础与应用. 北京：中国轻工业出版社，2005.

[3] 陈毅. 毛细管电泳技术及应用. 2 版. 北京：化学工业出版社，2006.

[4] 胡江，罗凯，阚建全. 分子印迹固相萃取技术及其在食品分析中的应用. 中国调味品，2012，37(6)：95-102.

[5] 蒋雪松，王剑平，应义斌，等. 用于食品安全检测的生物传感器的研究进展. 农业工程学报，2007，23(5)：272-277.

[6] 孙璐，陈斌，高瑞昌，等. 拉曼光谱技术在食品分析中的应用. 中国食品学报，2012，12(12)：113-118.

[7] 刘燕德，刘涛，孙旭东，等. 拉曼光谱技术在食品质量安全检测汇总的应用. 光谱学与光谱分析，2010，30(11)：3007-3012.

[8] 陈方方，师彦平. 分子印迹固相萃取技术在天然产物有效成分分离分析中的应用进展. 色谱，2013，31(7)：626-633.

[9] 蒋雪松，许林云，卢利群，等. 生物传感器在食品污染物检测中的应用研究进展. 食品科学，2013，34(23)：357-362.

[10] 刘晨，陈复生，夏义苗，等. 拉曼光谱技术在食品分析中的应用. 食品工业，2020，41(04)：267-271.

[12] 李俣珠，李增威，曾月，等. 分子印迹传感器的制备方法与应用进展. 化学世界，2019，60(08)：465-475.

[13]梁光月. 近红外分析技术在食品检测中的应用进展. 现代食品，2019，(18)：46-48.

[14]密更，励建荣. 免疫毛细管电泳技术及在食品安全快速检测中的应用，中国食品学报，2015，15(1)：182-187.

附　录

分析检验常用数据

Ⅰ　常用标准滴定溶液

等效采用《食品卫生检验方法　理化部分　总则》(GB/T 5009.1—2003)　附录B。

1　盐酸标准滴定溶液

1.1　配制

①1 mol/L HCl标准滴定溶液：量取90 mL盐酸，加适量水并稀释至1 000 mL。

②0.5 mol/L HCl标准滴定溶液：量取45 mL盐酸，加适量水并稀释至1 000 mL。

③0.1 mol/L HCl标准滴定溶液：量取9 mL盐酸，加适量水并稀释至1 000 mL。

④0.02 mol/L及0.01 mol/L HCl标准滴定溶液：临用前准确取已标定过的0.1 mol/L HCl标准滴定溶液加水稀释制成。必要时重新标定浓度。

⑤溴甲酚绿-甲基红混合指示剂：量取30 mL溴甲酚绿乙醇溶液(2 g/L)，加20 mL甲基红乙醇溶液(1 g/L)，混匀。

1.2　标定

①1 mol/L HCl标准滴定溶液：准确称取约1.5 g在270～300℃干燥至恒重的基准级无水碳酸钠，加50 mL水使其溶解，加10滴溴甲酚绿-甲基红混合指示剂，用本溶液滴定至溶液由绿色转变为紫红色。煮沸2 min，冷却至室温，继续滴定至溶液由绿色转变为暗紫色。

②0.5 mol/L HCl标准滴定溶液：按1.2①操作，但基准级无水碳酸钠量改为约0.8 g。

③0.1 mol/LHCl标准滴定溶液：按1.2①操作，但基准级无水碳酸钠量改为约0.15 g。

④同时做试剂空白试验。

1.3　计算

盐酸标准滴定溶液的浓度按式c_1计算。

$$c_1=\frac{m}{(V_1-V_2)\times 0.053\,0}$$

式中，c_1为盐酸标准滴定溶液的实际浓度，mol/L；m为基准级无水碳酸钠质量，g；V_1为盐酸标准滴定溶液用量，mL；V_2为试剂空白试验中盐酸滴定溶液用量，mL；0.053 0为Na_2CO_3(无水)的毫摩尔质量，g/mmol。

2　硫酸标准滴定溶液

2.1　配制

①1.0 mol/L H_2SO_4标准滴定溶液：量取30 mL硫酸，缓缓注入适量水中，冷却至室温后用水稀释至1 000 mL，混匀。

②0.5 mol/L H_2SO_4标准滴定溶液：按2.1①操作，但硫酸量改为15 mL。

③0.1 mol/L H_2SO_4标准滴定溶液：按2.1①操作，但硫酸量改为3 mL。

2.2 标定

①1.0 mol/L H_2SO_4 标准滴定溶液：按 1.2①操作。

②0.5 mol/L H_2SO_4 标准滴定溶液：按 1.2②操作。

③0.1 mol/L H_2SO_4 标准滴定溶液：按 1.2③操作。

④同时做试剂空白试验。

2.3 计算

硫酸标准滴定溶液的浓度按式 c_2 计算。

$$c_2=\frac{m}{(V_1-V_2)\times 0.0530}$$

式中，c_2 为 H_2SO_4 标准滴定溶液的实际浓度，mol/L；m 为基准无水碳酸钠质量，g；V_1 为硫酸标准滴定溶液用量，mL；V_2 为试剂空白试验中硫酸滴定溶液用量，mL；0.053 0 为 Na_2CO_3（无水）的毫摩尔质量，g/mmol。

3 氢氧化钠标准滴定溶液

3.1 配制

①NaOH 饱和溶液：称取 120 g 氢氧化钠，加 100 mL 水，振摇使之溶解成饱和溶液，冷却后置于聚乙烯塑料瓶中，密塞，放置数日，澄清后备用。

②1.0 mol/L NaOH 标准滴定溶液：吸取 56 mL 澄清的氢氧化钠饱和溶液，加少许新煮沸过的冷水至 1 000 mL，摇匀。

③0.5 mol/L NaOH 标准滴定溶液：按 3.1②操作，但吸取澄清的氢氧化钠饱和溶液改为 28 mL。

④0.1 mol/L NaOH 标准滴定溶液：按 3.1②操作，但吸取澄清的氢氧化钠饱和溶液改为 5.6 mL。

⑤0.02 mol/L 或 0.01 mol/L NaOH 标准滴定溶液：临用前取已标定过的 0.1 mol/L NaOH 标准滴定溶液，加新煮沸过的冷水稀释制成。必要时用 0.01 mol/L 或 0.02 mol/L 盐酸标准溶液重新标定浓度。

⑥酚酞指示剂：称取酚酞 1 g，溶于适量乙醇中再稀释至 100 mL。

3.2 标定

①1.0 mol/L NaOH 标准滴定溶液：准确称取约 6 g 在 105～110℃干燥至恒重的基准级邻苯二甲酸氢钾，加 80 mL 新煮沸过的冷水，使之尽量溶解，加 2 滴酚酞指示剂，用本溶液滴定至溶液呈粉红色，0.5 min 不褪色。

②0.5 mol/L NaOH 标准滴定溶液：按 3.2①操作，但基准级邻苯二甲酸氢钾质量改为 3 g。

③0.1 mol/L NaOH 标准滴定溶液：按 3.2①操作，但基准级邻苯二甲酸氢钾质量改为 0.6 g。

④同时做试剂空白试验。

3.3　计算

氢氧化钠标准滴定溶液的浓度按式 c_3 计算。

$$c_3 = \frac{m}{(V_1 - V_2) \times 0.2042}$$

式中，c_3 为氢氧化钠标准滴定溶液的实际浓度，mol/L；m 为基准邻苯二甲酸氢钾质量，g；V_1 为氢氧化钠标准滴定溶液用量，mL；V_2 为空白试验中氢氧化钠标准滴定溶液用量，mL；0.204 2 为基准邻苯二甲酸氢钾（$KHC_8H_4O_4$）的毫摩尔质量，g/mmol。

4　0.1 mol/L KOH 标准滴定溶液

4.1　配制

称取 6 g 氢氧化钾，加新煮沸过的冷水溶解，并稀释至 1 000 mL，混匀。

4.2　标定

按 3.2③和 3.2④操作。

4.3　计算

按 3.3 式 c_3 计算。

5　高锰酸钾标准滴定溶液

5.1　配制

①0.1 mol/L $KMnO_4$ 标准滴定溶液：称取 3.3 g 高锰酸钾，加 1 000 mL 水。煮沸 15 min。加塞静置 2 d 以上，用垂熔漏斗过滤，置于具玻璃塞的棕色瓶中密闭保存。

②0.01 mol/L $KMnO_4$ 标准滴定溶液：临用前取已标定过的 0.1 mol/L $KMnO_4$ 标准滴定溶液稀释制成，必要时重新标定浓度。

5.2　标定

准确称取约 0.2 g 在 110℃ 干燥至恒重的基准草酸钠。加入 250 mL 新煮沸过的冷水，10 mL 硫酸，搅拌使之溶解。迅速加入约 25 mL 高锰酸钾溶液，待褪色后，加热至 65℃继续用高锰酸钾标准溶液滴定至溶液呈微红色，保持 0.5 min 不褪色。在滴定终了时，溶液温度应不低于 55℃。同时做空白试验。

5.3　计算

高锰酸钾标准滴定溶液按式 c_4 计算。

$$c_4 = \frac{m}{(V_1 - V_2) \times 0.0670}$$

式中，c_4 为 $KMnO_4$ 标准滴定溶液的实际浓度，mol/L；m 为基准级草酸钠的质量，g；V_1 为高锰酸钾标准滴定溶液用量，mL；V_2 为试剂空白试验中高锰酸钾标准滴定溶液用量，mL；0.067 0 为 $Na_2C_2O_4$ 的毫摩尔质量，g/mmol。

6 0.1 mol/L $H_2C_2O_4$ 标准滴定溶液

6.1 配制

①0.1 mol/L $H_2C_2O_4$ 标准滴定溶液：称取约 6.4 g 草酸加适量水使之溶解并稀释至 1 000 mL，混匀。

②0.01 mol/L $H_2C_2O_4$ 标准滴定溶液：临用前取 0.1 mol/L 已标定过的草酸标准滴定溶液稀释制成。

6.2 标定

吸取 25.0 mL 草酸标准滴定溶液，按 5.2 自“加入 250 mL 新煮沸过的冷水”以后操作。

6.3 计算

草酸标准滴定溶液的浓度按下式计算。

$$c_5=\frac{(V_1-V_2)\times c}{V}$$

式中，c_5 为 $H_2C_2O_4$ 标准滴定溶液的实际浓度，mol/L；V_1 为高锰酸钾标准滴定溶液用量，mL；V_2 为试剂空白试验中高锰酸钾标准滴定溶液用量，mL；c 为 $KMnO_4$ 标准滴定溶液的浓度，mol/L；V 为草酸标准滴定溶液的用量，mL。

7 0.1 mol/L $AgNO_3$ 标准滴定溶液

7.1 配制

①称取约 17.5 g 硝酸银，加入适量水使之溶解，并稀释至 1 000 mL，混匀，避光保存。

②需用少量硝酸银标准滴定溶液时，可准确称取约 4.3 g 在硫酸干燥器中干燥至恒重的硝酸银(优级纯)，加水使之溶解，移至 250 mL 容量瓶中并稀释至刻度，混匀，避光保存。

③淀粉指示剂：称取 0.5 g 可溶性淀粉，加入约 5 mL 水，搅匀后缓缓倾入 100 mL 沸水中，随加随搅拌，煮沸 2 min，放冷，备用。此指示剂应临用时配制。

④荧光黄指示剂：称取 0.5 g 荧光黄，用乙醇溶解并稀释至 100 mL。

⑤0.01 mol/L 或 0.02 mol/L $AgNO_3$ 标准滴定溶液：临用前取 0.1 mol/L 已标定过的 $AgNO_3$ 标准滴定溶液稀释而成。

7.2 标定

①采用 7.1①配制的硝酸银标准滴定溶液的标定：准确称取约 0.2 g 在 270℃干燥至恒重的基准氯化钠，加入 50 mL 水使之溶解。加入 5 mL 淀粉指示剂，边摇动边用硝酸银标准滴定溶液避光滴定，近终点时，加入 3 滴荧光黄指示剂，继续滴定至混浊液由黄色变为粉红色。

②采用 7.1②配制的硝酸银标准滴定溶液不需要标定。

7.3 计算

按 7.1①配制的硝酸银标准滴定溶液的浓度按下式计算。

$$c_6=\frac{m}{V\times 0.058\,44}$$

式中，c_6 为 $AgNO_3$ 标准滴定溶液的实际浓度，mol/L；m 为基准氯化钠的质量，g；V 为硝酸银标准滴定溶液的用量，mL；0.058 44 为 NaCl 的毫摩尔质量，g/mmol。

由 7.1②配制的硝酸银标准滴定溶液的浓度按式 c_7 计算。

$$c_7 = \frac{m}{V \times 0.1699}$$

式中，c_7 为 $AgNO_3$ 标准滴定溶液的实际浓度，mol/L；m 为硝酸银（优级纯）的质量，g；V 为配制的硝酸银标准滴定溶液的体积，mL；0.169 9 为 $AgNO_3$ 的毫摩尔质量，g/mmol。

8　0.1 mol/L I_2 标准滴定溶液

8.1　配制

①称取 13.5 g 碘，加 36 g 碘化钾，50 mL 水，溶解后加 3 滴盐酸及适量水并稀释至 1 000 mL。用垂熔漏斗过滤，置于阴凉处，密闭，避光保存。

②酚酞指示剂：称取 1 g 酚酞用乙醇溶解并稀释至 100 mL。

③淀粉指示剂：见 7.1③。

④0.02 mol/L I_2 标准滴定溶液：临用前取已标定过的 0.1 mol/L I_2 标准滴定溶液稀释而成。

8.2　标定

准确称取约 0.15 g 在 105℃干燥 1 h 的基准三氧化二砷，加入 10 mL 氢氧化钠（40 g/L），微热使之溶解。加入 20 mL 水及 2 滴酚酞指示剂，加入适量硫酸（1＋35）至红色消失，再加 2 g 碳酸氢钠，50 mL 水及 2 mL 淀粉指示剂。用碘标准滴定溶液滴定至溶液呈浅蓝色。

8.3　计算

碘标准滴定溶液的浓度按下式计算。

$$c_8 = \frac{m}{V \times 0.04946}$$

式中，c_8 为 I_2 标准滴定溶液的实际浓度，mol/L；m 为基准三氧化二砷的质量，g；V 为碘标准溶液的用量，mL；0.049 46 为 As_2O_3 的毫摩尔质量，g/mmol。

9　0.1 mol/L $Na_2S_2O_3$ 标准滴定溶液

9.1　配制

①称取 26 g 硫代硫酸钠及 0.2 g 碳酸钠，加入适量新煮沸的冷水使其溶解，并稀释至 1 000 mL，混匀，放置 1 个月后，过滤备用。

②淀粉指示剂：见 7.1③。

③硫酸（1＋8）：吸取 10 mL 硫酸，慢慢倒入 80 mL 水中。

④0.01 mol/L 或 0.02 mol/L $Na_2S_2O_3$ 标准滴定溶液：临用前取 0.1 mol/L 已标定过的 $Na_2S_2O_3$ 标准溶液，加新煮沸过的冷水稀释制成。

9.2 标定

①准确称取约 0.15 g 在 120℃干燥至恒重的基准重铬酸钾，置于 500 mL 碘量瓶中加入 50 mL 水使其溶解，加入 2 g 碘化钾，轻轻振摇使其溶解。再加入 20 mL 硫酸(1+8)，密塞，摇匀，放置暗处 10 min 后用 250 mL 水稀释。用硫代硫酸钠标准滴定溶液滴至溶液成浅黄绿色，再加入 3 mL 淀粉指示剂，继续滴定至蓝色消失而显亮绿色。反应液及稀释用水的温度不应高于 20℃。

②同时做空白试验。

9.3 计算

硫代硫酸钠标准滴定溶液的浓度按下式计算。

$$c_9=\frac{m}{(V_1-V_2)\times 0.049\,03}$$

式中，c_9 为 $Na_2S_2O_3$ 标准滴定溶液的实际浓度，mol/L；m 为基准重铬酸钾的质量，g；V_1 为硫代硫酸钠标准滴定溶液的用量，mL；V_2 为空白试验中硫代硫酸钠标准滴定溶液的用量，mL；0.049 03 为 $K_2Cr_2O_7$ 的毫摩尔质量，g/mmol。

10 0.05 mol/L 乙二胺四乙酸二钠($C_{10}H_{14}N_2O_8Na_2\cdot 2H_2O$)标准滴定溶液

10.1 配制

①0.05 mol/L 乙二胺四乙酸二钠($C_{10}H_{14}N_2O_8Na_2\cdot 2H_2O$)标准滴定溶液：称取 20 g 乙二胺四乙酸二钠($C_{10}H_{14}N_2O_8Na_2\cdot 2H_2O$)，加入 1 000 mL 水，加热使其溶解，冷却后摇匀。置于玻璃瓶中，避免与橡皮塞、橡皮管接触。

②0.02 mol/L 乙二胺四乙酸二钠($C_{10}H_{14}N_2O_8Na_2\cdot 2H_2O$)标准滴定溶液：按 10.1①操作，但乙二胺四乙酸二钠改为 8 g。

③0.01 mol/L 乙二胺四乙酸二钠($C_{10}H_{14}N_2O_8Na_2\cdot 2H_2O$)标准滴定溶液：按 10.1①操作，但乙二胺四乙酸二钠改为 4 g。

④氨水-氯化铵缓冲液(pH=10)：称取 5.4 g 氯化铵，加适量水溶解后，加入 35 mL 氨水，再加水稀释至 100 mL。

⑤氨水(4+6)：量取 40 mL 氨水，加水稀释至 100 mL。

⑥铬黑 T 指示剂：称取 0.1 g 铬黑 T，加入 10 g 氯化钠，研磨混合。

10.2 标定

①0.05 mol/L 乙二胺四乙酸二钠($C_{10}H_{14}N_2O_8Na_2\cdot 2H_2O$)标准滴定溶液：准确称取约 0.4 g 在 800℃灼烧至恒重的基准级氧化锌，置于小烧杯中，加入 1 mL 盐酸，溶解后移入 100 mL 容量瓶，加水稀释至刻度，混匀。吸取 30～35 mL 此溶液，加入 70 mL 水，用氨水(4+6)中和至 pH=7～8，再加 10 mL 氨水-氯化铵缓冲液(pH=10)，用乙二胺四乙酸二钠($C_{10}H_{14}N_2O_8Na_2\cdot 2H_2O$)标准滴定溶液滴定，接近终点时加入少许铬黑 T 指示剂，继续滴定至溶液自紫色转变为纯蓝色。

②0.02 mol/L 乙二胺四乙酸二钠($C_{10}H_{14}N_2O_8Na_2\cdot 2H_2O$)标准滴定溶液：按 10.2①操

作，但基准级氧化锌量改为 0.16 g；盐酸用量改为 0.4 mL。

③0.01 mol/L 乙二胺四乙酸二钠($C_{10}H_{14}N_2O_8Na_2 \cdot 2H_2O$)标准滴定溶液：按 10.2①操作，但容量瓶改为 200 mL。

④同时做试剂空白试验。

10.3　计算

乙二胺四乙酸二钠标准滴定溶液的浓度按下式计算。

$$c_{10}=\frac{m}{(V_1-V_2)\times 0.081\ 38}$$

式中，c_{10} 为($C_{10}H_{14}N_2O_8Na_2 \cdot 2H_2O$)标准滴定溶液的实际浓度，mol/L；$m$ 为用于滴定的基准级氧化锌的质量，mg；V_1 为乙二胺四乙酸二钠标准滴定溶液的用量，mL；V_2 为试剂空白试验中乙二胺四乙酸二钠标准滴定溶液的用量，mL；0.081 38 为 ZnO 的毫摩尔质量，g/mmol。

Ⅱ　常用洗涤液的配制和使用方法

1　重铬酸钾-浓硫酸溶液(100 g/L)(洗液)

称取化学纯重铬酸钾 100 g 于烧杯中，加入 100 mL 水，微加热，使其溶解。把烧杯放于水盆中冷却后，慢慢加入化学纯硫酸，边加边用玻璃棒搅动，防止硫酸溅出。开始有沉淀析出，硫酸加到一定量沉淀可溶解，加硫酸至溶液总体积为 1 000 mL。

该洗液是强氧化剂，但氧化作用比较慢，直接接触器皿数分钟至数小时才有作用，取出后要用自来水充分冲洗 7～10 次，最后用纯水淋洗 3 次。

2　肥皂洗涤液、碱洗涤液、合成洗涤剂洗涤液

配制一定浓度，主要用于油脂和有机物的洗涤。

3　氢氧化钾-乙醇洗涤液(100 g/L)

取 100 g 氢氧化钾，用 50 mL 水溶解后，加工业乙醇至 1 L，它适用于洗涤油垢、树脂等。

4　酸性草酸或酸性羟胺洗涤液

称取 10 g 草酸或 1 g 盐酸羟胺，溶于 10 mL 盐酸(1+4)中。该洗液洗涤氧化性物质。对沾污在器皿上的氧化剂，酸性草酸作用较慢，羟胺作用快且易洗净。

5　硝酸洗涤液

常用浓度(1+9)或(1+4)，主要用于浸泡清洗测定金属离子的器皿。一般浸泡过夜，取出用自来水冲洗，再用去离子水或双蒸水冲洗。洗涤后玻璃仪器应防止二次污染。

6　硝酸-盐酸洗涤液

(1+1)硝酸与(1+1)盐酸等量混合。主要用于微量元素测定玻璃仪器的洗涤。

Ⅲ 实验室常用标准缓冲液的配制

1 标准缓冲液的配制

1.1 pH 4.01(25℃),苯二甲酸氢钾缓冲液

称取110℃烘干的分析纯苯二甲酸氢钾($KHC_8H_4O_4$)10.21 g溶于蒸馏水中并稀释至1 L。

1.2 pH 6.86(25℃),磷酸型缓冲液

称取110℃烘干的分析纯磷酸二氢钾(KH_2PO_4)3.40 g和分析纯磷酸氢二钾(K_2HPO_4)3.55 g,溶于脱除CO_2的蒸馏水中并稀释至1 L。

1.3 pH 9.18(25℃),硼砂缓冲液

称取3.18 g 110℃烘干的分析纯硼酸钠($Na_2B_4O_7 \cdot 10H_2O$)溶于1 L脱除CO_2的蒸馏水中。

2 常用缓冲液的配制方法

2.1 甘氨酸-HCl缓冲液(0.05 mol/L)

表1 甘氨酸-HCl缓冲液配制 mL

pH	0.2 mol/L 甘氨酸	0.2 mol/L HCl	pH	0.2 mol/L 甘氨酸	0.2 mol/L HCl
2.2	50	44.0	3.0	50	11.4
2.4	50	32.4	3.2	50	8.2
2.6	50	24.2	3.4	50	6.4
2.8	50	16.8	3.6	50	5.0

注:甘氨酸分子量=75.07,0.2 mol/L甘氨酸溶液含15.01 g/L。溶液加水稀释至200 mL。

2.2 邻苯二甲酸-HCl缓冲液(0.05 mol/L)

表2 邻苯二甲酸-HCl缓冲液配制 mL

pH(20℃)	0.2 mol/L 邻苯二甲酸氢钾	0.2 mol/L HCl	pH(20℃)	0.2 mol/L 邻苯二甲酸氢钾	0.2 mol/L HCl
2.2	5	4.670	3.2	5	1.470
2.4	5	3.960	3.4	5	0.990
2.6	5	3.295	3.6	5	0.597
2.8	5	2.642	3.8	5	0.263
3.0	5	2.032			

注:邻苯二甲酸氢钾分子量=204.23,0.2 mol/L邻苯二甲酸氢钾溶液含40.85 g/L。溶液加水稀释至20 mL。

2.3　Na_2HPO_4-柠檬酸缓冲液

表 3　Na_2HPO_4-柠檬酸缓冲液配制　　　　mL

pH	0.2 mol/L Na_2HPO_4	0.1 mol/L 柠檬酸	pH	0.2 mol/L Na_2HPO_4	0.1 mol/L 柠檬酸
2.2	0.40	19.60	5.2	10.72	9.28
2.4	1.24	18.76	5.4	11.15	8.85
2.6	2.18	17.82	5.6	11.60	8.40
2.8	3.17	16.83	5.8	12.09	7.91
3.0	4.11	15.89	6.0	12.63	7.37
3.2	4.94	15.06	6.2	13.22	6.78
3.4	5.70	14.30	6.4	13.85	6.15
3.6	6.44	13.56	6.6	14.55	5.45
3.8	7.10	12.90	6.8	15.45	4.55
4.0	7.71	12.29	7.0	16.47	3.53
4.2	8.28	11.72	7.2	17.39	2.61
4.4	8.82	11.18	7.4	18.17	1.83
4.6	9.35	10.65	7.6	18.73	1.27
4.8	9.86	10.14	7.8	19.15	0.85
5.0	10.30	9.7	8.0	19.45	0.55

注：$Na_2HPO_4 \cdot 2H_2O$ 分子量＝178.05，0.2 mol/L 溶液含 35.61 g/L；柠檬酸 · H_2O 分子量＝210.14，0.1 mol/L 溶液含 21.01 g/L。

2.4　柠檬酸-氢氧化钠-盐酸缓冲液

表 4　柠檬酸-氢氧化钠-盐酸缓冲液配制

pH	钠离子浓度/(mol/L)	柠檬酸 ($C_6H_8O_7 \cdot H_2O$)/g	氢氧化钠 (NaOH 97%)/g	盐酸 [HCl(浓)]/mL	最终体积/L
2.2	0.20	210	84	160	10
3.1	0.20	210	83	116	10
3.3	0.20	210	83	106	10
4.3	0.20	210	83	45	10
5.3	0.35	245	144	68	10
5.8	0.45	285	186	105	10
6.5	0.38	266	156	126	10

注：使用时可以每升中加入 1 g 酚，若最后 pH 有变化，再用少量 50%氢氧化钠溶液或浓盐酸调节，冰箱保存。

2.5 柠檬酸-柠檬酸钠缓冲液(0.1 mol/L)

表 5 柠檬酸-柠檬酸钠缓冲液配制 mL

pH	0.1 mol/L 柠檬酸	0.1 mol/L 柠檬酸三钠	pH	0.1 mol/L 柠檬酸	0.1 mol/L 柠檬酸三钠
3.0	18.6	1.4	5.0	8.2	11.8
3.2	17.2	2.8	5.2	7.3	12.7
3.4	16.0	4.0	5.4	6.4	13.6
3.6	14.9	5.1	5.6	5.5	14.5
3.8	14.0	6.0	5.8	4.7	15.3
4.0	13.1	6.9	6.0	3.8	16.2
4.2	12.3	7.7	6.2	2.8	17.2
4.4	11.4	8.6	6.4	2.0	18.0
4.6	10.3	9.7	6.6	1.4	18.6
4.8	9.2	10.8			

注:柠檬酸·H_2O 分子量=210.14,0.1 mol/L 溶液含 21.0 g/L;柠檬酸三钠·$2H_2O$ 分子量=294.12,0.1 mol/L 溶液含 29.4 g/L。

2.6 乙酸-乙酸钠缓冲液(0.2 mol/L)

表 6 乙酸-乙酸钠缓冲液配制 mL

pH(18℃)	0.2 mol/L NaAC	0.2 mol/L HAC	pH(18℃)	0.2 mol/L NaAC	0.2 mol/L HAC
2.6	0.75	9.25	4.8	5.90	4.10
3.8	1.20	8.80	5.0	7.00	3.00
4.0	1.80	8.20	5.2	7.90	2.10
4.2	2.65	7.35	5.4	8.60	1.40
4.4	3.70	6.30	5.6	9.10	0.90
4.6	4.90	5.10	5.8	9.40	0.60

注:NaAC·$3H_2O$ 分子量=136.0,0.2 mol/L 溶液含 27.22 g/L。

2.7 磷酸氢二钠-磷酸二氢钠缓冲液(0.2 mol/L)

表 7 磷酸氢二钠-磷酸二氢钠缓冲液配制 mL

pH	0.2 mol/L Na_2HPO_4	0.2 mol/L NaH_2PO_4	pH	0.2 mol/L Na_2HPO_4	0.2 mol/L NaH_2PO_4
5.8	8.0	92	7.2	72.0	28.0
6.0	12.3	87.7	7.4	81.0	19.0
6.2	18.5	81.5	7.5	84.0	16.0
6.4	26.5	73.5	7.6	87.0	13.0
6.6	37.5	62.5	7.8	91.5	8.5
6.8	49.0	51.0	8.0	94.7	5.3
7.0	61.0	39.0			

注:$Na_2HPO_4 \cdot 2H_2O$ 分子量=178.05,0.2 mol/L 溶液含 35.61 g/L;
$Na_2HPO_4 \cdot 12H_2O$ 分子量=358.22,0.2 mol/L 溶液含 71.64 g/L;
$NaH_2PO_4 \cdot H_2O$ 分子量=138.0,0.2 mol/L 溶液含 27.6 g/L;
$NaH_2PO_4 \cdot 2H_2O$ 分子量=156.03,0.2 mol/L 溶液含 31.21 g/L。

2.8　碳酸氢二钠-磷酸二氢钾缓冲液(1/15 mol/L)

表 8　碳酸氢二钠-磷酸二氢钾缓冲液配制　　mL

pH	1/15 mol/L Na_2HPO_4	1/15 mol/L KH_2PO_4	pH	1/15 mol/L Na_2HPO_4	1/15 mol/L KH_2PO_4
4.92	0.10	9.90	7.17	7.00	3.00
5.29	0.50	9.50	7.38	8.00	2.00
5.91	1.00	9.00	7.73	9.00	1.00
6.24	2.00	8.00	8.04	9.50	0.50
6.47	3.00	7.00	8.34	9.75	0.25
6.64	4.00	6.00	8.67	9.90	0.10
6.81	5.00	5.00	8.18	10.00	0
6.98	6.00	4.00			

注：$Na_2HPO_4 \cdot 2H_2O$ 分子量＝178.05，1/15 mol/L 溶液为 11.876 g/L。

KH_2PO_4 分子量＝136.09，1/15 mol/L 溶液为 9.078 g/L。

2.9　KH_2PO_4-NaOH 缓冲液(0.05 mol/L)

表 9　KH_2PO_4-NaOH 缓冲液配制　　mL

pH(20℃)	0.2 mol/L KH_2PO_4	0.2 mol/L NaOH	pH(20℃)	0.2 mol/L KH_2PO_4	0.2 mol/L NaOH
5.8	5	0.372	7.0	5	2.963
6.0	5	0.570	7.2	5	3.500
6.2	5	0.860	7.4	5	3.950
6.4	5	1.260	7.6	5	4.280
6.6	5	1.780	7.8	5	4.520
6.8	5	2.365	8.0	5	4.680

注：溶液加水稀释至 20 mL。

2.10　巴比妥钠-HCl 缓冲液（18℃）

表 10　巴比妥钠-HCl 缓冲液配制　　mL

pH(18℃)	0.04 mol/L 巴比妥钠盐	0.2 mol/L HCl	pH(18℃)	0.04 mol/L 巴比妥钠盐	0.2 mol/L HCl
6.8	100	18.4	8.4	100	5.21
7.0	100	17.8	8.6	100	3.82
7.2	100	16.7	8.8	100	2.52
7.4	100	15.3	9.0	100	1.65
7.6	100	13.4	9.2	100	1.13
7.8	100	11.47	9.4	100	0.70
8.0	100	9.39	9.6	100	0.35
8.2	100	7.21			

注：巴比妥钠盐分子量＝206.2，0.04 mol/L 溶液含 8.25 g/L。

2.11 碳酸钠-碳酸氢钠缓冲液(0.1 mol/L)

Ca^{2+},Mg^{2+}存在时不能用。

表 11 碳酸钠-碳酸氢钠缓冲液配制 mL

pH		0.1 mol/L	0.1 mol/L	pH		0.1 mol/L	0.1 mol/L
20℃	37℃	Na_2CO_3	$NaHCO_3$	20℃	37℃	Na_2CO_3	$NaHCO_3$
9.16	8.77	1	9	10.14	9.90	6	4
9.40	9.12	2	8	10.28	10.08	7	3
9.51	9.40	3	7	10.53	10.28	8	2
9.78	9.50	4	6	10.83	10.57	9	1
9.90	9.72	5	5				

注:$Na_2CO_3 \cdot 10H_2O$ 分子量=286.2,0.1 mol/L 溶液含 28.62 g/L;$NaHCO_3$ 分子量=84.0,0.1 mol/L 溶液含 8.40 g/L。

2.12 硼砂-NaOH 缓冲液(0.05 mol/L 硼酸根)

表 12 硼砂-NaOH 缓冲液配制 mL

pH	0.05 mol/L 硼砂	0.2 mol/L NaOH	pH	0.05 mol/L 硼砂	0.2 mol/L NaOH
9.3	50	0.0	9.8	50	34.0
9.4	50	11.0	10.0	50	43.0
9.6	50	23.0	10.1	50	46.0

注:溶液加水稀释至 200 mL。

2.13 硼酸-硼砂缓冲液(0.2 mol/L 硼酸盐)

表 13 硼酸-硼砂缓冲液配制 mL

pH	0.05 mol/L 硼砂	0.2 mol/L 硼酸	pH	0.05 mol/L 硼砂	0.2 mol/L 硼酸
7.4	1.0	9.0	8.2	3.5	6.5
7.6	1.5	8.5	8.4	4.5	5.5
7.8	2.0	8.0	8.7	6.0	4.0
8.0	3.0	7.0	9.0	8.0	2.0

注:硼砂 $Na_2B_4O_7 \cdot 10H_2O$ 分子量=381.43,0.05 mol/L 硼砂溶液中含 19.07 g/L 硼砂;硼酸分子量=61.84,0.2 mol/L 溶液含硼酸 12.37 g/L。

硼砂易失去结晶水,必须放带塞的瓶中保存,硼砂溶液也可以用半中和的硼酸溶液代替。

2.14　Tris-HCl 缓冲液(0.05 mol/L)

表 14　Tris-HCl 缓冲液配制　　mL

pH		0.2 mol/L	0.1 mol/L	pH		0.2 mol/L	0.1 mol/L
23℃	37℃	Tris	HCl	23℃	37℃	Tris	HCl
9.10	8.95	25	5	8.05	7.90	25	27.5
8.92	8.78	25	7.5	7.96	7.82	25	30.0
8.74	8.60	25	10.0	7.87	7.73	25	32.5
8.62	8.48	25	12.5	7.77	7.63	25	35.0
8.50	8.37	25	15.0	7.66	7.52	25	37.5
8.40	8.27	25	17.5	7.54	7.40	25	40.0
8.32	8.18	25	20.0	7.36	7.22	25	42.5
8.23	8.10	25	22.5	7.20	7.05	25	45.0
8.14	8.00	25	25.0				

注：三羟甲基氨基甲烷 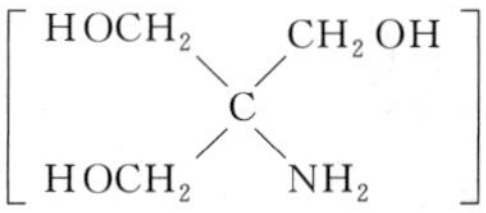 分子量=121.14，0.2 mol/L 溶液含 24.23 g/L。x mL 0.2 mol/L 三羟甲基氨基甲烷+y mL 0.1 mol/L HCl 加水稀释至 100 mL。

2.15　甘氨酸-NaOH 缓冲液(0.05 mol/L)

表 15　甘氨酸-NaOH 缓冲液配制　　mL

pH	0.2 mol/L 甘氨酸	0.2 mol/L NaOH	pH	0.2 mol/L 甘氨酸	0.2 mol/L NaOH
8.6	50	4.0	9.6	50	22.4
8.8	50	6.0	9.8	50	27.2
9.0	50	8.8	10.0	50	32.0
9.2	50	12.0	10.4	50	38.6
9.4	50	16.8	10.6	50	45.5

注：甘氨酸分子量=75.07，0.2 mol/L 溶液含 15.01 g/L。溶液加水至 200 mL。

2.16　“PBS”缓冲液

表 16　“PBS”缓冲液配制

pH	H_2O/mL	NaCl/g	Na_2HPO_4/g	NaH_2PO_4/g
7.6	1 000	8.5	2.2	0.1
7.4	1 000	8.5	2.2	0.2
7.2	1 000	8.5	2.2	0.3
7.0	100	8.5	2.2	0.4

Ⅳ 常用酸碱指示剂及酸碱滴定指示剂的选择

1 常用酸碱指示剂

表 17 酸碱指示剂

序号	名称	pH 变色范围	酸色	碱色	pK_a	浓度
1	甲基紫(第一次变色)	0.13～0.5	黄	绿	0.8	0.1%水溶液
2	甲酚红(第一次变色)	0.2～1.8	红	黄	—	0.04%乙醇(50%)溶液
3	甲基紫(第二次变色)	1.0～1.5	绿	蓝	—	0.1%水溶液
4	百里酚蓝(第一次变色)	1.2～2.8	红	黄	1.65	0.1%乙醇(20%)溶液
5	茜素黄 R(第一次变色)	1.9～3.3	红	黄	—	0.1%水溶液
6	甲基紫(第三次变色)	2.0～3.0	蓝	紫	—	0.1%水溶液
7	甲基黄	2.9～4.0	红	黄	3.3	0.1%乙醇(90%)溶液
8	溴酚蓝	3.0～4.6	黄	蓝	3.85	0.1%乙醇(20%)溶液
9	甲基橙	3.1～4.4	红	黄	3.4	0.1%水溶液
10	溴甲酚绿	3.8～5.4	黄	蓝	4.68	0.1%乙醇(20%)溶液
11	甲基红	4.4～6.2	红	黄	4.95	0.1%乙醇(60%)溶液
12	溴百里酚蓝	6.0～7.6	黄	蓝	7.1	0.1%乙醇(20%)
13	中性红	6.8～8.0	红	黄	7.4	0.1%乙醇(60%)溶液
14	酚红	6.8～8.0	黄	红	7.9	0.1%乙醇(20%)溶液
15	甲酚红(第二次变色)	7.2～8.8	黄	红	8.2	0.04%乙醇(50%)溶液
16	百里酚蓝(第二次变色)	8.0～9.6	黄	蓝	8.9	0.1%乙醇(20%)溶液
17	酚酞	8.2～10.0	无色	紫红	9.4	0.1%乙醇(60%)溶液
18	百里酚酞	9.4～10.6	无色	蓝	10	0.1%乙醇(90%)溶液
19	茜素黄 R(第二次变色)	10.1～12.1	黄	紫	11.16	0.1%水溶液
20	靛胭脂红	11.6～14.0	蓝	黄	12.2	25%乙醇(50%)溶液

2 常用酸碱滴定指示剂

表 18 酸碱滴定指示剂的选择

酸	碱或盐	等电点	突跃范围	指示剂	变色范围
强	强碱	pH=7	pH 4.3~9.7	酚酞 甲基橙 中性红	8.2~10 3.1~4.4 6.8~8.0
弱	强碱	pH=8.7	pH 7.7~9.7	酚酞	8.2~10
强	强碱	pH=5.3	pH 6.3~4.3	甲基橙	3.1~4.4
多无	强碱	第一 pH=4.7 第二 pH=9.7		甲基橙 酚酞	3.1~4.4 8.2~10
强	盐 (Na_2CO_3)	第一 pH=8.3 第二 pH=3.9		酚酞 甲基橙	8.2~10 3.1~4.4

Ⅴ 常用酸碱浓度表

表 19 常见的市售酸碱的浓度

试剂名称	分子量	质量分数/%	相对密度	浓度/(mol/L)
冰乙酸	60.05	99.5	1.05(约)	17(CH_3COOH)
乙酸	60.05	36	1.04	6.3(CH_3COOH)
甲酸	46.02	90	1.20	23(HCOOH)
盐酸	36.50	36~38	1.18(约)	12(HCl)
硝酸	63.02	65~68	1.42	16(HNO_3)
高氯酸	100.50	70	1.67	12($HClO_4$)
磷酸	98.00	85	1.70	15(H_3PO_4)
硫酸	98.10	96~98	1.84(约)	18(H_2SO_4)
氨水	17.00	25~28	0.8~8(约)	15($NH_3 \cdot H_2O$)

Ⅵ 酒精度与温度校正表

表 20 酒精度与温度校正表

溶液温度/℃	酒精计示值										
	0	0.5	1.0	1.5	2.0	2.5	3.0	3.5	4.0	4.5	5.0
	温度 20℃时用体积分数表示的酒精浓度/%										
0	0.8	1.3	1.8	2.3	2.8	3.3	3.9	4.4	4.9	5.5	6.0
1	0.8	1.3	1.8	2.4	2.9	3.4	3.9	4.4	5.0	5.5	6.1
2	0.8	1.4	1.9	2.4	2.9	3.4	4.0	4.5	5.0	5.6	6.1
3	0.9	1.4	1.9	2.4	3.0	3.5	4.0	4.5	5.0	5.6	6.1
4	0.9	1.4	1.9	2.4	3.0	3.5	4.0	4.5	5.1	5.6	6.2
5	0.9	1.4	2.0	2.5	3.0	3.5	4.0	4.6	5.1	5.6	6.2
6	0.9	1.4	2.0	2.5	3.0	3.5	4.0	4.6	5.1	5.6	6.2
7	0.9	1.4	1.9	2.4	3.0	3.5	4.0	4.5	5.1	5.6	6.1
8	0.9	1.4	1.9	2.4	2.9	3.4	4.0	4.5	5.0	5.6	6.1
9	0.9	1.4	1.9	2.4	2.9	3.4	4.0	4.5	5.0	5.5	6.0
10	0.8	1.3	1.8	2.4	2.9	3.4	3.9	4.4	5.0	5.5	6.0
11	0.8	1.3	1.8	2.3	2.8	3.3	3.9	4.4	4.9	5.4	6.0
12	0.7	1.2	1.7	2.2	2.8	3.3	3.8	4.3	4.8	5.4	5.9
13	0.7	1.2	1.7	2.2	2.7	3.2	3.7	4.2	4.8	5.3	5.8
14	0.6	1.1	1.6	2.1	2.6	3.1	3.6	4.2	4.7	5.2	5.7
15	0.5	1.0	1.5	2.0	2.5	3.0	3.6	4.1	4.6	5.1	5.6
16	0.4	0.9	1.4	1.9	2.4	2.9	3.4	4.0	4.5	5.0	5.5
17	0.3	0.8	1.3	1.8	2.3	2.8	3.4	3.9	4.4	4.9	5.4
18	0.2	0.7	1.2	1.7	2.2	2.7	3.2	3.7	4.2	4.8	5.3
19	0.1	0.6	1.1	1.6	2.1	2.6	3.1	3.6	4.1	4.6	5.1
20	0.0	0.5	1.0	1.5	2.0	2.5	3.0	3.5	4.0	4.5	5.0
21		0.4	0.9	1.4	1.9	2.4	2.9	3.4	3.9	4.4	4.8
22		0.2	0.7	1.2	1.7	2.2	2.7	3.2	3.7	4.2	4.7
23		0.1	0.6	1.1	1.6	2.1	2.6	3.1	3.6	4.1	4.6
24		0.0	0.4	0.9	1.4	1.9	2.4	2.9	3.4	3.9	4.4
25			0.3	0.8	1.3	1.8	2.3	2.8	3.2	3.7	4.2
26			0.1	0.6	1.1	1.6	2.1	2.6	3.1	3.6	4.0
27			0.0	0.4	1.0	1.4	1.9	2.4	2.9	3.4	3.9
28				0.3	0.8	1.3	1.8	2.2	2.7	3.2	3.7
29				0.2	0.6	1.1	1.6	2.1	2.5	3.0	3.6
30				0.1	0.4	0.9	1.4	1.9	2.4	2.8	3.3

续表 20

溶液温度/℃	酒精计示值									
	5.5	6.0	6.5	7.0	7.5	8.0	8.5	9.0	9.5	10.0
	温度 20℃时用体积分数表示的酒精浓度/%									
0	6.6	7.2	7.8	8.4	9.0	9.6	10.2	10.8	11.4	12.0
1	6.6	7.2	7.8	8.4	9.0	9.6	10.2	10.8	11.4	12.0
2	6.7	7.2	7.8	8.4	9.0	9.6	10.2	10.8	11.4	12.0
3	6.7	7.3	7.8	8.4	9.0	9.6	10.2	10.8	11.4	12.0
4	6.7	7.3	7.8	8.4	9.0	9.6	10.2	10.7	11.3	11.9
5	6.7	7.3	7.8	8.4	9.0	9.6	10.1	10.7	11.3	11.8
6	6.7	7.3	7.8	8.4	8.9	9.5	10.1	10.6	11.2	11.8
7	6.7	7.2	7.8	8.4	8.9	9.5	10.0	10.6	11.2	11.7
8	6.6	7.2	7.7	8.3	8.8	9.4	10.0	10.5	11.1	11.6
9	6.6	7.1	7.7	8.2	8.8	9.3	9.9	10.4	11.0	11.5
10	6.5	7.1	7.6	8.2	8.7	9.3	9.8	10.3	10.9	11.4
11	6.5	7.0	7.6	8.1	8.6	9.2	9.7	10.2	10.8	11.3
12	6.4	6.9	7.5	8.0	8.5	9.1	9.6	10.1	10.7	11.2
13	6.3	6.8	7.4	7.9	8.4	9.0	9.5	10.0	10.6	11.1
14	6.2	6.7	7.3	7.8	8.3	8.9	9.4	9.9	10.4	11.0
15	6.1	6.6	7.2	7.7	8.2	8.8	9.3	9.8	10.3	10.8
16	6.0	6.5	7.0	7.6	8.1	8.6	9.1	9.6	10.2	10.7
17	5.9	6.4	6.9	7.4	8.0	8.5	9.0	9.5	10.0	10.5
18	5.8	6.3	6.8	7.3	7.8	8.3	8.8	9.3	9.8	10.4
19	5.6	6.1	6.6	7.2	7.6	8.2	8.7	9.2	9.7	10.2
20	5.5	6.0	6.5	7.0	7.5	8.0	8.5	9.0	9.5	10.0
21	5.4	5.8	6.3	6.8	7.3	7.8	8.3	8.8	9.3	9.8
22	5.2	5.7	6.2	6.7	7.2	7.7	8.2	8.6	9.1	9.6
23	5.0	5.5	6.0	6.5	7.0	7.5	8.0	8.4	8.9	9.4
24	4.9	5.4	5.8	6.3	6.8	7.3	7.8	8.3	8.8	9.2
25	4.7	5.2	5.7	6.2	6.6	7.1	7.6	8.1	8.6	9.0
26	4.5	5.0	5.5	6.0	6.4	6.9	7.4	7.9	8.3	8.8
27	4.3	4.8	5.3	5.8	6.3	6.7	7.2	7.7	8.1	8.6
28	4.2	4.6	5.1	5.6	6.1	6.5	7.0	7.5	7.9	8.4
29	4.0	4.4	4.9	5.4	5.8	6.3	6.8	7.2	7.7	8.2
30	3.8	4.2	4.7	5.2	5.6	6.1	6.6	7.0	7.5	7.9

续表 20

溶液温度/℃	酒精计示值									
	10.5	11.0	11.5	12.0	12.5	13.0	13.5	14.0	14.5	15.0
	温度 20℃时用体积分数表示的酒精浓度/%									
0	12.7	13.3	14.0	14.6	15.3	16.0	16.7	17.5	18.2	19.0
1	12.6	13.3	13.9	14.6	15.3	15.9	16.6	17.3	18.1	18.8
2	12.6	13.2	13.9	14.5	15.2	15.9	16.6	17.2	17.9	18.6
3	12.6	13.2	13.8	14.5	15.1	15.8	16.4	17.1	17.8	18.5
4	12.5	13.1	13.8	14.4	15.0	15.7	16.3	17.0	17.7	18.3
5	12.4	13.0	13.7	14.3	14.9	15.6	16.2	16.8	17.5	18.2
6	12.4	13.0	13.6	14.2	14.8	15.4	16.1	16.7	17.3	18.0
7	12.3	12.9	13.5	14.1	14.7	15.3	15.9	16.5	17.2	17.8
8	12.2	12.8	13.4	14.0	14.6	15.2	15.8	16.4	17.0	17.6
9	12.1	12.7	13.2	13.8	14.4	15.0	15.6	16.2	16.8	17.4
10	12.0	12.6	13.1	13.7	14.3	14.9	15.4	16.0	16.6	17.2
11	11.9	12.4	13.0	13.6	14.1	14.7	15.3	15.8	16.4	17.0
12	11.8	12.3	12.8	13.4	14.0	14.5	15.1	15.7	16.2	16.8
13	11.6	12.2	12.7	13.2	13.8	14.4	14.9	15.5	16.0	16.6
14	11.5	12.0	12.5	13.1	13.6	14.2	14.7	15.3	15.8	16.4
15	11.3	11.9	12.4	12.9	13.5	14.0	14.5	15.1	15.6	16.2
16	11.2	11.7	12.2	12.8	13.3	13.8	14.3	14.9	15.4	15.9
17	11.0	11.5	12.1	12.6	13.1	13.6	14.1	14.7	15.2	15.7
18	10.9	11.4	11.9	12.4	12.9	13.4	13.9	14.4	15.0	15.5
19	10.7	11.2	11.7	12.2	12.7	13.2	13.7	14.2	14.7	15.2
20	10.5	11.0	11.5	12.0	12.5	13.0	13.5	14.0	14.5	15.0
21	10.3	10.8	11.3	11.8	12.3	12.8	13.3	13.8	14.3	14.8
22	10.1	10.6	11.1	11.6	12.1	12.6	13.1	13.6	14.0	14.5
23	9.9	10.4	10.9	11.4	11.8	12.3	12.8	13.3	13.8	14.3
24	9.7	10.2	10.7	11.2	11.6	12.1	12.6	13.1	13.5	14.0
25	9.5	10.0	10.4	10.9	11.4	11.9	12.4	12.8	13.3	13.8
26	9.3	9.8	10.2	10.7	11.2	11.7	12.1	12.6	13.0	13.5
27	9.1	9.5	10.0	10.5	10.9	11.4	11.9	12.3	12.8	13.2
28	8.9	9.3	9.8	10.3	10.7	11.2	11.6	12.1	12.6	13.0
29	8.6	9.1	9.5	10.0	10.5	10.9	11.4	11.8	12.3	12.7
30	8.4	8.9	9.3	9.8	10.2	10.7	11.1	11.6	12.0	12.5

续表 20

溶液温度/℃	酒精计示值									
	15.5	16.0	16.5	17.0	17.5	18.0	18.5	19.0	19.5	20.0
	温度 20℃时用体积分数表示的酒精浓度/%									
0	19.7	20.5	21.3	22.0	22.8	23.6	24.3	25.1	25.8	26.5
1	19.6	20.3	21.1	21.8	22.6	23.3	24.0	24.7	25.4	26.1
2	19.4	20.1	20.8	21.6	23.3	23.0	23.7	24.4	25.1	25.8
3	19.2	19.9	20.6	21.4	23.0	22.7	23.4	24.1	24.8	25.5
4	19.0	19.7	20.4	21.1	22.7	22.5	23.1	23.8	24.4	25.1
5	18.8	19.5	20.2	20.9	22.2	22.2	22.8	23.4	24.1	24.7
6	18.6	19.3	19.9	20.6	21.9	21.9	22.5	23.2	23.8	24.4
7	18.4	19.1	19.7	20.4	21.6	21.6	22.2	22.8	23.4	24.1
8	18.2	18.9	19.5	20.1	21.3	21.3	21.9	22.6	23.2	23.8
9	18.0	18.6	19.2	19.9	21.1	21.1	21.7	22.3	22.8	23.4
10	17.8	18.4	19.0	19.6	20.8	20.8	21.4	22.0	22.5	23.1
11	17.6	18.2	18.8	19.4	20.5	20.5	21.1	21.7	22.2	22.8
12	17.4	18.0	18.5	19.1	20.2	20.2	20.8	21.4	21.9	22.5
13	17.2	17.7	18.3	18.8	20.0	20.0	20.5	21.1	21.6	22.2
14	16.9	17.5	18.0	18.6	19.7	19.7	20.22	20.8	21.3	21.9
15	16.7	17.2	17.8	18.3	19.4	19.4	20.0	20.5	21.0	21.6
16	16.5	17.0	17.5	18.1	19.2	19.2	19.7	20.2	20.7	21.6
17	16.2	16.8	17.3	17.8	18.9	18.9	19.4	19.9	20.4	20.9
18	16.0	16.5	17.0	17.6	18.6	18.6	19.1	19.6	20.1	20.6
19	15.8	16.3	16.8	17.3	18.3	18.3	18.8	19.3	19.8	20.3
20	15.5	16.0	16.5	17.0	18.0	18.0	18.5	19.0	19.5	20.0
21	15.2	15.7	16.2	16.7	17.7	17.7	18.2	18.7	19.2	19.7
22	15.0	15.5	16.0	16.5	17.4	17.4	17.9	18.4	18.9	19.4
23	14.7	15.2	15.7	16.2	17.1	17.1	17.6	18.1	18.6	19.0
24	14.5	15.0	15.4	15.9	16.9	16.9	17.3	17.8	18.3	18.7
25	14.2	14.7	15.2	15.6	16.6	16.6	17.0	17.5	18.0	18.4
26	14.0	14.4	14.9	15.4	16.3	16.3	16.7	17.2	17.6	18.1
27	13.7	14.2	14.6	15.1	16.0	16.0	16.4	16.9	17.3	17.6
28	13.4	13.9	14.4	14.8	15.7	15.7	16.1	16.6	17.0	17.5
29	13.2	13.6	14.1	14.5	15.4	15.4	15.8	16.3	16.7	17.2
30	12.9	13.4	13.8	14.2	15.1	15.1	15.5	16.0	16.4	16.8

续表 20

溶液温度/℃	酒精计示值									
	20.5	21.0	21.5	22.0	22.5	23.0	23.5	24.0	24.5	25.0
	温度 20℃时用体积分数表示的酒精浓度/%									
0	27.2	27.9	28.6	29.2	29.9	30.6	31.2	31.8	32.4	33.0
1	26.8	27.5	28.2	28.8	29.5	30.1	30.7	31.4	32.0	32.6
2	26.4	27.1	27.8	28.4	29.0	29.7	30.3	30.9	31.5	32.2
3	26.1	26.8	27.4	28.0	28.6	29.3	29.9	30.5	31.1	21.7
4	25.7	26.4	27.0	27.6	28.2	28.9	29.5	30.1	30.7	31.3
5	25.4	26.0	26.6	27.2	27.8	28.5	29.1	29.7	30.5	30.8
6	25.0	25.6	26.2	26.9	27.5	28.1	28.7	29.3	29.8	30.4
7	24.7	25.3	25.9	26.5	27.1	27.7	28.3	28.9	29.4	30.0
8	24.3	24.9	25.5	26.1	26.7	27.3	27.9	28.5	29.0	29.6
9	24.0	24.6	25.2	25.8	26.3	26.9	27.5	28.1	28.6	29.2
10	23.7	24.3	24.8	25.4	26.0	26.6	27.1	27.7	28.2	28.8
11	23.4	23.9	24.5	25.0	25.6	26.2	26.7	27.3	27.8	28.4
12	23.0	23.6	24.2	24.7	25.3	25.8	26.4	26.9	27.4	28.0
13	22.7	23.3	23.8	24.4	24.9	25.4	26.0	26.5	27.1	27.6
14	22.4	23.0	23.5	24.0	24.6	25.1	25.6	26.2	26.7	27.2
15	22.1	22.6	23.1	23.7	24.2	24.7	25.3	25.8	26.3	26.8
16	21.8	22.3	22.8	23.3	23.8	24.4	24.9	25.4	25.9	26.5
17	21.4	22.0	22.5	23.0	23.5	24.0	24.5	25.1	25.6	26.1
18	21.1	21.6	22.1	22.6	23.2	23.7	24.2	24.7	25.2	25.7
19	20.8	21.3	21.8	22.3	22.8	23.3	23.8	24.4	24.8	25.4
20	20.5	21.0	21.5	22.0	22.5	23.0	23.5	24.0	24.5	25.0
21	20.2	20.7	21.2	21.7	22.2	22.6	23.1	23.6	24.1	24.6
22	19.0	20.4	20.8	21.3	21.8	22.3	22.8	23.3	23.8	24.3
23	19.5	20.0	20.5	21.0	21.5	22.0	22.4	22.9	23.4	23.9
24	19.2	19.7	20.2	20.7	21.1	21.6	22.1	22.6	23.1	23.5
25	18.9	19.4	19.8	20.3	20.8	21.3	21.8	22.2	22.7	23.2
26	18.6	19.0	19.5	20.0	20.5	20.9	21.4	21.9	22.4	22.8
27	18.2	18.7	19.2	19.6	20.1	20.6	21.0	21.5	22.0	22.5
28	17.9	18.4	18.8	19.3	19.8	20.2	20.7	21.2	21.6	22.1
29	17.6	18.0	18.5	19.0	19.4	19.9	20.4	20.8	21.3	21.8
30	17.3	17.7	18.2	18.6	19.1	19.6	20.0	20.5	20.9	21.4

续表 20

溶液温度/℃	酒精计示值									
	25.5	26.0	26.5	27.0	27.5	28.0	28.5	29.0	29.5	30.0
	温度 20℃时用体积分数表示的酒精浓度/%									
0	33.6	34.2	34.7	35.3	35.8	36.3	36.8	37.3	37.8	43.1
1	33.1	33.7	34.3	34.9	35.3	35.9	36.4	36.9	37.4	42.7
2	32.7	33.3	33.8	34.4	34.9	35.4	36.0	36.5	37.0	42.3
3	32.3	32.9	33.4	34.0	34.5	35.0	35.5	36.0	36.6	41.9
4	31.8	32.4	33.0	33.5	34.0	34.6	35.1	35.6	36.1	41.5
5	31.4	32.0	32.6	33.1	33.6	34.2	34.7	35.2	25.7	41.1
6	31.0	31.6	32.1	32.7	33.2	33.7	34.2	34.8	25.3	40.7
7	30.6	31.1	31.7	32.2	32.8	33.3	33.8	34.4	34.9	40.3
8	30.2	30.7	31.3	31.8	32.4	32.9	33.4	33.9	34.4	39.9
9	29.7	30.3	30.8	31.4	31.9	32.5	33.0	33.5	34.0	39.5
10	29.3	29.9	30.4	31.0	31.5	32.0	32.6	33.1	33.6	39.1
11	28.9	29.5	30.0	30.6	31.1	31.6	32.1	32.7	33.2	38.7
12	28.5	29.1	29.6	30.2	30.7	31.2	31.7	32.2	32.8	38.2
13	28.2	28.7	29.2	29.7	30.3	30.8	31.3	31.8	32.3	37.8
14	27.8	28.3	28.8	29.3	29.9	30.4	30.9	31.4	31.9	37.4
15	27.4	27.9	28.4	28.9	29.5	30.0	30.5	31.0	31.5	37.0
16	27.0	27.5	28.0	28.5	29.0	29.6	30.1	30.6	31.1	36.6
17	26.6	27.1	27.6	28.1	28.6	29.2	29.7	30.2	30.7	36.2
18	26.2	26.7	27.2	27.8	28.3	28.8	29.3	29.8	30.3	35.8
19	25.9	26.4	26.9	27.4	27.9	28.4	28.9	29.4	29.9	35.4
20	25.5	26.0	26.5	27.0	27.5	28.0	28.5	29.0	29.5	35.0
21	25.1	25.6	26.1	26.6	27.1	27.6	28.1	28.6	29.1	34.6
22	24.8	25.3	25.8	26.2	26.7	27.2	27.7	28.2	28.7	34.2
23	24.4	24.9	25.4	25.8	26.3	26.8	27.3	27.8	28.3	33.8
24	24.0	24.5	25.0	25.5	26.0	26.4	26.9	27.4	27.9	33.4
25	23.7	24.1	24.6	25.1	25.6	26.1	26.6	27.0	27.5	33.0
26	23.3	23.8	24.2	24.7	25.2	25.7	26.2	26.6	27.1	32.6
27	22.9	23.4	23.9	24.4	24.8	25.3	25.8	26.3	26.7	32.2
28	22.6	23.0	23.5	24.0	24.4	24.9	25.4	25.9	26.4	31.7
29	22.2	22.7	23.2	23.6	24.1	24.6	25.0	25.5	26.0	31.3
30	21.9	22.3	22.8	23.2	23.7	24.2	24.6	25.1	25.6	30.9

续表 20

溶液温度/℃	酒精计示值									
	30.5	31.0	31.5	32.0	32.5	33.0	33.5	34.0	34.5	35.0
	温度 20℃时用体积分数表示的酒精浓度/%									
0	38.8	39.3	39.7	40.2	40.7	41.2	41.6	42.1	42.6	43.1
1	38.4	38.9	39.3	39.8	40.3	40.8	41.3	41.7	42.2	42.7
2	38.0	38.4	38.9	39.4	39.9	40.4	40.8	41.3	41.8	42.3
3	37.6	38.0	38.5	39.0	39.5	40.0	40.4	40.9	41.4	41.9
4	37.1	37.6	38.1	38.6	39.1	39.6	40.0	40.5	41.0	41.5
5	36.7	37.2	37.7	38.2	38.7	39.2	39.6	40.1	40.6	41.1
6	36.3	36.8	37.3	37.8	38.2	38.8	39.2	39.7	40.2	40.7
7	35.9	36.4	36.8	37.3	37.8	38.3	38.8	39.3	39.8	40.3
8	35.4	36.0	36.4	36.9	37.4	37.9	38.4	38.9	39.4	39.9
9	35.0	35.5	36.0	36.5	37.0	37.5	38.0	38.5	39.0	39.5
10	34.6	35.1	35.6	36.1	36.6	37.1	37.6	38.1	38.6	39.1
11	34.2	34.7	35.2	35.7	36.2	36.7	37.2	37.7	38.2	38.7
12	33.8	34.3	34.8	35.3	35.8	36.3	36.8	37.3	37.8	38.2
13	33.4	33.9	34.4	34.9	35.4	35.9	36.4	36.8	37.3	37.8
14	33.0	33.5	34.0	34.4	35.0	35.4	35.9	36.4	36.9	37.4
15	32.6	33.0	33.5	34.0	34.5	35.0	35.5	36.0	36.5	37.0
16	32.1	32.6	33.1	33.6	34.1	34.6	35.1	35.6	36.1	36.6
17	31.7	32.2	32.7	33.2	33.7	34.2	34.7	35.2	35.7	36.2
18	31.3	31.8	32.3	32.8	33.3	33.8	34.3	34.8	35.3	35.8
19	30.9	31.4	31.9	32.4	32.9	33.4	33.9	34.4	34.9	35.4
20	30.5	31.0	31.5	32.0	32.5	33.0	33.5	34.0	34.5	35.0
21	30.1	30.6	31.1	31.6	32.0	32.6	33.1	33.6	34.1	34.6
22	29.7	30.2	30.7	31.2	31.7	32.2	32.7	33.2	33.7	34.2
23	29.3	29.8	30.3	30.8	31.3	31.8	32.3	32.8	33.3	33.8
24	28.9	29.4	29.9	30.4	30.9	31.4	31.9	32.4	32.9	33.4
25	28.5	29.0	29.5	30.0	30.5	31.0	31.5	32.0	32.5	33.0
26	28.1	28.6	29.1	29.6	30.0	30.6	31.0	31.6	32.0	32.6
27	27.7	28.2	28.7	29.2	29.6	30.2	30.6	31.2	31.6	32.2
28	27.3	27.8	28.3	28.8	29.2	29.7	30.2	30.7	31.2	31.7
29	26.9	27.4	27.9	28.4	28.8	29.4	29.8	30.3	30.8	31.3
30	26.5	27.0	27.5	28.0	28.9	28.9	29.4	29.9	30.4	30.9

续表 20

溶液温度/℃	酒精计示值									
	35.5	36.0	36.5	37.0	37.5	38.0	38.5	39.0	39.5	40.0
	温度 20℃时用体积分数表示的酒精浓度/%									
0	43.6	44.0	44.5	45.0	45.5	46.0	46.4	46.9	47.4	47.8
1	43.2	43.7	44.1	44.6	45.1	45.6	46.0	46.5	47.0	47.5
2	42.8	43.3	43.7	44.2	44.7	45.2	45.7	46.1	46.6	47.1
3	42.2	42.9	43.4	43.8	44.3	44.8	45.3	45.8	46.2	46.7
4	42.4	42.5	43.0	43.4	43.9	44.4	44.9	45.4	45.9	46.3
5	42.0	42.1	42.6	43.1	43.6	44.0	44.5	45.0	45.5	46.0
6	41.6	41.7	42.2	42.7	43.2	43.6	44.1	44.6	45.1	45.6
7	41.2	41.3	41.8	42.3	42.8	43.2	43.7	44.2	44.7	45.2
8	40.8	40.9	41.4	41.9	42.4	42.8	43.3	43.8	44.3	44.8
9	40.4	40.5	41.0	41.5	42.0	42.4	42.9	43.4	43.9	44.4
10	40.0	40.1	40.6	41.0	41.6	42.0	42.5	43.0	43.5	44.0
11	39.6	39.6	40.2	40.6	41.1	41.6	42.1	42.6	43.1	43.6
12	39.2	39.2	39.7	40.2	40.7	41.2	41.7	42.2	42.7	43.2
13	38.7	38.8	39.3	39.8	40.3	40.8	41.3	41.8	42.3	42.8
14	38.3	38.4	38.9	39.4	39.9	40.4	40.9	41.4	41.9	42.4
15	37.9	38.0	38.5	39.0	39.5	40.0	40.5	41.0	41.5	42.0
16	37.5	37.6	38.1	38.6	39.1	39.6	40.1	40.6	41.1	41.6
17	37.1	37.2	37.7	38.2	38.7	39.2	39.7	40.2	40.7	41.2
18	36.7	36.8	37.3	37.8	38.3	38.8	39.3	39.8	40.3	40.8
19	36.3	36.4	36.9	37.4	37.9	38.4	38.9	39.4	39.9	40.4
20	35.9	36.0	36.5	37.0	37.5	38.0	38.5	39.0	39.5	40.0
21	35.1	35.6	36.1	36.6	37.1	37.6	38.1	38.6	39.1	39.6
22	34.7	35.2	35.7	36.2	36.7	37.2	37.7	38.2	38.7	39.2
23	34.3	34.8	35.3	35.8	36.3	36.8	37.3	37.8	38.3	38.8
24	33.9	34.4	34.9	35.4	35.9	36.4	36.9	37.4	37.9	38.4
25	33.5	34.0	34.5	35.0	35.5	36.0	36.5	37.0	37.5	38.0
26	33.1	33.6	34.1	34.6	35.1	35.6	36.1	36.6	37.1	37.6
27	32.7	33.2	33.7	34.2	34.7	35.2	35.7	36.2	36.7	37.2
28	32.2	32.8	33.2	33.8	34.3	34.8	35.3	35.8	36.3	36.8
29	31.8	32.3	32.8	33.4	33.9	34.4	34.9	35.4	35.9	36.4
30	31.4	32.0	32.4	33.0	33.5	34.0	34.5	35.0	35.5	36.0

续表 20

溶液温度/℃	酒精计示值									
	40.5	41.0	41.5	42.0	42.5	43.0	43.5	44.0	44.5	45.0
	温度20℃时用体积分数表示的酒精浓度/%									
0	48.3	48.8	49.3	49.7	50.2	50.7	51.1	51.6	52.1	52.6
1	47.9	48.4	48.9	49.4	49.8	50.3	50.8	51.3	51.7	52.2
2	47.6	48.0	48.5	49.0	49.5	49.9	50.4	50.9	51.4	51.8
3	47.2	47.7	48.1	48.6	49.1	49.6	50.0	50.5	51.0	51.5
4	46.8	47.3	47.8	48.2	48.7	49.2	49.7	50.2	50.6	51.1
5	46.4	46.9	47.4	47.9	48.3	48.8	49.3	49.8	50.3	50.8
6	46.0	46.5	47.0	47.5	48.0	48.4	48.9	49.4	49.9	50.4
7	45.7	46.2	46.6	47.1	47.6	48.1	48.5	49.0	49.5	50.0
8	45.3	45.8	46.2	46.7	47.2	47.7	48.2	48.6	49.1	49.6
9	44.9	45.4	45.8	46.3	46.8	47.3	47.8	48.3	48.8	49.2
10	44.5	45.0	45.5	46.0	46.4	46.9	47.4	47.9	48.4	48.9
11	44.1	44.6	45.1	45.6	46.0	46.5	47.0	47.5	48.0	48.5
12	43.7	44.2	44.7	45.2	45.6	46.1	46.6	47.1	47.6	48.1
13	43.3	43.8	44.3	44.8	45.3	45.8	46.3	46.7	47.2	47.7
14	42.9	43.4	43.9	44.4	44.9	45.4	45.8	46.4	46.8	47.3
15	42.5	43.0	43.5	44.0	44.5	45.0	45.5	46.0	46.4	47.0
16	42.1	42.6	43.1	43.6	44.1	44.6	45.2	45.6	46.1	46.6
17	41.7	42.2	42.7	43.2	43.7	44.2	44.8	45.2	45.7	46.2
18	41.3	41.8	42.3	42.8	43.3	43.8	44.4	44.8	45.3	45.8
19	40.9	41.4	41.9	42.4	42.9	43.4	44.0	44.4	44.9	45.4
20	40.5	41.0	41.5	42.0	42.5	43.0	43.6	44.0	44.5	45.0
21	40.1	40.6	41.1	41.6	42.1	42.6	43.1	43.6	44.1	44.6
22	39.7	40.2	40.7	41.2	41.7	42.2	42.7	43.2	43.7	44.2
23	39.3	39.8	40.3	40.8	41.3	41.8	42.3	42.8	43.3	43.8
24	38.9	39.4	39.9	40.4	40.9	41.4	41.9	42.4	42.9	43.4
25	38.5	39.0	39.5	40.0	40.5	41.0	41.5	42.0	42.5	43.0
26	38.1	38.6	39.1	39.6	40.1	40.6	41.1	41.6	42.2	42.7
27	37.7	38.2	38.7	39.2	39.7	40.2	40.7	41.2	41.8	42.3
28	37.3	37.8	38.3	38.8	39.3	39.8	40.3	40.8	41.4	41.9
29	36.9	37.4	37.9	38.4	38.9	39.4	39.9	40.4	41.0	41.5
30	36.5	37.0	37.5	38.0	38.5	39.0	39.5	40.1	40.6	41.1

续表 20

溶液温度/℃	酒精计示值									
	45.5	46.0	46.5	47.0	47.5	48.0	48.5	49.0	49.5	50.0
	温度 20℃时用体积分数表示的酒精浓度/%									
0	53.0	53.5	54.0	54.5	54.9	55.4	55.9	56.4	56.8	57.3
1	52.7	53.2	53.6	54.1	54.6	55.0	55.5	56.0	56.5	57.0
2	52.3	52.8	53.3	53.8	54.2	54.7	55.2	55.6	56.1	56.6
3	52.0	52.4	52.9	53.4	53.9	54.3	54.8	55.3	55.8	56.2
4	51.6	52.1	52.6	53.0	53.5	54.0	54.4	54.9	55.4	55.9
5	51.2	51.7	52.2	52.7	53.1	53.6	54.1	54.6	55.0	55.5
6	50.8	51.3	51.8	52.3	52.8	53.2	53.7	54.2	54.7	55.2
7	50.5	51.0	51.4	51.9	52.4	52.9	53.4	53.9	54.3	54.8
8	50.1	50.6	51.1	51.6	52.0	52.5	53.0	53.5	54.0	54.5
9	49.7	50.2	50.7	51.2	51.7	52.2	52.6	53.1	53.6	54.1
10	49.4	49.8	50.3	50.8	51.3	51.8	52.3	52.8	53.2	53.7
11	49.0	48.5	50.0	50.4	50.9	51.4	51.9	52.4	52.9	53.4
12	48.6	49.1	49.6	50.1	50.6	51.0	51.6	52.0	52.5	53.0
13	48.2	48.7	49.2	49.7	50.2	50.7	51.2	51.6	52.1	52.6
14	47.9	48.3	48.8	49.3	49.8	50.3	50.8	51.3	51.8	52.2
15	47.4	47.9	48.4	48.9	48.4	49.9	50.4	50.9	51.4	51.9
16	47.1	47.6	48.0	48.6	49.0	49.5	50.0	50.5	51.0	51.5
17	46.7	47.2	47.7	48.2	48.7	49.2	49.6	50.1	50.6	51.1
18	46.3	46.8	47.3	47.8	48.3	48.8	49.3	49.8	50.2	50.7
19	45.9	46.4	46.9	47.4	47.9	48.4	48.9	49.4	49.9	50.4
20	45.4	46.0	46.5	47.0	47.5	48.0	48.5	49.0	49.5	50.0
21	45.1	45.6	46.1	46.6	47.1	47.6	48.1	48.6	49.1	49.6
22	44.7	45.2	45.7	46.2	46.7	47.2	47.7	48.2	48.7	49.2
23	44.3	44.8	45.3	45.8	46.3	46.8	47.3	47.8	48.4	48.9
24	43.9	44.4	44.9	45.4	46.0	46.4	47.0	47.5	48.0	48.5
25	43.6	44.1	44.6	45.1	45.6	46.1	46.6	47.1	47.6	48.1
26	43.2	43.7	44.2	44.7	45.2	45.7	46.2	46.7	47.2	47.7
27	42.8	43.3	43.8	44.3	44.8	45.3	45.8	46.3	46.8	47.3
28	42.4	42.9	43.4	43.9	44.4	44.9	45.4	45.9	46.4	47.0
29	42.0	42.5	43.0	43.5	44.0	44.5	45.0	45.6	46.1	46.6
30	41.6	42.1	42.6	43.1	43.6	44.2	44.7	45.2	45.7	46.2

续表 20

溶液温度/℃	酒精计示值									
	50.5	51.0	51.5	52.0	52.5	53.0	53.5	54.0	54.5	55.0
	温度 20℃时用体积分数表示的酒精浓度/%									
0	57.8	58.2	58.7	59.2	59.7	60.1	60.6	61.1	61.6	62.0
1	57.4	57.9	58.4	58.8	59.3	59.8	60.3	60.7	61.2	61.7
2	57.1	57.5	58.0	58.5	59.0	59.4	59.9	60.4	60.9	61.4
3	56.7	57.2	57.7	58.2	58.6	59.1	59.6	60.1	60.5	61.0
4	56.4	56.8	57.3	57.8	58.3	58.8	59.2	59.7	60.2	60.7
5	56.0	56.5	57.0	57.4	57.9	58.4	58.9	59.4	59.8	60.3
6	55.6	56.1	56.6	57.1	57.6	58.1	58.5	59.0	59.5	60.0
7	55.3	55.8	56.3	56.8	57.2	57.7	58.2	58.7	59.2	59.6
8	54.9	55.4	55.9	56.4	56.9	57.4	57.8	58.3	58.8	59.3
9	54.6	55.1	55.6	56.0	56.5	57.0	57.5	58.0	58.4	58.9
10	54.2	54.7	55.2	55.7	56.2	56.6	57.1	57.6	58.1	58.6
11	53.8	54.3	54.8	55.3	55.8	56.3	56.8	57.2	57.7	58.2
12	53.5	54.0	54.5	55.0	55.4	55.9	56.4	56.9	57.4	57.9
13	53.1	53.6	54.1	54.6	55.1	55.6	56.0	56.5	57.0	57.5
14	52.7	53.2	53.7	54.2	54.8	55.2	55.7	56.2	56.7	57.2
15	52.4	52.9	53.4	53.9	54.4	54.8	55.3	55.8	56.3	56.8
16	52.0	52.5	53.0	53.5	54.0	54.5	55.0	55.5	56.0	56.4
17	51.6	52.1	52.6	53.1	53.6	54.1	54.6	55.1	55.6	56.1
18	51.2	51.7	52.2	52.7	53.2	53.7	54.2	54.7	55.2	55.7
19	50.9	51.4	51.9	52.4	52.9	53.4	53.9	54.4	54.9	55.4
20	50.5	51.0	51.5	52.0	52.5	53.0	53.5	54.0	54.5	55.0
21	50.1	50.6	51.1	51.6	52.1	52.6	53.1	53.6	54.1	54.6
22	49.7	50.2	50.7	51.2	51.8	52.2	52.8	53.3	53.8	54.3
23	49.4	49.9	50.4	50.9	51.4	51.9	52.4	52.9	53.4	53.9
24	49.0	49.5	50.0	50.5	51.0	51.5	52.0	52.5	53.0	53.5
25	48.6	49.1	49.6	50.1	50.6	51.1	51.6	52.2	52.6	53.2
26	48.2	48.7	49.2	49.7	50.2	50.8	51.3	51.8	52.3	52.8
27	47.8	48.3	48.8	49.4	49.9	50.4	50.9	51.4	51.9	52.4
28	47.5	48.0	48.5	49.0	49.5	50.0	50.5	51.0	51.5	52.1
29	47.1	47.6	48.1	48.6	49.1	49.6	50.2	50.7	51.2	51.7
30	46.7	47.2	47.7	48.2	48.8	49.3	49.8	50.3	50.8	51.3

续表 20

溶液温度/℃	酒精计示值									
	55.5	56.0	56.5	57.0	57.5	58.0	58.5	59.0	59.5	60.0
	温度 20℃时用体积分数表示的酒精浓度/%									
0	62.5	63.0	63.4	63.9	64.4	64.9	65.4	65.8	66.3	66.8
1	62.2	62.6	63.1	63.6	64.1	64.6	65.0	65.5	66.0	66.4
2	61.8	62.3	62.8	63.3	63.7	64.2	64.7	65.2	65.6	66.1
3	61.5	62.0	62.4	62.9	63.4	63.9	64.4	64.8	65.3	65.8
4	61.2	61.6	62.1	62.6	63.1	63.6	64.0	64.5	65.0	65.5
5	60.8	61.3	61.8	62.3	62.7	63.2	63.7	64.2	64.7	65.1
6	60.5	61.0	61.4	61.9	62.4	62.9	63.4	63.8	64.3	64.8
7	60.1	60.6	61.1	61.6	62.1	62.9	63.0	63.5	64.0	64.5
8	59.8	60.3	60.8	61.2	61.7	62.2	62.7	63.2	63.9	64.1
9	59.4	59.9	60.4	60.9	61.4	61.9	62.3	62.8	63.3	63.8
10	59.1	59.6	60.0	60.5	61.0	61.5	62.0	62.5	63.0	63.5
11	58.7	59.2	59.7	60.2	60.7	61.2	61.6	62.1	62.6	63.1
12	58.4	58.9	59.4	59.8	60.3	60.8	61.3	61.8	62.3	62.8
13	58.0	58.5	59.0	59.5	60.0	60.5	61.0	61.4	61.9	62.4
14	57.7	58.2	58.6	59.1	59.6	60.1	60.6	61.1	61.6	62.1
15	57.3	57.8	58.3	58.8	59.3	59.8	60.2	60.8	61.2	61.7
16	56.9	57.4	57.9	58.4	58.9	59.4	59.9	60.4	60.9	61.4
17	56.6	57.1	57.6	58.1	58.6	59.1	59.6	60.0	60.5	61.0
18	56.2	56.7	57.2	57.7	58.2	58.7	59.2	59.7	60.2	60.7
19	55.9	56.4	56.9	57.4	57.8	58.4	58.8	59.4	59.8	60.4
20	55.5	56.0	56.5	57.0	57.5	58.0	58.5	59.0	59.5	60.0
21	55.1	55.6	56.1	56.6	57.1	57.6	58.1	58.6	59.1	59.6
22	54.8	55.3	55.8	56.3	56.8	57.3	57.8	58.3	58.8	59.3
23	54.4	54.9	55.4	55.9	56.4	56.9	57.4	57.9	58.4	58.9
24	54.0	54.5	55.0	55.6	56.1	56.6	57.1	57.6	58.1	58.6
25	53.7	54.2	54.7	55.2	55.7	56.2	56.7	57.2	57.7	58.2
26	53.3	53.8	54.3	54.8	55.3	55.8	56.4	26.9	57.4	57.9
27	52.9	53.4	54.0	54.5	55.0	55.5	56.0	56.5	57.0	57.5
28	52.6	53.1	53.6	54.1	54.6	55.1	55.6	56.1	56.6	57.2
29	52.2	52.7	53.2	53.7	54.2	54.8	55.3	55.8	56.3	56.8
30	51.8	52.3	52.9	53.4	53.9	54.4	54.9	55.4	55.9	56.4

续表 20

溶液温度/℃	酒精计示值									
	60.5	61.0	61.5	62.0	62.5	63.0	63.5	64.0	64.5	65.0
	温度 20℃时用体积分数表示的酒精浓度/%									
0	67.2	67.7	68.2	68.7	69.2	69.6	70.1	70.6	71.1	71.5
1	66.9	67.4	67.9	68.4	68.8	69.3	69.8	70.3	70.8	71.2
2	66.6	67.1	67.6	68.0	68.5	69.0	69.5	70.0	70.4	70.9
3	66.3	66.8	67.2	67.7	68.2	68.7	69.2	69.6	70.1	70.6
4	65.9	66.4	66.9	67.4	67.9	68.4	68.8	69.3	69.8	70.3
5	65.6	66.1	66.6	67.1	67.5	68.0	68.5	69.0	69.5	70.0
6	65.3	65.8	66.2	66.7	67.2	67.7	68.2	68.7	69.2	69.6
7	65.0	65.4	65.9	66.4	66.9	67.4	67.9	68.4	68.8	69.3
8	64.6	65.1	65.6	66.1	66.6	67.0	67.5	68.0	68.5	69.0
9	64.3	64.8	65.2	65.7	66.2	66.7	67.2	67.7	68.2	68.7
10	63.9	64.4	64.9	65.4	65.9	66.4	66.9	67.4	67.8	68.3
11	63.6	64.1	64.6	65.1	65.6	66.0	66.5	67.0	67.5	68.0
12	63.3	63.8	64.2	64.7	65.2	65.7	66.2	66.7	67.2	67.7
13	62.9	63.4	63.9	64.4	64.9	65.4	65.9	66.4	66.8	67.4
14	62.6	63.1	63.6	64.1	64.6	65.0	65.5	66.0	66.5	67.0
15	62.2	62.7	63.2	63.7	64.2	64.7	65.2	65.7	66.2	66.7
16	61.9	62.4	62.9	63.4	63.9	64.4	64.8	65.4	65.8	66.3
17	61.5	62.0	62.5	63.0	63.5	64.0	64.5	65.0	65.5	66.0
18	61.2	61.7	62.2	62.7	63.2	63.7	64.2	64.7	65.2	65.7
19	60.8	61.3	61.8	62.3	62.8	63.3	63.8	64.3	64.8	65.3
20	60.5	61.0	61.5	62.0	62.5	63.0	63.5	64.0	64.5	65.0
21	60.1	60.6	61.2	61.6	62.2	62.6	63.2	63.6	64.2	64.6
22	59.8	60.3	60.8	61.3	61.8	62.3	62.8	63.3	63.8	64.3
23	59.4	60.0	60.4	61.0	61.5	62.0	62.5	63.0	63.5	64.0
24	59.1	59.6	60.1	60.6	61.1	61.6	62.1	62.6	63.1	63.6
25	58.7	59.2	59.8	60.3	60.8	61.3	61.8	62.3	62.8	63.3
26	58.4	58.9	59.4	59.9	60.4	60.9	61.4	61.9	62.4	63.0
27	58.0	58.5	59.0	59.6	60.1	60.6	61.1	61.6	62.1	62.6
28	57.7	58.2	58.7	59.2	59.7	60.2	60.7	61.2	61.8	62.3
29	57.3	57.8	58.3	58.8	59.4	59.9	60.4	60.9	61.4	61.9
30	57.0	57.5	58.0	58.5	59.0	59.5	60.0	60.6	61.1	61.6

续表 20

溶液温度/℃	酒精计示值									
	65.5	66.0	66.5	67.0	67.5	68.0	68.5	69.0	69.5	70.0
	温度 20℃时用体积分数表示的酒精浓度/%									
0	72.0	72.5	73.0	73.4	73.9	74.4	74.9	75.4	75.8	76.3
1	71.7	72.2	72.7	73.1	73.6	74.1	74.6	75.0	75.5	76.0
2	71.4	71.9	72.4	72.8	73.3	73.8	74.3	74.7	75.2	75.7
3	71.1	71.6	72.0	72.5	73.0	73.5	74.0	74.4	74.9	75.4
4	70.8	71.2	71.7	75.2	72.7	73.2	73.6	74.1	74.6	75.1
5	70.4	70.9	71.4	71.9	72.4	72.9	73.3	73.8	74.3	74.8
6	70.1	70.6	71.1	71.6	72.1	72.5	73.0	73.5	74.0	74.5
7	69.8	70.3	70.8	71.3	71.8	72.2	72.7	73.2	73.7	74.2
8	69.5	70.0	70.4	70.9	71.4	71.9	72.4	72.9	73.4	73.8
9	69.2	69.6	70.1	70.6	71.1	71.6	72.1	72.6	73.0	73.5
10	68.8	69.3	69.8	70.3	70.8	71.3	71.8	72.2	72.7	73.2
11	68.5	69.0	69.5	70.0	70.5	71.0	71.4	71.9	72.4	72.9
12	68.2	68.7	69.2	69.6	70.1	70.6	71.1	71.6	72.1	72.6
13	67.8	68.3	68.8	69.3	69.8	70.3	70.8	71.3	71.8	72.3
14	67.5	68.0	68.5	69.0	69.5	70.0	70.5	71.0	71.4	72.0
15	67.2	67.7	68.2	68.6	69.1	69.6	70.1	70.6	71.1	71.6
16	66.8	67.3	67.8	68.3	68.8	69.3	69.8	70.3	70.8	71.3
17	66.5	67.0	67.5	68.0	68.5	69.0	69.5	70.0	70.5	71.0
18	66.2	66.7	67.2	67.7	68.2	68.7	69.2	69.6	70.2	70.6
19	65.8	66.3	66.8	67.3	67.8	68.3	68.8	69.3	69.8	70.3
20	65.5	66.0	66.5	67.0	67.5	68.0	68.5	69.0	69.5	70.0
21	65.2	65.7	66.2	66.7	67.2	67.7	68.2	68.7	69.2	69.7
22	64.8	65.3	65.8	66.3	66.8	67.3	67.9	68.3	68.8	69.3
23	64.5	65.0	65.5	66.0	66.5	67.0	67.5	68.0	68.5	69.0
24	64.1	64.6	65.1	65.5	66.2	66.7	67.2	67.7	68.2	68.7
25	63.8	64.3	64.8	65.3	65.8	66.3	66.8	67.3	67.8	68.4
26	63.5	64.0	64.5	65.0	65.5	66.0	66.5	67.0	67.5	68.0
27	63.1	63.6	64.1	64.6	65.2	65.7	66.2	66.7	67.2	67.7
28	62.8	63.3	63.8	64.3	64.8	65.3	65.8	66.3	66.8	67.4
29	62.4	62.9	63.4	64.0	64.5	65.0	65.5	66.0	66.5	67.0
30	62.1	62.6	63.1	63.6	64.1	64.6	65.2	65.7	66.2	66.7

（陈继承）

参考文献

[1] 食品卫生检验方法　理化部分　总则:GB/T 5009.1—2003.

[2] 化学试剂　标准滴定溶液的制备:GB/T 601—2002.

[3] 中国洗涤用品工业协会科学技术专业委员会——中国日用化学工业信息中心. 常用洗涤剂配制技术. 北京:化学工业出版社,2003.

[4] 梅光泉. 实验室常用洗涤液的配制. 中外医疗,1997(1):33-33.

[5] 乔治·R.惠利,丁文莉. 合成洗涤剂"肥皂"的展望. 日用化学品科学,1999(2):13-14.

[6] 盖东海. 2013年肥皂专委会、合成洗涤剂专委会年会在银川落幕. 中国洗涤用品工业,2013(9).

[7] 张继成. 紫外光、盐酸羟胺强化 At. f 菌浸出铜尾矿中重金属研究. 重庆:重庆大学,2013.

[8] 刘利兵. 实验基础医学. 西安:第四军医大学出版社,2009.

[9] 孙益民. 0.5 m 邻苯二甲酸氢钾标准缓冲溶液 pH 值与温度之经验关系式. 安徽师范大学学报:自然科学版,1983(2):61-62.

[10] 张庆. 酸碱中和滴定中指示剂的选择. 黄山学院学报,2003(2):100-100.

[11] 张毓凡. 有机化学实验. 天津:南开大学出版社,1999.

[12] 荣山,广新. 白酒酿造及新型白酒工艺学. 沈阳:沈阳出版社,2005.

扩展资源

请登录中国农业大学出版社教学服务平台“中农 De 学堂”查看:

1. 铂钴比色法测定水的色度。
2. 蒸馏法测定食品中的水分。
3. pH 计法测定食品的酸度。
4. 相当于氧化亚铜质量的葡萄糖、果糖、乳糖、转化糖质量。
5. GB/T 5513—2019《粮油检验　粮食中还原糖和非还原糖测定》。
6. GB 5009.88—2014《食品安全国家标准　食品中膳食纤维的测定》。
7. NY/T 2016—2011《水果及其制品中果胶含量的测定　分光光度法》。
8. GB 5009.6—2016《食品安全国家标准　食品中脂肪的测定》。
9. 测定风味提取液中芳香油的含量(AOAC 法 932.11)。
10. 测定海产品中脂肪的含量(AOAC 法 964.12)。
11. GB/T 24899—2010《粮油检验　小麦粗蛋白质含量测定 近红外法》。
12. GB/T 24901—2010《粮油检验　玉米粗蛋白质含量测定 近红外法》。
13. GB/T 24895—2010《粮油检验　近红外分析定标模型验证和网络管理与维护通用规则》。
14. GB 5009.82—2016《食品安全国家标准　食品中微生素 A、D、E 的测定》。
15. GB 5009.83—2016《食品安全国家标准　食品中胡萝卜素》。
16. GB 5009.84—2016《食品安全国家标准　食品中微生素 B_1 的测定》。
17. GB 5009.85—2016《食品安全国家标准　食品中微生素 B_2 的测定》。
18. GB 5009.86—2016《食品安全国家标准　食品中抗坏血酸的测定》。
19. GB 5009.28—2016《食品安全国家标准　食品中苯甲酸、山梨酸和糖精钠的测定》。
20. GB 5009.97—2016《食品安全国家标准　食品中环己基氨基磺酸钠的测定》。
21. GB 5009.33—2016《食品安全国家标准　食品中亚硝酸盐与硝酸盐的测定》。
22. GB 5009.35—2016《食品安全国家标准　食品中合成着色剂的测定》
23. GB/T 5009.20—2003《食品中有机磷农药残留量的测定》。
24. GB/T 5009.145—2003《植物性食品中有机磷和氨基甲酸酯类农药多种残留的测定》。
25. GB/T 5009.207—2008《糙米中 50 种有机磷农药残留量的测定》。
26. GB 23200.93—2016《食品中有机磷农药残留量的测定　气相色谱-质谱法》。
27. GB/T 18630—2002《蔬菜中有机磷及氨基甲酸酯农药残留量的简易检验方法(酶抑

制法）》。

28. GB/T 18626—2002《肉中有机磷及氨基甲酸酯农药残留量的简易检验方法 酶抑制法》。

29. GB/T 5009.199—2003《蔬菜中有机磷和氨基甲酸酯农药残留量快速检测》。

30. GB/T 5009.104—2003《植物性食品中氨基甲酸酯类农药残留量的测定》。

31. GB/T 5009.145—2003《植物性食品中有机磷和氨基甲酸酯类农药多种残留的测定》。

32. GB/T 19373—2003《饲料中氨基甲酸酯类农药残留量测定　气相色谱法》。

33. GB/T 5009.163—2003《动物性食品中氨基甲酸酯类农药多组分残留高效液相色谱测定》。

34. GB/T 5009.199—2003《蔬菜中有机磷和氨基甲酸酯类农药残留量的快速检测》。

35. GB/T 5009.163—2003《动物性食品中氨基甲酸酯类农药多组分残留高效液相色谱测定》。

36. GB/T 5009.146—2008《植物性食品中有机氯和拟除虫菊酯类农药多种残留量的测定》。

37. GB 23200.85—2016《食品安全国家标准　乳及乳制品中多种拟除虫菊酯类农药多种残留量的测定　气相色谱-质谱法》

38. GB/T 5009.162—2008《动物性食品中有机氯和拟除虫菊酯类农药多组分残留量的测定》。

39. GB/T 2795—2008《冻兔肉中有机氯和拟除虫菊酯类农药残留量的测定方法　气相色谱质谱法》。

40. GB/T 22983—2008《牛奶和奶粉中六种聚醚类抗生素残留量的测定　液相色谱-串联质谱法》。

41. GB/T 21315—2007《动物性食品中青霉素族抗生素残留量测定方法　液相色谱-质谱/质谱法》。

42. GB/T 18932.28—2005《蜂蜜中四环素族抗生素残留量测定方法　酶联免疫法》。

43. GB/T 5009.95—2003《蜂蜜中四环素族抗生素残留量的测定》。

44. GB/T 4789.27—2008《食品卫生微生物学检验　鲜乳中抗生素残留量检验》。

45. GB/T 20444—2006《猪组织中四环素族抗生素残留量检测方法　微生物学检测方法》。

46. GB 5009.22—2016《食品安全国家标准　食品中黄曲霉毒素 B 和 G 族的测定》。

47. GB 5009.24—2016《食品安全国家标准　食品中黄曲霉毒素 M 族的测定》。

48. GB 5009.27—2016《食品安全国家标准　食品中苯并[a]芘的测定》。

49. GB 5009.26—2016《食品安全国家标准　食品中 *N*-亚硝胺类化合物的测定》